環境保全と新しい施肥技術

安田 環　越野正義
　共　編

2001

東　京
株式会社
養賢堂発行

執筆者一覧 (執筆順)

安田　　環	元農林水産省	農業環境技術研究所
越野　正義	元農林水産省	農業環境技術研究所
袴田　共之	独立行政法人	農業工学研究所
原田　靖生	独立行政法人	農業技術研究機構　中央農業総合研究センター
上野　正夫	山形県農業試験場	
髙橋　正輝	長野県営農技術センター	
加藤　俊博	愛知県農業総合試験場　山間農業研究所	
建部　雅子	独立行政法人	農業技術研究機構　北海道農業研究センター
梅宮　善章	独立行政法人	農業技術研究機構　果樹研究所
加藤　忠司	元農林水産省	野菜・茶業試験場
太田　　充	静岡県農林水産部	
鶴田　治雄	独立行政法人	農業技術研究機構　農業環境技術研究所

(2001年9月現在)

口絵 1
環境分解型被覆肥料
土中埋設20ヵ月後
（本文 126 頁参照）

口絵 2
環境分解型被覆肥料
土中埋設34ヵ月後
（本文 126 頁参照）

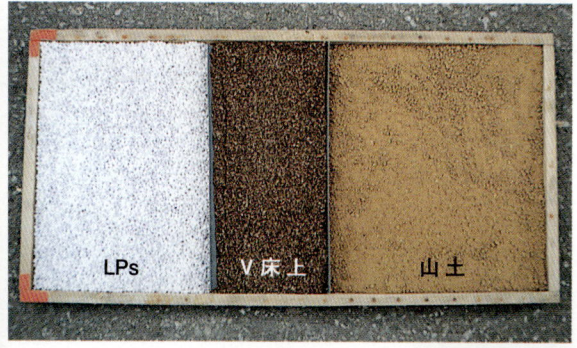

口絵 3
箱当たり，肥料・床土・覆土の割合
被覆尿素（Nで300g，現物で750g）
（本文 163 頁参照）

口絵 4
被覆尿素と床土が混合された状態
（本文 163 頁参照）

口絵 5
育苗箱全量施肥による
田植期の苗
（本文 164 頁参照）

口絵 6
汚染のため魚も住めない
「青い水のため池」
平成10年7月撮影
（静岡新聞社提供）
（本文 285 頁参照）

口絵 7
茶園の強酸性排水により
暗渠排水管底部に
できた白色沈殿物
（本文 286 頁参照）

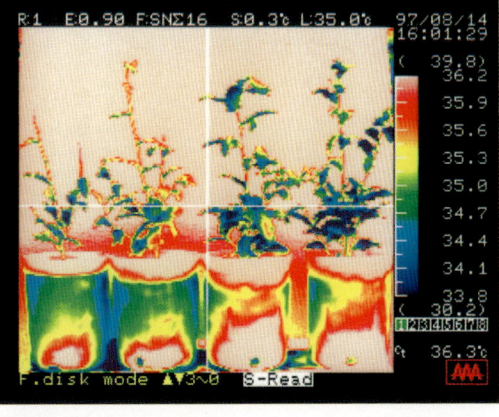

口絵 8
硫安窒素の施用量と茶の樹の熱画像
施用量が多いほど根に対する影響が強く，
水分の吸収が抑制されるため，葉温が高く
なっている。（本文 284 頁参照）
施用量：右から2.0，5.0，10.0，15.0kg/10a相当
（野菜茶業研究所松尾喜義氏提供）

推薦の言葉

　明治生まれの私にとっては現在の日本の食事情は歴史始まって以来最大の安定期と思われる．

　どこへ行っても農産物があふれ，日本にいてもフランス料理，イタリア料理，中国料理，エスニック料理を楽しむことができる幸せな国である．

　しかし大正の米騒動，今回の戦中，戦後の飢餓の時代を経験した私にとっては一面噴火山上の舞踏と映り，心安らかでないものがある．それは日本の食料自給率の低さである．すなわち，我々の生命を支えている食料の6割は外国産のものであるからである．

　現在はお金があるからどこからでも輸入できるし，またお金を払って買ったからには如何に扱おうと自由だと国民の多くは考えているようである．近頃ホテルの朝食はほとんどバイキング形式であり，お皿に食べ切れないほどの御馳走を盛り，平気で食べ残して行く人が多いと知人のホテル・マネジャーが心配している程である．

　これに対し日本の農業研究者はもちろん，農家の人々が如何に努力し，安全で栄養価の高い農産物を生産する為に努力しているか，その実情はあまり知られていない．

　食料を増産するには農地を拡大するか，作物に肥料を与えて収量を増加させるか，作物を病気や害虫から守り保護するか以外に道はない．それが人口の増加によって耕地の拡大は不可能となり，肥料を多く与えるとすればその光とともに陰の部分が目立ち始め，農家はその間にあって苦慮している．せっかく作った立派な農作物を病気や害虫から守るための努力も，その陰の部分のみが非難され，大切な光の部分が忘れられている．

　今回肥料研究者がこれを憂い，如何に努力しているかを訴えたのが本書である．

　専門家はもちろん，少し難しいかも知れないが，農業関係の学生諸君，一般の消費者の方々にも読んでいただき正しい世論を形成していただきたい．

〔2〕 推薦の言葉

また生産者の方も重大な指針であることをくみ取ってさらに努力していただきたいとおもう．

　これらの願いをこめ，本書の一読をおすすめするしだいである．

石塚　喜明

はしがき

　日本の食糧自給率はカロリー計算で40％以下までに低下し，これは主要先進国で最低となっている．また，農耕地は1人当たり400 m^2 とこれも最低である．さらに，この農耕地が放棄や他用途転用で毎年5万haずつ減少しているなど，日本農業の前途はきわめて暗いものがある．

　世界で流通可能な穀物量はおよそ2億3千万tほどで，その内日本の輸入量は3,200万t，総流通量の14％を占める．そんな中で食料の食べ残し等によるロスが食料供給量の20％以上にのぼることが明らかになっている．そして，食事の欧米化が進み，ファーストフードが普及し，脂肪の取り過ぎ等栄養のアンバランスが指摘されるようになった．

　日本には470万頭の牛と990万頭の豚が飼われているが，これに必要な飼料の大部分はアメリカに依存している．これらの家畜の肉1 kgを生産するのに，穀物は牛では11 kg，豚では7 kgが必要とされ，穀物を直接摂取するのに比べてエネルギー効率は1/11〜1/7となる．特に牛肉は肉のキャデラックとさえいわれ，効率の悪さの典型とされている．このように海外に依存した畜産は，規模拡大と相まって局所的に大量の排泄物を生じ，その処分が大きな問題であり，ところによっては，それが水域等の富栄養化の原因となっている．

　ところで，農家の総所得の内，農業所得はわずか14％であり，農外所得は60％を占めており，農業所得の低さが際立っている．これが農業離れを助長し，ひいては農業従事者の高齢化を招いている大きな要因になっていると思われる．一方では農業のもつ公益的機能を高く評価する掛け声は大きいが，その維持・向上を担う担い手がいないというのが実態である．また，専業農家の減少は農業構造を変えてしまうほど深刻さを増しており，第3セクターや法人化など経営形態が多様化せざるを得ない状況にある．

　さて，人類は自然を相手に食料を手に入れてきたのであるが，人口が増えるにつれて食料確保が難しくなった．そこで，定住して食料をよりたくさん

[4] はしがき

手にしようと，耕作が始まった．19世紀になり作物生育に必要な栄養素が明らかにされ，空中窒素固定技術の開発もあって，作物生産は飛躍的に増大した．これに呼応して人口もうなぎ上りに増加し，いまや地球上の人口は60億を超えるにいたった．年間8,000万人の増加である．この人口を養う食料を生産するために，化学肥料は不可欠な資材である．しかし，不幸にして作物が必要とする量以上に施肥されたり，土壌の能力として，本来もっている養分保持能や物質分解の能力を超えた肥料が投与された結果，過剰の肥料が地下水や河川水に移行し，閉鎖水域の富栄養化，地下水汚染の一因となった．そして，化学合成資材はすべて悪という非科学的な風潮がまかり通り，化学肥料が批難されている．

一方において，農業環境は地球温暖化というこれまで経験したことのない事態に遭遇することとなった．これは日本ばかりでなく地球全体の食料生産に関わる問題である．化石エネルギー依存の社会体質が続く限り，温暖化は進むと考えられ，その対策には食料生産ばかりでなくすべての経済活動，個々の人々のライフスタイルの見直しが必要になっている．農業生産の面でも相応の対応が迫られている．

以上のように，日本農業が抱えている問題は環境面から見ただけでもきわめて多岐にわたる．本書はこれらの問題について研究当事者の反省も含めて分かりやすく解説するとともに，その対策を提案して環境保全型農業の推進に寄与することを目的としている．すなわち，農業をめぐる環境問題，輸入食飼料と環境負荷，食料生産における肥料の必須性，日本の畜産問題，環境負荷軽減のための肥料および施肥技術等を内容としている．特に環境負荷軽減施肥法では現場における施肥の実態，機能性肥料の形態と合理的施肥技術，施肥と作物の品質等につき各作物毎に具体的にそれぞれの項目についてその分野の第一人者が詳述した．さらに持続的農業の展開に向けて，土地利用の向上，食料自給率の向上と輸入食飼料の削減，水田の働きの評価，有機農産物の規格化および生産性，施肥技術の高度化等について提言を行った．

本書が，大学農学部・生物生産学部学生，農業大学学生，農業高校の先生の参考書としてのみならず，農業関連試験研究機関・行政職員，農業改良普

及員，農協指導員および農家のマニュアルとして役立てば幸いである．

　本書を刊行するに当たり，恩師である北海道大学名誉教授・学士院会員，石塚喜明先生から推薦のことばを賜った．ここに厚く御礼申し上げるとともに，今後ともご健勝であられることを祈念する．

　さらに，（株）養賢堂の矢野勝也氏には原稿の整理，印刷にあたっての多大の御尽力をいただいたことに厚く御礼申しあげる．

平成13年9月1日

安田　環・越野正義

目　次

第1章　日本農業をとりまく環境（安田　環）……………1
  1. はじめに …………………………………………………1
  2. 日本の土壌環境 …………………………………………3
    2.1 水田と畑土壌の違い …………………………………3
    2.2 土壌肥よく度の変化 …………………………………4
    2.3 土壌汚染 ………………………………………………6
    2.4 土地の改廃，農地の減少，他用途転換 ……………8
    2.5 連作障害 ……………………………………………10
  3. 世界の土壌環境 ………………………………………12
  4. 大気環境 ………………………………………………14
    4.1 温暖化 ………………………………………………14
    4.2 オゾン層破壊 ………………………………………16
    4.3 酸性雨 ………………………………………………17
  5. 水環境 …………………………………………………17

第2章　持続的食料生産と肥料（越野正義）……………22
  1. 世界における人口増加 ………………………………22
  2. 世界における食料の供給 ……………………………24
  3. 利用可能な農耕地面積 ………………………………27
  4. わが国における食料自給率 …………………………28
  5. 肥料の役割 ……………………………………………32
  6. 日本と他の国との肥料形態の差異 …………………34
  7. 肥料生産とエネルギー ………………………………39
  8. 肥料原料，特にリン酸原料の有限性 ………………44
    8.1 低品位リン鉱石の利用と直接施用 ………………46
    8.2 排水からのリン回収技術 …………………………48
    8.3 有機性廃棄物のリンの有効利用 …………………48

8.4 蓄積リンの利用技術 ･･････････････････････････････････････49
9. 有機性資源のリサイクリング ･･････････････････････････････52
10. 肥料生産の持続性 ･･54

第3章　輸入食飼料と窒素循環（袴田共之）････････････････････58
1. はじめに ･･58
2. わが国の食料システムにおける窒素の循環 ････････････････58
3. 地域における窒素循環 ････････････････････････････････････61
4. 食料の世界貿易と窒素循環 ････････････････････････････････67
5. 歴史を概観する ･･72
6. 窒素循環からみた農業のあり方 ････････････････････････････74

第4章　家畜排泄物の環境保全的利用（原田靖生）････････････････78
1. はじめに ･･78
2. 家畜排泄物の資源量としての推定 ･･････････････････････････79
3. わが国農地の家畜排泄物の負荷量と受容量 ･･････････････････82
4. 流通している堆肥類の品質の状況 ･･････････････････････････85
  4.1 畜種別にみた家畜ふん堆肥の特徴 ････････････････････････85
  4.2 敷料・副資材の有無からみた家畜ふん堆肥の成分的な特徴 ･･････87
  4.3 最近の堆肥の成分的特徴 ････････････････････････････････88
  4.4 家畜ふん堆肥の成分組成のバラツキ ･･････････････････････89
5. 家畜ふん堆肥の施用効果 ･･････････････････････････････････92
  5.1 養分の供給 ･･92
  5.2 土壌の化学性の改善 ････････････････････････････････････94
  5.3 土壌の物理性の改善 ････････････････････････････････････95
  5.4 土壌の生物性の改善 ････････････････････････････････････97
6. 未熟な家畜ふん堆肥の過剰施用による影響 ･･････････････････98
  6.1 過剰な窒素による影響 ･･････････････････････････････････99
  6.2 窒素飢餓 ･･･100
  6.3 生育阻害物質 ･･･100

6.4　土壌の異常還元···100
　6.5　ミネラルの過剰による影響····································101
　6.6　土壌の物理性悪化··101
7. 家畜ふん堆肥の環境保全的施用量····································102
　7.1　家畜ふん堆肥の施用量の考え方·····························102
　7.2　作目別の堆肥等施用量と施用上の注意··················105
　　7.2.1　飼料作物··105
　　7.2.2　水　稲···107
　　7.2.3　一般畑作物··109
　　7.2.4　野　菜···110
　　7.2.5　果樹，茶，桑等···111
8. おわりに··112

第5章　窒素負荷を軽減する新施肥法·····················116
1. 新しい機能をもつ肥料（越野正義）·······························116
　1.1　環境保全型農業で求められる肥料·························116
　1.2　化学合成緩効性肥料··117
　1.3　被覆肥料··118
　　1.3.1　製造法···119
　　1.3.2　タイプと溶出特性·······································119
　　1.3.3　溶出のメカニズムとシミュレーション··········121
　　1.3.4　被覆肥料の銘柄··125
　　1.3.5　被膜殻の分解性··126
　1.4　微生物的制御肥料··127
　1.5　液状肥料··128
2. 水稲の省力・環境保全的施肥管理（上野正夫）···············131
　2.1　はじめに··131
　2.2　水稲窒素吸収パターンに対する施肥および土壌窒素の貢献······133
　　2.2.1　望ましい水田土壌窒素肥よく度····················134
　　2.2.2　水稲による窒素吸収経過と玄米収量の関係····135

2.2.3 水稲の理想的窒素吸収パターンの策定 ･････････････････････ 140
　　2.2.4 水田土壌窒素の無機化特性と発現予測 ･････････････････････ 143
　2.3 水稲に対する省力的施肥技術 ･････････････････････････････････ 146
　　2.3.1 施肥技術をシステム化するための基本的考え方 ･････････････ 146
　　2.3.2 全量基肥施肥技術の確立 ･････････････････････････････････ 149
　　2.3.3 育苗箱全量基肥施肥技術の確立 ･･･････････････････････････ 162
　おわりに ･･･ 170
3. 露地野菜の省力・環境保全的施肥管理（高橋正輝）･･･････････････ 174
　3.1 はじめに ･･ 174
　3.2 省力・環境保全的施肥管理とは ･･････････････････････････････ 175
　3.3 環境保全的施肥管理の方法 ･･････････････････････････････････ 175
　3.4 環境保全的施肥法の確立にむけて ････････････････････････････ 176
　　3.4.1 最も重要な施肥の基本 ･･･････････････････････････････････ 176
　　3.4.2 施肥法の構成要因の検討 ･････････････････････････････････ 177
　　3.4.3 施肥技術の発展と環境保全的評価 ･････････････････････････ 183
　3.5 省力・環境保全的な局所施肥法 ･･････････････････････････････ 188
　　3.5.1 局所施肥の方法 ･･･ 189
　　3.5.2 野菜の局所施肥法の実際 ･････････････････････････････････ 191
　あとがき ･･･ 204
4. 施設野菜の省力・環境保全的施肥管理（加藤俊博）･･･････････････ 205
　4.1 施設栽培の特徴 ･･ 205
　4.2 施設栽培における環境保全的施肥管理 ････････････････････････ 206
　　4.2.1 塩類集積のない施肥管理 ･････････････････････････････････ 206
　　4.2.2 富化養分を生かした施肥管理 ･････････････････････････････ 207
　　4.2.3 根を大切にする施肥管理 ･････････････････････････････････ 208
　　4.2.4 土壌溶液の養分コントロール ･････････････････････････････ 209
　　4.2.5 養分吸収特性に合わせた施肥管理 ･････････････････････････ 209
　4.3 施設栽培における施肥事例 ･･････････････････････････････････ 210
　　4.3.1 施設栽培における施肥方式 ･･･････････････････････････････ 210
　　4.3.2 果菜類の施肥法 ･･･ 211

     4.3.3 葉菜類の施肥法 ………………………………………… 211
  4.4 養分吸収パターンに基づく環境保全型施肥 ………………… 212
     4.4.1 施設野菜の養分吸収パターン ………………………… 212
     4.4.2 施肥効率の高い環境保全型施肥法 …………………… 212
  4.5 これからの施設園芸を支える革新技術；養液土耕 ………… 215
     4.5.1 養液土耕（ドリップ・ファーティゲーション） …… 215
     4.5.2 リアルタイム診断 ……………………………………… 216
     4.5.3 養液土耕の実際 ………………………………………… 218
     4.5.4 土壌診断，作物体栄養診断 …………………………… 222
     4.5.5 養液土耕の問題点 ……………………………………… 224
5. 野菜の品質と窒素施肥（建部雅子） ………………………………… 224
  5.1 野菜の品質 …………………………………………………… 224
  5.2 窒素施用と糖 ………………………………………………… 225
  5.3 窒素施用とアスコルビン酸 ………………………………… 228
  5.4 窒素施用と硝酸 ……………………………………………… 231
  5.5 窒素施用とシュウ酸 ………………………………………… 232
  5.6 収量と品質 …………………………………………………… 235
6. 果樹類の省力・環境保全的施肥管理（梅宮善章） ………………… 238
  6.1 果樹園の施肥の特徴 ………………………………………… 238
     6.1.1 果樹の生育と養分吸収 ………………………………… 239
     6.1.2 施肥時期 ………………………………………………… 241
     6.1.3 年間施肥量の考え方 …………………………………… 242
     6.1.4 果樹の養分吸収量 ……………………………………… 244
     6.1.5 施肥基準値 ……………………………………………… 245
     6.1.6 施肥の実態 ……………………………………………… 247
     6.1.7 有機物由来の肥料成分 ………………………………… 248
     6.1.8 果樹園における養分収支 ……………………………… 250
  6.2 果樹園地からの環境負荷 …………………………………… 251
     6.2.1 窒素負荷の実態 ………………………………………… 251
     6.2.2 養分収支と窒素負荷 …………………………………… 253

6.3 環境負荷低減技術････････････････････････････････ 255
　　6.3.1 肥効調節型肥料･････････････････････････････ 256
　　6.3.2 葉面散布･･･････････････････････････････････ 259
　　6.3.3 有機物施用･････････････････････････････････ 261
　　6.3.4 牧草草生栽培･･･････････････････････････････ 263
　6.4 主要果樹の施肥法････････････････････････････････ 264
　　6.4.1 温州ミカン･････････････････････････････････ 266
　　6.4.2 中晩生カンキツ類･･･････････････････････････ 268
　　6.4.3 リンゴ･････････････････････････････････････ 269
　　6.4.4 ニホンナシ･････････････････････････････････ 269
　　6.4.5 ブドウ･････････････････････････････････････ 270
　　6.4.6 モ　モ･････････････････････････････････････ 271
　　6.4.7 ウ　メ･････････････････････････････････････ 271
　　6.4.8 その他の果樹･･･････････････････････････････ 271
7. 茶の省力・環境保全的施肥管理･･････････････････････････ 275
　7.1 茶園の多肥による生産環境劣化とその対策（加藤忠司）･････ 275
　　7.1.1 多肥による土壌劣化･････････････････････････ 276
　　7.1.2 畝間吸収根の問題･･･････････････････････････ 283
　　7.1.3 茶園の周辺環境の問題･･･････････････････････ 284
　　7.1.4 多肥と微生物性･････････････････････････････ 286
　　7.1.5 環境再生に向けた対策･･･････････････････････ 289
　7.2 茶園における環境保全的施肥法（太田　充・加藤忠司）･････ 297
　　7.2.1 茶生産の特徴と施肥管理の問題点･････････････ 298
　　7.2.2 施肥効率を高める主要技術･･･････････････････ 301
　　7.2.3 施肥の合理化による減肥の可能性･････････････ 311
　　7.2.4 おわりに･･･････････････････････････････････ 313

第6章　窒素揮散と施肥管理（鶴田治雄）･･････････････････ 316
　1. はじめに･･ 316
　2. 大気中の主な窒素化合物････････････････････････････ 317

2.1 亜酸化窒素（N_2O）……………………………………317
　　2.2 一酸化窒素（NO）………………………………………317
　　2.3 二酸化窒素（NO_2）……………………………………319
　　2.4 アンモニア（NH_3）……………………………………319
　3. 農耕地に投入される窒素……………………………………319
　　3.1 化学窒素肥料……………………………………………319
　　3.2 有機質資材………………………………………………320
　　3.3 作物残さ…………………………………………………320
　4. 亜酸化窒素と一酸化窒素の生成機構…………………………320
　　4.1 硝化作用…………………………………………………320
　　4.2 脱窒作用…………………………………………………321
　5. 栽培期間中のガス発生の経日変化……………………………321
　6. 日本の農耕地からの亜酸化窒素の発生量……………………322
　7. 亜酸化窒素と一酸化窒素ガスの発生要因……………………323
　　7.1 投入窒素量………………………………………………323
　　7.2 窒素肥料の種類…………………………………………323
　　7.3 土壌タイプ………………………………………………325
　　7.4 土壌水分…………………………………………………326
　　7.5 土壌温度…………………………………………………327
　　7.6 pH…………………………………………………………327
　　7.7 作物残さ…………………………………………………328
　8. 発生削減技術…………………………………………………328
　　8.1 投入窒素量の軽減………………………………………328
　　8.2 施肥方法の改善…………………………………………328
　　8.3 窒素肥料の種類…………………………………………329
　　8.4 その他……………………………………………………329
　9. 今後の課題……………………………………………………330
　　9.1 大気および水環境への負荷軽減技術の開発……………330
　　9.2 ライフサイクルアセスメント……………………………330
　　9.3 亜酸化窒素の間接発生…………………………………331

第7章 持続的農業の展開のために（安田 環）......334
1. 高齢化と農業形態 334
2. 自給率向上は輸入の削減から 335
3. 水田こそ持続的農業の典型 336
4. 日本型食事と栄養バランス 339
5. 環境保全型施肥技術 340
6. 畜産農家と耕種農家との連携 341
7. 有機農産物 342
8. 土地利用率の向上 344
9. 物質循環のすすめ 345

索引 347

第1章　日本農業をとりまく環境

1. はじめに

　農業はいうまでもなく第1次産業である．今，世の中はこの第1次産業をおろそかにし，第2，3次産業をもてはやす風潮にある．第1次があっての第2，3次であって，第1次産業の農業は人間の生存・活動に必須の食料・エネルギーを生み出す最も基本的な産業である．それが近頃では飽食とやらで金を出せば何でも手に入るので，食料生産への関心がきわめて薄くなり，加えて農業は3K（きつい，汚い，危険）ということで，敬遠されている．

　この生活に最も重要な食料の自給率がカロリー計算で40%を割り込むまでに低下している．年間3,200万tもの穀類を外国（主にアメリカ）に依存しているが，人々はそれに何の疑問も抱いていないように見受けられる．一方において途上国を中心に飢餓人口が6億とも8億ともいわれており，先進国の飽食と途上国の食料不足が同居しているのである．世界の穀物生産量は19億〜20億tであり，これを均等に配分すると，1人当たり320kgとなる．これは現在の中国人の消費量とほぼ同じである．しかし，欧米のように800kg（4,000 kcal）も消費している国があるかと思えば，アフリカ諸国などのように200 kgそこそこで2000 kcalに及ばない国々もあり，配分のアンバランスが指摘されている[1]．一方，将来的に見れば，人口の増加に見合う食料（穀物で年間2,600万t）を増産しなければならないが[1]，それが可能であろうか．その答えは否定的である．それはアメリカを始め主要穀倉地帯は土壌流亡，砂漠化等で農耕地は面積的に減少の傾向にあり，また，地力的にも塩類集積等で耕作不適地が増えているためである．このような環境破壊によって耕地面積は減りこそすれ，今以上に増やすことは不可能の状況にあること，また，単位面積当たりの収量を増大させる技術もほぼ頭打ちとなっているので，食料増産の期待は持てないと思われるからである．そんな中で，日本が経済力に物言わせて，食飼料を買いあさることが何時まで続くか，大いに疑

問があるといわなければならない.

　このほど農水省は先の食料・農業・農村基本法をうけ，10年後（2010年）の食料自給率（カロリーベース）を45%に引き上げる計画を発表した．これは実現可能な数字としているが，この計画では上記の懸念を払拭することはできない．米消費を中心として，麦，大豆の国産量を上げ，さらに無駄を省くことにより，さらなる自給率向上を図らなければならない．それは独立国の当然の責務であり，そのことがひいては輸出国の環境を保全し，かつ途上国の飢餓を救う一助にもなるのである[2]．

　さて，農業をとりまく環境には土，水，大気があり，従来はこれらが地域固有の特性として捉えられ，試験研究機関もそれぞれの地域において起こる諸問題に対処してきた．そして，それらの問題を解決してきた．例えば鉱山から流れ出る重金属害の克服などである．現在においても土壌保全を顧みず，不適切な農地管理や系外物質によって汚染された地域では，生産性の低下や生産物の安全性への懸念が指摘されているところがないわけではない．ところが，近年の農業環境は単に地域に偏在する問題だけではなく，全地球規模の問題であるところに特徴を見ることができる．例えば，地球温暖化とか酸性雨といった環境変化であり，それによって作物生産が影響を受ける，というものである．これら地球規模の環境変化は，急激な人口増加と工業の発達に伴う化石エネルギーの膨大な消費等によるものであるが，農業はその影響を受ける被害者としてばかりでなく，加害者である場合もあり，問題は複雑にからみあっている.

　土壌は岩石の風化物が気候・植生・地形等の自然環境の下で，動植物や微生物の遺体やその分解物との相互作用で生成したものであり，単なる無機物ではなく，動的平衡を保っている物体である．この平衡点を高めることがとりもなおさず土壌肥沃度を高めることである．したがって，土壌から一方的に養分収奪を繰り返したり，それに系外から不純物を過剰に加えたりすると，土壌はそれに対応しきれず，平衡が破れ，農地としての機能を失うことになる.

　作物が正常に育つ農地とは，その基盤である土壌が物理，化学，生物的に

正常でなければならない．その正常さを保つために，持続的な土壌管理，すなわち，平衡点を維持増進し，それを復元する能力以内で利用することが必要であり，それを怠ればやがて土壌は農用地として利用不可能となる．古くは，文明の発祥地とされるギリシャやメソポタミア文明が滅びたのも，収奪が復元を上回ったからに他ならない．こういった教訓にもかかわらず，中近東の乾燥地帯で地下水を汲み上げて灌漑を行い，緑豊かになったと喜んだのもつかの間，2～3年で塩類集積で収穫皆無になる失敗が繰り返されたのは耳新しい．この例に見るように，自然の生態を無視した無理な土地利用は，取り返しのつかない結果を招くのである．持続的農業とは健全な土壌あってのことであり，廃棄物の捨て場的発想では生産力は保てない．

　もう一つの問題は，化学合成物質あるいはそれらの燃焼によって生ずる物質，いわゆる環境ホルモンが人類の生存を脅かすとされていることである．これも地球全体の問題で，海水など水域全体が環境ホルモンで汚染されている可能性が指摘されている[3]．

2. 日本の土壌環境

2.1 水田と畑土壌の違い

　水田は土地を平らにし，そこへ水が溜まるように周りを畦畔で囲んで作られる．耕起される層（作土）の下には，耕起の際に踏み固められた硬い層（鋤き床層）がある．この層の孔隙は水に懸濁した粘土粒子によってふさがれているので，硬さと相まって水の浸透能は極力抑えられる．これによって水が効率的に貯えられ水田ができあがる．水が貯えられると，土壌は大気との接触が絶たれ，酸素の流入が妨げられるので嫌気状態となる．特に鋤き床層以下では，酸素不足のために還元状態となるので，鉄が還元されて（二価鉄）土層は灰色ないし青灰色を呈する．これをグライ層と呼んでいる．このような還元条件下では窒素肥料は窒素ガスになったり，アンモニウム態で存在し，硫黄は硫化物として存在する．水田のこのような特性によって，硝酸態窒素が流入した場合でも，それを還元して窒素ガスとして空気中に放出すること

ができる．この場合には水田は窒素の浄化場として機能している．また，土壌が還元状態のため，土壌に固定されているリン酸が有効化してくる．水稲がリン酸肥料を畑ほど多く施用しなくても済むのはこのためである．また，還元状態は硫黄などの酸化を妨げるので，pHを中性に保つことができる．

このような酸素制限下においても，イネは葉から通気管によって酸素を根に送り込むことができるので，それによって養分吸収などに必要なエネルギーが生み出される．しかも水田はカビなどの好気的微生物の繁殖を抑え，いわゆる土壌病害が少ない培地でもある．それ故に水田は無限の連作が可能であり，有史以来延々と水田農業が営まれ，日本人を養ってきたのである．

一方畑土壌は軟らかく，酸化状態におかれているが，作物根と肥料の接触が水田ほど容易ではなく，そのため多くの肥料を必要とする．また畑作物が硝酸態窒素を好むこともあって，窒素肥料は硝酸態で施用されることが多い．また，アンモニウム態あるいは尿素態で施用されても，数日中に硝酸態に変化する．これら窒素肥料が多量に施用されると，作物に利用されない部分が残る．この利用されなかった硝酸態窒素が水の動きに伴い，地下水等に移行し，河川水や閉鎖水域の汚染を引き起こす．

畑土壌は好気的であることから，カビの繁殖に好適な条件であり，病原性微生物にとっても同様である．このような条件下で連作をすると，特定の微生物が特異的に増殖し，作物の病害を引き起こす原因となる．いわゆる連作障害である．しかし，好気的条件は有機物の分解に適しており，動植物の遺体が速やかに朽ち果てる原動力となっている．

2.2 土壌肥よく度の変化

水田であれ畑であれ，土壌は作物を育てる基盤となっており，その土壌が物理的・化学的・生物的に各作物の生育に最も適している状態が理想である．しかし，そのような状態の存在は不可能であり，より生産力の高い状態を経験的に知ることによって，良い土壌の条件を策定することになる．それがいわゆる土壌診断である．診断基準（目標値）のうち化学性について示したのが表1.1である[4]．また，土壌環境基礎調査事業で行われた全国の定点調査

結果を表1.2に示した[5]．この調査は1巡が1979〜1983年，2巡が1984〜1988年，3巡が1989〜1993年の3回，同一圃場で全国の農業試験場等が行ったものである．表1.2を見ると，全炭素はどの地目においても年次による変化がほとんど認められないが，地目別では牧草地で明らかに高い．可給態

表1.1 維持すべき土壌の化学性

	水田*		普通畑**		樹園地**	
有機物含量(%)	2以上		3以上		2以上	
可給態窒素	8 - 20		5以上			
交換性カリ (K_2O)	9 - 45	10 - 53	10 - 45	10 - 53	7 - 37	10 - 53
交換性カルシウム (CaO)	75 - 202	204 - 236	175 - 202	204 - 236	142 - 164	204 - 235
交換性マグネシウム (MgO)	38 - 48	45 - 56	38 - 48	45 - 56	31 - 39	45 - 56
可給態リン酸 (P_2O_5)	10以上		10 - 75	10 - 100	10〜30	

出典：JA全農：施肥診断技術者ハンドブック(1999)より，塩基は当量比から求めた．単位は有機物を除き mg/100 g
(注) *：灰色低地土，グライ土，黄色土，褐色低地土，褐色台地土，褐色森林土等
**：褐色森林土，褐色低地土，黄色土，灰色低地土，泥炭土，黒ボク土等

表1.2 定点地目における土壌の化学性推移

	水田		普通畑		樹園地		牧草地		施設	
	1巡	3巡	1巡	3巡	1巡	3巡	1巡	3巡	1巡	3巡
全炭素(%)	2.85	2.83	3.93	3.83	3.16	3.64	5.60	5.87	2.35	2.63
加給態窒素	13.5	14.6	5.9	5.7	7.3	8.9	10.3	11.4	8.9	12.2
交換性カリ K_2O	21.5	24.1	50.4	51.9	52.9	54.5	28.4	30.6	62.4	68.5
交換性カルシウム CaO	243	248	304	319	284	283	301	278	372	369
交換性マグネシウム MgO	46.4	43.5	45.7	46.8	48.2	43.8	37.5	40.0	63.2	65.7
加給態リン酸 P_2O_5	24	30	51	67	94	127	17	27	170	255

(注) 1巡：1978年，3巡：1985年，2巡は割愛
数字は全炭素以外は土壌100g中mg，水田は6,723〜8,841点，畑は3,401〜4,915点，樹園地は1,441〜2,508点，牧草地は329から562点，施設は84〜145点の平均
出典：小原(2000)より

窒素は普通畑では変化が認められないが，その他の地目では増加傾向にある．カリはわずかに高まっている傾向にあるが，カルシウムやマグネシウムはほとんど変化が認められない．リン酸はいずれの地目においても明らかに高まっており，特に施設で著しい．これらの数値は表 1.1 の基準値をいずれも上回っており，特にカルシウムは大幅に上回っている．これから推察すると，地力は向上しているように見うけられるが，地目別ではカリやリン酸に大きな差がみられるなど，要素間にアンバランスが見られる．恐らく施肥の量と成分比の違いが反映したものであろう．その一つは肥料の多くは化成肥料として施用され，その場合各要素がセットで施用されるためと，もう一つは施設のように，リン酸やカリウムが必要以上に施用されたためと考えられる．このような実態からみても，これまでの施肥慣行を見直すことが必要と思われる．そのためには土壌診断が不可欠であり，それに基づいて施肥設計が立てられることが望ましい．現在全国的に土壌診断が行われており，パソコンの普及と相まって土壌型別に，あるいは農家毎に施肥管理指針を提示することが可能となった．それを利用した環境保全的施肥管理が全国的に広がることを期待したい．

2.3 土壌汚染

かつて土壌汚染というと鉱工業による重金属が主体であった．イタイイタイ病のカドミウム，水俣病のアルキル水銀等がそれである．これらの汚染土壌は取り除かれたり，客土で覆って作物の重金属吸収を抑える努力がなされた．また，事業所の改善もあって今ではほとんど聞かれなくなったが，カドミウムについては玄米中に基準を超える値が，時たま報道されることがある．これはもともと日本は火山灰土壌が多く，それに含まれていること，あるいは過リン酸石灰などを多く施用したため，それに含まれるカドミウムが残存したことなどが推定されている．

近年では産業廃棄物の焼却に伴い，その周辺にダイオキシン汚染が発生して問題となっている．ダイオキシンは環境ホルモンとして知られ，かつてベトナム戦争でアメリカ軍が散布した，枯葉剤中に含まれていたもので，それ

によって多くの奇形児が誕生したことは周知の通りである.

　ダイオキシンは殺虫剤や除草剤を合成するときに副産物として生成され,プラスチックの燃焼でも生じる.本来ホルモンは生物の体内で作られる微量の物質で,血液,リンパ液等によって運ばれ,種々の生理活性—生殖,発生,行動等に影響を及ぼす—を示すものである.そのホルモンのひとつに女性ホルモン,エストロジェンがあり,ダイオキシンはこの女性ホルモンと同じような作用をする.このような体内以外で作られ,あたかも生体内で作られたホルモンと同じ働きをする物質を,外因性内分泌かく乱物質,一般に環境ホルモンという.エストロジェンは生殖・生理作用に不可欠な働きのあるホルモンであるが,そこにダイオキシンなどの類似作用物質が入ってくると,本来のホルモン機能がかく乱され,正常な生理作用が営まれなくなる.これまでに環境ホルモンの影響と見られる現象として,魚では雌雄同体が見つかったり,生殖能の低下等が認められている.人間でも生殖能力低下等の異常が報告されている[3].

　平成11年2月テレビ朝日が埼玉県産のホウレンソウが,高濃度のダイオキシンに汚染されているとの報道を行った.そのため埼玉県産のホウレンソウの価格は暴落し,栽培農家は大打撃を被った.実際はホウレンソウではなく,葉物(茶)で検出されたのを誤って報道したものである.県は損害賠償を求めて訴訟を起こしたが,一度マスコミで報道されると,その正否を問わず,それが一人歩きしてしまう典型といえよう.

　ダイオキシンそのものの恐ろしさは万人が認めるところで,政府はこのほど1日の耐容摂取量を体重1kg当たり4ピコグラムとした.ピコグラムは1兆分の1gである.つまり1gのダイオキシンは2,500億人にとって危険量ということである.さて,この埼玉県の騒ぎであるが,作物名,汚染範囲,濃度等確かな資料が無いまま報道されてしまい,農家が大きな被害を被った.農産物は直接口に入るものなので,危険性について報道すること自体は間違っていないが,事実と違った報道を行い,その発生源についての指摘が陰に隠れてしまったのは片手落ちの報道といわざるをえない.なお,現在国をあげて,作物や土壌の汚染状況を調査中であるが,もちろんそれも必要で

あるが，要は発生源を絶つこと，すなわち廃棄物処理問題を根本的に見直すことが先決である．

環境ホルモンとして知られている代表的物質にはさらにアルキルフェノールとかビスフェノール等がある．前者はポリスチレンや塩化ビニル等のプラスチックの可塑剤として使われている．このプラスチック製の試験管を用いてある種のガン細胞を培養したところ，エストロジェンを入れない場合にもガン細胞の増殖が顕著に認められたという．その原因は，試験管からアルキルフェノールが溶出した結果であることが明らかにされた．後者もポリカーボネートの加熱時や，缶詰の缶の内側をコーティングしているプラスチック膜から溶け出すことが報告されている[3]．

プラスチック製品は，我々の周囲のありとあらゆる品目に使われており，その利便性は測り知れない．しかし，食器や食品包装用のプラスチックから溶け出した環境ホルモンが，我々の体内に入る可能性もあり，厳重なチェックが必要である．

2.4 土地の改廃，農地の減少，他用途転換

日本の農地は水田270万ha，畑223万ha，計493万haである．ただし，水田は生産調整により180万haが作付けされている．ところで，農地の拡張と改廃を1965年以降でみると（表1.3），93万haが開墾等で拡張されたが，改廃は207万haに及び，拡張を大幅に上回っている．この改廃の主なものをみると，非農業用途，すなわち工場用地，道路・鉄道用地，宅地で約半分を占め，次いで耕作放棄が1/3を占めている．この工場用地等はほぼ拡張面積と同等で，したがって，耕作放棄等で100万haが減少したことになる．現在も毎年2万haは道路等に転換され，耕作放棄地とあわせて約5万haが非農耕地に転換されている．この傾向は今後とも続くとすると，40～50年先には農耕地が今の半分に減ることになり，これを防止するために農地の他用途転換を規制する方策をとる必要がある．

さて，放棄された農地をそのままにしておくと，どのようなことが起こるかを農水省が調査している（表1.4）．それによれば，鳥獣害，病虫害，土砂崩

表1.3 農耕地の拡張・改廃面積（抜粋，千 ha）

	拡張	改廃				
		自然災害		人為改廃		
				転用	耕作放棄	合計*
昭和40	336	701	11	312	－	690
45	499	1030	20	520	310	1010
50	462	891	5	292	478	886
55	319	450	5	220	154	445
60	190	363	3	168	146	360
平成元	143	526	2	203	259	525
5	71	472	15	226	200	457
10	26	464	0.5	191	245	464
合計**	933	2067	489	921	643	2019

（注）*農林道・植林を含む，**昭和40年からの累計
出典：平成10年度農業白書付属統計表より

表1.4 耕地の荒廃による被害発生旧市区町村数（過去5年間）

		被害のあった旧市区町村数	被害の種類						
			鳥獣害	病虫害	土砂崩れ	圃場の荒廃	水害	土壌汚染	水質汚染
全 国	実数	1,317	485	619	143	524	120	7	14
	比率	100	100	100	100	100	100	100	100
都市的地域	実数	256	60	123	10	124	17	2	7
	比率	19	12	20	7	24	14	29	50
平地農業地帯	実数	258	47	134	27	112	28	1	2
	比率	20	10	22	19	21	23	14	14
中山間農業地帯	実数	803	378	362	106	288	75	4	5
	比率	61	78	59	74	55	63	57	36

出典：平成10年度農業白書付属統計表より

壊等種々の障害が増大することが明らかである．これからわかるように，営農は土壌からの養分を収奪する反面，土地の保全に大きく寄与しているとい

える．農地の保全というのは，単に農家の収益のためばかりでなく，洪水防止などの地域住民全体にとって有益な機能をもっているのである．

2.5 連作障害

水稲を除いた多くの作物は，その連続栽培によって生育が衰えたり，収量・品質が劣るなどの障害が生じる．これは連作障害と呼ばれ，原因は主に病原性土壌微生物と考えられている．その他土壌物理性の悪化，養分不均衡，アレロパシー（植物のもつ化学物質が他の生物に何らかの影響を及ぼす現象）などもあるが，土壌微生物が圧倒的に大きな要因を占める．とはいっても病気は主因である病原菌のみで発病するのではなく，素因といわれる宿主およびそれらを制御する環境の三者が重なり合った場合に発病する[6]．したがって，病原菌のみが悪者ではなく，素因を特定しない（いくつかの作物を植える）とか，土壌環境を病原菌に適さないように改良する（例えばpHで制御する）などの対策によって病害を回避することができる．古くはいくつかの作物のローテーション（輪作，素因の除去）によって連作障害を回避してきた．ところが，昭和40年頃より野菜の生産団地方式が取り入れられ，特定野菜が同一場所で周年栽培されるようになった．それを可能にしたのは農薬や熱による土壌消毒である．しかし，それでも連作による素因の拡大は防ぎきれず，嬬恋村のキャベツの根こぶ病の例に見るように，大打撃をうけてしまった．これを克服するため強力な農薬が使われてきたが，その農薬も地球温暖化に関係することから使用禁止となった．

主因の制御：主因の病原菌を制御する方法の一つとして，対抗微生物の利用がある．例えば，フザリウム菌の細胞膜はキチン質からなるので，このキチンを分解するキチナーゼを分泌する放線菌を利用するのである．この放線菌を増殖するには，キチンを含む培地で培養するとよい．カニ殻がフザリウム病に効くというのは，それがキチン質から成っていることによる．フザリウム菌による病気の主なものには，イチゴ，ダイコンのイオウ病，トマトイチョウ病，キュウリ，スイカのツルワレ病等がある．また，フィトフトラ菌やピシウム菌の細胞膜はセルロースから成っているが，セルラーゼを分泌す

るバチルス菌は，ピシウム菌による病気を抑制することができる．ピシウム菌による病気にはホウレンソウのタチガレ病等がある．この放線菌やバチルス菌のような働きのある菌を拮抗微生物と呼んでいる．このような拮抗微生物を人為的に増殖させ，それを作物の根圏に施用して病害を回避しようと開発された資材もある．例えばネニソイルとかコブシャット等である．これらの効果については作物の種類，生育時期，土壌条件等で異なるので，一概に有効であるというわけではない．

非病原性微生物，あるいはきわめて弱い病原性菌を接種して免疫性を付与すると，病害抵抗性が高まることがある．サツマイモツルワレ病は非病原性フザリウム菌を接種すると，農薬ベノミルで処理したのと同等の防除効果があった．これは非病原菌の接種で体内に抗菌物質（ファイトアレキシンという）が産生されたのと，菌が出す毒素（ファイトトキシンという）であるフザリン酸の解毒作用による．

環境の制御：pH，中性ないし微アルカリ性に弱い病原菌としてネコブ病菌，フザリウム菌，ムラサキモンパ病菌，シラキヌ病菌がある．したがって，キャベツやハクサイのネコブ病には石灰による土壌 pH の矯正が不可欠ということになる．しかし，逆に高 pH はジャガイモのソウカ病やサツマイモのタチガレ病を助長するので，作物によって調整する必要がある．

一般に窒素肥料を多く施用すると，病害を多発する．ことにアンモニウム態窒素は，多くの野菜で病気を助長することが知られている．

その他土壌水分，温度も微生物の生育に影響を与える．例えばハクサイナンプ病は 30 ℃以上で多発するので，夏季の高温の栽培は避けたほうがよい．連作しても障害のない土壌も見つかっている．三浦ダイコンで知られる三浦半島では，ダイコンが数十年にわたって連作されてきた．このような土壌を発病抑止土壌（suppressive soil）と呼んでいる．一般に黒ボク土壌に多くみられるが，黒ボク土壌すべてではなく，なぜ抑止作用が発現するか不明である．

いずれにしても，連作障害の回避は農薬や微生物資材にたよるのではなく，あくまでそれらは補助的なものであり，輪作などの耕種的防除が基本で

あることはいうまでもない．

3．世界の土壌環境

　食料の大部分を諸外国に頼っている日本としては，世界の食料生産基盤がどのような状況にあるかを知ることは，食料流通上きわめて重要である．
　そこで世界の土壌環境がどのようになっているかを概説する．
　先ず最初に砂漠化が挙げられる．それは人口増加に伴う過度の放牧，燃料用の樹木の伐採等によるものである（表1.5）．特に土地利用別に見ると，放牧草地での砂漠化比率が高い．放牧草地はアフリカ・サヘル地域のように元来雨量の少ない地域に多く，そこでの過放牧が水不足に拍車をかけている．その他降雨依存農地や，灌漑農地でも砂漠化が進んでいることがわかる．このように，過剰耕作等により水の消費が供給を上回るため，作物生産不能地となる．このような，人間活動によってもたらされる農地の不毛化を砂漠化と呼んでおり，いわゆる自然の砂漠とはイメージが異なっている[7]．
　塩類化（表1.6），酸性化の進行も見逃せない．土壌の塩類化に関して松本

表1.5　世界の土地利用別砂漠化率（百万 ha）

地域	放牧草地		降雨依存農地		灌漑農地	
	全面積	砂漠化率	全面積	砂漠化率	全面積	砂漠化率
アフリカ	710	—	162	—	6	—
スーダン・サヘル	380	90	90	70	3	20
南部アフリカ	250	80	52	65	2	20
地中海アフリカ	80	80	20	15	1	30
アジア	816	—	213	—	85	—
西アジア	116	85	18	75	8	15
南アジア	150	80	150	65	59	25
ソ連アジア	250	60	40	30	8	15
中国・蒙古	300	70	5	50	10	10
オーストラリア	450	30	39	20	2	15
地中海ヨーロッパ	30	55	40	25	6	20
南米・メキシコ	250	75	31	65	12	10
北米	300	50	85	25	20	20

出典：平成2年度環境白書（総説）より

3. 世界の土壌環境　（ 13 ）

によれば，中国・遼寧省，吉林省および内蒙古自治区の一部は，以前からアルカリ土壌の分布する地域として知られており，ここ10年間にさらに拡大し，その面積は1千万haを下らないという[8]．この土壌はpHが8.5以上で，ナトリウム（Na）がカルシウム（Ca）やマグネシウム（Mg）に比べて異常に高く，そのために水分が多いと分散し，乾くと硬いアルカリ土壌となる．こ

表1.6　灌漑面積上位5カ国における塩分集積の被害（百万ha，%）

国名	被害面積	全灌漑農地に対する割合
インド	20.0	36
中国	7.0	15
アメリカ	5.2	27
パキスタン	3.2	20
ソ連	2.5	12
5カ国合計	37.9	24
世界合計	60.2	24

出典：地球白書1990より

の背景には，この地帯でこれまでのコムギなどの作物に替えて，トウモロコシを作付けするようになったからと推察されている．すなわち，トウモロコシはコムギに比べて水の必要量が8～9倍も多く，そのため大量の地下水を汲み上げなければならず，その水に溶けていたNaが地上に移動し，蓄積したものである．そして，作物はNaをほとんど吸収せず，CaやMgを優先的に吸収するので，結果としてNaが相対的に多くなり，アルカリ化が進んだものと考えられる．この現象は経済の発展に伴い，肉類の消費が増えたため，家畜の飼料としてのトウモロコシが高値で取引されるようになったためといわれている．

一方，ベトナム・メコンデルタには強酸性土壌が広く分布する．これは土壌中の鉄と海水中の硫酸根が還元状態下で反応してパイライト（FeS_2）を生成し，これが空気にさらされると酸化されて硫酸となり，その結果土壌は強酸性となる．この対策として石灰施用が考えられるが，途上国の場合その手当てもままならず，有効な対策は見つかっていない[8]．

日本は降雨に恵まれ，それが稲作文化を築き上げてきたので，諸大陸で見られるような荒廃は経験しなくて済んでいる．まさに水田ならではの機能である．いずれにしても，世界的人口増加と耕地拡大の限界から，農耕地は減少の一途をたどり，1人当たりに換算した耕地面積はますます減少の傾向に

あることは明らかである (図 1.1).

地球白書によれば食料確保のために必要な 1 人当たりの耕地面積は 600〜750 m^2 であり,それ以下になった場合には食料を輸入しなければならなくなるという.これを輸入依存閾値と呼んでいる[1].日本はこの閾値の最小値 600 m^2 に 1950 年に到達しており,現在は 400 m^2 にまで低下し,

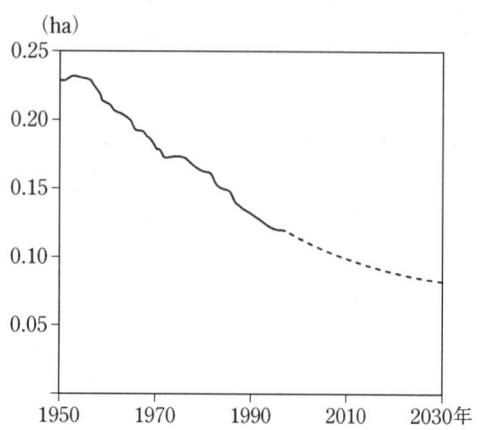

図 1.1 世界人口 1 人当たり穀作耕地面積,1950 〜97 年および 2030 年までの予測(レスター・ブラウン,地球白書 1998〜1999 年)

3,200 万 t もの穀類を輸入に頼っている.この閾値から計算すれば最大 66 %,最低でも 53 %は自給可能であるといえる.

4. 大気環境

4.1 温暖化

大気中の二酸化炭素濃度が,この半世紀の間におよそ 60 ppm ほど増え,370 ppm を超える数値も報告されている.半世紀前までは,太陽の輻射熱と地球から放射される熱が平衡を保っていたが,二酸化炭素が増えるにしたがってその分,地上から熱を吸収し,再び地上に放射する熱が増えたので,地球の温暖化が始まったのである.このような熱吸収ガスを温室効果ガスと呼んでいるが,温室効果ガスには二酸化炭素のほかメタン,亜酸化窒素,フロン等が知られている.1 分子当たりの効果で比較すると,二酸化炭素を 1 としてメタンはおよそ 20 倍,亜酸化窒素は 310 倍である.

温暖化は徐々に進み,この 1 世紀の間に地球全体で 0.6 ℃気温が上昇したが,この趨勢でいくと 2025 年には 1 ℃,世紀末には 3 ℃上昇すると試算さ

れている．もしこの試算が実現すれば，南極の氷などが溶けて海面は10年で6cm, 世紀末には65cmも上昇するという．そうなると海洋に浮かぶ島々や沿岸の低地帯は水没することになる．また，農業地帯も移動し，亜寒帯が温帯に，温帯が亜熱帯へと移行する．例えばツンドラ地帯が針葉樹林帯へ変化することになる．これによって農地が増えるかといえば，決してそのようなことはなく，逆に肥沃な平坦地が失われることになると考えられる．

地球温暖化の農業生産に与える直接的影響に関する実証的データは見かけないが，動植物の生態に及ぼす影響の想定が種々行われている．

例えば，地温上昇に伴い水分蒸発量が増えるため，土壌水分が不足して干ばつが起こり易くなる，雑草が増える，土壌有機物の分解が促進され地力の減耗が早まる，土壌侵食が促進される，などのマイナス面が想定される．その他水温，地温の上昇で積雪期間が短くなり，作物生産にプラスになることも想定されるが，これに関しては表1.7にあるように，プラス・マイナスがあって予測がつき難い[9]．

メタンガスの温暖化への寄与率は全体の15％と二酸化炭素に比べて低い．メタンは自然の湿地等が主な発生源であるが，水田や反芻動物の腸内発酵でも発生するといわれている．メタンが農業生産に直接影響を与えるといった

表1.7 気候温暖化が作物に及ぼす影響＊（％）

地域	作物			
	コムギ	トウモロコシ	ダイズ	イネ
中南米	−50〜−5	−61〜増加	−10〜+40	
旧ソ連	−19〜+41			
ヨーロッパ	増加または減少	30〜増加		
北米	−100〜+234	−55〜+62	−96〜+58	
アフリカ		−65〜+6		
南アジア	−61〜+67	−65〜−10		−22〜+28
中国				−78〜+28
他のアジア，太平洋沿岸諸国	−41〜+65			−45〜+30

（注）＊大循環モデルによる二酸化炭素2倍等価平衡条件下における作物収量の予測（IPCC, 1996cより抜粋），出典：袴田，農環研叢書第11号（1998）より

例は報告されていないが，発生源が農業と関連が深いこともあって，その削減策が課題となっている．本来メタンは水田や泥炭地等の還元条件下での発生がが多い．このため水田では排水を良くし，未熟有機物の施用を控えることが有効である[10]．

亜酸化窒素の温暖化への寄与率は6％と比較的小さいものの，発生源に海洋，熱帯土壌，サバンナ，森林，農耕地が挙げられており，このうち農耕地からの発生がかなり多いことが指摘されている．農耕地からの発生増加は，窒素肥料の使用量の増加によると推定されている．

農耕地に施用された窒素肥料からの亜酸化窒素の発生は，硝酸化成作用（硝化作用）あるいは脱窒作用による．前者はアンモニウム態で施用された場合，それが酸化されて硝酸に変わる過程で，後者は硝酸態窒素が土壌の嫌気的条件下において窒素ガスに変わる途中で生成する．しかし，主な生成経路は前者の硝化作用にあるとみなされ，第6章で詳しく述べられるように，尿素やアンモニウム態窒素肥料は，亜酸化窒素の生成を助長すると考えられる．この観点からすると，畑ではアンモニウム態窒素や尿素態窒素肥料より，硝酸態窒素肥料が好ましいといえる．もちろん多くの畑作物は硝酸態窒素を好むから，その面からも硝酸態窒素が有利である．しかし，硝酸態窒素は雨が多い場合には溶脱し易いので，速効性肥料として一度に施用するのは好ましくない．

4.2 オゾン層破壊

地上11 kmから50 kmの高さに，温度の比較的安定した層である成層圏が存在する．そこにはオゾンが15 ppmという非常に高い濃度で含まれ，これが太陽からの紫外線（10～380 nm）を吸収して地上に到達するのを防いでいる．特に生物にとって最も有害な280 nmより短波長の紫外線（UVC）を完全に遮断している．このオゾン層のお陰で我々人類は紫外線から身を守り，生きていられるのである．ところで，近年南極などでオゾン層が異常に減少していることが報告されている．このオゾン破壊の主因にフロンが挙げられているが，亜酸化窒素も原因の一つとされている．UVCは多少オゾン

濃度が減少してもその吸収に影響がないのであるが，280 nm 以上の中・長波長の吸収が減少するため，その到達率は急激に増大する．特に 300〜320 nm の紫外線（UVB）はオゾン（O_3）に強く吸収されるが，それと同様に遺伝子である DNA によっても吸収されるので，紫外線が増えると DNA が損傷を受ける可能性が高まる．熱帯地方で皮膚ガンが多く見られるのは紫外線が強いためと解釈されている．フロンの全廃が決定されていて，将来的にはフロンの影響は減少するものと期待されるが，亜酸化窒素については，施肥に起因する部分と自然放出があり，完全抑制は不可能と考えられる．ただし，施肥由来については，施肥改善や肥料の形態によってある程度の抑制は可能である[11,12]．

4.3 酸性雨

大気中には 370 ppm の二酸化炭素が含まれるが，雨にはこれが飽和状態で溶け込んで平衡を保っている．そのため雨水は弱酸性（pH が 5.6）を示す．したがって，雨水の pH が 5.6 より低いと二酸化炭素以外の物質により酸性化したと考えられる．その主な物質は硫黄化合物（SO_x）と窒素化合物（NO_x）である．環境庁による平成 12 年度の発表によると（図 1.2），ほとんどの調査地点で pH 5 以下を示しており，酸性降下物は全国的に広がっていることがわかる．今までのところ酸性雨による作物の直接的被害は報告されていないが，森林では日本，ヨーロッパで木が枯れる現象が報告されており，長期間にわたり酸性雨が継続した場合，土壌の酸性化，植生への直接的被害，あるいは陸水の酸性化による魚類への悪影響が考えられる．

5．水環境

日本の全国平均降水量は 1600 mm で，梅雨はあるものの極端な雨期，乾期がなく，温暖な気候条件下にある．そこに最も適した主食用穀物として米を選択したのは先見の明というべきであろう．人口扶養能力，栄養源からも，また連作にも耐える作物は水稲をおいてないといえる．化学肥料の普及に伴い，必要以上の肥料，特に窒素肥料が施用されるようになり，その一部

(18)　第 1 章　日本農業をとりまく環境

第2次平均[1]／平成5年度／6年度／7年度／8年度／9年度

利尻　4.8/4.9/5.3/＊/5.0/＊
野幌　4.8/4.8/5.0/5.1/5.2/5.3
札幌　5.2/5.1/4.7/4.6/4.6/4.6
竜飛　－/－/4.7/4.9/4.7/4.8
尾花沢　－/－/＊/4.8/4.7/4.7
新潟　4.6/4.6/4.5/4.6/4.6/4.7
新津　4.6/4.6/4.6/4.7/4.5/4.7
佐渡　4.6/4.7/4.7/4.7/4.6/4.8
八方尾根　－/－/4.7/＊/＊/4.8
立山　－/－/＊/4.7/＊/4.8
輪島　－/－/4.6/4.6/4.6/4.7
越前岬　－/－/－/4.5/4.5/4.6
京都弥栄　－/－/＊/4.7/4.5/4.8
隠岐　4.9/＊/5.1/4.8/4.7/4.8
松江　4.7/4.9/4.8/4.7/4.6/4.9
益田　－/－/4.7/4.6/4.5/4.7
北九州　5.0/4.8/5.2/5.2/5.2/＊
筑後小郡　4.6/4.9/4.7/4.8/4.8/4.9
対馬　4.5/4.8/＊/4.9/4.7/4.8

八幡平　－/－/＊/4.8/4.7/4.8
仙台　5.1/5.3/＊/5.1/5.1/5.2
篦岳　4.9/5.2/4.8/＊/4.8/4.9
筑波　4.7/＊/＊/＊/4.8/4.9
鹿島　5.5/＊/5.6/5.7/＊/5.8
東京　＊/＊/＊/＊/＊/＊
市原　4.9/5.2/5.5/5.3/5.4/5.0
川崎　4.7/5.1/4.7/4.8/5.0/4.8
丹沢　－/－/－/＊/4.8/4.8/4.9
犬山　4.5/4.7/4.7/4.7/4.7/4.8
名古屋　5.2/5.3/5.3/4.7/4.7/5.0
京都八幡　4.5/4.7/4.7/4.8/4.7/4.8
大阪　4.5/4.8/4.5/4.7/4.7/4.9
尼崎　4.7/5.0/4.8/4.8/4.7/4.9

潮岬　－/－/4.6/4.6/4.5/5.2
倉敷　4.6/4.7/4.7/4.6/4.5/4.7
足摺岬　－/－/＊/＊/＊/4.6
倉橋島　4.5/＊/4.4/4.6/4.5/4.6
宇部　5.8/5.9/5.7/5.8/5.6/5.7
大分久住　－/4.5/4.7/4.7/4.7/5.0
大牟田　5.0/5.3/5.5/5.5/5.5/5.5

五島　－/－/＊/4.9/4.7/4.8
屋久島　－/－/4.6/4.6/4.7/4.8
奄美　5.7/5.5/5.0/5.1/＊/5.3
国頭　－/－/＊/4.9/5.1/＊
小笠原　5.1/5.1/5.3/5.3/5.4/5.6

　　図1.2　降水中の pH 分布図（第 2 次調査および第 3 次調査結果）
　－：未測定　＊：無効データ（年判定基準で棄却されたもの）
　（注）　1：第 2 次調査 5 年間の平均値（欠測，年判定基準で棄却された年平均値は
　　　　　計算から除く）．
　　　　2：東京は第 2 次調査と第 3 次調査では測定所位置が異なる．
　　　　3：倉橋島は平成 5 年度と平成 6 年度以降では測定所位置が異なる．
　　　　4：札幌，新津，篦岳，筑波は平成 5 年度と平成 6 年度以降では測定頻度が
　　　　　異なる．
　　　　5：冬季閉鎖地点（尾瀬，日光，赤城）のデータは除く．
　出典：平成 12 年版環境白書より

が排水や地下水に流れ出て，河川や湖沼の富栄養化を招く要因の一つになっているが，還元条件では窒素肥料を窒素ガスとして土壌の系外に放出する働きもあり，水田の浄化機能は高く評価されている．

水田では養分が水に溶けているので，作物の根がそれらを吸収し易い条件であるといってよい．したがって，養分吸収の効率が作物中でもっとも高いのである．

一方野菜畑や果樹園では水稲の2～3倍の肥料が施用され（表1.8），そのうち利用されない肥料は水の動きにより地下水に入る．それはやがて河川によって運ばれ，閉鎖水域を富栄養化する．藤井ら[13]は国内26の都道府県で375か所の湧水，井戸水，温泉水等の地下水の水質調査を行った．そのうち硝酸態窒素（NO_2やNH_4-Nはきわめて濃度が低いので，NO_3-Nをみれば十分である）について見ると（表1.9），山林や台地の林地等で低く，畑，水田，樹園地で高いことがうかがえる．住宅地などの集落でも基準値の10 ppmの2倍以上であった．また，藤井らは水田の非灌漑期における暗渠排水についても調査している．それによると（表1.10），調査地点によって大きく異なり，一般の灌漑水より濃度の低い地点も見られるが，10 ppmを超える地点もあり，調査期間の2か月足らずの間にha当たりにして100 kg以上の窒素が流出した所のあることも示されている[13]．

環境庁は水質汚濁に係る環境基準について平成11

表1.8 1作当たりの化学肥料投入量（kg/10 a）

	窒素	リン酸	カリ
水稲	7.8	10.7	8.6
畑作物	16.7	17.0	15.7
露地野菜	21.3	23.2	17.8
施設野菜	21.0	21.2	17.1
露地果樹	14.7	13.8	11.4
施設果樹	14.5	16.8	10.9
露地花き	14.1	13.1	12.5
施設花き	27.6	25.5	26.1
茶	48.5	20.0	22.9

出典：農林水産省統計情報部：農業生産環境調査報告書（平成12年2月）より

表1.9 土地利用別地下水の硝酸態窒素濃度（N mg/L）

	調査点数	硝酸態窒素濃度	
		最低	最高
山地林地	69	N.D.	3.9
台地斜面林地	38	0.1	2.8
草地	8	0.6	7.2
水田	51	N.D.	39.9
畑	104	N.D.	68.0
樹園地	19	0.3	35.9
農村集落	16	0.1	27.9
市街地	34	N.D.	22.2

出典：藤井ら：農村地域における地下水の水質に関する調査データ（1986～1993），農環研資料20（1997）より

表1.10 水田暗渠排水による窒素の排出

暗渠No.	計測期間* (月/日)	水田面積 (m^2)	暗渠排水量 (m^3)	窒素平均濃度 (mg/L)	排水中窒素排出量 (kg)**	降水による窒素負荷量 (kg)
1	9/04〜10/31	1,241	2,742	8.41	23.6	0.15
2	9/04〜10/31	2,785	1,639	0.87	1.4	0.34
3	9/12〜10/31	2,562	791	3.69	1.6	0.31
4	9/04〜10/31	3,261	1,221	1.76	3.3	0.40
5	9/12〜10/30	2,560	883	1.72	4.8	0.24
6	9/09〜10/30	3,904	1,082	13.80	14.9	0.48

(注) *計測不能日数:1;4日,2;5日,3;6日,4;4日,5;15日,6;20日(1987)
**:排水量に対する加重平均濃度
出典:藤井ら,農環研資料,20(1997)より

年その一部を改正し,地下水中などの硝酸態窒素濃度を 10 mg/L (10 ppm) 以下と定めた.これは世界保健機構(WHO)が決めた飲料水中濃度と同じであり,日本の水道水基準も同様である.今後は農地の地下水中の硝酸態窒素濃度もこの値に規制されるものと考えられ,表にあるような高濃度の所を改善するには,化学肥料や,畜産排泄物の使用減が求められ,また畜産農家は家畜飼養頭数を制限しなければならなくなると思われる.いずれにしても,余分の,あるいは過剰の施肥を控え,作物の生育と養分吸収に応じた施肥管理が必要であり,それは畜産排泄物利用も含めたトータルとしての対応でなければならない.

(安田　環)

引用文献

1) レスター・ブラウン (1997, 1998, 2000):地球白書,ダイヤモンド社.
2) 安田　環 (1999, 2000):食料自給率70%を目指せ,肥料,84,85,86,87号.
3) 環境新聞社 (1998):環境ホルモン学.
4) JA全農肥料農薬部 (1999):施肥診断技術者ハンドブック.
5) 小原　洋 (2000):定点調査データの概要と農耕地土壌の全国的な傾向,ペドロジスト,44.

6) 駒田　旦 (1996)：最近の野菜産地をめぐる問題, とくに連作障害の原因と対策, 熊沢喜久雄監修, 環境保全型農業とはなにか, 農林統計協会.
7) 庄子貞雄編 (1995)：新農法への挑戦, 博友社.
8) 松本　聰 (2000)：アジアにおける問題土壌の存在形態と施肥の現状ならびにそれらの修復に対する我が国の役割, 肥料, 85.
9) 袴田共之 (1998)：地球温暖化と農業―IPCC第2次評価報告書より―, 農環研研究叢書11.
10) Yagi K.and K.Minami (1990) : Effect of Organic Matter Application on Methane Emission from Some Japanese Paddy Fields, Soil Sci.Plant Nutr.,36, 599－610.
11) 八木一行 (1997)：農耕地からの亜酸化窒素の発生, 農環研, 資源・生態管理科研究収録 No.13.
12) 秋山博子・鶴田治雄 (1998)：窒素施肥土壌からのNO及びN_2Oの発生―被覆尿素系肥料, 硝化抑制剤入り尿素系肥料, 尿素肥料施用区からのフラックスの比較―, 農環研, 資源・生態管理科研究収録 No.14.
13) 藤井国博ら (1997)：農村地域における地下水の水質に関する調査データ (1986～1993), 農環研資20.

第2章　持続的食料生産と肥料

1. 世界における人口増加

世界人口は1950年には25億人であったが,1998年に59億に達し,最近(2000年)60億人になったとニュースで報じられた.今後の増加傾向についてはいろいろの推計があるが,国連の中位推計(1996年)によると2010年には69億人,2025年には80億人,そして2050年には94億人になると予測されている(図2.1)[1].

人口は先進地域ではほとんど定常的(頭打ち状態)になっており,増加しているのはアフリカ,南アジア諸国である.アジアにおいても韓国,台湾ではすでに出生率は低下しており,中国でも「一人っ子」政策により出生率は低下し始めている.しかし出生率が低下しても,衛生・医療の改善による死亡率の低下はもっと急速であり,人口増加率が低下するには時間的な遅れが

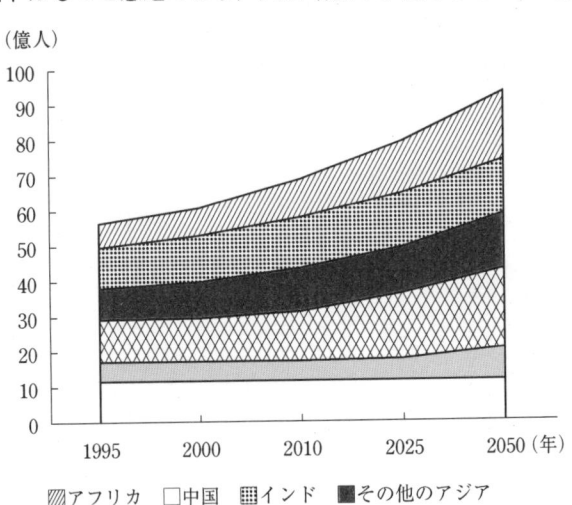

図2.1　世界人口の予測(国連による中位推計,1996)

あるが，やがて少産少死で増加は停止すると考えられている．インド，バングラデシュでもすでに人口増加率は2％を下回り始めている．

　問題はサハラ以南のアフリカ諸国であり，出生率は3％を越えている．医療援助で死亡率は低下しているが，これは人口増加に拍車をかけることになりかねないと指摘されている．このような地域では，マルサスの「人口論」(1798年) にある「人口は，制限されなければ幾何級数的に増大する．生活資材 (主として食糧) は算術級数的にしか増大しない」という憂慮がそのまま当てはまり，「ある時点で仮に食糧生産に余裕があったとしても，それは必ずや人口増加を誘発し，やがて1人当たりの食糧消費可能量は生存に必要な最低限を割り込むようになる．そこで生ずる飢饉の発生や疫病の流行，戦争の勃発などで人口は減少し，結局，生存ぎりぎりの生活水準で人口は落ち着く」という厳しい状態にある[2]．

　急激な人口増加に見合った量の食糧が生産されないと，1人当たりの食糧は減少し栄養状態は悪化する．栄養不足人口の割合は，サハラ以南アフリカで人口の40％，2億1,000万人に達している (表2.1)[3]．食糧の不足は価格の上昇を招き，高所得層は別として，低所得層は食糧を入手できない状態となり，この層から飢餓の犠牲者が発生する．

表2.1　発展途上国における栄養不足人口の割合と数 (1994～96年)

地　域	栄養不足人口の割合 (％)	栄養不足人口数 (100万人)
サハラ以南アフリカ	39	210
近東・北アフリカ	12	42
東および東南アジア	15	258
南アジア	21	254
ラテンアメリカ・カリブ海	13	63
全発展途上国	19	828

資料：FAO 統計 (世界食料農業白書，1998年)[3]

2. 世界における食料の供給

世界における穀物の生産量をみると，1961年から1996年までの35年に2.4倍に増加した．この間に人口の増加は1.9倍であったから，人口の増加以上に穀物生産が伸びていたことがわかる（図2.2）[1]．ただ人口より穀物生産が多くなったからといって，1人当たりの食料（食糧ではないことに注意）の供給が豊かになったことにはならない．食生活の内容が変わり，畜産に回る穀物が多くなっているため，必ずしも最貧層への食糧分配が増加することにはならないのである．

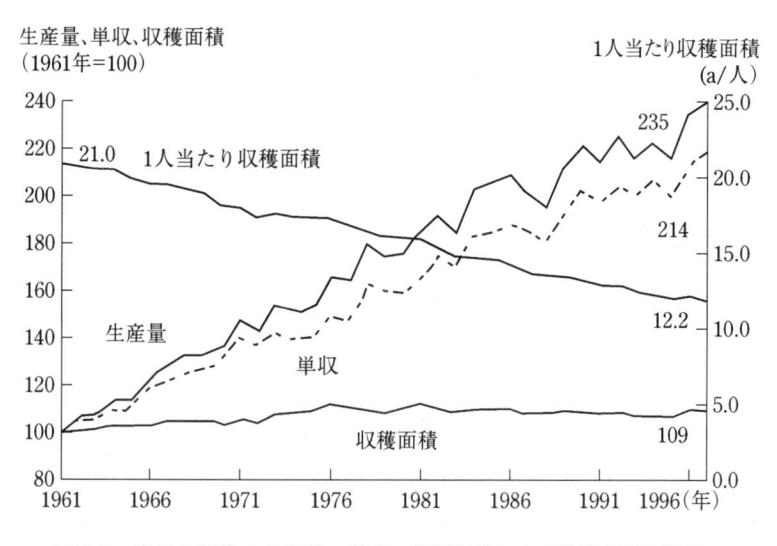

図2.2 世界の穀物の生産量，単収，収穫面積および耕地面積の推移

1人当たりの食料の量でみると，先進国では1年1人当たり穀物135 kg，肉類76 kgを，発展途上国では穀物181 kg，肉類21 kgを消費しており，食料の量としてはほとんど同じである．しかし畜産物の生産のためには多量の穀物を必要とする．すなわち，牛肉1 kgの生産には11 kg，豚肉では7 kg，鶏肉4 kg，鶏卵では3 kgのトウモロコシをそれぞれ必要とする（肉は可食部分相当量）．先進国の食生活で食べる肉を牛と豚で50％ずつと仮定すると，

肉生産に必要なトウモロコシは 684 kg になるから，直接消費する穀物を合計すると 819 kg になる．一方，発展途上国では同じ仮定で肉の生産に必要な穀物 189 kg，その他を合計して 370 kg である．すなわち先進国では 2.2 倍も 1 人当たりの穀物消費量が多くなっているのである[4]．

肉の消費量[1]は所得水準が上がると増加する．日本は 1970 年から 1996 年の間に 1 人年間消費量は 17.5 kg から 44.7 kg へと 2.6 倍に増えたが，まだアメリカ（1996 年に 118 kg）の 38 ％ でしかない．中国での増加傾向は日本より急激であり，同期間に 8.8 kg から 41.2 kg へと 5 倍になった．この点もレスター・ブラウンが中国への食糧供給が近い将来問題になると警告している根拠となっている．

このように食料不足は人口増だけが原因ではない．地域別に食料需要の増加を要因別にみたのが表 2.2 である[1]．発展途上国では人口の増加とともに食生活の変化による食料需要の増加が多いのである．

今後の世界における穀物の生産量，消費量，輸出入量の趨勢についてはいくつかのシナリオがある．これらは仮定のたて方によって違いがあるが，農林水産省が発表した 2025 年までの単純趨勢シナリオと生産制約シナリオでの結果を表 2.3 に示す[1]．ここで単純趨勢シナリオは「現在の単収の伸びが継続され，農地面積の拡大に対する制約がない」こと，また生産制約シナリオでは「単収の伸びが鈍化するとともに，農地面積の拡大も制約があることから，生産の伸びが鈍化する」ことをそれぞれ前提としている．

単純趨勢シナリオでは，世界全体では生産と消費は 29 億 t でバランスがとれるが，発展途上国での穀物不足量は

表 2.2 食料需要増加率の要因別予測（2050 年/1995 年）

	人口の増加	食生活の変化	全体
アフリカ	3.14	1.64	5.14
中南米	1.80	1.07	1.92
アジア	1.69	1.38	2.34
北アメリカ	1.31	1.00	1.31
発展途上国	1.95	1.40	2.74
先進国	1.02	1.00	1.02
全体	1.76	1.28	2.25

資料　FAO：食料需要と人口増加（1996）/（JA 全中, 2000）[1]

表 2.3 穀物の生産量,消費量,輸出入量の予測
(単位:100万 t, 米は精米ベース)

		1994年	2025年 単純趨勢	2025年 生産制約
先進国地域	生産量	843	1,213	1,132
	消費量	740	989	852
	純輸出入量	104	225	282
発展途上国地域	生産量	939	1,700	1,341
	消費量	1,043	1,925	1,624
	純輸出入量	▲104	▲225	▲282
世界合計	生産量	1,782	2,914	2,473
	消費量	1,782	2,914	2,476

資料:農林水産省による (JA 全中, 2000)[1]
(注) 単純趨勢シナリオ:耕種作物について,現状の単収の伸びが継続し農地面積の拡大の制約もないと見込む
生産制約シナリオ:環境問題等の制約や,かんがい等の農業基盤整備の停滞等から,単収の伸びが鈍化するとともに,農地面積の拡大も制約があることから,生産の伸びが鈍化するものと見込む.

表 2.4 1人当たり穀物消費量 (kg/年) の予測

地域	1994年	2025年			
		単純趨勢シナリオ		生産制約シナリオ	
	kg	kg	指数	kg	指数
先進国	578	709	123	611	106
発展途上国	240	289	121	244	102
中南米	279	340	122	271	97
アフリカ	163	192	118	140	86
中近東	335	359	107	291	87
アジア	235	298	127	262	112
世界合計	317	362	114	308	97

資料:農林水産省による (JA 全中, 2000)[1]
(注) 指数は 1997 年を 100 とした時の値

1994年の1億tから2億3,000万tへと拡大すると予測される.生産制約シナリオではさらに深刻であり,世界全体では生産・消費は25億tレベルとなり,発展途上国での穀物不足は2億8,000万tになると予測されている.最

表 2.5　世界の穀物価格の予測　　（各基準年を 100 とした指数）

	基準年	目標年	コムギ	トウモロコシ	コメ	ダイズ
現状推移シナリオ	1992	2010	111	118	118	110
生産制約シナリオ	1992	2010	212	195	205	181
世界銀行	1992	2010	67	79	69	—
IFPRI	1988	2010	57	78	93	—
USDA	1990/92	2005	63	—	87	67
FAPRI	1993/94	2003/04	111	92	105	96

資料：農林水産省による(生源寺, 1998)[4]

近の単収の頭打ち，新農地開発の困難さ，土壌の劣化，地球温暖化などによる砂漠化の進行などをみると後者の生産制約シナリオの方向に進むことは必至である．

このような違ったシナリオでの 1 人当たりの穀物消費量[1]については表 2.4 に示した．需給の逼迫により穀物の価格は高騰が予測されており，生産制約シナリオでは 2010 年にコメの指数で 205（1992 年を 100），トウモロコシ 195 と予測されている．ただしアメリカや世界銀行などでは必ずしも値上がりは予測してなく，むしろ値下がりするとみており，予想値には 2 倍くらいの違いがある（表 2.5)[4]．

3．利用可能な農耕地面積

耕地面積はすでに図 2.2 に示した[1]．1961～63 年平均の 12.7 億 ha から 1994～95 年平均で 13.6 億 ha に，穀物収穫面積は同期間に 6.5 億 ha から 7 億 ha にと，30 年以上たっているのにもかかわらずいずれも 7～8％しか増加していない．これは耕作適地が限定されていて新たな開墾が進まない反面，優良農耕地が宅地，工業用地に転換して減少していることが反映している．人口が増加している分，1 人当たり農耕地面積は減少しており，収穫面積でみると 1961 年に 21 a であったものが，1997 年には 12.1 a と 58 ％になった．

農耕地面積はこれからも増加するのはきわめて難しい．新規に農耕地化さ

れようとしている地域は,農耕地に必ずしも適さない,あるいは環境的に弱いところが多い.熱帯樹林のように,積極的に保護することが必要な地帯もある.耕地面積が増えないとすれば,単位面積当たり収穫を上げる以外に,食糧生産を増やせないことは自明である.

4. わが国における食料自給率

わが国の食料自給率[1]は表2.6に示したように年々低下している.コメは政策的に保護されてきたためにほぼ100%の自給率を確保してきたが,コメを除く穀物類の自給率は10%以下になっている.主要穀物自給率としては60~70%であるが,飼料用(トウモロコシ・ソルガムなど)を入れた穀物自給率は30%を下回るに至っている.日本の自給率は先進国の中で異常に低いとよくいわれるが,中国,インド,インドネシア,パキスタン,ロシア

表2.6 わが国の食料の自給率の推移(単位:%)

	1965	1975	1985	1995	1998
主要品目の自給率(重量ベース)					
コメ	95	110	107	103	95
コムギ	28	4	14	7	9
マメ類	25	9	8	5	5
野菜	100	99	95	85	84
果実	90	84	77	49	49
肉類(鯨を除く)	90	77	81	57	55
鶏卵	100	97	98	96	96
牛乳・乳製品	86	81	85	72	71
魚介類*	109	102	96	75	66
砂糖類	31	15	33	31	32
穀物(食飼料用)自給率	62	40	31	30	27
主要穀物自給率**	80	69	69	64	59
供給熱量自給率	73	54	53	43	40
金額ベース食料自給率	86	83	82	74	70

資料:農林水産省「食料需給表」による(JA全中, 2000)[1]
(注) *魚介類は飼料・肥料用を含む
　　 **主要穀類はコメおよびムギ類(飼料用を除く)

4. わが国における食料自給率 (29)

主要先進国の穀物自給率の推移

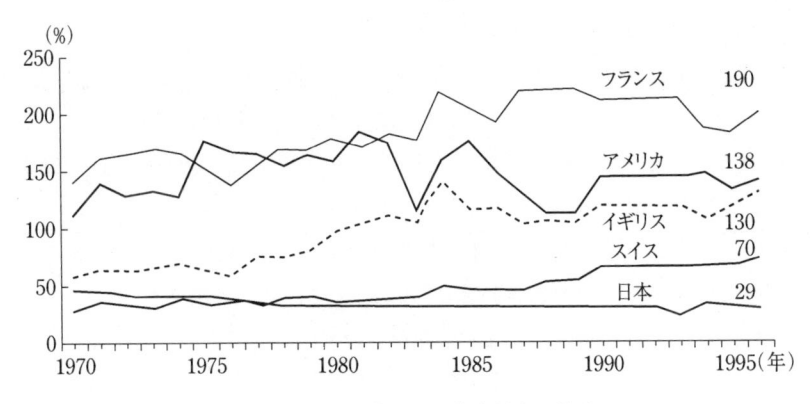

フランス 190
アメリカ 138
イギリス 130
スイス 70
日本 29

図 2.3　主要先進国の穀物自給率の推移

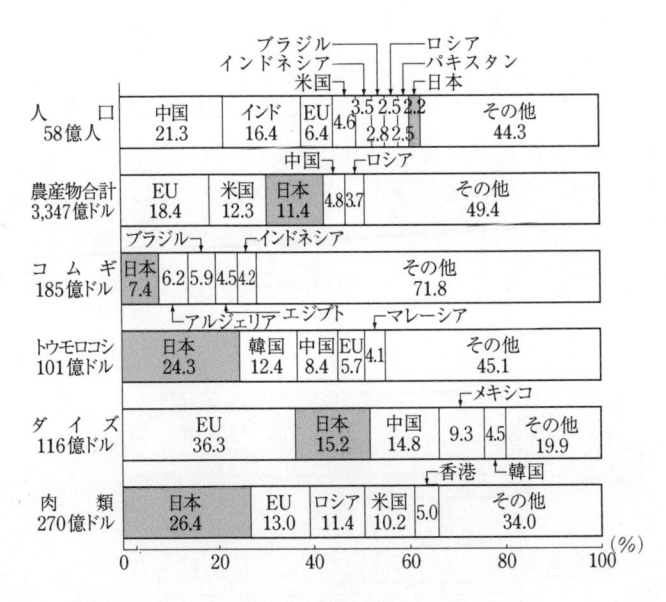

人口 58億人	中国 21.3	インド 16.4	EU 6.4	米国 4.6 / ブラジル 3.5 / インドネシア 2.8 / ロシア 2.5 / パキスタン 2.5 / 日本 2.2			その他 44.3
農産物合計 3,347億ドル	EU 18.4	米国 12.3	日本 11.4	中国 4.8	ロシア 3.7		その他 49.4
コムギ 185億ドル	日本 7.4	6.2	ブラジル 5.9	インドネシア 4.5	4.2		その他 71.8
トウモロコシ 101億ドル	日本 24.3	韓国 12.4	中国 8.4	アルジェリア EU 5.7	エジプト 4.1	マレーシア	その他 45.1
ダイズ 116億ドル	EU 36.3		日本 15.2	中国 14.8	メキシコ 9.3	4.5	その他 19.9
肉類 270億ドル	日本 26.4	EU 13.0	ロシア 11.4	米国 10.2	香港 5.0	韓国	その他 34.0

図 2.4　わが国の世界人口および世界農産物輸入額に占めるシェア（1997年）

などでも90％以上は維持している[1]．

日本への穀物輸入量（1996年度）[1,5]は，コムギ591万t（積載量6万tの貨物船で約100隻），トウモロコシ1,626万t（同約270隻），ダイズ487万t（同約80隻），合計すると4日で5隻の割合で6万t貨物船が入港しているのに相当する．肉類の輸入量も牛肉は87万t（190万頭に相当），豚肉96万t（1,200万頭に相当）と膨大である．

このため日本の輸入は世界の農産物マーケットで大きなシェアを占めている（図2.4）[5]．人口では世界の2.2％に過ぎない日本が農産物全体で11.4％，トウモロコシ25％，肉類26％を買占めているのである．しかも日本への輸出元はアメリカが多く，農産物全体では37％，トウモロコシ88％，ダイズ77％，牛肉58％と圧倒的である[5]．いまさら「兵糧攻め」まで考える必要はないであろうが，国際需給の変動や輸出政策の影響を受けやすい構造になっていることは確かである．「金があって買えるのだからいいではないか」ではすまない問題ではなかろうか．

膨大な輸入食料を生産するために必要な農地面積は1,200万haであり，国内耕地面積495万haの2.4倍に相当すると計算されている（図2.5）[1]．これら海外の生産で必要な植物養分，水は形を変えて日本に流入している．これが日本の畜産公害のもとになっており，原産地では土壌肥よく度の低下，水不足，侵食の原因となっている．地球環境に大きな影響を与えていると非難されても反論しにくい．

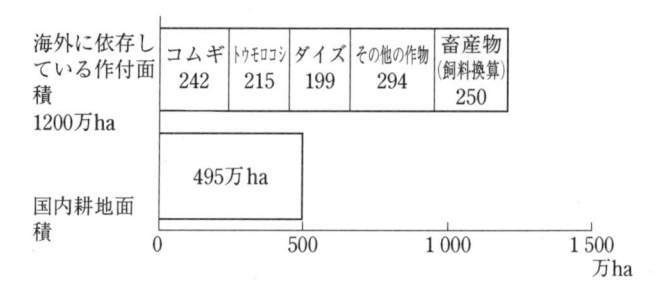

図2.5 主な輸入農産物の生産に必要な海外の作付面積

平成12年3月に食料・農業・農村政策審議会は，自給率（カロリーベース）の目標を将来的・長期的には50％以上，2010年までに45％に引き上げることを答申し，政府は閣議決定でこれを了承した．この自給率は基準年（1997年）の41％を4ポイント上げるものと説明されているが，現在の趨勢では38％に下がると試算されていることから，実際には7ポイント上げる努力が必要なのである（表2.7）．

自給率を1％上げるために必要な国内生産の拡大量は表2.8のように計算されている[1]．自給率を45％まで上げるためには，具体的にはコメの消費量の減少を最小限の1％にとどめ，作付け面積は8万haの減少にとどめ

表2.7 食料自給率の趨勢試算値と目標値（単位：％）

	1997年 基準年	2010年	
		趨勢試算値	目標値
供給熱量総合食料自給率	41	38	45
主食用穀物自給率	62	59	62
飼料用を含む全穀物自給率	28	27	30
飼料自給率	25	27	35
金額ベースの総合食料自給率	71	−	74

資料：食料・農業・農村基本計画（2000）による

表2.8 自給率を1％上げるために必要な国内生産拡大量*

品　目		現在 (1996年)	1％引き上げ後	必要な増加量
コムギ	生産量（万t）	48	90	42
	作付け面積（万ha）	16	30	14
ダイズ	生産量（万t）	15	44	29
	作付け面積（万ha）	8	24	16
自給飼料作物**	生産量（万t）	3911	5515	1604
	作付け面積（万ha）	97	137	40
魚介類	国内生産量（万t）	674	847	173

資料：農林水産省「食料・農業・農村基本問題調査会答申参考資料」(JA全中，2000)[1]
(注)　＊同時にそれに見合った量を輸入量と代替えすることが必要
　　　＊＊牛乳・乳製品の場合

る．自給率向上の柱としてムギ・ダイズ・飼料作物を「戦略作物」とし，コムギの作付け面積は18万ha，オオムギ・ハダカムギ8.9万ha，ダイズ11万ha，自給飼料作物110万haにそれぞれ増加しなければならない．これらをあわせて農地面積は25万ha減の470万haを確保することが目標である．自給率低下の大きな要因である畜産物については1人当たり消費量を2.9％減少（牛肉は増加し，豚肉と鶏肉で減少）し，肉としての自給率は60％を保つこととなっている．

今後どのようにして，これらの目標を実現するのかが問われるところであるが，優良農地や農業用水の確保，農業の担い手の確保とともに農業技術水準の向上がこれまで以上に求められることは確かである．

5．肥料の役割

単収を上げる方法としては，耕地内の環境諸要因を制御するか，作物自体がもつ生産ポテンシャルを改良するしかない．前者の環境諸要因はさらに基盤整備，機械化，かんがい法，施肥法，育苗，作期移動などの非生物的環境要因と，雑草防除，病虫害防除などの生物的環境に分けられる．後者の作物自体のポテンシャルの改良は品種改良によるものである．これらの技術は単独で単収の増加に寄与することもあるが，複数の要因が絡んで寄与している場合もある[6]．

一般に品種改良の効果は大きいものがあり，国際イネ研究所の多収水稲品種による「緑の革命」が有名である．しかし，この場合も作物自体のもつ太陽エネルギーの固定能力自体を改善したわけではなく，施肥，耐倒伏性など環境制御をしやすくしたことと，食糧となる部分へのエネルギー分配を多くしたことで収量が増加したといわれている[6]．端的にいえば多収性品種はまず施肥反応が高いイネであり，肥料がなければ多収とは

表2.9　コメ生産における収量増加の要因

	貢献度（％）
改良品種の効果	23
肥料の効果	24
かんがいの効果	29
その他の要因	24
コメ収量の増加	100

資料：国際イネ研究所の試算，1965-1980／FAO「世界の農業」(1987)

5. 肥料の役割

ならないのである．イネの増収に及ぼす技術の効果については表2.9のようであるといわれている．イネ増収の1/4は肥料によると推定されている．

このように肥料の効果は顕著であり，しかもかんがいの改良などと違って農家個人で実行可能である．そのため発展途上国に新しい技術を導入する場合に，まず肥料試験を農家にみせて技術全体への信頼感，期待感を高めることで次のステップへの誘導が容易になった，いわば肥料が新技術導入の引き金になったと報告されている．

肥料の効果については，国ごとに穀物生産量との関係からも明らかにみることができる．肥料（$N + P_2O_5 + K_2O$）の消費量と穀類の平均収量を国別にグラフにすると，きれいな曲線に表せる（図2.6）[7]．この図から，無施肥では穀物収量は1～2 t/haにとどまるが，2010年にアジアで必要とする収量3 t/ha以上になるためには200 kg/haの肥料（成分として，アジアではほとんど窒素）が必要であり，2030年には施肥量を成分で400 kg/haとして収量を4.5～5.5 t/haまで上げる必要があることが推測される．

無肥料の時の作物収量は当然生育する土壌，水などからの天然供給量に関係しており，一概にいえない．また同じ土壌であっても作物の種類によっても反応が異なる．全農

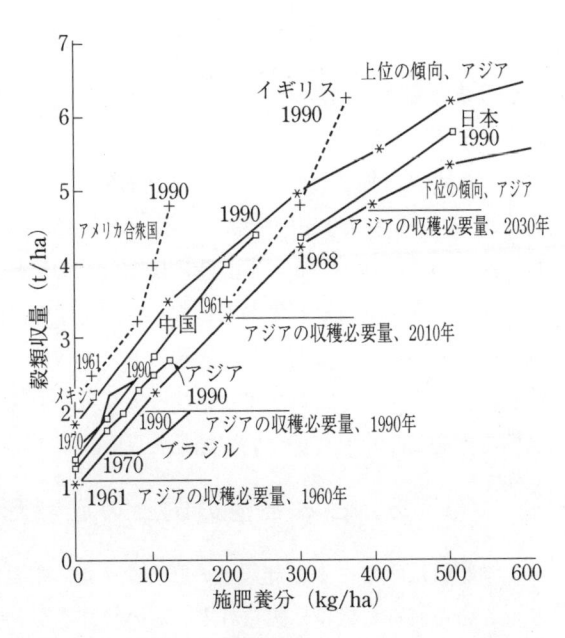

図2.6　アジアとヨーロッパ，ラテンアメリカ諸国およびアメリカ合衆国における肥料使用の伸びと作物収量の向上

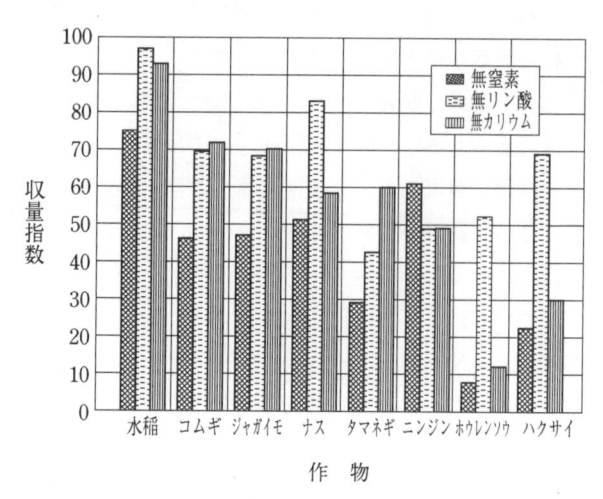

図 2.7 肥料の効果（窒素・リン酸・カリ欠除の影響）

で取りまとめた三要素試験における三要素欠除の影響は図 2.7 に示した．水稲では窒素の影響は大きいが，無リン，無カリウムの影響はあまり大きくはない．ムギは水稲より肥料による増収効果が大きく，昔からいう「イネは地力で，ムギは肥料で」を裏付けている．野菜はいずれも肥料の効果が大きく，無施肥での収量は 50％以下，時には 10％以下というみじめな状態におちいる．このデータは単年度のものであり，連年の試験ではさらに収量の低下は著しいであろう．反対に肥培管理で養分が蓄積（肥よく度が向上）すると，施肥に対する反応もこれまでと異なってくる．土壌診断で適切な土壌養分の状態を把握し，それに基づいて施肥を見直すことが必要である．

6. 日本と他の国との肥料形態の差異

化学肥料はすでに 100 年以上の歴史があり，主要な単肥は窒素・リン・カリウムのそれぞれ数種に限られているのであるが，子細にみると国によって肥料の使われ方には差が認められる．気象，土壌，立地条件，作物が異なるから違って当然であるが，同時に歴史的な背景もあると考えられる．

主要な国別にみた三要素の消費量は表 2.10 に示した[8]．最近の変化で著

6. 日本と他の国との肥料形態の差異

表2.10 国別にみた肥料三要素の消費量と三要素の比率

国名	成分	消費量 (1,000 t)* 1985/86	消費量 (1,000 t)* 1996/97	変化率** (%)	三要素*** 比率
日本	N	680	512	75	1.00
	P_2O_5	731	610	83	1.19
	K_2O	614	441	72	0.86
アメリカ	N	9457	11184	118	1.00
	P_2O_5	3790	4145	109	0.37
	K_2O	4583	4871	106	0.44
フランス	N	2408	2524	105	1.00
	P_2O_5	1466	1052	72	0.42
	K_2O	1821	1488	82	0.59
ドイツ	N	2286	1754	77	1.00
	P_2O_5	1055	415	39	0.24
	K_2O	1482	645	44	0.37
イギリス	N	1572	1346	86	1.00
	P_2O_5	434	402	93	0.30
	K_2O	510	485	95	0.36
インド	N	5750	10316	179	1.00
	P_2O_5	2061	2979	144	0.28
	K_2O	854	1043	122	0.10
中国	N	13594	25432	182	1.00
	P_2O_5	2946	8101	275	0.32
	K_2O	343	2443	712	0.10
旧ソ連	N	10950	2885	26	1.00
	P_2O_5	7615	883	12	0.31
	K_2O	800	30	3.8	0.01
世界	N	70562	82646	117	1.00
	P_2O_5	33521	30949	92	0.37
	K_2O	25672	20813	81	0.25

資料：IFA（国際肥料協会）資料/肥料経済研究所資料（1999）[9]から作成
(注) *肥料年度．ただし中国，旧ソ連は暦年（1985年と1996年）
** 変化率（%）は（1996/97）/（1985/86）の値
*** 三要素の比率（1996/97）は窒素を1とした値

しいのは，インド・中国での消費量の伸び，特に窒素肥料の伸びである．この10数年に消費の伸びはいずれも180%前後であり，1996/97年には両国

で世界の窒素肥料消費の43％を占めるに至っている．これに反して先進国，特に西欧諸国では頭打ち，ないし減少傾向が著しく，特にリン・カリウムの減少が目立つ．日本も全体的に減少しているが三要素間にそれほどの差はみられない．これは後記のように化成肥料中心で消費されているからであろう．旧ソ連（ロシア）の肥料消費は激減しており，同国の食糧生産に大きな影響がでていると考えられる．

日本では三要素の間の重量比は $1:1.2:0.9$ とほぼ並んでおり，バランスがとれていると評価されているが，これは必ずしも世界の常識ではない．アメ

表2.11 三要素肥料中の複合肥料の割合（％）と成分比

国名		N	P_2O_5	K_2O
日本	複合肥料（％）	39.9	72.1	94.8
	平均成分比	1.0	2.2	2.0
アメリカ	複合肥料（％）	19.2	94.0	32.6
	比 率	1.0	1.8	0.74
フランス	複合肥料（％）	20.0	84.1	62.0
	比 率	1.0	1.8	1.8
ドイツ	複合肥料（％）	13.8	88.7	47.8
	比 率	1.0	1.5	1.3
イギリス	複合肥料（％）	40.3	92.3	93.8
	比 率	1.0	0.68	0.84
インド	複合肥料（％）	12.6	82.8	30.6
	比 率	1.0	1.9	0.24
中国	複合肥料（％）	6.3	39.8	10.3
	比 率	1.0	2.0	0.16
旧ソ連	複合肥料（％）	3.3	35.0	2.5
	比 率	1.0	3.3	0.32
世界	複合肥料（％）	14.5	65.9	35.5
	比 率	1.0	1.7	0.62

資料：IFA（国際肥料協会）資料/肥料経済研究所資料（1999）[9] から作成．
(注)　＊1996/97肥料年度．ただし中国，旧ソ連は暦年（1996年）．
　　　＊＊複合肥料として消費した成分量の比率（窒素を1.0とした値）．

リカ・西欧諸国ではいずれも 1 : 0.3～0.4 : 0.4 前後であり，インド・中国では 1 : 0.3 : 0.1，全世界の平均では 1 : 0.37 : 0.25 となっている．

三要素肥料の使われ方として，複合肥料と単肥に分けてみるとここでも日本の違いがあるようにみえる（表2.11）．日本の場合，複合肥料として消費された窒素肥料は40％，リン酸72％，カリ95％となっており，イギリスもこの比率に近い．しかし他の西欧諸国・アメリカでは窒素が複合肥料として使われる比率は20％またはそれ以下である．リン酸は90％前後が複合肥料（リン酸アンモニウム）であるが，カリについてはアメリカ・ドイツなどで単肥として使われる比率が高い．インド・中国は三要素のいずれも単肥で消費される比率が高い．

単肥として使われる主要な肥料については表2.12にまとめた．窒素単肥でみると，日本では硫酸アンモニウムと尿素が多いが，アメリカでは液化アンモニアが圧倒的に多く，次いで窒素液（硝酸アンモニウム－尿素－アンモニアなどの溶液）となっている．西欧諸国では硝酸アンモニウム系肥料が多く，次いで窒素液となっている．液化アンモニア・窒素液など液状で使われる比率が高くなっているのは，成分が高い（液化アンモニアでは82％N，窒

表2.12 国ごとにみた主要な窒素，リン酸単肥*

	窒素単肥		リン酸単肥**	
	1位	2位	1位	2位
日本	硫アン	尿素	リンアン	過リン酸
アメリカ	液アン	窒素液	リンアン	重過リン酸
フランス	硝アン	窒素液	重過リン酸	その他
ドイツ	硝アン石灰	窒素液	リンアン	重過リン酸
イギリス	硝アン	窒素液	リンアン	重過リン酸
インド	尿素	リンアン	リンアン	過リン酸
中国	尿素	その他	過リン酸	リンアン
旧ソ連	硝アン	尿素	過リン酸	リンアン
世界	尿素	その他	リンアン	過リン酸

資料：IFA（国際肥料協会）資料/肥料経済研究所資料（1999）[9]から作成．
(注) *消費量の多い順に1位，2位（1996/97肥料年度．ただし中国，旧ソ連は1996年）．
　　**リンアンは複合肥料であるが，ここでは単肥として集計．

素液で40％前後）ほか，パイプラインとポンプで簡単に移動でき機械的な輸送・施肥も簡単なことが理由である．液状であれば，吸湿・固結・粉化など粒状肥料につきまとう問題がないこともメリットとして考えられる．

インド・中国では，窒素肥料としては尿素が主体であり，中国では重炭酸アンモニウムなども多い．

リン酸単肥としてはリン酸アンモニウムが多い．（肥料の分類上は複合肥料であるが，これのみを単独で使う意味でここでは単肥として集計した．）次いで多いのは日本では普通過リン酸石灰となっているが，他の国では重過リン酸が多い．

カリウム肥料は表には省略したが，圧倒的に多いのが塩化カリウムであり，世界全体でカリ単肥の94％，アメリカ，ドイツ，フランスでも90％以上である．しかし日本では単肥のカリは少ないが，その中で塩化カリウムの比率は60％程度である．

個々の作物別に使われる肥料の種類，量については手持ちの情報がほとんどない．最近，日本とアメリカでの水稲に対する施肥の比較が報告された[9]が，それによるとアメリカでは窒素の施用量が日本の1.9倍と多く，逆にリン酸は1/2以下であった．三要素合計ではほとんど同じとなっていた（表2.13）．日本では良食味米志向が強く窒素が控えめになっていること，リン酸・カリについては化成肥料として窒素と同時に施用されることが反映したものと考えられる．

肥料価格についての国際比較は，他の物価水準，産物の価格，為替レートなどの違いで困難であり，資料もあまりない．日本とアメリカの肥料などの価格差については表2.14に示した[1]．この調査では硫酸アンモニウムは，日本の1.3倍であった．

表2.13 日本とアメリカにおける水稲に対する施肥量の比較[10]

	10a当たり施肥量（成分kg）			
	N	P_2O_5	K_2O	合計
日本[1]	7.8	9.2	7.2	24.2
アメリカ[2]	14.9	3.9	5.6	24.4

資料：[1] 農業経営統計調査（平成10年度）.
　　　[2] 主要生産州における統計（Crop Production, 1992. USDA）

表2.14 農産物の価格に影響を及ぼす諸要因の日米比較

	年	日本	US	日本/US
農用地面積 (100万ha)	1997	4.95	392	1/79
農家1戸当たり農用地面積 (ha)	1997	1.5	190	1/127
農用地価格 (万円/ha)	1995	1,697	15	113倍
肥料価格 (硫アン) (円/t)	1998	34,550	27,228	1.3倍
農薬価格 (NAC剤) (円/kg)	1998	1,527	1,445	1.1倍
農業機械 (トラクタ) (万円/台)	1998	176	158	1.1倍
製造業賃金 (円/時)	1996	2,208	1,390	1.6倍
電気料金 (円/kWh)	1997	17.7	5.3	3.3倍
ガソリン価格 (円/L)	1997	104.4	39.4	2.6倍

注) 1. 農林水産省調べ[1]. 価格は各年における平均為替レートで換算.
　　2. 硫アン:日本は20kg袋詰め, USはバラ積み.

ただアメリカではバラ積み, 日本は20kg袋詰めと包装経費が異なり, また流通の経費も大きく異なっている. なお別の調査[9]では尿素の価格差は硫酸アンモニウムよりも大きかった.

7. 肥料生産とエネルギー

持続的農業生産においては, 化学肥料への依存度を下げる, できればまったく使うべきでないと主張されている. その論拠は, 化学肥料の生産に化石燃料やリン鉱石・カリウム鉱石などが必要であり, これらの有限な資源が枯渇すれば農業生産も続けられなくなる点にある. また化石燃料の使用は大気中の二酸化炭素の増加になり, 地球の温暖化につながることも問題となっている. 資源の有限性については次節で論議することとし, この節では

表2.15 肥料, 燃料, トウモロコシ子実のエネルギー原単位[1]

	積算基礎	熱量 (MJ)
窒素肥料[2]	N 1 kg	73.6
リン肥料[2]	P 1 kg	13.3
カリウム肥料[2]	K 1 kg	9.2
燃料	石油 1 L	40.0
トウモロコシ	子実 1 kg	14.7

(注) Pimentel (1973)[11].
[1] 1 MJ = 239 kcal.
[2] 製造・加工費を含む (輸送・施用費用は別).

肥料生産とエネルギーの問題を考えたい．

肥料の製造に必要なエネルギー量は，肥料の種類，原料，工程，工場の立地などによって大きく異なる[10]が，Pimentel[11]は三要素について表 2.15 の値を用いた．肥料成分当たりでは，窒素が 73.6 MJ/kg N と最も多く，リンは 13.3 MJ/kg P，カリウムは 9.2 MJ/kg K と少ない．元素当たりでなく酸化物で計算すると，リン酸 5.8 MJ/kg P_2O_5，カリ 7.6 MJ/kg K_2O となる．

表 2.16 主要肥料の製造に必要なエネルギー

肥 料		成分 (%)	平均的エネルギー必要量 (MJ/kg)[1]	
			アメリカ[2]	ヨーロッパ[3]
窒素肥料				
液化アンモニア		N 82	57.2	35.3
尿素	(プリル)	N 46	79.5	42.3
	(粒状)	N 46	76.1	
硝酸アンモニウム	(プリル)	N 34	73.4	34.8
	(粒状)	N 34	71.8	
硫酸アンモニウム	(合成)	N 21	60.6	
	(回収)	N 21	22.4	
リン酸肥料				12-19
リン鉱石粉末		P 13	9.2	
リン酸液		P 24	22.1	
重過リン酸石灰	(粒状)	P 20	21.5	
リン酸二アンモニウム	(粒状)	P 20	20.0	
		N 18	57.2	
リン酸一アンモニウム	(粒状)	P 24	18.8	
		N 11	57.2	
普通過リン酸石灰	(粉状)	P 9	11.1	
	(粒状)	P 9	18.9	
カリウム肥料				
塩化カリウム	(粒状)	K 50	5.8	5
	(粉状)	K 50	4.6	
	(平均)	K 50	5.2	
	(欧州産)	K 50	9.2	

(注) [1] 成分 (元素として) 1 kg を生産・採掘・加工するのに必要な熱量．
 [2] Boswell et al. (1985)[12]．
 [3] Norsk Hydro/Boeckman et al. (1990)[13]．

成分量当たりで比較すると窒素はリン酸に比較して13倍,カリに比較して9.7倍のエネルギーが必要である.

肥料の種類別には表2.16の推定がある.これによると,Pimentel[11] の原単位は硝酸アンモニウム（プリル）の値に近い.尿素はこれよりやや高く,硫酸アンモニウム（硫アン）は少ない.アメリカでの推定[12] よりもヨーロッパ（Norsk Hydro）での推定[13] がかなり低い.さらに合成硫アンに比較して回収硫アンのエネルギー量が1/3近くに見積もられている点に注意が必要である.日本では合成硫アンは現在まったく作られてなく,すべて回収硫アン,または副生硫アンである.現在アンモニアの大部分は工業用に使われ,直接肥料用に回されるのは14％に過ぎない（平成10年）.工業で一度利用し,その後肥料に回収される場合のエネルギー必要量は工業と肥料とで按分する必要がある.またあまり化学肥料の使用量を減らすと,回収したアンモニアの行き場を別に考えなくてはならなくなるであろう.

窒素肥料でエネルギー消費量が多いのは,アンモニア合成で化石燃料などのエネルギー源を必要とするからである.アンモニアの原料は窒素と水素であるが,窒素は大気中から分留などで簡単に得られる.また合成反応は発熱反応である.

$$N_2 + 3H_2 = 2NH_3 + 92 \text{ kJ} \tag{1}$$

しかし原料の水素の製造のために化石燃料（現在の主力は天然ガス）を必要とする.電気代が安ければ水の電気分解で作るのが簡単であるが,今はコストが高い.エネルギー的にも(1)式で発生する熱量の約9倍が必要である.

$$H_2O + 285.83 \text{ kJ} = H_2 + 1/2 O_2 \tag{2}$$

アンモニア1tの生産に必要な化石燃料は,石炭（水性ガス法）1.5 t,ナフサ（水蒸気改質法）775 L,液化石油ガス（LPG）512 kgが原単位であり,それに相当するエネルギーが消費される.この場合,発生する二酸化炭素は石炭では5.5 t,LPG（プロパンとして）では1.5 tであり,LPGは石炭の30％以下である[10].石炭と違ってLPGには水素が含まれ,それも水素源となるからである.水の電気分解では二酸化炭素の発生はないが,発電時の発生量

をカウントしなければならない.

リン酸肥料ではリン鉱石の採掘・選鉱・乾燥などで 9.2 MJ/kg P のエネルギーが必要である．これをリン酸肥料に加工する際にさらにエネルギーを使い，ほぼ 20 MJ/kg P 前後が必要熱量となる．リン酸アンモニウムはその中の窒素の生産に必要なエネルギーが多いが，リン酸に相当する分は 20 MJ/kg 前後である．

表 2.17 肥料の流通・施用に必要なエネルギーの推定値

成分	エネルギー (MJ/kg 成分) と比率 (括弧内)			
	輸送	包装	施肥	合計
窒素 (N)	4.5 (52)	2.6 (30)	1.5 (18)	8.6 (100)
リン (P)	13.0 (58)	6.0 (27)	3.4 (15)	22.4 (100)
カリウム (K)	5.5 (63)	2.1 (24)	1.2 (13)	8.8 (100)

(注) Boswell et al. (1985)[12].

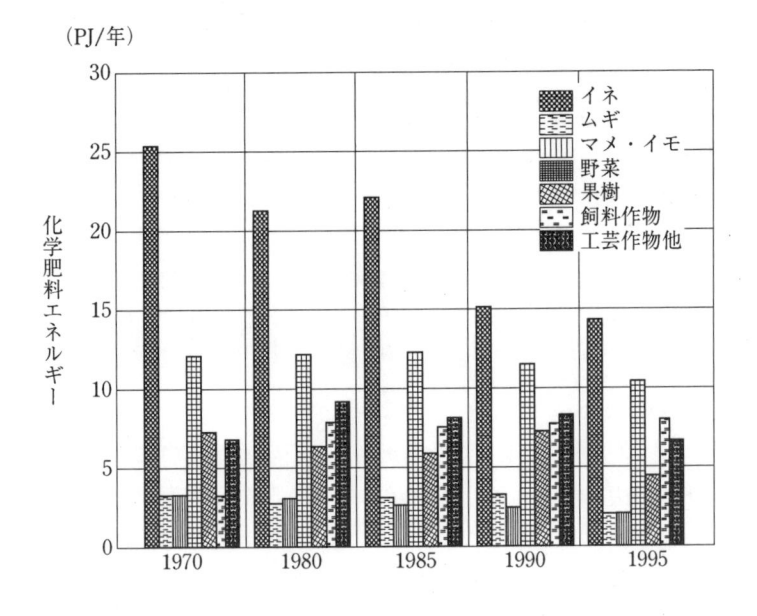

図 2.8 作物別にみた化学肥料エネルギーの消費量

カリウム肥料は，鉱石の採掘・選鉱・乾燥などに必要なエネルギーは比較的少ない．産地によっても異なり，北米（カナダが主体）はヨーロッパ産の60％以下と見積もられている．

肥料の流通・包装・施肥においてもエネルギーは必要である．その量は表2.17のようにアメリカでは見積もられている[12]．これらの流通コストは重量に比例するから，成分の低い肥料はエネルギー的に割高になる．この表でリン酸肥料の流通コストが高いのはそのためである．また高成分の液状肥料で流通することの多い窒素肥料（液化アンモニアあるいは窒素液など）は，成分当たりのエネルギー必要量は少ない．

わが国での化学肥料消費に伴うエネルギー量を図2.8に示した．作物別の化学肥料消費量を推定し，それにPimentelの原単位[11]を掛けて計算したのであるが，窒素肥料の製造エネルギーが圧倒的に多く，全体の85％を占める．リン酸，カリはそれぞれ7〜8％程度である．作物ではやはり水稲が多く30％を占めるが，野菜の伸びが大きく22％となっている．ただいずれも肥料消費の減少を反映してエネルギー消費も漸減の傾向にある．

このように化学肥料の使用に伴うエネルギー消費量は1年間に60 PJ（1970〜85年）から年々減少し，1995年には46 PJ前後になっている（1 PJ（ペタジュール）$= 10^{15}$ J $= 0.239 \times 10^{15}$ cal）．なお1989年における国内の全エネルギー消費量は13,000 PJ，うち農業部門では272 PJ，国内合計の2.1％であり，この時点で肥料エネルギーは農業部門の1/5以下であった[10]．現在，この比率はさらに低下している．

有機性資源をリサイクリングする場合もエネルギーが使われる．堆肥化に際して動力が必要であり，また工程から二酸化炭素の発生もある．これらの量について小林は表2.18の推定を出した[14]．この表で国内産の窒素肥料（硫アン・尿素）の製造には28.9 MJ/kg Nが消費されているのに対してコンポスト生産では堆積発酵方式の4.9 MJ/kg Nから密閉かく拌方式の178.8 MJ/kg Nまでの変動があった．コンポストの量当たりでみると，簡易堆積発酵処理で53〜144 MJ/t，開放かく拌処理で290〜634 MJ/t，密閉かく拌処理では数1,000 MJ/tのエネルギーが使われている．コンポスト製造時か

表 2.18 窒素肥料とコンポスト製造に必要なエネルギー消費と二酸化炭素発生の原単位

	製品・処理	エネルギー消費量 (MJ/kg N)	二酸化炭素排出量 CO_2 kg/kg N
窒素肥料製造	硫アン	9.7	0.57
	尿素	19.1	0.18
窒素肥料輸送	合計	2.3	0.15
コンポスト生産	堆積発酵	4.9	0.34
	開放かく拌	24.3	1.66
	密閉かく拌	178.8	12.24
	発酵に伴う発生		56.3
廃棄・焼却等に伴う排出			79.4

(注) 小林 (1998)[14].

ら発生する二酸化炭素は，ほとんどが植物が固定したものが解放されたのであるから，地球温暖化には影響がないが，動力として必要なエネルギーについては化学肥料より必ずしも少ないとはいえない点に注意が必要である．

8. 肥料原料，特にリン酸原料の有限性

肥料三要素のうち，窒素は生物的窒素固定があるので緑肥，マメ科作物を入れた輪作で補給することができる．また工業的にみてアンモニア合成は，水素源があれば空気中の窒素は無尽蔵であり，エネルギー問題に帰結する．カリウムは鉱石の資源量が多く，現在の採掘量でも 2000 年は供給できる．海水中のカリウム（含有量 0.045 % K_2O）も回収できる[15]．これに反して，リンは資源が量的にも産地としても限られており，将来の農業生産の制約となる可能性が論議の対象となっている．

現在利用できるリン資源はほとんどがリン鉱石であり，大別すると火成源リン鉱石（igneous deposits）と堆積（海成）リン鉱石（sedimentary deposits, marine phosphate rock）に分かれる[16]．いずれもリン酸カルシウムを主体としたアパタイト（apatite，一般式 $Ca_{10}(PO_4)_6 X_2 : X = F, OH, Cl$）を構成鉱物としている．

8. 肥料原料，特にリン酸原料の有限性

堆積リン鉱石（リン灰土）は肥料用原料の80％以上を占めている．大陸岸の緯度30〜40度（古緯度10〜20度）に多く分布し，アメリカ・フロリダなど，モロッコ，セネガル，ヨルダン，中国などが大産地になっている．構成鉱物はやはりアパタイトと総称されているが，実際には炭酸アパタイトとの固溶体であるフランコライト（francolite, $(Ca, H_2O)_{10} (F, OH)_2 (PO_4, CO_3)_6$）がさらに置換された複雑な鉱物であり，産地などにより組成は微妙に違い，これが溶解性，反応性に影響している．

大洋にある島にはグアノ起源のリン鉱石が産するが，生産量は世界の1％に満たない．またすでに枯渇してしまった島もある．

リン鉱石の資源量について，IFDC-TVA（1979）の推定[15,16]では全世界の資源量（resource）は1,442億 t，そのうちの25％（360億 t）は現在の技術でも採掘可能な量（狭義の埋蔵量，reserve）である．ただIFDCの推定では，中国などの情報が不十分であり，中国鉱山局ではその後，中国だけで150億 t以上の埋蔵量があると報告している．

埋蔵量あるいは資源量を毎年の生産量で割れば耐用年数が計算できる．図2.9に生産量の伸びを変えて計算した例[15]を示した．リン酸肥料の消費は，80年代に入って頭打ちになっているので，図2.9のEに近いカーブで推移していると推定される．この場合，現在の技術で採掘可能な量は150年，全資源は550年が寿命となる．

このようにリン資源の量は，他の鉱物資源に比較すると案外に多いのであるが，産地によってはすでに寿命が尽きたところもある．フロリダはかつては世界最大の

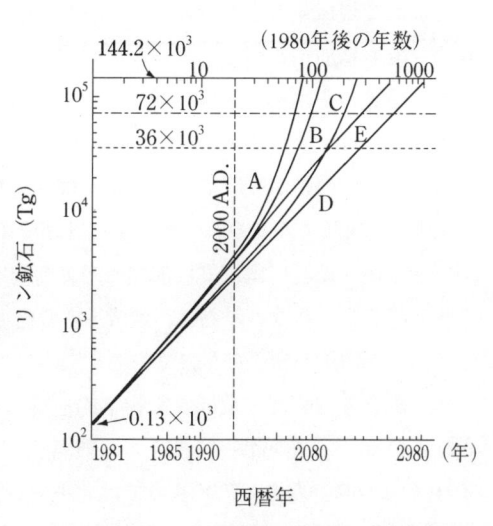

図2.9 リン鉱石の耐用年数の試算

生産地であり，日本の総輸入の60％にも達していたが，1996年以降リン鉱石の輸出は完全に停止された．資源の枯渇とともに環境に対する関心が高まり露天掘りができなくなったためである．

現在，日本ではモロッコ，中国からの輸入を増加させ，またヨルダンで日本企業による高度化成肥料を製造するなど，産地・原料形態を多様化して，フロリダで失った供給をカバーしている．

新しいリン酸資源の利用についてはいくつかの試みがある．

8.1 低品位リン鉱石の利用と直接施用

リン鉱石資源が窮屈になるにつれて，利用度の低かった低品位鉱石の利用が重要になっている[17]．また加工度を下げ，あるいはまったく加工しないで微粉砕した鉱石を直接施用して低コスト化をねらうことも試験されている．

火成源の低品位リン鉱石は熔リンの原料とすることができ，ブラジルで工業化されている[17]．熔リンはブラジルの低pHでアルミニウム活性の高い土壌で好評である．またナトリウム，カルシウム，マグネシウムなどの炭酸塩を加えて焼成するとレナニット（$CaNaPO_4$）などが生成し，クエン酸可溶性リン酸も増加する[18]．

リン酸アルミニウム鉱はバリサイト（variscite, $AlPO_4 \cdot 2H_2O$），クランダライト（crandallite, $CaAl_3(PO_4)_2(OH)_5 \cdot H_2O$）などが構成鉱物であるが，そのままでは植物が吸収できず，また酸分解しても物理性が悪い．このような鉱石は，炭酸カルシウムを配合して1,300℃で焼成し溶解性を高めることができるが，鉱石によっては加熱だけでも溶解性が高くなる[8]．セネガル産のリン酸アルミニウム鉱石は，焼成・肥料化されており（商品名 Phos-Pal），年30万t（1994〜95）の生産がある[19]．

リン鉱石の溶解性に及ぼす鉱物学的性質についてTVAなどで詳細に研究されている[19]．溶解性（中性クエン酸塩液）はリン鉱石の産地などにより図2.10のように異なり，アメリカでは北キャロライナ産，アフリカではチュニジア産（ガフサリン鉱石）が溶解性がよい．一方，火成源リン鉱石の溶解性

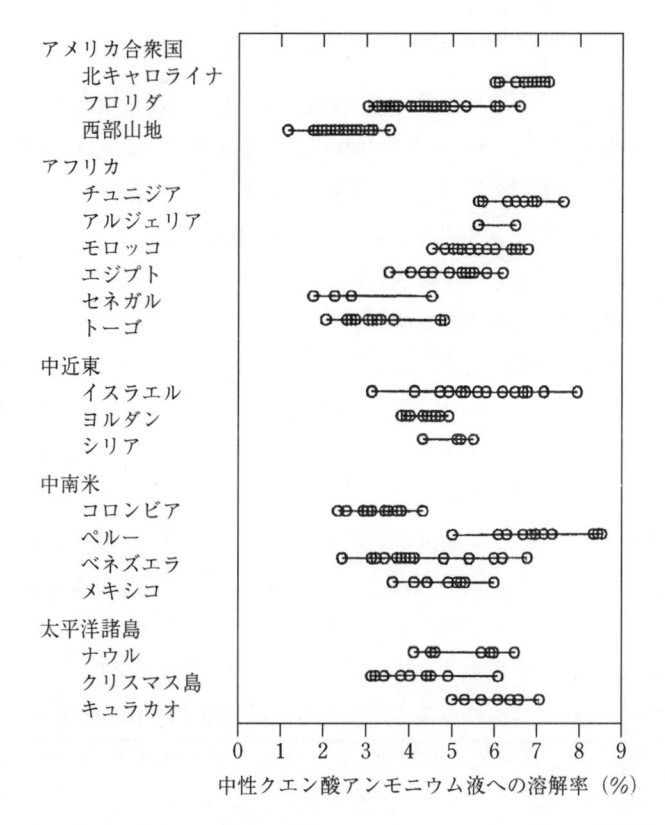

8. 肥料原料，特にリン酸原料の有限性

図 2.10 堆積リン鉱石の中性クエン酸アンモニウム液への溶解性

は1％前後であり，施用効果は低い．

リン鉱石の施用効果を高めるための研究も多い．元素硫黄をリン鉱石とともに施用し，土壌中で硫黄酸化菌により生成する硫酸によりリン鉱石の溶解性を上げる試験はオーストラリアで行われ，Biosuper と称されている．

部分的酸分解リン鉱石 (partially acidulated phosphate rock)[20]についてはブラジルなどで研究がある．過リン酸石灰を製造する時のように酸分解を完全にするのではなく，リン酸二カルシウム程度を目途に分解するので硫酸の使用量が少なくてすむ．この際に硫酸の代わりに有機酸を利用することも可能性がある．

8.2 排水からのリン回収技術

下水処理で用いられる生物的処理（活性汚泥）法では，含まれるリンの30％程度しか除去できない．放流水中のリン濃度は2～5 mg P/L程度であるが，この濃度でも湖沼の環境基準（類型Vで0.1 mg/L以下）よりもかなり高い．この低濃度のリンを回収するために石灰凝集法で石灰乳を加えてコロイド状リン酸カルシウムを沈殿させると，リン酸に比較して過剰の石灰が必要になる．鉄・アルミニウムで沈殿させると，ろ過が困難であり，また生成物の肥効が劣る欠点がある[17]．このためマグネシウムを加えてリン酸アンモニウムマグネシウム（MAPあるいはMagAmPhos）の顆粒を作り，これを回収して肥料化することも検討されすでに稼働している．MagAmPhosは難溶性であり，緩効性肥料となる．

生物的処理工程でのリン除去の効率をあげるため，嫌気－好気的処理法も研究され実用化された．この方法では好気（ばっ気）処理でリンを吸収した汚泥を嫌気槽に入れ嫌気状態にすると汚泥からリンが放出され，リンの吸収力の大きい微生物が繁殖するので，これを再びばっ気槽に戻し，リンの除去率を60～80％程度に高めることができる．嫌気槽で放出されたリン（250 mg P/L程度）は石灰凝集沈殿処理し，生成したヒドロキシアパタイトを回収する．得られた凝集物の肥効は焼成リン肥と同等であった[17]．

8.3 有機性廃棄物のリンの有効利用

循環型社会の構築，ゼロ・エミッションの実現は21世紀における大きな国民的課題となっており，生物系（有機性）廃棄物の循環利用がクローズアップされている．すでに述べたように，わが国へは多量の食飼料が輸入されており，それに伴って植物養分も輸入されている．

生物系廃棄物の発生量，肥料成分量については表2.19の推定がある[21]．リン酸（P_2O_5）については62万tと推定されており，ほとんど化学肥料のリン酸（63万t，1995年）に匹敵する．廃棄物中で量が多いのが家畜ふん尿，畜産物残さ，下水汚泥である．このうちリサイクリングされているのは，家

表 2.19 生物系廃棄物の発生量および成分量

廃棄物		年間発生量 (万 t/年)	成分量 (万 t)		
			N	P_2O_5	K_2O
農業系 (わらなど)		1,304	6.6	2.2	10.9
畜産系 (ふん・残さ)		9,597	83.3	39.3	58.1
林業系 (バークなど)		547	1.2	0.2	0.9
食品製造業	動植物性残さ	248	1.0	0.4	0.4
	汚泥	1,504	5.3	3.0	0.6
	食品製造業小計	1,752	6.3	3.4	1.0
建設製造業		632	1.0	0.2	0.9
生ゴミ (家庭・事業系)		2,028	8.0	3.0	3.2
草木類		247	1.9	0.5	0.9
汚泥類	下水汚泥	8,550	8.9	9.2	0.6
	し尿・浄化槽	3,354	13.4	3.5	5.2
	農業集落排水汚泥	32	0.03	0.03	0.00
	汚泥類小計	11,936	22.3	12.7	6.7
合計		28,143	132.1	62.1	84.6

資料：生物系廃棄物リサイクル研究会 (1999)[21].

畜ふん尿 94 %，畜産物残さ 100 %，下水汚泥 30 % と推定されているが，畜産公害が問題になり投棄に近い施用が目につく実態から考えると有効利用の比率はもっと低いと思われる．

ハンドリング性の改良に関連しては，造粒（ペレット化）の研究が進んでいる．機械施肥を前提にしなければ，重い堆肥は実際に使われない．流動性がよく，機械施肥適性のよい堆肥が前提である．

8.4 蓄積リンの利用技術

わが国では，火山灰土壌，酸性土壌が広く分布している．このような土壌の改良のために熔リンなどのリン酸資材が土壌改良材として多年施用されてきた．また作物によるリンの利用率は窒素などよりも低いため，作物が吸収する量よりも過剰にリンを施用する必要がある．高度化成肥料はこの傾向を助長した．この結果，わが国の農耕地土壌にはリンの集積傾向が認められて

いる.

　土壌に蓄積したリンは，枯渇が叫ばれるリン資源を貯金しているものともみられているが，引き出すことのできない貯金では意味がない．蓄積リンの再生・循環利用についての研究が重要である[22]．

　微生物を利用した蓄積リンの利用技術には，リン溶解菌の利用と菌根菌の利用がある．土壌中の無機態リンは大部分難溶性で，アルミニウム・鉄のリン酸塩が多い．カルシウム塩は難溶性ではあるが，比較的植物により吸収される．これらの難溶性リンを微生物が溶解する機構は次の3種と考えられている[24]．

　① 還元状態で硫化水素を発生し，鉄を硫化物としてリン酸を放出する．水田土壌で特に重要.

　② 硫黄酸化細菌（*Thiobacillus* など）によって生成する硫酸，あるいは *Nitrosomonas* などの硝酸化成菌によって生成する硝酸がリン酸塩を溶解する．前記のリン鉱石と硫黄を同時に施用した Biosuper はこの硫黄酸化細菌を利用したものである．

　③ 有機酸を生成し，リン酸塩を溶解する．この場合，酸としての効果のほか，キレート生成能力も働く．クエン酸，乳酸，コハク酸，フマール酸，2-ケトグルタール酸などが生成され，効果があったと報告されている．一般に，リン溶解菌と呼ばれているのがこのグループである．

　微生物としては，細菌から糸状菌まで広範，かつ多様である．草地土壌について平板法で計測される全細菌に対してリン溶解菌は 0.2～1.7 %，全糸状菌に対するリン溶解糸状菌は 8～24 % であった[24]．ただし実際に土壌中でどれだけ有機酸が生成され，どれだけリンの溶解に寄与しているか，また溶解したリンが土壌に固定されることなく，どれだけ作物根まで到達するかなど，今後の研究に残されている点が多い．

　高等植物の根に，土壌中の糸状菌の菌糸が入り込んだり，根の表面に接着して形成される共生体を菌根といい，菌根を形成する糸状菌を菌根菌という．このうちで，VA菌根菌（VAM）と呼ばれるグループが，リンの利用効率を高めることから注目されている．

VAMがリン吸収を促進する機構は,土壌中に伸びた菌糸による吸収と寄生する植物への運搬にある.植物がリンを吸収するにつれて根面のリン濃度は低下し,生じた濃度差により土壌から根面へリンが拡散するが,リンは土壌粒子に強く吸着保持されるため,拡散はきわめて遅い.このため,拡散が植物によるリン吸収の律速段階になっている.拡散が遅いことは,一定時間内の移動距離が小さいことであり,結局根がどれだけ土壌に分布しているかが吸収速度と量を決めることになる.菌根菌の菌糸は,ちょうど根の根毛の役割を果たしていると考えるとわかりやすい.

菌糸に吸収されたリンは,菌糸内の原形質流動により根内の菌糸に運ばれ,寄主植物に供給される.逆に,寄主植物はエネルギー源となる炭水化物などを菌に供給し,寄生関係が成立している.

このような機構を考えると,菌根菌の効果はリンの吸収に限られたものではないことが理解できる.すなわち,① 微量要素(鉄,亜鉛など)の吸収促進,② 微量元素(マンガン,アルミニウム)の過剰害の軽減,③ 乾燥ストレスに対する抵抗性,④ 病害抵抗性などに効果があると,これまで報告されている.

VA菌根菌の利用技術についてはわが国民間企業での開発研究が活発であり,すでに数社で製品が出されて,野菜・花・果樹・緑化などに利用されている.

このように土壌中で集積したリン,あるいは家畜ふん尿,下水汚泥堆肥など有機性廃棄物中のリンの利用が重要である.しかし低濃度で分布するリンは,根が十分に伸展したあとでは吸収されるであろうが,リンを特に必要とする生育初期や低温時には水溶性リンなどの速効性のリンが求められる.スターターとして必要最小限の無機リン酸肥料を用い,その後は土壌,あるいは堆肥などのリン酸の利用を高くするように施肥法の工夫が必要である.

9. 有機性資源のリサイクリング

　食料・農業・農村基本法（平成11年7月成立）には，基本理念の柱として「農業の持続的な発展」が挙げられ，「農業の自然循環機能（農業生産活動が自然界における生物を介在する物質の循環に依存し，かつ，これを促進する機能）が維持増進されることにより，その持続的な発展が図られなければならない．」と述べている．基本法に先立ち平成10年12月に農林水産省が公表した農政改革大綱では「農業の自然循環機能の発揮」が強調されており，その中身として有機性資源の循環利用システムの構築が挙げられている．またリサイクリング法も成立し，循環を前提とした社会の構築が求められている．

　肥料が有機性資源の利用から始まったことは改めていうまでもない．ギリシャ，ローマの時代にすでに何が肥料としてよいかが記録されており，わが国でも奈良・平安時代に野草の施用，きゅう肥，草木灰の施用の記録がある．江戸時代の都市と農村の間の人ぷんを介した肥料成分の循環は，リービヒの著書（第9版，1876）[25]にリサイクリングの模範として紹介されるほど有名であった．（ただし，リービヒ（没年1873年）自身が書いたのではなく，Maron (1862)の報告をZöllerが採録したものである．）江戸時代後半は，ほしか（干しイワシ），ニシンかす，ナタネかすが金肥（きんぴ）として取引きされていた．明治時代に入ってからは中国東北部（旧満州）から大量のダイズかすが輸入され，その後も多種多様な有機質肥料が使用されてきた．これらはいずれも食品加工産業からの廃棄物のリサイクリングにほかならない．

　一方，家畜として牛は農耕用あるいは運搬用（役牛）に1950年代まで用いられていたが，そのふん尿は貴重な肥料資源であった．北海道酪農の創業時の目標としては，牛乳・酪農製品の生産のほかに，ふん尿を利用して土地生産力を高めることが謳われていた．酪農学園の創設者であり酪農の父といわれた黒澤酉蔵はこれを「循環農業」と称していた．

　しかし，今強調されているリサイクリングはその意義，内容が違ってきている[21]．化学肥料の出現以前は植物養分の補給のためには他の手段がなく，

9. 有機性資源のリサイクリング　(53)

有機質資源は唯一の選択であった．食品の流通・加工技術も未発達であり，多量に捕獲されたイワシ，ニシンは肥料とするしかなかった．しかし今はまず食料として利用され，残りは飼料となり，肥料にまわる余地はほとんどない．その方が価格が高く経済的に有利だからであるが，タンパク質の価値を評価したものであるから当然である．肥料として施用した場合は，土壌中で無機化しアンモニウム，さらに硝酸となるのであるから，必ずしもタンパク質である必要はないので選択の順位は低くなる．このような有機物利用の際の階層性は図2.11に示した26)．

```
食　料 (food)
   ↕
飼　料 (feedstuffs)
   ↕
繊　維 (fiber)
   ↕
工業原料 (feedstock)
   ↕
肥　料 (fertilizer)
   ↕
燃　料 (fuel)
```

有機物利用には上図のような階層があり，有機物の相対的な価値の変化により階層が上下する．

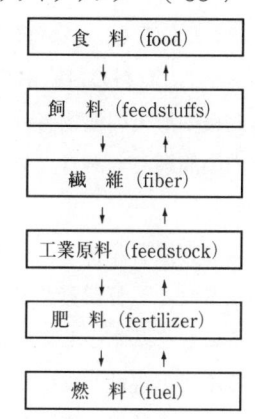

図2.11　有機物利用の階層性

現在，肥料として利用できる有機質資源は，食品工業などで利用できなくなった最終段階に近い廃棄物（例えば排水処理過程で発生する汚泥など），あるいはいったん人間・家畜の口を経て発生する下水汚泥，ふん尿などが主たるものである．有機質肥料として消費量が多いナタネ油かすは例外的なものであり，これが含硫配糖体のゴイトリンを含み，加水分解するとイソチオシアン酸塩が生成し，家畜の嗜好性が悪いため，飼料として使いにくかったからである．しかしこれも育種によって改良されてきており，しだいに飼料用としての利用が増えている．

日本の自給率の低さを考えれば，食飼料の生産自体，リサイクリングの一環とはいえないものである．輸入されたトウモロコシで成り立つ畜産は，リサイクリングの輪の中になく，外国（主としてアメリカ）の土壌から一方的に日本へ流れる養分のフローにあるのである．増大する輸入食品から発生する廃棄物についても同じことがいえる．

このような問題はあるとしても，肥料側としてリサイクリングに背を向けているわけにはいかない．農業を持続的なものとする視点から，マメ科作物を入れた輪作・緑肥の利用は前提である（有機農産物の表示に関するコーデ

クス）としても，わが国の農地面積の制約，高い地代を考えると実現は難しい．一方，食料の自給率を急速に 50 % 以上に上げることは困難であるから，食飼料の形での植物養分の輸入は今後も続く．特に畜産廃棄物中の養分は農業内の問題でもあり，その利用度を上げることは優先的に考えなければならない．

なお有機農産物のコーデクスにおいては，輪作・緑肥とともに"地域内で生産される"有機資源のリサイクリングによって土壌肥よく度を維持・向上することを基本としている．平成12年に成立した JAS による有機農産物では日本で実現性がないからということで"地域内で生産される"条件が除かれた．その結果輸入された有機質肥料なども使えることになっているが，これではとうてい持続性を高めた農業とはいえない．輸出国の土壌で養分バランスは保たれるのか，輸出が止まっても日本の有機農業は成立し続けられるのか，考えてみる必要がある．

10．肥料生産の持続性

食料の生産のためには植物養分の補給は欠くことはできない．ただ農業を持続可能な形態にするためには，肥料の生産と供給についても持続的とする視点が重要である．

肥料三要素のうち，窒素は大気中から得られるとはいえ，その窒素を肥料（アンモニウム，あるいは硝酸）とするためにはエネルギーが必要であり，エネルギー源が持続的な形態でなければその供給も持続的にならない．リン鉱石・カリ鉱石も全量輸入であり，資源的にも有限である．カリ肥料は海水から回収することができるから，エネルギーさえあれば持続的な供給はできるもののエネルギー源の海外依存度は高い．

農林水産省では海外からの食飼料の輸入が途絶えた時に国内生産で入手できる食物，熱量，価格などについてシミュレーションを行っており，その一部はこの章でも紹介した．しかし食飼料が輸入できない状態の時にエネルギー源，肥料原料，そして肥料がどれだけ国内で自給できるのだろうか．またその時，食料生産はどのレベルになるのだろうか．食料安保論と同じ意味

で，肥料安保について考えることは必要ないのであろうか．肥料輸出国では，「21世紀は食料（food），肥料（fertilizer），そして武器（firearms）の三つのFが戦略物資として重要である」と不気味な発言をしている．

　食料の自給率を向上させ，農業を持続的とするためには，植物養分の供給についても持続的とする努力が必要である．輪作の導入，緑肥の活用などとともに，有機性資源の利用度を上げ，化学肥料と有機性資源の両者を総合的に賢く利用する"wise use"が求められていると考える．

（越野　正義）

引用文献

1) JA全中（2000）：三輪昌男監修ファクトブック2000. p.1-97.
2) 藤田幸一（1998）：人口増加・経済成長と食糧問題．東京大学農学部編，人口と食糧，p.13-24, 朝倉書店．
3) FAO編（1999）：世界食糧農業白書 1998年．p.1-289, 国際食糧農業協会．
4) 生源寺眞一（1998）：現代社会と食糧問題．東京大学農学部編，人口と食糧．p.1-12, 朝倉書店．
5) 農林水産省（1999）：農産物貿易レポート．p.1-137, 農林統計協会．
6) 秋田重誠（1998）：耕地における食糧生産．東京大学農学部編，人口と食糧，p.36-52, 朝倉書店．
7) Ongley, E. D.（1996）: Control of Water Pollution from Agriculture. FAO Irrigation and Drainage Paper, No.55, p.37-52/福士定雄訳（1998）：水質に対する農業の影響—水質と肥料，国際農業技術情報，No.124, p.1-32, 国際食糧農業協会．
8) （財）肥料経済研究所（1999）：海外肥料流通実態等調査報告書—欧米主要国における肥料の生産・流通・利用事情．p.159-177.
9) （財）肥料経済研究所（2000）：海外肥料流通実態等調査報告書（アメリカ合衆国編）．p.1-37.
10) 越野正義（1992）：農業生産における肥料に関するエネルギー投入について1. 肥料製造に必要なエネルギー投入量．日土肥誌，63, 479-486.

11) Pimentel, D. et al.（1973）: Food Production and the Energy Crisis. Science, 182, 443-449.
12) Boswell, F. C. et al.（1985）: Production, Marketing, and Use of Nitrogen Fertilizers. *In* O.P.Engelstad et al. Ed. Fertilizer Technology and Use,3rd Ed., p.229-292. Soil Sci. Soc. Am., Inc., Madison, Wis.
13) Boeckman, O. C. et al.（1990）: Agriculture and Fertilizers. p.168-173. Norsk Hydro.
14) 小林　久（1998）:窒素投入に関するエネルギー消費・CO_2 排出のライフサイクル分析—リサイクル型農業の環境負荷に関する考察．農土論, 194, 51-57.
15) 栗原　淳・越野正義（1986）:肥料製造学．p.105-110. 養賢堂．
16) 小田部廣男（1982）:世界のリン資源とわが国の農業．農業および園芸, 57, 126-132.
17) 安藤淳平（1983）:リン資源の将来とわが国の進むべき方向．日土肥誌, 54, 164-169.
18) 秋山　堯・積田和枝・和田陽子（1992）: 高ケイ酸質のリン鉱石からつくった $Na_2O-CaO-MgO-P_2O_5-SiO_2$ 系焼成リン肥の構成鉱物と溶解性．日土肥誌, 63, 658-663.
19) UNIDO-IFDC（1998）: Fertilizer Manual, p. 90-126.
20) Rajan, S. S. S., J. H. Watkinson, and A. G. Sinclair（1996）: Phosphate Rocks for Direct Application to Soils. Advan. Agron., 57, 77-159.
21) 生物系廃棄物リサイクル研究会（1999）:生物系廃棄物のリサイクルの現状と課題—循環型経済社会へのナビゲーターとして．p. 1-85.
22) 農林水産技術会議事務局・農業環境技術研究所（1986）:土壌蓄積りんの再生・循環利用—その研究現状と文献解題．p.1-156.
23) 三輪睿太郎・岩元明久（1988）:わが国の食飼料供給に伴う養分の動態．日本土壌肥料学会編，土の健康と物質循環．p.117-140. 博友社．
24) 斎藤雅典（1996）:リン溶解菌を利用した土壌リンの有効利用．菌根菌の農業利用技術．有機質肥料生物活性利用技術研究組合編:高機能肥料生産基盤技術の開発—環境に優しい肥料の開発（第2期事業成果の概要）．p.3-9.

25) 吉田武彦訳（1986）：化学の農業及び生理学への応用（ユストゥス・フォン・リービヒ著）．北農試研究資料，30, 1-152.
26) Hall,D.O.（1989）: Biomass Utilization—Introduction. *In* Biomass Handbook, p.3-10, Gordon & Breach Sci. Publ., New York.

第3章　輸入食飼料と窒素循環

1. はじめに

わが国の食料自給率は，毎年低下を続け，平成10年度には40%を割り込むまでに至った．全国の農地面積491万haの約2.4倍に相当する1,200万haの農地を海外に持って食料を生産していることになる．このことは，主に食料安全保障の観点から問題とされ，食料自給率を上げることが検討されている．

農業は，本来，自然の物質循環機能を上手に取り込んだシステムとして数千年の歴史を経て作り上げられた産業である．しかし，今世紀後半の経済効率を優先した社会発展の結果として，その機能が後退し，その代わりに環境に対する悪影響が現れてきた．それらの一端は，わが国の食料システムを巡る窒素の循環をみると大変よく理解でき，食料安保もさることながら環境保全上からも食料自給率をあげる必要性が浮かび上がってくる．ここで，食料システムとは，食料の生産，輸送，保管，加工，利用，廃棄，農地還元などのプロセスからなり，窒素など養分の循環の場となる系をさすものとする．この章では，窒素の循環をみることを通して，現今の食料システムの環境保全上の問題点を検討し，食料自給率の向上と農業の復権，とりわけ循環型農業の確立が21世紀の課題であることを明らかにしたい[1~6]．

なお，ここで窒素を扱うのは，それがタンパク質の構成要素として生命を支える重要な元素であり肥料三要素の筆頭であると同時に，その管理を誤れば多くの場面で環境に負荷を与える可能性があるという両刃の剣としての特徴が著しいからである．

2. わが国の食料システムにおける窒素の循環

わが国に輸入された食料や飼料に含まれる窒素は国内を輸送され保管され加工されて後，食生活において消費される．飼料の場合，経路に畜産業が介

在するのはいうまでもない．そして，やがて廃棄物を生じる．これらの経路に沿って，窒素の量を追跡してみよう．

わが国の食料システムにおける窒素の流れを1960年と1992年について図3.1に掲げた[2]．1992年を見てみよう．1992年の推定では食料システムに約161万t（輸入＋国内生産）が入って1億2千万人余りの食生活を支えたのち，約167万tが排出される．環境に対する負荷量としてはこのほかに

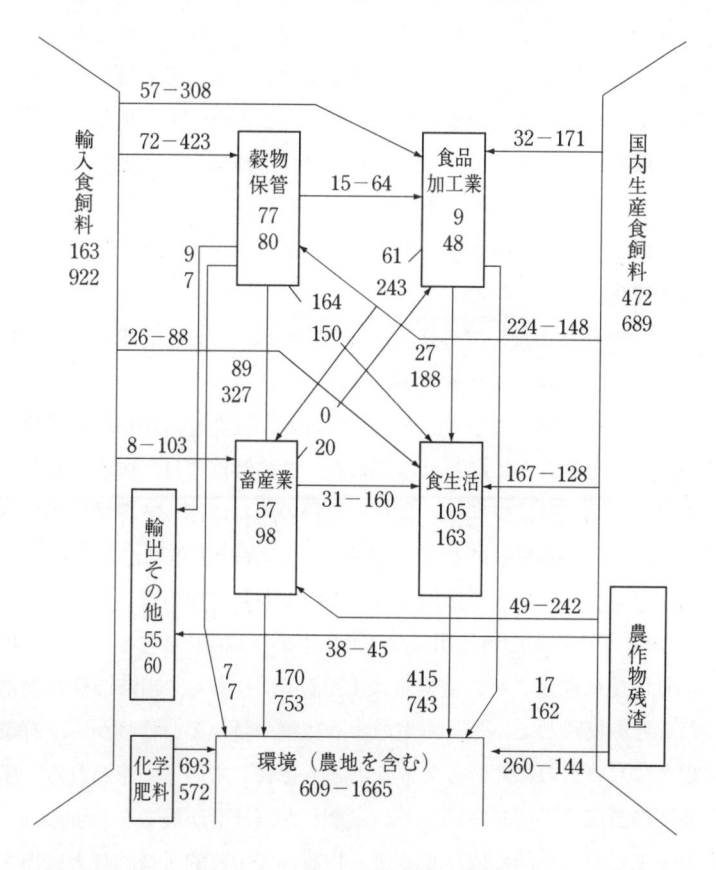

```
                57-308
輸入食飼料   72-423    穀物        32-171   国内生産食飼料
              保管         食品
163         15-64  加工業
922          77              9
              80             48
                   61/
          9        243
          7   164
26-88       150         224-148     472
              89    27                689
              327   188
          8-103
                    0
                    20
              畜産業              食生活    167-128
              57    31-160     105
              98              163
  輸出その他                    49-242
  55                                    農作物残渣
  60          38-45
          7   170    415    17
          7   753    743    162
  化学肥料 693  環境（農地を含む）   260-144
          572      609-1665
```

数字は，上，下または左，右が，それぞれ1960年，1992年のN（千t）

図3.1 わが国の食料のシステムにおける1960年と1992年についての窒素の流れ[2]

化学肥料と農作物残さに伴う窒素が重要であり，それらを加えると，約238万tが環境に添加されたことになる．内訳では，畜産廃棄物，生活廃棄物がおおよそ等しく，化学肥料はすこし少ない．

ところで，この167万tまたは238万tを農耕地に全量還元することを想定すると，それぞれ約320 kg/ha，約460 kg/haに相当する．わが国の農耕地がどれだけの窒素を受け入れることができるかという問いかけに対して，250 kg/haという推定がされている[7]．全量還元すれば，限界を大きく上回ってしまう．実際には，たとえば，生活廃棄物の窒素の多くは，農耕地に還元されるのではなく下水処理場で汚泥となり，ごみ処理場で焼却処分されたりして大気環境に排出されている．これらは，地球温暖化や大気汚染，酸性雨の原因の一部となっている．土壌に止めきれなかった窒素は，地下水に入れば地下水の硝酸汚染を引き起こす可能性があり，河川，湖沼に大量に流れ出せば富栄養化の原因となる．

ここで，1960年まで戻ってみよう．1960年といえば，「60年安保」の年であり，所得倍増計画や農業基本法が閣議決定されてスタートラインについた年である．この年を起点にして，その後の日本の社会経済が経済効率優先の発展路線をひた走ることになったのである．この時点では，国内生産による窒素量が多く，輸入量は少ない．食料・飼料の流れに伴って環境に排出された窒素量は1960年を基準にすると1992年には約1.5倍になっている．とりわけ畜産廃棄物に由来する排出量は4.4倍であり増加の著しかったことがわかる．1960年の窒素肥料使用量は1992年より20％ほど多かった．作物残渣により環境に還元された窒素量は1992年より多く，当時の作付面積が多かったことを反映している．ムギのように根の量が多い作物から，野菜のように根が少ないものに変わってきたことも影響していると思われる．所得倍増，高度経済成長，バブル経済といったわが国社会が経てきた歩みは，食料，飼料を主として外国に依存する道，物質循環の質的・量的な大転換を遂げる道をたどったのであり，その結果の一つに環境への負荷の増大があったのである．

わが国の環境が1960年代から急激に悪化したのは，高度経済成長を通じ

ての経済構造の変化によるとされているが，その一部にはいま見たような食料システムの変化も含まれていたのである．わが国の環境汚染は，いくつかの分野ではその後の国民的運動を背景とした諸施策によって規制などが実施され，環境ビジネスも数多く誕生するなど，改善努力が進みずいぶん良くなってきた．しかし，物質循環の姿を描いてみると，日本の環境問題の起こってくるメカニズムは依然として変わっていないのみならずますます深刻化しているように見える．

では，あふれかえる窒素をどうしたらよいのであろうか？対策の最前線は，公害問題をはじめ環境問題の多くがそうであるように地域にある．そこで，地域のスケールに話しを移し，そこにおける実態に即し考えていくこととする．

3．地域における窒素循環

牛久沼集水域は，茨城県の筑波研究学園都市の西側に広がる平地農村を主体とし，南端部は新興住宅地として都市化しつつある．アカマツ林や田畑などを縫って4本の川が走り牛久沼に注いでいる．集水域の全面積は約160 km^{2}であり，この調査を行った1985年当時は，そのうち農耕地が約1/3．総人口は約83,000人，そのうち農家人口は約26,000人であった．この地域の食料生産・流通・消費システムにおいて，いったん窒素から離れて有機物がどのように流れているか（図3.2）をみることとする[8]．

牛久沼集水域において，農耕地およびそれ以外の環境に排出される有機物は合計5万t強と推定される．それらの源を大きく分けると食生活，畜産，農作物副産物である．畜産のウェイトはあまり高くなく，ブタが中心である．副産物としてはワラ，モミガラなどの収穫物残さが中心である．

農作物副産物2万2千tの90%近くの1万9千tは農耕地に還元され，10%強が環境（農耕地外）に廃棄されている．畜産から排出された有機物1万3千tの70%は農耕地に還元されているが，30%は環境に廃棄されている．とくに，畜産廃棄物のほとんどはふん尿であるため，川や地下水に流れこんだ場合，富栄養化などの原因となることが予想される．ここから流出す

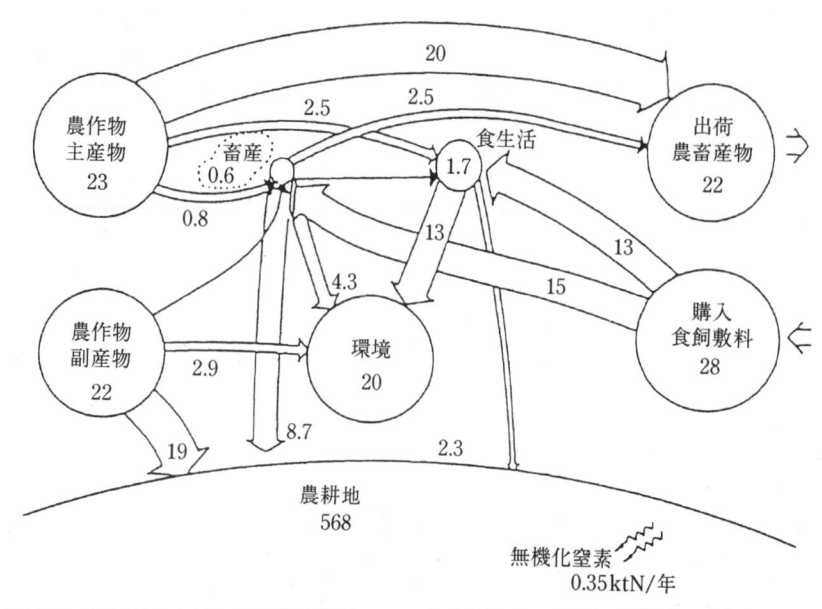

図 3.2 牛久沼集水域における有機物フローと土壌からの窒素の無機化.丸印はストック,矢印はフローを示す.単位を示してない量の単位は乾物千 t[2,8]

る有機物をリサイクリングして有効利用し,環境への負荷をなくすことは重要である.

食生活から排出される有機物は生ゴミとし尿などである.これらの 13 % が農耕地に還元されるにすぎず,87 % は環境に廃棄されていると推定される.

購入されて牛久沼集水域に入る有機物量と出荷により出ていく有機物量を比べると,集水域内に入る有機物が 6 千 t 近く多い.このことは,これらが適正に処理されなければ環境汚染につながり,また,農耕地などの土壌に還元されれば,そこで新たに分解する必要のある有機物量が 6 千 t 近く多くなっていることを示す.

このように,牛久沼集水域の食料システムにおける課題として,環境への廃棄量を減らし,システム内で発生する有機物を重要な資源と考えて,その有効利用を図ることが必要である.それを考えるためには,環境へ廃棄され

ている有機物が農業用資材として科学的に評価される必要がある．すなわち，その場合の還元量が土壌固有の有機物処理能力から見てどうなのかをできるだけ実態に即して定量的に評価する必要がある[9]．

評価の指標として，再び窒素を登場させることとする．有機物が土壌中で分解され窒素を発生するプロセスを解析し数式化したモデル[10]を使って，放出する無機窒素に注目してそれを評価する．環境に廃棄されていた有機物を農地還元した場合，どれほどの無機窒素が放出されるであろうか？モデルを使った計算によると，1985年にはha当たり137 kg Nが放出されると計算され，この量は，現状で土壌から無機化されて出ている窒素量（64 kg N/ha）の約2倍に相当し，牛久沼集水域において化学肥料により現在供給されている窒素量（109 kg/ha）より多いと推定された．

次に，この集水域の農耕地土壌における窒素の収支を考える．インプットとしては降水と灌漑，化学肥料，生物的窒素固定を考え，アウトプットとしては作物による吸収，流出，空中への脱窒を考えることとする．収支がアウトプットに片寄れば肥よく度の低下を来たすし，インプットに片寄れば富栄養化につながるなどの不都合が生ずる．通常はアウトプットに片寄るので施肥が必要となっていることは言うまでもない．そこで，収支のバランスがとれるようにインプットを調節することを適正な管理と考え，両者の差を埋めるような施用量を「適正量」と呼ぶ．そのうえで有機性廃棄物を堆肥化して施用する必要があるとすれば，化学肥料を減らすなどの調節が必要となる．今，そのようにして有機物を施用できる最大限度，言い換えれば許容限界は，化学肥料をやめてその分を有機物に置き換えた施用量と考えることができる．その量を「許容量」と呼ぶこととする．

表3.1に示した通り，当集水域における現状の無機化窒素量は適正量と拮抗するレベルにあり，作物などの作付け形態や家畜飼養（排泄物の農地還元）状況により集水域内の上・中・下流地域ごとにどちらが多いかが異なっている．

農作物副産物，畜産および食生活から環境に排出されている有機性廃棄物のすべてを農地に還元した場合の無機化窒素量を，上記のモデルを使って求

表 3.1 牛久沼集水域の農耕地の窒素収支,無機化窒素の適正量と許容量[9] (kg/ha)

	上流	中流	下流
農耕地の窒素収支 (1985年)			
インプット (A)	181	133	125
アウトプット (B)	213	200	191
適正量 (B − A)	32	67	66
許容量	152	154	142
無機化窒素量			
現状*	52	80	57
すべて還元**	125	140	152

(注)　* リサイクル率が現状(上流地域:52％,中流地域:68％,下流地域:55％)の場合の無機化窒素量
　　　** リサイクル率が100％の場合の無機化窒素量

め,許容量と比較する.上・中・下流域でおおむね許容量の範囲内にあって,当集水域を平均してみるならば,有機性廃棄物をすべて農地に還元しても化学肥料を調節すれば過剰な窒素供給量にはならないことが示唆された.したがって,今後,当集水域における窒素の環境負荷を軽減するために,有機物の現存農地への還元量を増やし,その分だけ化学肥料を減らしてゆく方策は,窒素収支の観点から量的な合理性をもつということができる.

このような検討を種々の特徴をもつ地域について行った結果によると,ここで紹介した事例とは異なる場合もみられる.たとえば,都市化が進んで人口密度が高い取手市などでは,有機性廃棄物のすべてを農地に還元した場合の無機化窒素量が許容量を上回る[11].同じく都市近郊でも,野菜栽培の盛んな地域では化学肥料を水稲の場合の2倍以上も施すことがある.すると,施肥成分が土壌に集積して土壌養分のバランスが崩れてしまったり,土壌が酸性化したり,物理性が変化して固くなったり水はけが悪くなったりするので,それらの対策が必要となる.連作障害も回避したい.そこで,土作りに精を出して雑木林の落ち葉を活用して堆肥を作り畑に入れたり,連作障害を防止する効果を持つマリーゴールドを土壌に鋤き込んだりする.いずれも天然有機資材の活用であり,連作障害は大幅に減り,土壌の酸性や物理性は改

善されるが，他方で，施用された有機物は微生物に分解されて無機化され，その結果，土壌中の無機窒素量は一層多くなって，多すぎる窒素が硝酸の形の窒素となって地下水にまで達し，飲料水の基準である 10 ppm を上回ることがあり，実際にそのような事例が多く報告されている．作物残さや家畜ふん尿，落葉などを活用して物質循環型農業をやったつもりでも，循環する養分の量をしっかり考慮して施肥管理をしないならば，かえって悪い結果を引き起こす可能性がある．

　また，肉牛などの畜産が盛んな地域では，ふん尿が大量に生産されて処理されにくい状況が存在する．もともとわが国には畜産に適した立地条件が広く存在する．たとえば，全農耕地より広い 600 万 ha の面積を有する黒ボク土壌の地帯．ここでは，土壌改良を行えば牧草をまいて草地をつくり家畜を飼うのが最も良い土地利用法とされている．

　ところが，現在のわが国の畜産は，北海道や一部の地域を除いて，牧場や飼料畑からの飼料によるのではなく，外国からの輸入飼料に依存する場合が多い．排泄物を飼料生産の場に還元することができれば物質循環がうまくいって，これこそが畜産の本来の姿であるのに，その場がないために処分に四苦八苦しているのである．政府統計などを使って，県毎に窒素の収支を推定した結果[12]（第4章，図 4.1 参照）によれば，収支がプラスになって，その値が大きい県では，土地基盤に依存するのではなく，外国など，他所からの飼料に依存し，排泄物が処理しきれないような畜産を展開している場合が多い．そのような地域で排泄物をその地域内に還元するならば，上記の許容量を確実に上回る．現に，そのような地域では，地下水や河川の硝酸態窒素濃度が上昇し，環境基準である 10 ppm を上回ることがしばしばである．排泄物，つまり有機物資材の広域な地域間移動などのシステムや方策が必要となることは明らかである．

　有機物資源の地域間移動について検討してみよう[13,14]．取手市の場合，廃棄されている窒素を堆きゅう肥に加工して利用しようとするならば，毎年 200 kg/ha 相当の窒素を地域外で利用してもらう必要がある．周辺地域にそのような市町村が存在するであろうか？ 周辺市町村のし尿・生ゴミの排出窒

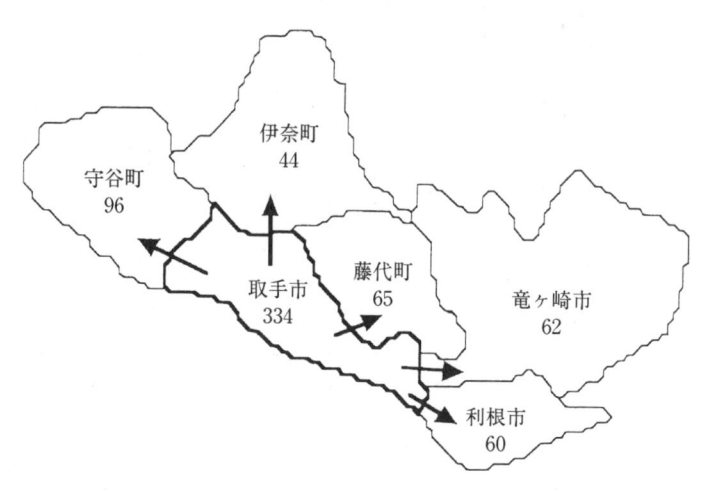

図3.3 取手市周辺市町における農耕地面積当たりのし尿・生ゴミ排出窒素量[14]
（kg/ha/年）

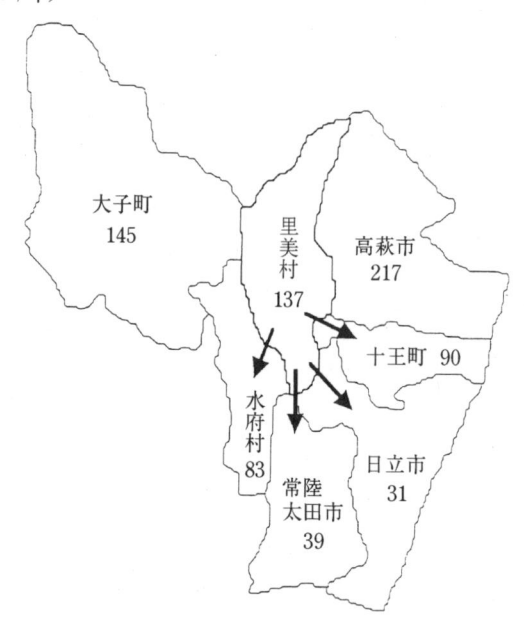

図3.4 茨城県里美村周辺市町村における農耕地面積当たりの家畜糞尿窒素量[14]
（kg/ha/年）

素量を見ると（図3.3），いずれの市町村も取手市より大幅に少ないことが分かった．しかし，それら市町村で取手市の排出窒素を受け入れることが可能かどうかは，それぞれの窒素フローを詳細に解析して後に，地域住民の合意等をも勘案して判断しなければならない．

次に，家畜排泄物が問題となる地域で同様な検討をしてみよう[13]．茨城県里美村は，稲作と畜産が中心の山間の農村である．畜産廃棄物が多く，すでに地域外への堆きゅう肥の販売・交換が一部では行われている．周辺市町村の農耕地面積当たりの家畜ふん尿窒素量を推計した（図3.4）．このあたりは，山間地域が多いことから，家畜飼養の盛んなところが多く，高萩市，大子町の家畜ふん尿窒素量は里美村より多い．このような状況を総体として考慮するならば，相対的に排出の少ない市町村へ里美村から移動することはある程度は可能であるが，この地方でふん尿窒素の多い市町村のすべてから他の市町村への地域間移動はそれほど多くを期待できないと考えられる．

地域相互を結合しての有機資源の移動は，実際にはより広い地域を対象として行われるであろうが，前に見たように，日本全国規模ですでに窒素が過剰であるから，地域間移動によりある程度までの平均化はできても，どこかで余剰がでてしまうことはいたしかたないのが現状である．

4．食料の世界貿易と窒素循環

以上のように，わが国の中における窒素の循環をみてくると，やはり，国の外からの窒素の流入が多いことを問題にせざるを得ない．まず，地球規模のスケールで，広い意味での食料システム，すなわち，食料・飼料生産，貿易，利用，環境負荷などのプロセスからなるシステムを考え，そこにおける窒素循環を概観することから検討してみよう．

窒素に限らず地球上の物質循環は，長期的スケールではマントルや深層海流の流動など，そして短期的スケールでは大気大循環や水の循環などを主要な骨格として成立している．しかし，生物の関与も大きく，それなしで物質循環システムは成り立たない．生物地球化学的循環といわれるゆえんである．

そのような中で表3.2に見るとおり，窒素は，大気の主要成分として76％を占め，大気中に $3,800 \times 10^{12}$ t が存在している[15]．地殻中にはその4倍，$14,000 \times 10^{12}$ t が存在する．土壌や底泥などの堆積物中に大気を上回る $4,000 \times 10^{12}$ t が存在し，海洋の水中に 20×10^{12} t が溶存している．

土壌，陸水，生物とその遺体に含まれる窒素の量は，それらの占有空間が小さいことに見合って何桁も小さい．しかし，その濃度は生命体において圧倒的に濃く，この現象は窒素に限らないわけであるが，生物連鎖を通じた元素の濃縮としてよく知られている．いく種かの生物は，大気から直接窒素を吸収する生物窒素固定という独特のプロセスをも有している．これらが生物の窒素摂取のプロセスである．このプロセスは，食料を考える場合，養分を高濃度に集積して食料をまさに食料たらしめているものとして重要である．

表3.2 地球の主要部分の窒素存在量と窒素固定量

部分	存在量 (10^9t)
大気	3,800,000
地殻	14,000,000
堆積物	4,000,000
海洋	20,000
海洋の	
植物	0.8
動物	0.17
陸域の	
植物	12
動物	0.2
固定量 (10^6t)	
生物的固定	54
工業的固定	30 (70)

(注) ( ) 内の数字は，1984年の値
Delwiche[15] を改変[3]

窒素はいうまでもなくタンパク質，アミノ酸などの構成元素の一つとして生命現象を支えている．35億年前の生命の発生とともに，無生物から生物への窒素の流れが始まり，その後，自然界での窒素循環のシステムが生物の進化に要したと同じほどに長い時間をかけて成立し，人間という生物もその循環に組み込まれることにより生存が可能になってきた．現生人間の関与するシステムは最も古いものでも400数十万年，農業システムとなると1万年余りの歴史しかない．

人間社会の歴史の中で経済的生産力が伸び採集生活から自然の力にほとんど依存しきった農業を経て，各種の技術的工夫，たとえばし尿を肥料として使うことを見出し，窒素固定を工業化し化学肥料なるものを考案し，発達し

4. 食料の世界貿易と窒素循環

た社会の基盤としての食料増産を支えてきたのであった．生物自身による窒素固定量は5,400万t/年であるのに対し，人間による工業的窒素固定は近年増加をつづけており1984年のデータでは肥料だけで7,000万t/年にのぼり生物的固定量を大きく凌駕している．

輸出側	→	輸入側
北アメリカ アメリカ 2320 (2789) カナダ 517 (419)	2837 (3208)	**中南米** メキシコ 195 (128) （ブラジル 40） ← 195 (168)
南アメリカ アルゼンチン 484 (353) ブラジル 121 チリ 100 (48)	705 (401)	**ヨーロッパ** 西ドイツ 343 (360) イタリア 246 (245) オランダ 197 (180) ベルックス 128 (90) イギリス 56.1 (198) 東ドイツ 52.5 (67) スイス 44.6 (46) （オーストリア 6） （スウェーデン 3） ← 1067 (1195)
ヨーロッパ フランス 432 (247) デンマーク 118 (76) ノルウェー 22.2 (44) オーストリア 7.76 スウェーデン 6.24	586 (367)	
	4815 (4450) → 3293 (3168)	**アジア** 日本 867 (670) 韓国 145 (110) マレーシア 56.9 (37) インドネシア 44.2 (58) フィリピン 17.4 (5) （中国 190） （インド 8） ← 1131 (1078)
オセアニア オーストラリア 396 (276) ニュージーランド 62.3 (49)	458 (325)	
アジア タイ 160 (276) 中国 50.3 マレーシア 14.6 (15) パキスタン 1.54 (6) インド 0.531	227 (145)	**アフリカ** ザイール 10.3 (9) スーダン 9.81 セネガル 7.91 (6) モザンビーク 6.35 (4) マリ 4.24 (<1) タンザニア 1.94 (1) ニジェール 1.7 (60) ← 42 (81)
アフリカ ジンバブエ 2.07 (2) （スーダン 2）	2 (4)	**ソ連** 705 (574) ← 705 (574)
		中東 サウジアラビア 153 (72) ← 153 (72)

N 千t；1984〜86 平均
（1979〜81 平均）

輸入＜輸出の国々とその純輸出窒素量

輸入＞輸出の国々とその純輸入窒素量

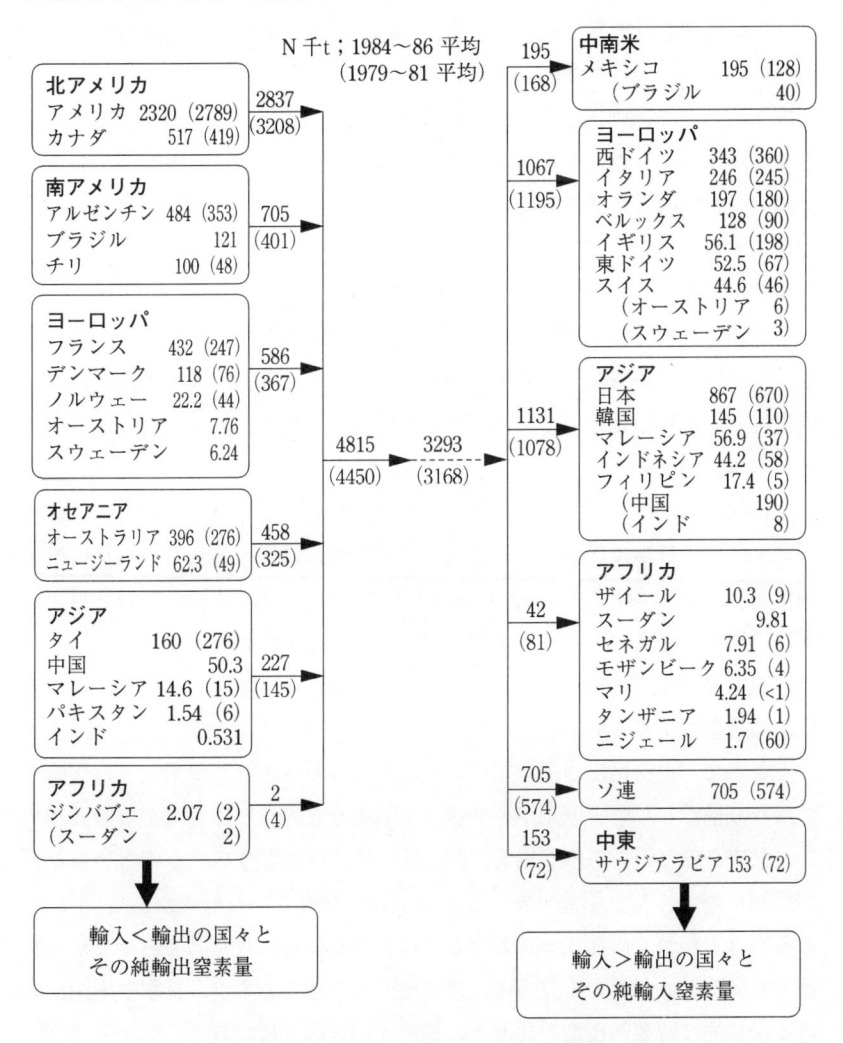

図 3.5 食料貿易により主要国をめぐる窒素のフロー[3]

Delwiche のデータに基づいて人間と環境との窒素収支を検討してみると，人間が衣食住として環境から取り込んでいる量は1,700万tである．他方，廃棄物・肥料として環境へ排出している量は4,700万tである．陸域を巡るこの差に相当する3,000万tの窒素は，土壌，地下水圏，河川，湖沼，海洋などに年々蓄積され徐々にいろいろなところへ移動していると考えられる．この点に関しもう少し具体的に検討してみる．

第1に窒素の過剰は地球上のある場所で集中的に起こり，他では不足が起こっているということを認識する必要がある．食料貿易に伴う窒素の収支を純輸出量と純輸入量により検討すると窒素の流れの片寄り具合をみることができる（図3.5）[4,16]．アメリカからきわめて多く（232万t；1984〜86年）の窒素が輸出され世界中にばらまかれており，アルゼンチン，フランス，オーストラリアなどからはアメリカの約20％前後の量が持ち出されている．タイからの持ち出し量はその半分以下である．他方，純輸入窒素量は国間の格差が純輸出量の場合に比べ小さくなるが，輸入大国がいくつか存在する．日本は世界一（87万t）で，旧ソ連を上回る．ヨーロッパ各国やメキシコ，韓国，マレーシア，インドネシアもやや目立っている．

アメリカと日本に注目してみよう．アメリカは，最大の食料・飼料の輸出国であり，1990年代には，6,000万tから8,000万t程の穀物・飼料を世界に向けて輸出してきた．そのうち約2,000万t前後が日本向けであり，アメリカの輸出量の1/3から1/4に相当する．日本の食卓が，アメリカにとっていかに重要な市場であるかが分かる．

ところで，食料輸出の多い国は，それにより収奪された窒素などの養分をしっかり補給しないと国土がやせ細ってしまうということを考える必要がある．歴史を振り返ってみた場合，例えば，アフリカ諸国で，90年といった長い期間にわたって土壌養分が減少しつづけていたという報告がある[17]．この事実は，かつての植民地における土壌管理がいかに収奪的であったかを物語っている．このことを見ると，後に触れることであるが，日本や中国における伝統的な資源循環型の農業との違いが浮き彫りになる．

ところで，貿易量は国が大きければ増えるから，農耕地の単位面積当たり

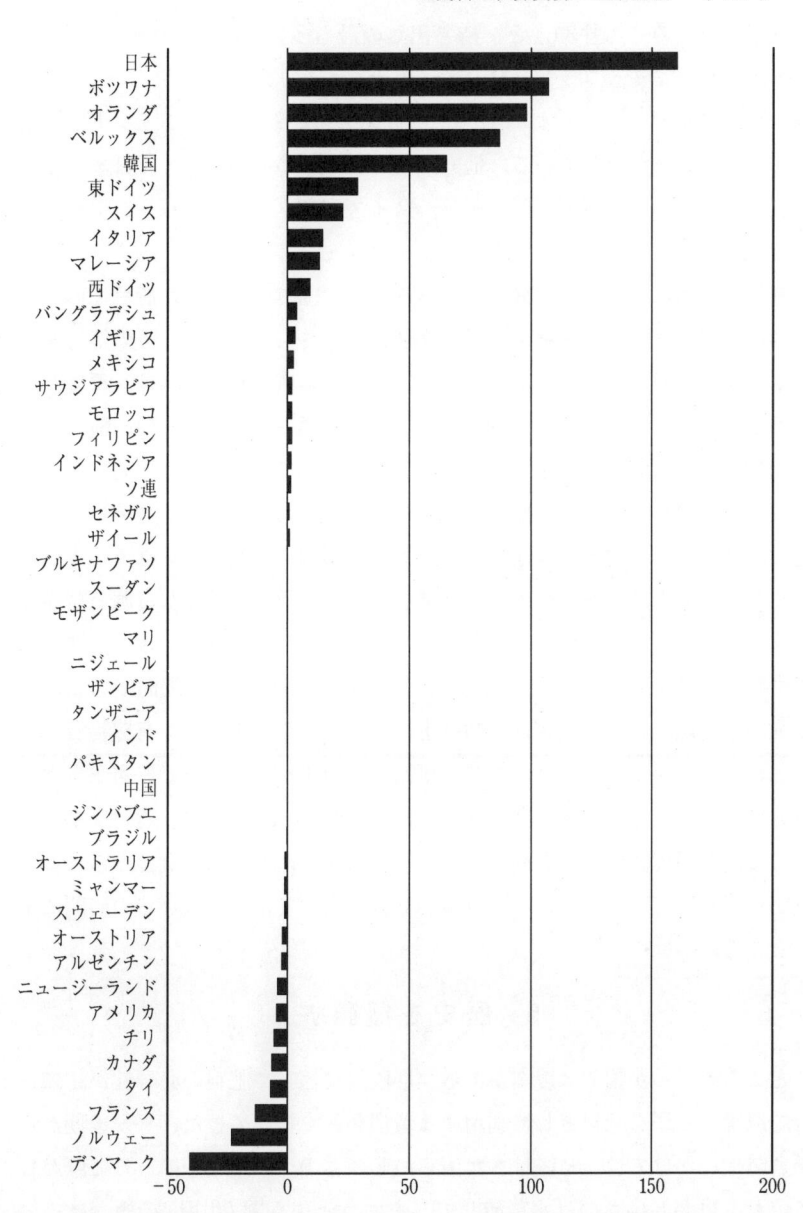

図 3.6 農耕地（耕地＋草地）面積当たり窒素純輸入量[3]（kg/ha, 1985 年）

で窒素収支をみる（図3.6）と，持ち出しの最も多い国はデンマークであり，以下，ノルウェー，フランス，タイ，カナダ，チリ，アメリカ，ニュージーランド，アルゼンチン，オーストリアとつづく．パキスタン，インドなどは収支のバランスがとれている．他方，持ち込みの多い国として，日本，オランダ，ベルックス，韓国，西ドイツ，スイス，イタリア，マレーシアなどである[3]．

食料・飼料に由来する窒素の持ち込みの多い国では，それが農耕地の土壌に適切に還元されて土壌肥よく度の増進に活かされないなら，その処分をどうするかが必ず問題となるはずである．それがお座なりになれば，環境問題が噴出するのは当然である．湖沼・河川等の富栄養化，地下水の硝酸濃度の増加等，随所に問題が山積している．日本においてはきわめて深刻である．

以上の結果から，地球規模，地域規模の両方において食料システムの物質循環をうまく管理する課題が浮かび上がる．国内を考えるならば，基本的には，食生活や畜産業から発生する有機物，特に排泄物を重要な資源と認識して，その有効利用を実現する必要がある．現在のわが国社会では，排泄物を廃棄物として「処分」しておしまいにしようとする風潮が支配的である．畜産業から生産される排泄物は，制度上は産業廃棄物であって，有機物資源とはされてこなかった．したがって，事業所，つまり多くは畜産農家が自力で処分しなければならなかった．1999年に成立した食料・農業・農村基本法のもとで農業環境関連三法が制定され，そこには畜産廃棄物を資源と考える観点が導入されている．しかし，具体的な施策としては，これからの展開にまつところが多い．

5．歴史を概観する

ところで，わが国では農業がある発展段階に達して肥料の必要性が認識されて以来，し尿を肥料として利用する習慣が長く続いてきた．平安後期から鎌倉時代にかけては，し尿はまだ汚らわしいもの，不用なものとして厭われていた．厭わしいものは水に流してしまおうという厠（川屋）の概念はその時代にすでに存在していた．しかし，戦乱の世を経て封建社会が確立される

5. 歴史を概観する　（73）

頃には，ルイス・フロイスが「ヨーロッパでは馬糞を菜園に，人糞をゴミ捨て場に捨てる．日本では，馬糞をゴミ捨て場（実は堆肥用であろう・・・筆者）に，人糞を菜園に捨てる．」また「われらは糞尿を運び去る人に金を支払う．日本ではそれを買い，その代償に金と米とを支払う．」と記している[18]とおり，それらを有効に利用できるように組み立てられた物質循環型食料再生産システムが出来上り，それ以後も近代に至るまで綿々と受け継がれてきた．江戸時代に，長屋の大家さんが，店子からの収入よりも，むしろし尿を農家に売った収入で生活を成り立たせていたというエピソードは，農村の需要が都会の供給を上回っていたことを示す．

　それが今世紀に入った頃から変化をみせる．下水道法の公布（1900年）とし尿くみ取りの有料化（東京，大阪で1921年）がその象徴的出来事である．それ以後，都会の供給が農村の需要を上回ることとなり，都会の人々が自分たちで処分しなければならなくなったのである．

　しかし，農村に役牛・役馬や肥おけのある風景は，まだ多くの日本人が記憶しているように1950年代までは続いていたのである．決定的にそれらと決別するのはいうまでもなく高度経済成長の時代である．利益最大限という基準を宿命として引きずっている経済効率第一のわが国の社会システムは，物質循環のありようを瞼に浮かべる暇もなく，家庭も事業所も見境なく廃水は下水道へと一本化して流し去り，下水処理場を経て窒素（リンやその他の元素も）の濃度のまだ高い水を川に流すシステムを作り上げ，残された汚泥は重金属などが多いため食品の安全上の問題からほとんどは農耕地に還元できなくしてしまった．しからば，ということで焼却して二酸化炭素や窒素酸化物を大気にまき散らし，地球温暖化や酸性雨の原因物質のプールを大きくすることに貢献している．

　他方で，農耕地は，農業生産に対しても経済効率の向上，より具体的には労働生産性と土地生産性をともに向上させるという命題を掲げられることによって，労力のかかる堆肥は敬遠され，化学肥料のみにより土壌肥よく度を維持せざるを得なくなっていった．

　そして，何よりも大きな問題点は，アメリカなどの食料世界戦略などを大

きな背景として，食料は国内でまかなうという考えをやめて，外国から安く買うという方向を押し進めたことであった．この方向は，ウルグァイ・ラウンド以降，WTO 交渉を通じて，国際競争力とか，国際貢献とかを旗印に一層拍車がかけられている．かくして，食料システムにおける窒素循環，さらには物質循環の歪とそれによる環境破壊が，世界の食料システム，あるいは他の社会システムにおける物質循環の歪とあいまってわが国社会に定着し，さらに拡大しつつあるのである．

6．窒素循環からみた農業のあり方

食料システムにおける物質循環をわが国社会において適正に管理し，農業における資源管理を改善し物質循環型農業を実現するためには，きわめて多くのことを解決しなければならない．農業という単一の産業内部では，問題が収まらず，社会問題化していると考えなければならない．

まず第1には，わが国の食料自給率を向上させること．ここまで見たことから，わが国の食料自給率の向上なしに循環型食料システムは実現せず，多くの環境問題の解決は望めない，ということが分かる．この課題の実現のためには，同時に農耕地をどれだけ拡大し，作物の種類と収量をどれだけ増やすことが出来るかなどの課題も解決される必要がある．すなわち，耕作放棄で痛めつけられた農地をどう救うか，地力も高く作物生産がしやすい沖積地に展開していた優良農地を見境もなく開発して宅地や工業用地にしてしまった分をどうするか，輸入に頼っているコムギ，オオムギ，トウモロコシ，ダイズやソバなどの作付けをもっと増やし，各作物の収量をどう高め，かつ収穫物の品質をどう高めるか，さらには，農業を担う人材をどう確保し育てるか，といったわが国農業の基本問題が関わってくる．最近の総理府世論調査では，食料は，外国産より高価でも，生産コストを引き下げながらできるかぎり国内での生産を望むという人が46％にのぼり，1993年調査に比べ13ポイント増えている．

第2は，下水道システムの改革．現代の下水道はほとんどが資源循環利用の役に立っていない．下水処理場から生産される汚泥が重金属などの有害化

学物質を多量に含んでいるために，農耕地に撒けない．これは，ほとんどの下水道システムが，私たち人間のし尿だけでなく事業所系排水をも一緒にしてしまっているためである．重金属などを除去する技術はあるが，それを使うにはコストがかかり実用的でない．この問題の解決には，多分，生活系の下水と工場など事業所系下水とを分離するのが一番の近道だろうと思われる．実際に札幌市には，事業所がきわめて少ない区域から下水を集めている下水道系統があり，そこの処理場の下水汚泥は重金属の問題がなく，粒状肥料として製品化され有効に利用されている．今後作る下水道では，ぜひ，これを実現してもらいたい．現在，下水道を管轄している官庁は，国土交通省，厚生労働省，農林水産省である．いっそのこと縦割り行政を徹底させて，国土交通省は事業所系，他は生活系と完全に分離してはどうであろうか．これから作るものにはそれを行い，既存のものは老朽化して更新する時が最大のチャンスだろうと考えられる．

　第3は，下水汚泥だけでなく各種廃棄物の肥料化技術の発展．下水汚泥の肥料化は札幌市の例に触れたが，その他，現在，全国で畜産廃棄物・農作物残さ・残飯などを低コストで高品質の肥料に変える技術が研究，開発されつつある．これを一層推進するために，農業環境関連三法はひとつの道を開くかもしれない．それらが整うと，有機質肥料で養分の循環を実現し，それでもなお不足する養分は化学肥料で補うという循環型施肥技術体系が可能となり，現在，自然農業などの実践活動で先鞭をつけられている循環型施肥技術が科学的な裏付けを得て体系として確立され本流になってゆくと考えられる．食料・農業・農村基本法でいうところの自然循環機能を重視した農業の一つの姿である．余ってくる化学肥料の使い道は，たとえば，先進国による長年の養分収奪により疲弊して砂漠化に呻吟している諸国などにODAの一環に組み込んで活用する道も考えられよう．

　第4は，農業を国民生活の基盤として位置づけること．現代社会では食料が，工業製品とともに単なる商品としての扱いを強いられている．このことに深く立ち入る余裕はないが，食料が，人権，福祉などと並ぶ人間生活に欠かせない権利となるよう国の政策が変わる必要がある．そのためには，わが

国の経済が無制約の利潤追求の道から，国民の人生を豊かにするという制約の下での経済発展の追求という道へ方向転換する必要がある．上の3課題を実現するための基本的保証はこのことによって揺るぎないものになると考えられる．21世紀に人類が豊かで健全な生活を実現するとしたら，これらを経ずにはありえないのではなかろうか．

（袴田　共之）

引用文献

1) 袴田共之（1991）：農業における物質循環と地球環境問題．再生と利用，14, No. 53, 28-39.
2) 袴田共之（1996）：農業における資源管理，そして環境．季刊「環境研究」No. 100, 120-126.
3) 袴田共之（1997a）：アンバランスな食料貿易の環境影響，食料政策研究，第92号，42-89.
4) 袴田共之（1997b）：循環型社会の農業を考える．農学がわかる，アエラ・ムック，朝日新聞社，67-71.
5) Hakamata, T.（1997c）: Nutrient cycling consideration for sustainable agriculture. TERRA (The Mexican Society of Soil Science), 15 (1), 39-43.
6) 袴田共之（1999）：食料システムと物質循環．水谷広編著「地球の限界」，日科技連，78-92.
7) 三輪睿太郎・小川吉雄（1988）：集中する窒素をわが国の土は消化できるか．科学，58, 631-638.
8) 松本成夫ほか（1992a）：茨城県牛久沼集水域における有機物フローの変動評価．土肥誌，63, 415-421.
9) 松本成夫ほか（1992b）：茨城県牛久沼集水域における有機物フローの地域別変動と農地還元利用の評価．土肥誌，63, 639-645.
10) 三輪睿太郎・岩元明久（1988）："わが国の食飼料供給に伴う養分の動態"．土の健康と物質循環．日本土壌肥料学会編．博友社，117-140.
11) 松本成夫・袴田共之（1992）：茨城県取手市における有機物フローの評価．システ

ム農学, 8, 14-23.
12) 三島慎一郎・織田健次郎・松本成夫 (1998)：農業統計情報を用いた地域レベルの窒素収支算定システム, 農業環境研究情報, 第14集, 65-66.
13) 松本成夫・三島慎一郎・織田健次郎・袴田共之 (2000)：茨城県美里村における堆肥厩肥の供給に関わる窒素フローの評価. システム農学, 16(1), 62-73.
14) 松本成夫 (2000)：地域における窒素フローの推定方法の確立とこれによる環境負荷の評価, 農環研報告, 18, 81-152.
15) Delwiche, C. C. (1970) : The nitrogen cycle. Sci. Amer. 223, 137-146.
16) Miwa, E. (1990) : Global nutrient flow and degradation of soils and environment. Transactions, 14th International Congress of Soil Science. Vol. V, V271-V276.
17) Pieri, C. J. M. G. (1991) : Fertility of soils : A future for farming in the west African savannah. Gething, P. tr., Berlin, Springer, 75-83.
18) 松田毅一・E.ヨリッセン (1983)：フロイスの日本覚書, 中公新書.

第4章　家畜排泄物の環境保全的利用

1. はじめに

　家畜排泄物は多くの肥料成分や各種の有機物を含み，作物に養分を供給するだけでなく，土壌の物理性・化学性・生物性を改善する効果もあり，土づくりに欠かせない資材として古くより利用されていた．しかし，その後，化学肥料を中心とした栽培体系が確立されたこと，畜産の専業化・大規模化が進み耕種農業と遊離してきたこと，さらに農家の労働力不足などの原因から，現在のところ家畜排泄物は必ずしも有効に利用されてはいない．農林水産省農産園芸局の地力増進指針で堆きゅう肥の標準的な施用量は，水田で1.0～1.5 t/10 aであるのに対し，実際には平均で125 kg/10 a程度であり，標準量の約1/10しか施用されていない．また，普通畑の標準量1.5～3.0 t/10 aに対して，麦作についてであるが，268 kg/10 aと，これも1/10程度にすぎない状況にある．

　一方，畜産の振興によって家畜・家きんの飼養頭羽数は増加の一途をたどり，最近ではいくらか減少傾向にあるものの，膨大な量の排泄物が発生しており，環境汚染問題の原因と見なされることが少なくない．

　平成11年7月，新しい農業基本法（食料・農業・農村基本法）の公布に続いて，環境に関連する法律（農業環境三法）が制定・改正された．すなわち，①堆肥等による土づくりを基本とし，化学肥料や農薬の使用の低減を併せて行う，環境と調和のとれた持続的な農業生産の確保を図ることを趣旨とした「持続性の高い農業生産方式の導入の促進に関する法律」，②畜産での家畜ふん尿の管理の適正化を図るための措置及び利用を促進するための支援措置を講ずる「家畜排せつ物の管理の適正化及び利用の促進に関する法律」および③堆肥等特殊肥料について，品質表示を義務づける制度を創設する「肥料取締法の一部を改正する法律」である．これらの法律の整備により，環境負荷低減型の施肥管理とともに，家畜排泄物の利用の促進をより一層図ることと

なった．

ここでは，農地に入りうる資源量としての家畜排泄物はどの程度あるか，家畜排泄物を受け入れる農地の環境容量はどの程度か，現在流通している家畜ふん堆肥の品質・性状はどのような状況にあるか，家畜ふん堆肥の適正施用による効果と過剰施用をした場合の影響はどうか，家畜ふん堆肥の環境保全的な施用量をどう考えるかなど，家畜排泄物の循環利用の現状と今後の方向について考えてみたい．

2．家畜排泄物の資源量としての推定

わが国全体で1年間に家畜・家きんの排泄物がどの程度発生し，そのうちどの程度が農地に入りうるのか推定してみたい．家畜の排泄物量は給与する飼料の質・量や生産能力（たとえば泌乳量）によって大きく変動するため，これを正確に推定するのはかなり難しい．家畜を1頭ずつケージ飼いしてふんと尿を分別回収して測定すれば良いと思われるが，排泄量はケージ飼いのストレスや家畜の体調・個体差の影響を大きく受けるため，実測値は必ずしも正確な値を示さない．そこで，日本飼養標準に基づいて，家畜飼料の種類と

表4.1 家畜排泄物量，窒素およびリン排泄量の原単位[1]

畜種		排泄物量 (kg/頭/日)			窒素量 (gN/頭/日)			リン量 (gP/頭/日)		
		ふん	尿	合計	ふん	尿	合計	ふん	尿	合計
乳牛	搾乳牛	45.5	13.4	58.9	152.8	152.7	305.5	42.9	1.3	44.2
	乾・未経産	29.7	6.1	35.8	38.5	57.8	96.3	16.0	3.8	19.8
	育成牛	17.9	6.7	24.6	85.3	73.3	158.6	14.7	1.4	16.1
肉牛	2歳未満	17.8	6.5	24.3	67.8	62.0	129.8	14.3	0.7	15.0
	2歳以上	20.0	6.7	26.7	62.7	83.3	146.0	15.8	0.7	16.5
	乳用種	18.0	7.2	25.2	64.7	76.4	141.1	13.5	0.7	14.2
豚	肥育豚	2.1	3.8	5.9	8.3	25.9	34.2	6.5	2.2	8.7
	繁殖豚	3.3	7.0	10.3	11.0	40.0	51.0	9.9	5.7	15.6
採卵鶏	雛	0.059	−	0.059	1.54	−	1.54	0.21	−	0.21
	成鶏	0.136	−	0.136	3.28	−	3.28	0.58	−	0.58
ブロイラー		0.130	−	0.130	2.62	−	2.62	0.29	−	0.29

摂取量，生産量などから排泄物の生重量，窒素・リンの排泄量を推定するプログラムを開発した[1]．このプログラムを用いて，家畜の種類，飼養頭羽数，飼料の質・量などを入力することによって，ふんと尿の重量，飼料・ふん・尿・乳・増体中の窒素・リンの量が1日当たりおよび1年当たりの数値として示される．

個々の畜産農家において排泄物量を推定する場合には，このプログラムを用いれば正確な数値を得ることができるが，ある地域あるいは国単位のように広い範囲で排泄物量を推定するためには，より簡易な方法が必要である．そこで，上記プログラムを用いて，比較的標準と考えられる飼養条件下での，1日1頭羽当たりの排泄物量，窒素およびリンの排泄量を計算し，これらを排泄量の原単位として提案した（表4.1）．

この原単位を用いてわが国全体としての家畜排泄物の発生量を計算すると，表4.2のようになる．これによると，1999年度にわが国で発生した家畜

表4.2 家畜排泄物，窒素・リンの年間発生量

畜種		飼養頭羽数 $\times 10^3$ 頭羽	排泄物量（10^3t）		
			ふん	尿	合計
乳用牛	搾乳牛	1,008.0	16,733	4,930	21,663
	乾・未経	270.7	2,934	603	3,537
	育成牛	537.4	3,509	1,314	4,823
	小 計	1,816.1	23,176	6,847	30,023
肉用牛	2歳未満	862.5	5,606	2,046	7,653
	2歳以上	843.7	6,159	2,063	8,222
	乳用種	1,131.0	7,431	2,972	10,403
	小 計	2,837.2	19,196	7,082	26,278
豚	肉豚	8,876.8	6,804	12,312	19,116
	繁殖豚	1,002.3	1,208	2,561	3,769
	小 計	9,879.1	8,012	14,873	22,885
採卵鶏	雛	36,633.0	789		789
	成鶏	143,148.0	7,106		7,106
	小 計	179,781.0	7,895		7,895
ブロイラー		107,358.0	5,094		5,094
合計			63,373	28,802	92,175

排泄物の量は，ふんが 6,340 万 t，尿が 2,880 万 t，合計では 9,220 万 t に達すると推定される．また，排泄物中に含まれる窒素の総量は約 72 万 t，リンは約 12 万 t と試算された．わが国における化学肥料の年間消費量をみると，窒素は 48 万 t，リンは 25 万 t であるので[2]，家畜排泄物としての発生量を化学肥料消費量と比較すると，窒素は約 1.5 倍，リンは約 50 ％ に相当することになる．

ただし，これらは排泄直後の数値であり，すべてが農地に入りうるわけではない．窒素については，畜舎内での滞留中や堆肥化・ばっ気等の処理過程で，かなりの部分がアンモニアガスとして揮散するであろう．堆肥化過程での窒素の揮散率はふんの成分組成，堆肥化方式，処理期間，気候等によって変動するが，牛ふんで 24 ％[3]，豚ふんで 35 ％[4]，鶏ふんでは 62〜77 ％ 程度[5]と見積もられている．従来は生ふんのまま農地に施用されることも多かったが，施用のためのハンドリングの問題，O157 等の病原菌や寄生虫ある

(築城・原田)（1999年度）

窒素排泄量 (10^3t)			リン排泄量 (10^3t)		
ふん	尿	合計	ふん	尿	合計
56.2	56.2	112.4	15.8	0.5	16.3
3.8	5.7	9.5	1.6	0.4	2.0
16.7	14.4	31.1	2.9	0.3	3.2
76.8	76.3	153.0	20.2	1.1	21.4
21.3	19.5	40.9	4.5	0.2	4.7
19.3	25.7	45.0	4.9	0.2	5.1
26.7	31.5	58.2	5.6	0.3	5.9
67.4	76.7	144.1	14.9	0.7	15.7
26.9	83.9	110.8	21.1	7.1	28.2
4.0	14.6	18.7	3.6	2.1	5.7
30.9	98.6	129.5	24.7	9.2	33.9
20.6		20.6	2.8		2.8
171.4		171.4	30.3		30.3
192.0		192.0	33.1		33.1
102.7		102.7	11.4		11.4
469.7	251.5	721.2	104.3	11.1	115.4

いは雑草の種子等が含まれうること，生ふんの施用により作物生育に様々な影響が生じうること等を考慮すれば，農地に施用するためには適切な堆肥化をすべきであると考えられる．家畜ふんをすべて堆肥化し（肉用牛の尿は敷料に吸着させて堆肥化），上記の割合で窒素が揮散すると仮定すれば，堆肥中の窒素の総量は約 27.6 万 t になると推定される．なお，リンやカリ等については揮散する部分がないため，漏汁等で流出する以外はすべて堆肥中に残存すると考えてよい．また，家畜尿については，酪農ではある程度の草地・飼料畑を有するため，乳牛の尿は施用される割合が高いが，養豚ではほとんど農地を有していないため，活性汚泥法等により浄化処理される割合が高い．家畜尿についても生ふんの施用と同様の問題があるため，ばっ気処理により十分腐熟させておく必要がある．そこで，豚尿の 50 % が浄化処理され，残りの豚尿と乳牛尿のばっ気処理の過程で約 30 % の窒素が揮散すると仮定すれば，尿として農地に入りうる窒素量は約 8.8 万 t と推定される．

以上から，農地に入りうる家畜排泄物としての資源量は，窒素 36 万 t，リン 11 万 t 程度と考えられる．

3．わが国農地の家畜排泄物の負荷量と受容量

食料・農業・農村基本法の制定に向けて，わが国の農業の現状と将来方向の検討が行われた際に，地力増進基本指針等の検討結果に基づいて出された有機物の標準施用量に，地目別耕地面積を乗じてわが国農地の有機物受け入れ可能量が算出された（表 4.3）．それによると，現在の標準的な量の化学肥料を施用した場合でも，わが国の農地は 58 万 t の窒素を含む有機物を受け入れる容量があるとされている．ここで，家畜ふん尿の排出量は窒素換算で 56 万 t と試算され，受け入れ可能量（58 万 t）とほぼ見合う値と述べられている．しかし，この当時は家畜排泄量の原単位が整備されていなかったため低い値となっており，現在では前述のように 72 万 t と推定されている．さらに，化学肥料で供給する窒素分を全量有機物施用で代替する場合には 122 万 t の窒素相当の有機物を施用できると見込まれており，家畜排泄物以外の有機物についても受け入れる余地があると述べられている．

3. わが国農地の家畜排泄物の負荷量と受容量

表4.3 わが国農地の有機物受け入れ可能量と家畜ふん尿排出量（窒素換算値）[6]

(単位：万t)

		総量	内訳	
農地の有機物由来窒素受け入れ可能量	化学肥料との併用の場合（現状の施用法）	58	水田 畑 牧草地 樹園地	21 19 15 3
	化学肥料で供給する窒素分を全量有機物施用で代替する場合	122	水田 畑 牧草地 樹園地	40 44 20 18
家畜ふん尿の排出量		56	牛 豚 鶏	21 14 21

(注) 1. 有機物の受け入れ可能量は，地目別耕地面積に地力増進基本指針等の標準施用量上限値を乗じ，稲わら還元に伴う窒素分を差し引いて計算
　　 2. 家畜ふん尿の排出量は，家畜飼養頭数（畜産統計（平成2年））に畜種別ふん尿排出量を乗じ試算

表4.4 各作物生産における排泄物あるいはその処理物の受け入れ可能量[7]

作物	作付け面積 (1,000 ha)	有機物の種類	有機物施用量/1作		作物当たりN 受け入れ可能量 (N 1,000 t/作物)
			現物 (t/ha)	窒素 (N kg/ha)	
飼料作物	1,111	液状きゅう肥	50〜60	190〜228	211〜253
水稲[1]	1,053	中熟堆肥	5	25	26 ⎤ 105
	1,053	中熟堆肥	15	75	79 ⎦
一般畑作物[2]	685	中熟堆肥	20〜30	100〜150	69〜103
野菜	611	中熟堆肥	30〜40	150〜200	92〜122
果樹	335	中熟堆肥	20〜30	100〜150	34〜50
工芸作物（茶）	216	中熟堆肥	25	125	27
桑	49	豚ぷん	75〜110	600〜900	29〜44
その他	92	中熟堆肥	20	100	9
				窒素総計	576〜713

(注) 1. 稲わらあるいは自家堆肥使用面積が半分，外部から堆肥を導入する面積が半分とし，長期間で望ましい肥よく度を達成，維持するとした場合
　　 2. 化学肥料と併用する標準量の場合と，さらに肥料の一部を代替し，施用量を増した場合の両者を併記

第4章　家畜排泄物の環境保全的利用

　また，標準的な作物栽培を行う場合の，有機物受け入れ容量と家畜排泄物の関係について作物別に整理され，わが国全体としての家畜ふん堆肥等の受け入れ可能量が試算された（表4.4）．この積算窒素量は，前提の置き方でかなり幅があるが，約58～71万 t となり，その下限値は新政策研究会の試算値と同じ数値である．

　前述のように，農地に入りうる家畜排泄物の窒素量は約36万 t と推定できることから，わが国の農地はこれらを受け入れ可能な範囲にあると考えられる．

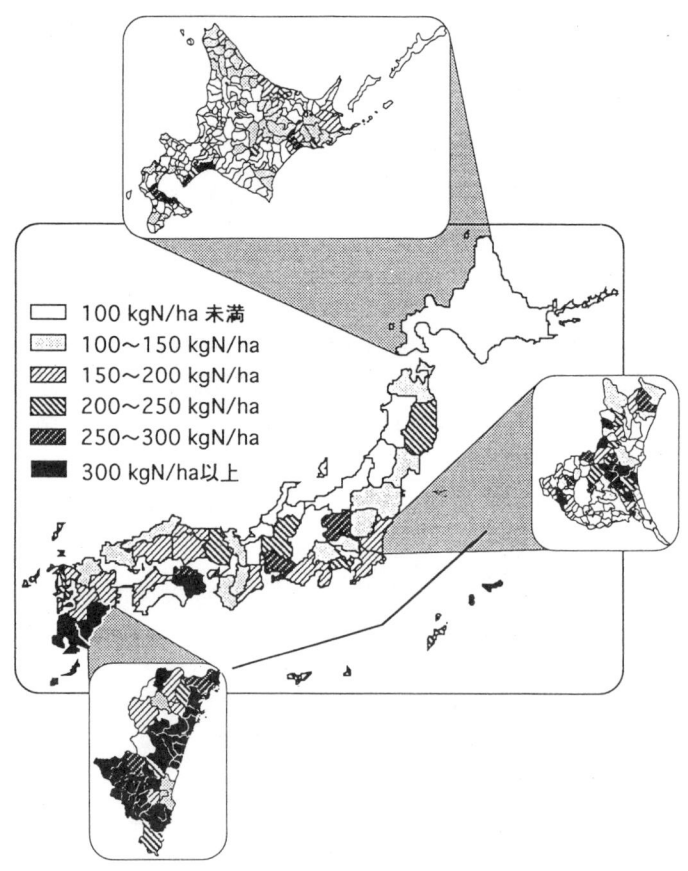

図4.1　農耕地1ha当たりの家畜排泄物中窒素負荷量（築城・原田：農業センサス1995より試算・作図）

このように，家畜排泄物を全国の農地に均一に施用することができれば，環境に対してそれほど大きな負荷を与えることにはならないと思われる．しかし，実際には，家畜は均一に分布して飼われているわけではない．図4.1は，発生する家畜排泄物をすべて農地に均等に施用すると仮定した場合のha当たりの窒素負荷量を都道府県および市町村別に示したものであるが，家畜排泄物が地域的に集中して発生している状況が示されている．家畜排泄物の偏在による環境負荷を解消するためには，排泄物を良質の有機資材に加工して流通を図り，負荷量の低い地域に移送して出来るだけ平均化するような対策をとることが重要である．

4．流通している堆肥類の品質の状況

家畜ふん堆肥の成分分析データなど品質に関する全国的なとりまとめが，過去2回行われている．その一つは，草地試験場が昭和52～53年に，全国の農業試験場および畜産試験場を対象に，家畜排泄物およびその処理物の理化学性をアンケート調査してまとめたものである[8]．また，農蚕園芸局農産課が地力保全対策事業の一環として実施した堆きゅう肥等有機物資材の品質調査結果をとりまとめたものがある[9]．しかし，現在では，その当時と比べて家畜の飼養形態や堆肥化の方式など大きく変化していることから，堆肥の性状も変化していることが予想された．

そこで，農業研究センタープロジェクト研究第6チームでは，関東農政局の協力を得て同管内の畜産農家および堆肥センターから約240点の堆肥試料を収集し，成分分析を実施した．また，全国各県の試験場や分析機関の協力により，約560点の堆肥について最近の成分分析値を入手した．これらの分析データを併せて解析し，現在流通・利用されている家畜ふん堆肥の成分的特徴についてまとめてみた[10]．

4.1 畜種別にみた家畜ふん堆肥の特徴

家畜ふん堆肥の成分組成の特徴を畜種別に示す（図4.2）．堆肥の含水率の平均値は，牛ふん堆肥（54.8％）が最も高く，次いで豚ふん堆肥（40.2％），

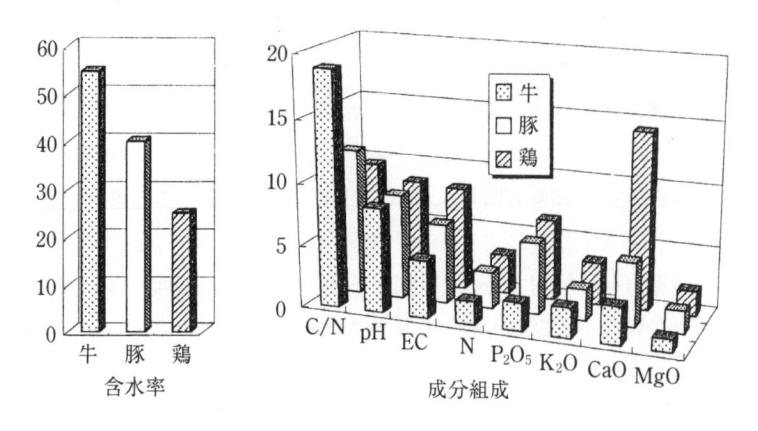

図4.2 畜種別にみた家畜ふん堆肥の成分組成[10]

鶏ふん堆肥 (25.1 %) では低い. 原料となる家畜ふんの一般的な含水率は, 牛ふん＞豚ふん＞鶏ふんの順であり, 堆肥製品の含水率は原料ふんの順位と一致する. しかし, 含水率が異なる主な原因は畜種による堆肥化方式の違いによるものと考えられる. すなわち, 堆肥化の方式は堆積式 (堆肥舎, 箱型通気発酵槽), 開放式 (直線型発酵槽, 回行型発酵槽) および密閉式 (縦型発酵槽, 横型発酵槽) に分類できるが, 乾燥能力が最も高いのは密閉式, 次いで開放式であり, 堆積式では含水率は低下しにくい. 牛ふんの堆肥化は堆積式によるものが多く, とくに肉牛の場合はほとんど堆積式である. 豚ふんの堆肥化には堆積式も多いが, 開放式や密閉式も用いられている. また, 鶏ふんの堆肥化では堆積式は少なく, 開放式と密閉式が多い.

堆肥の成分組成は, 原料ふんの成分組成を反映している. たとえば, C/N比については, 牛ふん堆肥 (18.9) が最も高く, 豚ふん堆肥 (11.7), 鶏ふん堆肥 (9.6) の順である. いずれも原料ふんの C/N 比より多少高いが, これはオガクズなど敷料や副資材の混入によるためであろう. pH はいずれも 8.4 程度であり, ほとんど違いは見られない. 電気伝導率 (EC) については, 鶏ふん堆肥 (8.3 mS/cm) ＞豚ふん堆肥 (6.4) ＞牛ふん堆肥 (4.7) の順であり, 鶏ふん堆肥が最も高い.

全窒素 (T-N) については牛ふん堆肥 (1.9 %) ＜豚ふん堆肥 (3.0 %) ＜鶏

ふん堆肥（3.2%）の順，リン酸（P_2O_5）は牛ふん堆肥（2.3%）＜豚ふん堆肥（5.8%）＜鶏ふん堆肥（6.5%）の順，カリ（K_2O）についても同様に，牛ふん堆肥（2.4%）＜豚ふん堆肥（2.6%）＜鶏ふん堆肥（3.5%）の順であった．また，カルシウム（CaO）については，鶏（採卵鶏）でとくに高く，豚や牛の3〜5倍である．このように，肥料成分の含有率に関しては，鶏ふん堆肥が最も高く，牛ふん堆肥が低く，豚ふん堆肥がその中間にあることが示されている．

4.2 敷料・副資材の有無からみた家畜ふん堆肥の成分的な特徴

生ふんは概して含水率が高く，そのままでは好気的に発酵させることが困難であるので，畜舎・鶏舎の敷料あるいは水分調整のための副資材としてオガクズやモミガラなどを家畜ふんに添加して堆肥化が行われている．ところが，最近では，原料ふんを予備乾燥したり，乾燥ふんや堆肥（戻し堆肥）を生ふんに混合して堆肥化を行う方式が行われるようになり，敷料や副資材が含まれない堆肥も多く作られるようになった．このように，敷料・副資材が混合されているかどうかによって，家畜ふん堆肥の成分組成は大きく変動する．

この解析に用いた堆肥試料について見ると，牛ふん堆肥のうちオガクズ入り堆肥が57%，モミガラ入り堆肥は8%，オガクズ・モミガラ入り堆肥は6%，敷料・副資材を含まない無添加堆肥は23%であった．豚ふん堆肥では，オガクズ入り堆肥が42%，モミガラ入り堆肥が12%，オガクズ・モミガラ入り堆肥は11%，無添加堆肥は36%であった．鶏ふん堆肥の場合，一般的に副資材を添加することが少なく，無添加堆肥が85%，オガクズ入り堆肥は15%であった．これは飼養形態と関連しており，採卵鶏のようなケージ飼いの場合は無添加堆肥が多く，ブロイラーのような平飼いの場合はオガクズ入り堆肥が多い．

オガクズの有無からみた豚ふん堆肥の成分組成を図4.3に示す．堆肥のC/N比はオガクズ入りの方が無添加堆肥より高いが，これはC/N比の高いオガクズが混入するため当然であろう．また，含水率はオガクズ入り堆肥の方が無添加堆肥より高い傾向を示した．これは，オガクズの有無そのものよ

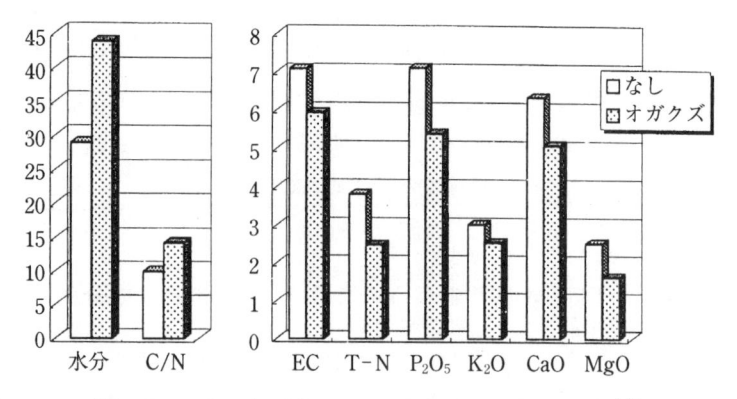

図4.3 オガクズの有無からみた豚ふん堆肥の成分組成[10]

りも，堆肥化の方式と関連が深いようである．すなわち，オガクズ入り堆肥は堆積式で製造される場合が多いが，無添加堆肥は密閉式や開放式で製造されることが多いために，製品の含水率が低下しているものと考えられる．

窒素，リン酸，カリ，カルシウム，マグネシウムなどの肥料成分とECについては，オガクズが入った堆肥の方が低い傾向を示している．これは，オガクズ等の添加による各種成分の希釈によるものと考えられる．

4.3 最近の堆肥の成分的特徴

最近の家畜ふん堆肥の成分組成については，どのような傾向があるのだろうか．農業研究センターでとりまとめた数値を草地試験場および農蚕園芸局の数値と比較してみた．いずれの調査でも共通するオガクズ入り豚ふん堆肥の成分分析データの平均値を図4.4に示す．

最近の堆肥では，含水率は明らかに低くなっている．現在では，開放式や密閉式のような堆肥化方式がとられたり，発酵槽に強制通気装置をつけたり，プラスチックハウス内で堆肥化を行うなど，乾燥を促進させるような方式や管理が以前より多く行われているためと思われる．各肥料成分については，今回のデータは，いずれも既存のデータに比べて高い傾向が見られる．また，C/N比については，今回のデータは低い傾向を示している．これらの

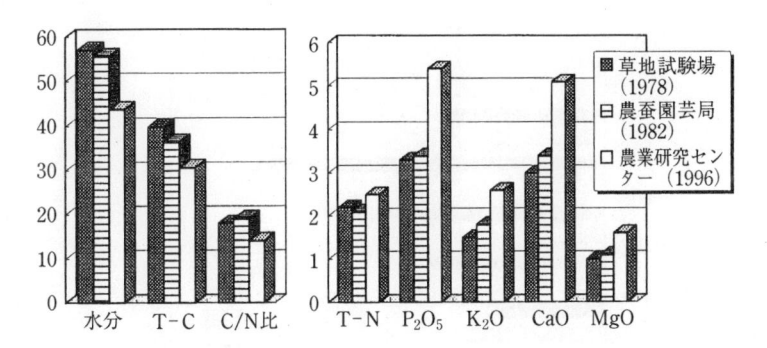

図 4.4 オガクズ入り豚ふん堆肥の成分組成についての既存データとの比較[10]

原因としては,敷料・副資材としてのオガクズが入手困難となり,その混合割合が低下したためと考えられる.

4.4 家畜ふん堆肥の成分組成のバラツキ

上に述べたように,各成分の分析データを平均値で示すと一定の傾向が見られるが,各項目,成分ともバラツキの範囲はきわめて広い.含水率,窒素および EC の階級別分布を図 4.5〜4.7 に示す.

含水率についてみると,牛ふん堆肥の平均値は 54.8 % であるが,階級別分布で見ると,60〜70 % の堆肥が多い(図 4.5).豚ふん堆肥では,平均値は 40.2 % であるが,含水率の高いもの(60〜70 %)と低いもの(20〜30 %)に分かれるようである.これは堆肥化方式の違い,すなわち堆積式とともに開放式・密閉式が多いことによるものであろう.また,鶏ふん堆肥については,平均値 25.1 % であるが,10〜20 % の堆肥が多い.これは密閉式が多いことによるものと思われる.

窒素含有率については,牛ふん堆肥は 1〜2 %,豚ふん堆肥と鶏ふん堆肥は 2〜3 % のものが多い(図 4.6).牛ふん堆肥では 92 %,豚ふん堆肥と鶏ふん堆肥では 98 % の試料が窒素含有率 1 % 以上であった.リン酸とカリの含有率についても,ほとんどの試料は 1 % 以上である.有機質肥料としての推奨品質基準では,窒素・リン酸・カリの含有率は各 1 % 以上と設定されてい

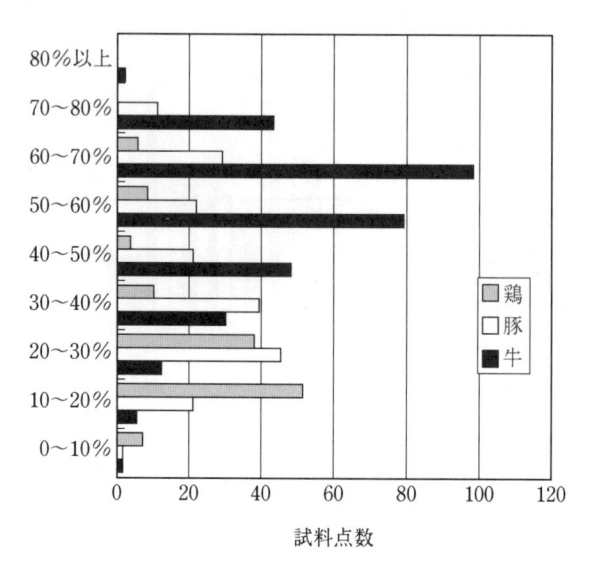

第4章　家畜排泄物の環境保全的利用

図 4.5　家畜ふん堆肥の含水率の階級別分布[10]

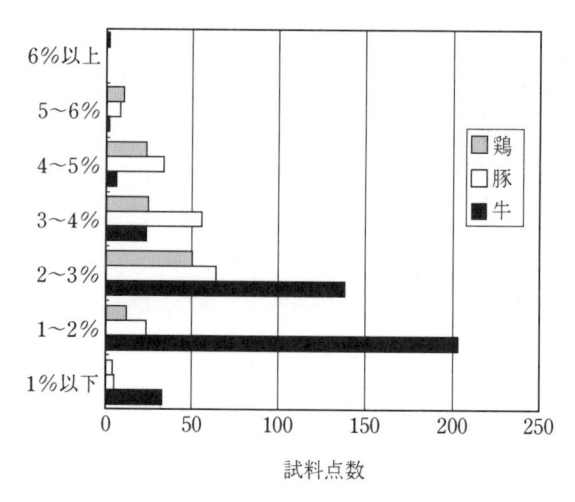

図 4.6　家畜ふん堆肥の窒素含有率の階級別分布[10]

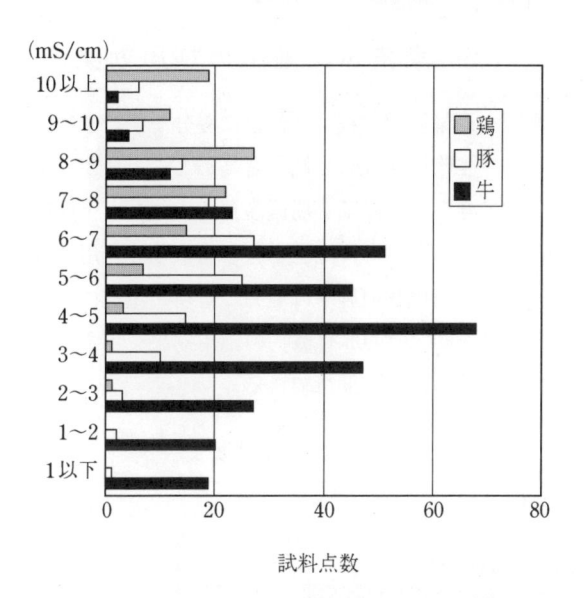

図 4.7　家畜ふん堆肥の EC の階級別分布[10]

る[11]．従来より，家畜ふん堆肥は一般的に土壌改良材とみなされ，化学肥料による施肥量とは別に，上乗せで施用されている．しかし，このように，最近の家畜ふん堆肥の大部分は，土壌改良材より，むしろ有機質肥料とみなすべきであろう．

　EC に関しては，推奨品質基準では，5 mS/cm 以下と設定されている．しかし，図4.7 から明らかなように，EC の高い堆肥が多い．今回の解析に用いた堆肥試料では，牛ふん堆肥の 43 %，豚ふん堆肥の 76 % が基準値以上であった．最近では，家畜尿の農地施用や浄化処理が困難なことから，発酵中の堆肥に家畜尿を散布して発酵熱で水分を蒸散させる処理法が多くとられるようになり，このことが堆肥の EC を高める原因の一つになっている．家畜尿はカリ濃度が高いため，尿を散布した堆肥は塩類濃度が高まり，EC が上昇する．この基準値は，堆肥の幼植物試験の結果を踏まえ，濃度障害の発生を防止する目的で設定されたものである[11]．EC が高い堆肥を利用する場合には，土壌中の EC が高くなりすぎないよう，施用量に注意する必要がある．

第4章 家畜排泄物の環境保全的利用

5. 家畜ふん堆肥の施用効果

　品質の良い堆肥を適量施用すれば，作物に養分を供給するとともに，土壌の化学性・物理性・生物性を改善し地力を高めることによって，作物の安定増収を望むことができる．農産園芸局農産課で実施した土壌環境基礎調査事業の調査結果においても家畜ふん堆肥を含む有機物の連用効果が認められており，家畜ふん堆肥等有機物の施用は地力の維持・増進にとって重要な手段となっている．表4.5に一般的な有機物の施用効果を示すが，家畜ふん堆肥の施用においても同様の効果が期待できる．

表4.5　有機物施用の効果[12]

Ⅰ. 植物養分としての効果（直接的効果）
　1. 多量要素の給源
　2. 微量要素の給源
　3. 緩効的・持続的・累積的効果
　4. 炭酸ガスの給源
　5. 生育促進物質

Ⅱ. 土の物理的・化学的性質の改善（間接的効果）
　1. 土壌団粒の形成
　　　孔隙分布，透水性，保水性，通気性，易耕性，耐食性の改善
　2. 陽イオン交換容量の増大
　3. キレート作用
　　　活性アルミナの抑制
　　　リン酸の固定防止・有効化
　4. 緩衝能の増大

Ⅲ. 土の中の生物相とその活性の維持・増進（間接的効果）
　1. 中小生物・微生物の富化・安定化
　2. 物質循環能の増大
　3. 生物的緩衝能の増強（有害生物の突発的増殖防止）
　4. 有害物質の分解・除去

5.1　養分の供給

　家畜ふん堆肥には，窒素，リン，カリウム，カルシウム，マグネシウムなどの多量要素だけでなく，鉄，亜鉛，銅，マンガンなどの微量要素も含まれ

5. 家畜ふん堆肥の施用効果

ており，作物に対する総合的な養分の供給源となる．表4.6と4.7は，牛ふん堆肥を連用した畑土壌で，窒素やリン酸，カリウム，カルシウムなど養分の濃度が高まることを示している．

堆肥の施用は，このように作物に養分を供給するが，化学肥料と大きく異なる点は，肥効が緩効的なことであり，また，連年施用することによってその効果が累積していくことである．すなわち，堆肥中の有機物は土壌中でゆっくり分解されて，養分を徐々に放出する．その一作期間中に分解されずに残った有機物は，次の作，あるいは翌年にまた一部が分解されて養分を供給する．堆肥を連用すると，このような未分解の有機物が土壌中に蓄積され，土壌有機物となって養分供給力が次第に増大していく．

図4.8は家畜ふん堆肥等有機物を長期間連用した場合の窒素放出率の推移を示している．鶏ふんは分解しやすいため1年目で80％近くの窒素が放出されるが，蓄積量が少ないためその後の放出率の増加は緩やかである．

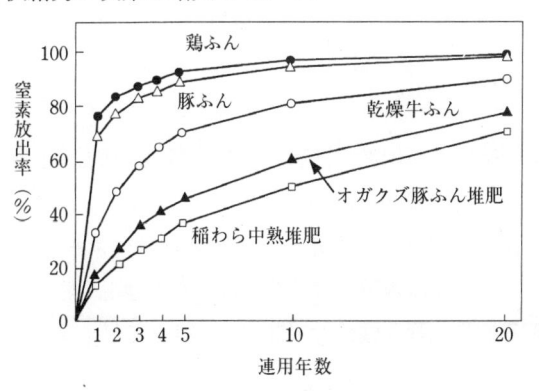

図4.8 有機物連用に伴う窒素放出率の増加[15]

これに対して，牛ふんは1年目には30％程度しか窒素を放出しないが，累積効果が大きく10年後には約80％放出するようになる．有機物の窒素放出率は堆肥化することによって低下する．施用1年目の窒素放出率は生豚ふんでは70％であるが，オガクズ豚ふん堆肥では20％以下と低い．また，有機物の種類による窒素放出率の差は連用初期には大きいが，年数が経過するとともに次第に小さくなり，50年を経過すると，いずれの資材でも毎年添加する有機物中の窒素の80〜90％程度を放出することになり，上限に近づく[15]．

有機物および養分蓄積の効果は，土壌の種類によって大きく異なる．全炭

表 4.6　腐植質火山灰土壌におけるきゅう肥

区名		T-C (%)	T-N (%)	pH		CEC (mmol/100 g)	交換性塩基* (mmol/100 g)	
				H$_2$O	N-KCl		Ca	Mg
表層土 (0〜15 cm)	0　t	7.15	0.57	6.3	5.7	36.6	24.0	0.92
	0.8	7.35	0.59	6.2	5.6	36.9	23.0	1.34
	1.5	7.40	0.62	6.4	5.7	39.6	25.6	1.30
	3.0	7.75	0.66	6.4	5.8	42.4	29.3	1.95
	6.0	8.00	0.69	6.3	5.6	41.4	26.5	2.17
下層土 (15〜30 cm)	0.0	7.82	0.58	5.7	5.1	36.0	11.9	0.83
	0.8	7.87	0.57	5.6	5.0	35.5	11.6	0.88
	1.5	7.85	0.59	5.7	5.0	36.8	12.3	1.17
	3.0	7.78	0.61	5.7	5.1	36.4	11.7	1.57
	6.0	7.82	0.59	5.8	5.1	39.8	13.3	1.90

(注) *乾土 100 g 当たり

素や全窒素の増加は，腐植含量が高い腐植質火山灰土壌では小さいが（表 4.6），腐植含量が低い細粒グライ土では極めて大きい（表 4.7）．また，土壌への養分供給効果は家畜ふん堆肥の種類によって大きく異なる．前述のように，家畜ふん堆肥の養分濃度は鶏ふん堆肥＞豚ふん堆肥＞牛ふん堆肥の順であるので，養分供給効果は鶏ふん堆肥で最も高く，牛ふん堆肥で低い．

5.2　土壌の化学性の改善

わが国に広く分布する火山灰土壌や酸性土壌には活性アルミニウムが多く含まれており，それによって作物が障害を起こしたり，施用したリン酸が強く吸着（固定）されて作物が吸収できなくなったりするが，堆肥を施用すればキレート作用によって活性アルミニウムと結合し，その害作用を抑えることができる．牛ふん堆肥の連用により，土壌のリン酸吸収係数が減少し，有効態リン酸が増加することが表 4.6 と 4.7 に示されている．

また，堆肥の施用によって，土壌の陽イオン交換容量（CEC）が増大する（表 4.6）．CEC は，土壌の粒子が静電気的に吸着できる陽イオンの量を示している．土壌を構成する物質のうち，粘土と土壌有機物には陽イオン交換能

連用跡地土壌の化学性[13]

交換性塩基* (mmol/100 g)		塩基飽和度 (%)	Ca/K	Mg/K	リン酸吸収係数	有効態リン酸*
K	計					
0.30	25.2	68.9	80.0	3.1	2,038	Tr.
0.40	24.7	67.2	57.5	3.4	2,008	0.5
0.49	27.4	69.2	52.0	2.7	1,984	2.1
0.74	32.0	75.5	40.0	2.6	1,882	1.1
1.14	29.8	71.9	23.2	2.0	1,867	3.0
0.24	13.0	35.9	50.0	3.5	2,209	Tr.
0.35	12.8	36.0	33.2	2.5	2,181	Tr.
0.48	14.0	37.8	25.6	2.3	2,101	Tr.
1.03	14.3	39.3	11.4	1.5	2,106	0.2
2.02	17.2	43.3	6.6	0.9	2,032	0.7

があり，陽イオンとして存在する養分（アンモニウム，カリウム，カルシウム，マグネシウムなど）が雨水によって洗い流されないよう，土壌中に保持しておく能力がある．これは，土壌中に養分を保持するためにきわめて重要な性質（保肥力）である．堆肥を施用すれば，土壌中の有機物含量が増加し，CECが増大する．しかし，有機物の陰荷電は中性あるいは弱酸性領域では大部分カルボキシル基によって発現するものであり，1価の陽イオンを保持する力は強くない．

5.3 土壌の物理性の改善

堆肥を連用すると，土壌有機物含量が次第に増加し，土壌の物理性が改善される．土壌中の有機物含量が高くなると，土壌の団粒化が進んで軟らかくなる．土壌に団粒構造ができると土壌中の空隙量が増加し，通気性と透水性が良好になる．豚ふんを連用した土壌では，施用量が多いほど容積重と固相率が減少し，孔隙率が増加することが表4.8に示されている．このように，団粒構造が発達して土が軟らかくなれば，作物の根が良く発達して養分や水分の吸収能力が高まり，耕うんも容易になる．また，非毛管孔隙率は比較的

表 4.7 細粒グライ土におけるきゅう肥施用 10 作跡地土壌の化学性[14]

きゅう肥施用量 (t/10a)	層位 (cm)	pH	EC (mS/cm)	T-C (%)	T-N (mg/100g)	C/N	交換性 CaO (mmol/100g)	交換性 MgO	交換性 K₂O	可給態 P_2O_5 (mg/100g)	T-P_2O_5 (mg/100g)	CaO/MgO*	MgO/K₂O*	可給態P_2O_5/T-P_2O_5
0	0〜10	5.1	0.15	1.30	129.5	10.0	169.6	13.4	22.5	76.8	222.9	9.0	1.4	34.5
	10〜20	6.0	0.09	1.43	78.4	18.3	241.2	26.1	9.0	35.8	181.1	6.6	6.8	19.8
	20〜30	6.1	0.07	2.14	193.2	11.1	320.2	55.1	8.1	15.9	168.2	4.2	16.1	9.5
1	0〜10	5.2	0.19	2.71	197.8	13.7	192.2	19.6	29.2	93.3	338.6	7.1	1.6	27.6
	10〜20	5.8	0.13	2.11	—	15.2	233.7	37.4	16.6	56.0	253.9	4.5	5.3	22.1
	20〜30	6.0	0.11	2.03	186.2	10.9	278.9	48.9	10.6	12.2	167.1	4.1	10.6	7.3
2	0〜10	5.5	0.16	3.25	210.0	15.5	218.6	33.1	42.5	151.9	392.1	4.8	1.8	38.7
	10〜20	6.1	0.11	2.80	219.8	12.7	275.1	51.7	23.7	97.3	291.4	3.8	5.1	33.4
	20〜30	5.9	0.10	2.36	205.8	11.5	305.3	58.5	11.7	19.8	152.1	3.8	11.6	13.0
4	0〜10	5.6	0.20	5.09	269.5	18.9	245.0	55.7	92.8	251.5	537.9	3.2	1.4	46.8
	10〜20	6.3	0.12	3.71	247.8	15.0	263.8	68.9	73.5	151.4	380.4	2.8	2.2	39.8
	20〜30	6.1	0.09	2.34	203.0	11.5	286.4	68.3	21.2	30.2	188.6	3.0	7.5	16.0
8	0〜10	5.9	0.27	8.73	435.8	20.0	292.1	95.8	137.4	377.8	713.6	2.2	1.6	52.9
	10〜20	6.5	0.19	5.34	281.4	19.0	282.7	97.0	137.4	234.4	—	2.1	1.6	—
	20〜30	6.3	0.17	3.16	238.0	13.3	265.7	80.9	68.7	67.7	292.5	2.4	2.7	23.1

(注) * 当量比

表 4.8 豚ふん施用跡地土壌の物理性[16]

土壌	豚ふん施用量	層位	容積重 (g)	固相率 (%)	非毛管孔隙率 (%)	土壌水分 (pF) 1.5 (A)	3.0 (B)	3.8 (C)	有効水分 (mm) (A-B)	(B-C)
鉱質土壌	0 t/10 a/3年	1	118	43.3	14.6	42.1	32.5	25.8	9.6	6.7
		2	124	46.3	5.0	48.7	42.6	35.2	6.1	7.4
	15 t/10 a/3年	1	109	39.8	19.9	40.3	31.6	24.7	8.7	6.9
		2	121	44.4	6.0	49.6	43.8	36.3	5.8	7.5
	30 t/10 a/3年	1	86	32.1	26.3	41.6	31.3	22.7	10.3	8.6
		2	120	44.4	5.8	49.8	41.9	32.5	7.9	9.4
	60 t/10 a/3年	1	67	25.8	30.9	43.4	31.1	23.6	12.3	7.5
		2	113	41.9	11.4	46.7	37.7	29.6	9.0	8.1
火山灰土壌	0 t/10 a/3年	1	71	27.4	37.0	35.7	21.6		14.1	
		2	81	30.1	30.2	39.7	24.6		15.2	
	15 t/10 a/3年	1	63	24.6	39.5	36.0	23.0		13.0	
		2	75	28.0	29.3	41.7	26.0		15.7	
	30 t/10 a/3年	1	59	22.8	38.1	39.1	25.1		14.1	
		2	67	25.8	31.2	43.1	26.7		16.4	
	60 t/10 a/3年	1	52	19.9	42.8	37.4	25.0		12.4	
		2	64	24.8	29.8	45.8	30.2		15.7	

大きな孔隙の存在割合を示しており,これが大きいほど排水性や通気性が良好となる.このような土壌の物理性改善効果は,もともと膨軟な火山灰土壌よりも有機物の乏しい鉱質土壌において顕著である(表4.8).また,物理性改善効果は牛ふん堆肥のように繊維質を多く含む堆肥で高く,鶏ふん堆肥では低い.

5.4 土壌の生物性の改善

堆肥を施用すると,土壌中にミミズやダニなど中小生物の数が増加する.施用された堆肥はこれらの土壌生物の活動によって土壌中で分散され,微生物によって分解されやすい状態になる.堆肥中には多くの微生物が含まれて

おり，また，堆肥中の有機物が餌となるため土壌微生物の数は大きく増加する．

　土壌の生物性を改善する目的は，まず第1に，生物の活動を盛んにすることによって養分の供給力を高めることである．堆肥などの有機物を施用すると微生物が増殖し，施用した有機物だけでなく，それまでに土壌中に蓄積されていた有機物の分解も促進される．これをプライミング効果（起爆効果）と呼び，これによって窒素を始め多くの養分が放出される．また，放出された窒素の一部は増殖した微生物の菌体に取り込まれ，再び土壌中に蓄積され長期間にわたって土壌窒素を放出するようになる．

　生物性改善の第2の目的は，土壌の生物的緩衝能を増大させ，土壌病害を抑制することである．すなわち，施用した有機物は土壌病原菌の栄養にもなるが，同時に病原菌以外の土壌微生物活動を盛んにして病原菌の活動を阻害し，病気の発生を少なくするということである．しかし，このような効果については，まだ不明な点が多い．土壌病害に対する有機物施用の効果は，有機物の種類や腐熟度の違い，土壌型や管理の違い，病原菌の種類の違い，さらに作物の種類の違いなどによって異なり，場合によっては有機物の施用が病虫害の発生を助長することもある[17]．したがって，生物的緩衝作用に対する有機物施用の有効性を過信することは危険である．土壌病害の抑制を期待して堆肥を多量に施用するよりも，むしろ十分腐熟した良質堆肥を適切に施用することによって土壌の化学性・物理性を改善し，作物の土壌病害に対する抵抗性を高めることが重要である．

6．未熟な家畜ふん堆肥の過剰施用による影響

　堆肥が適正に施用されるならば，前述のように土壌中の植物養分を高め，土壌環境を改善し，作物の収量を高めることができる．しかし，そうでない場合には，かえって土壌環境を悪化させる結果になる．とくに未熟な堆肥の場合には，多量施用によって様々な害作用が生ずることがある．堆肥による土づくりを進めるには，施用する堆肥の量および質についても注意し，適正な施用を行うことが大切である．未熟堆肥の多量施用による影響について

表 4.9 堆肥の多量施用による影響

1. 窒素過剰（C/N 比の低い堆肥を過剰施用した場合）
    高濃度の無機態窒素による濃度障害
    作物体中の硝酸態窒素濃度の上昇
    硝酸態窒素の流亡による地下水汚染

2. 窒素飢餓（C/N 比の高い堆肥を過剰施用した場合）
    有機化による窒素飢餓

3. 生育阻害物質（副資材を多量に含む未熟堆肥あるいは
   嫌気的に発酵した堆肥を施用した場合）
    副資材中の生育阻害物質
    嫌気的発酵で生成された生育阻害物質

4. 土壌の異常還元（未熟堆肥を過剰施用した場合）
    土壌の還元による根の障害
    土壌中での生育阻害物質の生成

5. ミネラルの過剰（特定のミネラルを多量に含む堆肥を施用した場合）
    作物体中のミネラルバランスの変動
    土壌中での銅・亜鉛の蓄積

6. 土壌の物理性悪化（未熟堆肥・オガクズ堆肥を過剰施用した場合）
    土壌の圧密化
    保水性の悪化

は，表 4.9 のように整理できる．

6.1 過剰な窒素による影響

　未熟な堆肥を多量に施用すると，土壌中で急激に分解されて無機態窒素（とくにアンモニウム態窒素）の濃度が高まり，作物根が濃度障害を起こすことがある．また，土壌中の窒素濃度が高まれば，作物体中の硝酸態窒素の含有率が高くなる．このような硝酸態窒素濃度が高い飼料を牛に給与した場合，第一胃内で還元され亜硝酸態窒素となって吸収される．亜硝酸態窒素はヘモグロビンの酸素運搬機能を阻害し，牛が死亡する場合もある．硝酸中毒をもたらす飼料中の硝酸態窒素濃度の許容限界は 0.2 % 以下と考えられている．

　さらに，土壌中のアンモニウム態窒素は土壌微生物による硝化作用を受け

て硝酸態窒素に変化する．アンモニウムイオンは陽イオンであるため土壌によって比較的保持されやすいが，硝酸イオンは陰イオンであるため土壌に保持されにくく，雨水によって容易に洗い流され，地下水を汚染する．したがって，堆肥の場合でも過剰施用すれば，環境汚染の原因になることもあるので，注意すべきである．

6.2 窒素飢餓

稲ワラやオガクズなどの副資材が大量に混入して C/N 比が高くなった堆肥を施用した場合，窒素飢餓という現象が生じることがある．すなわち，このような堆肥を施用すると微生物が増殖し，その菌体成分を合成するために，分解されて出てくる窒素のほとんどを菌体内に取り込んでしまい，作物は窒素を吸収できなくなって窒素欠乏症状を起こす．ただし，現在流通している家畜ふん堆肥の大部分は養分濃度が高く C/N 比が低いため，きわめて特殊な堆肥でなければ，窒素飢餓が生じる危険性は少ない．

6.3 生育阻害物質

堆肥の副資材として用いられる稲ワラや麦稈にはバニリン酸，p-オキシ安息香酸，フェルラ酸，p-クマル酸などのフェノール性酸が含まれており，またオガクズや樹皮（バーク）のような木質物にはフェノール性酸の他にタンニンや精油などの生育阻害物質が含まれている．また，家畜ふんの堆肥化が適切に管理されず，嫌気的に発酵した場合，フェノール性酸や低級脂肪酸が多量に生成される．このような堆肥を施用すると，作物の生育が阻害される危険性がある．

6.4 土壌の異常還元

易分解性有機物が土壌中に大量に入れば，微生物が急激に増殖し，土壌中の酸素を消費して土壌が極度の還元状態になることがある．十分腐熟した堆肥は成分的に安定化しているため急激な分解を起こすことはないが，未熟な堆肥は易分解性有機物を多く含むので，多量施用は避けるべきである．土壌

が還元状態になると根に障害が起こり，また嫌気性微生物の働きによって有機酸，フェノール性酸などの生育阻害物質が生成され，作物に障害を与えることがある．とくに，排水の不良な粘土質土壌などではこの傾向は顕著であり，作物は根腐れなどを起こしやすくなる．

6.5 ミネラルの過剰による影響

堆肥中に含まれるミネラルの中ではとくにカリウムの含有率が高いため，草地・飼料畑で大量に施用すると飼料作物がカリウムを多く吸収し，拮抗作用によってカルシウムやマグネシウムの吸収が抑制されて作物体中のミネラルバランスが崩れ，家畜に給与した場合，グラステタニー（低マグネシウム血症）発生の原因となることが知られている．一般的には，$K/(Ca+Mg)$ 比が 2.2 以上になると危険といわれている．表 4.6 と 4.7 でも，牛ふん堆肥の施用量が多いほど，Ca/K 比や MgO/K_2O 比が低くなることが示されている．

また，成長促進の目的で豚の飼料には銅と亜鉛が，鶏の飼料には亜鉛が多量に添加されている[18]．銅と亜鉛はともに作物にとって必要な元素であり，ヒ素やカドミウム等のように危険な物質ではない．しかし，農用地の管理基準として，表層土乾物 1 kg 当たり亜鉛 120 mg 以下と定められており，土壌中に多量に蓄積するのは好ましくない．家畜・家きん飼料への銅・亜鉛の添加量は極力下げるよう指導されているが，現在でもかなり濃度の高い堆肥が見かけられる[19]．家畜ふん堆肥の施用に当たっては，この点にも留意すべきである．

6.6 土壌の物理性悪化

水分の高い未熟堆肥を多量に施用した上を，トラクターなどの大型機械を運行させると，土壌の圧密化が促進され，通気や排水が不良になることがある．また，オガクズを多く含む堆肥を多量に施用した場合は，土壌中の水分が上方に移動する作用が妨げられ，そのために干ばつの被害を受けやすくなることがある[20]．

7. 家畜ふん堆肥の環境保全的施用量

7.1 家畜ふん堆肥の施用量の考え方

　家畜ふん堆肥を適量施用すれば，作物に養分を供給するだけでなく，土壌の物理性，化学性，生物性を改善する効果も期待できるが，過剰に施用すれば様々な悪影響が現れることは前述のとおりであり，作物の品質・収量を維持し環境汚染を起こさないためには，適正な量を施用すべきである．家畜ふん堆肥には各種の肥料成分が含まれているが，それらのバランスは作物が要求する養分のバランスと必ずしも一致しているわけではない．堆肥の種類によっては養分の無機化速度が極めて遅いものもあり，それだけを施用したのでは養分の供給不足によって作物の初期生育が不良になることがある．また，十分な量の化学肥料を施肥した上に養分濃度の高い家畜ふん堆肥を施用すると，養分過剰となって作物の収量・品質を低下させたり，環境中に流出して汚染の原因となることがある．さらに，家畜ふん堆肥は，その種類によって差があるが，分解が遅く土壌中に蓄積して何年にもわたって徐々に養分を放出する性質がある．このような堆肥は，いわゆる地力を増進させるには有効な資材であるが，連年施用すれば土壌中で無機化される養分量が増大してくる．したがって，家畜ふん堆肥の施用量を決める場合には，化学肥料との併用によって養分のバランスをとるとともに，堆肥中の養分量と累積効果を考慮し適切な減肥を行うような考え方を基本とすべきである．

　一般的に，堆肥の施用量は農地10aあるいは1ha当たりに施用される現物重量で示され，施用基準と呼ばれている．たとえば，水田・普通畑における牛ふん堆肥の施用基準は1～2 t/10 aのように表示されている．しかし，図4.5～4.7に示したように，堆肥の水分や養分含有率は大きくばらついているため，現物重量で表示するだけでは，適正な施用量を示したことにはならない．施用する堆肥の養分，とくに窒素含有率等を把握し，それらに基づいて堆肥の施用量を計算する必要がある．肥料取締法の改正で，堆肥の品質表示が義務づけられたことにより，個別の堆肥の養分含有率の把握は容易にな

ると考えられる．

そこで，畜産環境対策検討委員会[21]において志賀が中心になってまとめた家畜ふん堆肥の施用量の考え方を紹介する．

1) 作物の生育・収量・品質を確保し悪影響を及ぼさないようにするためには，各作物の三要素の必要量は，比較的近年に作成された国または都道府県の作物別施肥基準に準じるのが安全である．できるだけ多くの家畜ふん堆肥等を施用しようという場合でも，堆肥等に含まれる三要素の有効成分量と化学肥料の成分の合量が施肥基準の範囲内に納まるようにすべきである．また，土壌診断等により，施肥量増減の指示がある場合にはそれに従う．

2) 都道府県によっては，堆肥等の施用量と施肥量を連動させているところと独立的に扱っているところがあるので，それぞれの方法に従う．

① 化学肥料の施肥基準に堆肥等有機物併用の指示がない場合には，一般に使用されているふん尿の代替率（牛ふん：30 %，豚ふん・鶏ふん：60 %）に準じ，施肥基準の化学肥料中の窒素を削減し，堆肥等中の窒素の肥効率（表4.10）を用い，削減した窒素を補充できる堆肥等の量を算出する．表4.10に示す肥効率は一般的な数値であるが，堆肥の処理方式や副資材の種類，腐熟度の違い等によって異なるため，肥効率が別に示されている場合には，それに従う．

表4.10　家畜ふん堆肥等中成分の肥効率[8]
(%)

		N	P_2O_5	K_2O
牛	堆肥	30	60	90
	液状きゅう肥	55	60	95
豚	堆肥	50	60	90
鶏	乾燥ふん	70	70	90

(注) 化学肥料の肥効を100とした場合のふん尿成分の肥効率を示す．

$$堆肥等施用量 (t/ha) = 必要窒素量(kg/ha) \times \frac{代替率(\%)}{100} \times \frac{100}{堆肥等の窒素含有率(\%)} \times \frac{100}{肥効率(\%)} \times \frac{1}{1,000}$$

家畜ふん堆肥に含まれる三要素の有効成分のバランスは，施肥基準に示さ

れるものと異なる場合が多い．したがって，一つの成分のみを指標として施用量を決めると，他の成分が過剰になるなどの問題が起きやすい．そこで，算出した堆肥等中の三要素のいずれかの有効成分量が施肥基準量を超えた場合には，その要素が施肥基準量の水準になるまで堆肥等の量を削減する．その結果，不足するようになる窒素および他の要素は化学肥料で補い，施肥基準に示されている三要素の量とバランスを維持する．

① 施肥基準に有機物併用の指示がある場合で，併用した有機物中の有効態要素量を施肥基準より減らす指示のある場合は，施用した堆肥等の量に応じて，化学肥料の三要素を減らす．

② 有機物が併用されることを前提として施肥基準量が決められている場合は，併用されている有機物中の養分は土壌の養分供給量を増加させているとの前提で化学肥料の施肥基準が低く設定されていることが多いので，化学肥料の施用量は変えない．しかし，この場合でも，可能な限り多くの堆肥等を使用しようとする場合は，① と同じ手順で施肥基準の窒素に対する代替可能な堆肥等の量を算出してその分化学肥料を削減し，併用される有機物とともに施用することができる．

3) 堆肥等の施用量が決まった後，化学肥料窒素と堆肥等の窒素の合計量（総窒素量）を算出し，その総窒素量を施用した場合，浸透水中の硝酸態窒素濃度が基準値 10 mg/L を超えるかどうかについて作目別に検討する．

浸透水中の硝酸態窒素濃度が基準値を超える恐れがないときは，その総窒素量を作物収量や質からみた施用可能窒素の上限とする．しかし，算出した総窒素量の施用では，硝酸態窒素濃度が基準値を超えると判断される場合は，その濃度が 10 mg/L になる総窒素量を既往の試験結果等から求め，その量を施用可能上限値とする．

ある立地条件における作物について，総窒素量と浸透水中の硝酸態窒素濃度の基準値との関係が明らかになっている場合は，その窒素量を施用可能上限値とする．

7.2 作目別の堆肥等施用量と施用上の注意

上記のような考え方に基づいて求めた堆肥等の施用量を以下に示す．ここでは，現在の施肥基準に基づいて算出しているが，各地で作付体系や栽培法の改善に伴う施肥基準の見直し検討がなされている．今後，施肥基準が改定され，環境汚染が起こらないことが確認された場合には，それに従い施用可能上限量を変更するほうがよいであろう．

7.2.1 飼料作物

飼料作物の予想収量に対する肥料三要素の必要量（施肥基準）を示した表4.11 と，堆肥等の肥料成分含有率を示した表4.12を使用し，上記の考え方に

表4.11 飼料作物の予想収量に対する肥料三要素の必要量[8]

草種		予想収量 (t/ha)	必要化学肥料量 (kg/ha)			備考
			N	P_2O_5	K_2O	
牧草	イネ科草地	50～60	200	100	200	造成後の年間施肥量，3～4回刈
	混播草地	50～60	120	100	200	
トウモロコシ		50～60	200	180	200	
イタリアンライグラス		40～50	160	100	160	裏作1～2回刈

(注) 1. 本表は一般的土壌で，化学肥料のみで栽培する場合の必要量を示す
2. 予想重量は生体重である．乾物率は牧草・イタリアンライグラスでは約17%，トウモロコシでは約27%として試算した

表4.12 堆きゅう肥等の肥料成分含有率[8]
（現物中%）

		水分	N	P_2O_5	K_2O	CaO	MgO
牛	堆肥	72.8	0.57	0.52	0.64	0.61	0.23
	液状きゅう肥	91.0	0.34	0.20	0.42	0.26	0.11
豚	堆肥	62.1	1.00	1.33	0.65	0.93	0.38
鶏	乾燥ふん	16.6	3.20	5.30	2.69	10.17	1.20

(注) 含有率は農水省技術会議事務局資料 (1974)，栃木農試研報 (1977)，愛知農試研報 (1978)，全国調査（尾形1978），畜産の研究（田代1976）等に示されたデータの平均値である．

表4.13 イネ科草地, トウモロコシに対する堆肥等の施用可能量の計算例[21]

種類	施肥基準 (Nkg/ha)	代替率 (%)	代替可能 (Nkg/ha)	左対応堆肥等中 (全Nkg/ha) ①	左対応堆肥等量 (t/ha)	補正用化学肥料 (Nkg/ha) ②	総窒素量 ①+② (Nkg/ha)	堆肥等由来有効 P_2O_5 量 (kg/ha)	堆肥等由来有効 K_2O 量 (kg/ha)
牛ふん堆肥	200	30	60	200	35.1	140	340	110	202
牛液状きゅう肥	200	60	120	218	57.4	80	298	69	229
豚ふん堆肥	200	60	120	240	24.0	80	320	192	140
乾燥鶏ふん	200	60	120	171	5.3	80	251	197	128

(注) 1. 施肥基準リン酸量はイネ科草地100 kg, トウモロコシ180 kgP_2O_5/ha, 施肥基準カリ量は, イネ科草地, トウモロコシ共に200 kgK_2O/ha
2. 飼料作物への施用は牛ふん堆肥等が多いこと, 豚ふん堆肥はリン酸含量が高いことを考慮し, 堆きゅう肥等由来の窒素の施用可能上限量は①の200 kg/ha程度, 総窒素量は①+②の近似値として350 kg/ha程度と判断した.
豚ふん堆肥, 乾燥鶏ふん由来のリン酸はイネ科草地には過剰であるが, トウモロコシには適量なので, 施用量調整は行っていない.
3. 草地試験場の堆きゅう肥等施用基準に従えば, 牛ふん堆肥30〜40 t/ha, 牛液状きゅう肥50〜60 t/ha, 窒素としてはそれぞれ171〜228 kg/ha, 190〜228 kg/haと幅があり, その最大値は西尾(1993)によって示されている228 kg/haとなる. 表4.16の中の数値は手順に従った計算によったもので, 草地試験場が示した幅の平均値に近い.

従って算出されたイネ科牧草, トウモロコシに対する堆肥等施用量, それに含まれる窒素量, 補正用化学肥料窒素との合計の総窒素量を求めると, 表4.13に示すとおりである. イネ科牧草が必要とする化学肥料窒素200 kg/haの代替率を30%とすると, 代替可能量は60 kg/haになるので, 施用可能な牛ふん堆肥の量は, 表4.15から60 kg÷(0.57×10×0.3) kg=35.1 tとなる. 35.1 tの牛ふん堆肥に含まれる有効態リン酸量は約110 kg, カリは約202 kgとなり, 表4.11に示されている必要量とほぼ等しいので, 化学肥料による補正は必要がない. 窒素については, 必要量200 kgから牛ふん堆肥の有効態窒素60 kgを差し引いた残りの140 kgを化学肥料で与えればよいことになる. したがって, 堆肥と化学肥料も含めた総窒素量は340 kg/haとなる. また, トウモロコシではリン酸の必要量が180 kgと高いので, リン酸施肥が必要となる.

ここで, できるだけ多くの家畜ふん堆肥を施用するために, 代替率を使用せず, 必要窒素量200 kgをすべて堆肥で供給しようとすると, 堆肥の量は

200 kg ÷ (0.57 × 10 × 0.3) kg = 117 t となる．しかし，この堆肥中には有効態リン酸199 kg，有効態カリ674 kg が含まれており，このいずれも必要量をはるかに超過してしまう．カリを必要量200 kg に合わせれば，牛ふん堆肥量は34.7 t となり，代替率を30 % とした場合とほとんど同じになる．牛ふん堆肥については有効態カリ量が，豚ふん堆肥や鶏ふん堆肥では有効態リン酸量が施用上限量を決めることになる場合が多い．

なお，これらは表4.12の数値を用いて計算したものであるが，前述のように家畜ふん堆肥の成分含量はバラツキが大きいので，使用する堆肥の水分や養分含有率を用いて，同様の手順で施用量を計算するのが望ましい．

このようにして計算した施用量で，地下水の硝酸態窒素汚染を生じる恐れがないかどうかについて検討する必要がある．西尾[22]によれば，ふん尿窒素228 kg/ha と化学肥料窒素140 kg/ha（総窒素量368 kg/ha）程度の施用であれば，地下水汚染の問題は少ないとしている．また，九州の火山灰土壌における飼料作物栽培試験での小林ら[23]の結果を見ると，総窒素量が360〜400 kg/ha以下であれば土壌溶液中の硝酸態窒素濃度が基準値（10 mg/L）を越えないと判断できるので，これが作物生産，品質，環境保全の各条件を満たした施用可能量ということになろう．

ただし，牛ふん堆肥では全窒素中の有効態窒素を30 % として算出しているが，前述のように，連用した場合には有効化する窒素量が次第に増加すると思われる．また，その他の堆肥でも特性に応じた増加があることが知られているので，窒素が過剰にならないように，年次とともに化学肥料を減らすなどの対策が必要である．

作物の種類や地域によって，収量水準，必要窒素量が低い場合は施肥基準量は低くなり，高い場合は当然高くなる．また，暖地において，夏作，冬作の2毛作が可能な場合は，年間その合計の総窒素量，堆肥等由来の窒素量が施用可能と考えられる．

7.2.2 水　稲

水稲は，他の作物に比較して窒素に敏感で，過剰障害が最も出やすい作物の一つである．窒素過剰が生育初期に起きると過繁茂となり，生育中期に起

表 4.14 関東東海地域の水稲に対する家畜ふん堆肥等の施用基準[24)]

(単位：t/ha)

畜種	生ふん	乾燥ふん	オガクズ入り堆肥
牛	10〜25	3〜20	10〜25
豚	8〜15	2〜15	5〜15
鶏	8	1〜2	5〜10

きると草型が悪化し，生育後期では倒伏しやすくなって減収や品質の低下をまねく．施肥基準量も窒素で 100 kg/ha 前後と少なく，堆肥を併用するように定められている場合が多いが，その量は牛ふん堆肥（水分約 70 %）で 10 t/ha 程度である．また，水稲は 5〜7 t/ha 程度のわらを産出し，わらは土にすき込まれることが多い．わらのすき込みも堆肥施用に準じた効果があるため，家畜ふん堆肥等を受け入れる余地はそれほど大きくない．

農業研究センターでまとめた関東東海地域の水稲に対する家畜ふん堆肥等の施用基準を表 4.14 に示す．ただし，この施用基準は一般的な目安を示したもので，① この表の施用量は乾田の場合であり，半湿田ではその半量，湿田ではごく少量あるいは施用しない，② 稲麦二毛作の場合は家畜ふん堆肥等は麦の播種前に 1 回のみ施用し，稲作には施用しない，③ 前述の肥効率や代替可能率を用いて計算し，堆肥中の有効態養分に相当する量の化学肥料を減肥するなど，利用にあたっての注意事項が示されている．

ここで，窒素を中心に施用量を考えると，以下のようになる．すなわち，安定多収を目指して土壌肥よく度をやや高めに維持したい場合には，稲ワラが還元されている場合でも，窒素で 60 kg/ha 程度に相当する家畜ふん堆肥を受け入れることができると考えられる．たとえば，表 4.12 に示される成分含有率の牛ふん堆肥（N：0.57 %）であれば 10 t/ha 程度，豚ふん堆肥（N：1.0 %）であれば 6 t/ha 程度となる．

ワラを全量持ち出している水田も一部にあるが，一般的な土壌肥よく度でよいとする場合には，窒素で 60 kg/ha，高めの肥よく度を望む場合は窒素で 120 kg/ha 程度に相当する家畜ふん堆肥を受け入れることができるであろう．ただし，施肥基準量の決め方によっては，堆肥等に含まれる有効態三要

7.2.3 一般畑作物

一般畑作物についても，窒素の施肥基準量は 100 kg/ha 以下と少ない場合が多く，併用される堆肥の量もそれほど多くない．農業研究センターでまとめた関東東海地域の一般畑作物に対する家畜ふん堆肥等の施用基準を表 4.15 に示すが，土壌条件や栽培法の違いによって施用基準にもかなりの幅が見られる．畑土壌では，無機化された窒素は速やかに硝酸態窒素となって溶脱しやすく，この程度の施用量でも地下水中の硝酸態窒素濃度が基準値 10 mg/L 前後の数値を示す例がしばしば見られる[25]．

日高[26]は埼玉県の露地野菜を含む複合土地利用台地の畑作地帯での地下へ浸透する硝酸態窒素の調査から，地下水の硝酸態窒素濃度を 10 mg/L 以下にするための施用窒素量は 273 kg/ha/年が限界で，施肥窒素量を 150 kg/ha とすると，堆肥等からの許容限界窒素量は 123 kg/ha としている．畑作では，化学肥料の施肥基準と併用する家畜ふん堆肥等の窒素の合量がこれより少なければ，その基準に従えばよいが，この水準を超える場合は地下水汚染防止を施肥量を制限する要因とし，上記限界窒素量を施肥可能窒素の上限とする必要がある．

この数値に従うと，夏作物，冬作物の化学肥料としての施肥窒素量をそれぞれ 70〜80 kg/ha とした場合，窒素としては 60 kg/ha ずつ，年間 120 kg/ha 程度が堆肥等由来窒素の施用可能上限量になると考えられる．

表 4.15 関東東海地域の一般畑作物に対する家畜ふん堆肥等の施用基準[24]

(単位：t/ha)

畜種	生ふん	乾燥ふん	オガクズ入り堆肥
牛	20〜30	1〜20	15〜40
豚	1〜20	1〜10	5〜20
鶏	8	1〜5	2〜20

7.2.4 野菜

野菜は種類が多く，施肥基準量や堆肥施用量も大きな幅がある．野菜・茶業試験場が提案した野菜畑における家畜ふん堆肥等の施用基準とその施用基準から算出した家畜ふん堆肥による窒素投入量を表4.16と4.17に示す．この施用基準では堆肥等の全窒素量が施肥基準量に比較してやや少ない量とな

表4.16 運用を前提とした野菜に対する家畜ふん堆肥等の施用基準[8]

(単位：t/ha)

野菜	牛			豚			鶏	
	ふん	乾燥ふん*	オガクズ入り堆肥*	ふん	乾燥ふん*	オガクズ入り堆肥*	乾燥ふん*	オガクズ入り堆肥*
少肥型	20～40	4～8	10～20	10～20	3～4	10～20	2～3	4～10
中肥型	30～50	6～12	13～25	13～25	4～6	12～25	3～4	6～15
多肥型	40～60	8～15	20～40	20～40	5～8	17～35	4～5	10～20

(注) 1. 化学肥料施用量は基準量の30％減とする．ただし*の資材では，多い側の量を施用するときには，K_2Oを60％減とする．
2. 少肥型：ダイコン，サトイモ，ジャガイモ，ホウレンソウなど（N，K_2O基準量200kg/ha以下の場合）
中肥型：ショウガ，キャベツ，レタス，トマト，スイカなど（N，K_2O基準量250kg/ha前後の場合）
多肥型：ナス，ピーマン，キュウリなど（N，K_2O基準量300～350kg/haの場合）
3. 施設栽培では鶏ふん類，豚ふん類は上記の1/2，牛ふん類は2/3とする．特に周年施設では土壌診断の結果等を参考にして，養分の均衡を保つよう化学肥料の減肥，資材の種類変更などを行う．

表4.17 施用基準から算出した家畜ふん堆肥等による窒素投入量[27]

(単位：kg/ha)

野菜	牛		豚		鶏	
	乾燥ふん	オガクズ入り堆肥	乾燥ふん	オガクズ入り堆肥	乾燥ふん	オガクズ入り堆肥
少肥型(18)	60～130	60～120	90～110	90～180	70～110	40～100
中肥型(25)	100～190	80～160	110～170	110～220	110～140	60～150
多肥型(35)	130～240	120～250	140～230	150～310	140～180	100～200

(注) ( )内の数値は施肥基準量

るため，長期連用しても堆肥等由来の窒素無機化量が施肥基準を上回ることはないが，連用による堆肥等由来の窒素無機化量の増大に見合う減肥量の調整が必要となる．

上沢によれば，火山灰畑での野菜作において，浸透水中の硝酸態窒素濃度を 10 mg/L 以下にするための窒素施用量は，有機物，化学肥料由来のものの合計で，作付回数の少ない東日本で約 250 kg/ha/年，作付回数の多い西日本では 350 kg/ha/年と推定している[27]．この水準以下の窒素で栽培される野菜は一般畑作物の場合と同様，定められている施肥基準と堆肥の量を参考にして施用量を決定すればよいが，この水準を超えるものについては上沢による水準を施用可能上限としなければならない．

化学肥料と堆肥等に由来する窒素の割合は，場合によってかなり異なるが，平均的には半々とみると，堆肥として受け入れることができる窒素量は，東日本で 125 kg/ha/年，西日本で 175 kg/ha/年になり，表4.12に示す成分含有率の牛ふん堆肥（N：0.57 %）ならば，それぞれ 22 t, 30 t/ha/年程度，豚ふん堆肥（N：1.0 %）であれば，それぞれ 12 t/ha, 17 t/10 a 程度となる．東日本の場合は，前述した日高[26]による試算と近い水準になる．化学肥料と堆肥等による窒素の比率が示されている場合には，総窒素量を上沢[27]による水準以内に納めるという前提の上で調整を行う．

7.2.5 果樹，茶，桑等

農業研究センター，畜産試験場および草地試験場によって，堆肥等の施用量についてのとりまとめが行われている[27]．これらについては水質汚染と

表4.18 果樹における家畜ふん堆肥の施用量と施用効果[27]

堆肥施用量	10〜20 t/ha	20〜40 t/ha	50 t/ha 以上
土壌改良効果	+	+	+/−
果実収量	+	+	+/−
果実品質	+	+/−	+/−
環境保全的見地	+		−

(注) +：プラスの効果，−：マイナスの効果，+/−：両方の事例が混在する
家畜ふん堆肥は木質系資材混入牛（豚）ふん堆肥を想定
環境保全的見地は，土壌の無機態窒素量と塩素状態から見たもの

表4.19 成木茶園における家畜ふん尿処理物の施用量暫定基準[8]

種類		連年継続施用の場合	単年施用の場合
鶏	乾燥	5 t/ha/年	10 t/ha/年
	発酵	10 t/ha/年	20 t/ha/年
	堆肥	10 t/ha/年	40 t/ha/年
豚	乾燥	10 t/ha/年	20 t/ha/年
	堆肥	10 t/ha/年	20 t/ha/年
牛	乾燥	15 t/ha/年	30 t/ha/年
	堆肥	20 t/ha/年	30 t/ha/年
備 考		連年(10年以上)施用では,家畜排泄物による窒素代替量は年間200 kgを限度とする.	単年施用とは,3～4年間隔に施用する場合とする.

(注) 鶏ふん堆肥は,鶏ふん1:有機素材1を基準とし,十分腐熟したものをいう.

表4.20 壮蚕用桑園に対する家畜ふん尿処理物の施用基準[27]
(予想繭生産量1,200 kg/ha/年,必要窒素量300 kg/ha/年)

	ふん尿施用量 (t/ha)	併用する化学肥料の量 (kg/ha)		
		N	P_2O_5	K_2O
牛ふん堆肥	50～60	210	0	0
牛液状きゅう肥	45	210	110	0
豚ふん堆肥	20	210	0	70
乾燥鶏ふん	4	210	20	90

の関係が明らかでないので,これまでのような検討は行えないが,当面はとりまとめに示されている表4.18(果樹),表4.19(成木茶園),表4.20(桑園)の中の数値を施用基準量とする.

8. おわりに

家畜排泄物の資源量と農地の受容量を見積もると,わが国の農地は家畜排泄物を十分受け入れられるだけの容量を有していると思われるが,家畜排泄物が地域的・時期的に偏在するために,循環利用はきわめて困難となっている.わが国のように畜産農家と耕種農家が遊離した状況において,単に耕畜

8. おわりに

連携の推進という掛け声だけでは，家畜排泄物の循環利用は進まない．この問題を解決するには，まず排泄物を適正に処理し，搬送，貯蔵，施用などに適した高品質の有機資材にまで加工することが重要である．現在，家畜ふんの堆肥化技術はほぼ確立しており，成分調整や成型など高品質化についても技術開発が進められている．環境三法の制定によって，このような堆肥等有機資材の製造は促進されるものと思われる．

次に，製造された堆肥等の流通システムを確立することが重要である．現在，共同利用の堆肥センターだけで全国約3,000か所に施設が設置されているが，法律制定に伴って堆肥化施設はさらに増加するものと思われる．しかし，現在のところ，個々の畜産農家だけでなく堆肥センターにおいても，堆肥の流通システムを確立しているところはきわめて少ない．堆肥の流通をさらに促進するためには，組織的な販売形態をとることが重要である．そのためには，農家や堆肥センター等の組織化が必要であろう．

そして，堆肥の利用技術の確立が重要である．家畜ふん堆肥の利用については，古くより数多くの試験研究がなされてきたが，その多くは作物の多収栽培や土づくり，あるいは家畜排泄物の多量消費等を目的とした試験で，養分収支や環境保全を考慮に入れない試験が多い．現在では，養分の流出を極力防ぐ環境保全的な利用技術が求められており，それら既存の試験結果だけでは対応できない状況にある．ここでは，家畜ふん堆肥の環境保全的な施用量の考え方について紹介したが，この考え方に沿って実際に適正施用量を決めるためには，いくつかの必要な数値を把握しなければならない．まず，施用する堆肥の養分含有率と肥効率の把握であり，肥効発現の簡易な予測法の開発が必要である．また，土壌の養分状態の把握と地力の発現予測，土壌の環境容量の把握も重要である．これらの数値が得られれば，栽培条件や立地条件等に立脚した理論的な施用基準を設定することができる．さらに，作付体系や施肥位置の改善等によって施用有機物の養分利用率を向上させ，環境への負荷量を大幅に削減する技術の開発が必要である．今後，これらの諸問題を解決し，作物生産と環境汚染防止のいずれの条件も満たすことができる家畜ふん堆肥等の適正な施用法を提示できれば，環境保全型農業の確立に大

きく貢献できるであろう.

(原田　靖生)

引用文献

1) 築城幹典・原田靖生 (1997)：家畜の排泄物推定プログラム，システム農学，13 (1), 17-23.
2) 農林水産省肥料機械課監修 (2000)：ポケット肥料要覧—1999/2000—. (財) 農林統計協会.
3) 長田　隆他 (1998)：牛糞の堆肥化過程で排出されるアンモニア，メタン，亜酸化窒素の測定. 平成10年度日土肥学会講要. p.226.
4) Kuroda, K. et al. (1996): Emission of Malodorous Compounds and Greenhouse Gases from Composting Swine Feces, Bioresource Technology, 56, 265-271.
5) Martins, O. & Dewes, T. (1992): Loss of Nitrogenous Composting of Animal wastes, Bioresource Technology, 42, 103-111.
6) 新政策研究会編 (1992)：新しい食料・農業・農村製作を考える. 地球社. p.417.
7) 志賀一一 (1994)：農耕地の有機物受け入れ容量と畜産廃棄物，酪総研選書，35, p.44.
8) 農林水産省草地試験場 (1983)：昭和58年度家畜ふん尿処理利用研究会会議資料. 1-61.
9) 農林水産省農蚕園芸局農産課 (1982)：堆きゅう肥等有機質資材の品質—地力保全特殊調査—. 地力保全対策資料. 60, 1-11.
10) 原田靖生・山口武則 (1997)：家畜排せつ物堆肥の品質の実態と問題点, 環境保全と新しい畜産，(社) 農林水産技術情報協会，229-246.
11) 栗原　淳 (1995)：たい肥等特殊肥料の品質保全と自己認証制度，肥料，71, 22-37.
12) 甲斐秀昭 (1976)：土壌腐植と有機物. 土つくり講座Ⅲ. 農文協.
13) 橋元秀教・小浜節雄・辻　藤吾 (1971)：腐植質火山灰土における厩肥連用の効果. 九州農試報告. 16, 25～61.

14) 大橋恭一・岡本将宏 (1985)：野菜の養分吸収と土壌の化学性に及ぼすおがくず入り牛ふん厩肥連用の影響. 日土肥誌. 56 (5), 378～383.
15) 志賀一一 (1985)：施用有機物の分解様式と地力・作物への影響. 総合農業研究叢書. 第5号. 8～28.
16) 宮崎 孝・五島一成・坂本耕一 (1979)：豚糞の肥料的利用に関する調査研究. 長崎県総農試研報. 7, 312～337.
17) 松田 明 (1981)：土壌伝染病の生態的防除手段としての輪作と有機物施用. 植物防疫. 35, 108～114.
18) 若澤秀幸・中村元弘・山下春吉・横森達郎・岩橋光育 (1984)：配合飼料とそれを給与した豚のふんに含まれる無機成分. 静岡農試研報. 29, 75～82.
19) 千葉県農業化学検査所 (1993)：汚泥肥料及び堆肥中の肥料成分・重金属等の含有量. 千葉県農業化学検査所資料第6号.
20) 松本泰彦 (1980)：土壌表面の乾燥に及ぼす豚糞多施肥の影響. 日土肥誌. 51, 175～178.
21) 畜産環境対策検討委員会 (1998)：家畜ふん尿の処理・利用に関するガイドライン. 畜産環境対策検討委員会報告書. 19～25.
22) 西尾道徳 (1993)：土地利用型畜産経営における持続的農業システムの方向. 平成5年度草地飼料作関係問題別研究会資料. 13～25.
23) 小林義之・大嶋秀雄・長谷川功・新美 洋 (1995)：暖地多雨地帯の飼料作物畑における施肥窒素の動態. 九州農試研報. 29, 109～162.
24) 農業研究センター (1985)：農耕地における有機物施用技術. 総合農業研究叢書. 第5号, 225～227.
25) 小川吉雄・石川 実・吉原 貢・石川昌男 (1979)：畑地からの窒素の流出に関する研究. 茨城県農試特別研究報告. 4, 1～71.
26) 日高 伸 (1996)：露地野菜地帯の窒素収支と浅層地下水の窒素濃度の計測—埼玉県北部複合土地利用台地の例. 北海道土壌肥料研究通信第42回シンポジウム特集. 103～112.
27) 農業研究センター・畜産試験場・草地試験場 (1997)：平成8年度家畜ふん尿処理利用研究会報告書. 1～34.

第5章 窒素負荷を軽減する新施肥法

1. 新しい機能をもつ肥料

1.1 環境保全型農業で求められる肥料

　肥料の本来の機能は植物養分を植物に効率よく供給する，あるいは土壌の化学性（pH）を改善することである．環境保全型農業では，硝酸の溶脱や脱窒を少なくし，あるいは富栄養化成分の流出を抑制して，環境への負荷を軽減した肥料が求められている．このようなニーズは肥料の効率を高めることで達成され，そのような肥料は本来の機能を高度に発揮させたものであるが，環境保全的効果を強調する意味で新しい機能をもつ肥料と称される．

　一方，循環型社会構築の見地から開発されている肥料，例えばペレット化堆肥のようなものもハンドリング性を高めた機能をもつといえる．また農薬入り肥料のように，肥料以外の機能を合わせた肥料もあるが，いずれもこの章の範囲を越えている．

　新しい機能をもつ肥料としてもっとも注目されているのが，肥効調節型肥料である．化学肥料の多くは，水溶性の無機塩類からなり，速効性である．効果は高いが，反面，濃度障害（肥焼け）などが起きやすい．窒素肥料では基肥として施用すると，生育後半のもっとも養分を必要とする時期までに降雨などで流亡してしまうため，追肥が必要になり施肥労力が多くなるとともに環境的にも負荷となっている．

　このような速効性肥料の欠点をカバーするために開発されたのが緩効性肥料（controlled release fertilizer）である[1]．最近では，肥効の発現（遅速）を調節するという意味で肥効調節型肥料（controlled availability fertilizer）とも呼ばれるようになった．

　肥効を調節する技術としては，化学的，物理的，微生物的な3種のアプローチが考えられる．

1.2 化学合成緩効性肥料

植物が吸収する窒素の形態はアンモニウムか硝酸である．したがって難溶解性の窒素化合物を合成し，その加水分解の遅れ，あるいは微生物による分解の遅れを利用した緩効性窒素肥料がある．リン酸肥料については熔成リン肥，焼成リン肥，カリ肥料についてはケイ酸カリ肥料などの非水溶性肥料が開発されているが，開発の経緯から特に緩効性肥料とは呼ばない．

化学合成緩効性窒素肥料[1]としては，尿素を原料とし，これとホルムアルデヒドを反応させたウレアホルム (ureaform, UF)，イソブチルアルデヒドを反応させた IB (isobutylidene diurea, IBDU)[2]，アセトアルデヒドを反応させた CDU (crotonylidene diurea, cyclo-diurea)[3] などがある．また石灰窒素から作るグアニル尿素 (guanylurea)，シュウ酸ジエステルとアンモニアから作るオキサミド (oxamide) もわが国独自に開発された緩効性窒素肥料である[1]．これらの緩効性窒素肥料は昭和40年前後に相次いで公定規格が設定され，現在3～4万t程度の生産がある（図5.1）．

最近，重合度をさらに高めた超緩効性のメチロール尿素重合肥料やグリコールウリル (glycoluril) などが話題になっているが，基本的な特性はほとんど1970年代までに試験されている[1]．

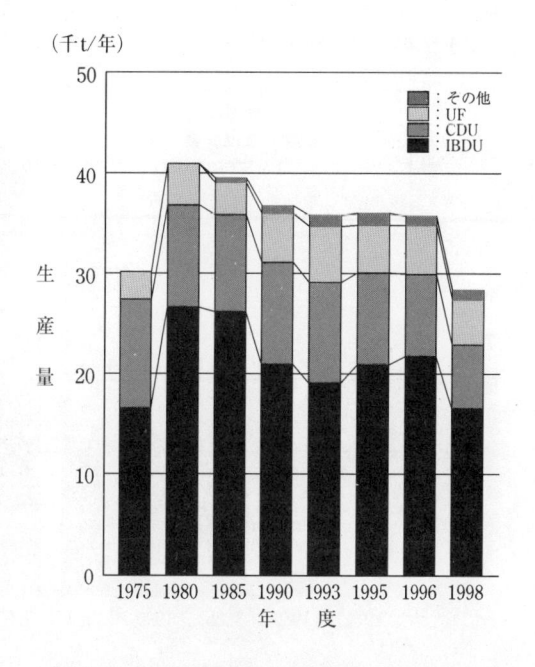

図5.1 化学合成系緩効性窒素肥料の生産量の推移
（肥料年鑑，2000年）

1.3 被覆肥料

　肥料粒を難透湿性の材料でコーティングすることにより，成分の溶出を遅らせることができる．このような被覆肥料（コート肥料）は1950年代にアメリカですでに開発されていた．被覆材としてはArcher Daniels Midland社はフェノール系-アルキド系樹脂を用い，TVA（Tennessee Valley Authority）では熔融硫黄を用いた．硫黄は比較的安価であり，わが国でも TVA式を導入して生産されており，野菜などで使われている．硫黄被覆尿素（SCU, sulfur‐coated urea）は東南アジアの水田でも試験された．硫黄欠乏地帯では，被覆材の硫黄も肥料効果がある．

　合成樹脂を被覆材とする被覆肥料は，わが国でも数社で開発され，はじめ化成肥料，やや遅れて尿素を被覆した肥料が市販されるようになり，80年代

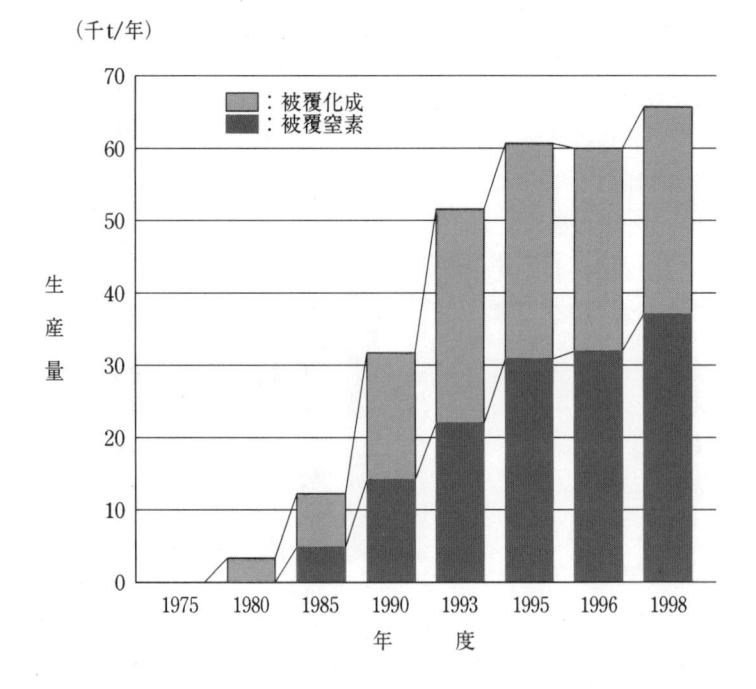

図5.2　被覆肥料の生産量の推移（肥料年鑑，2000年）

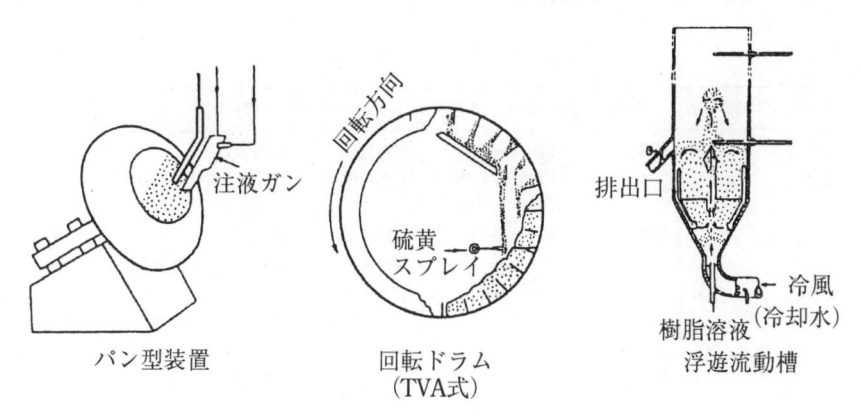

図5.3 被覆肥料製造装置の例

後半から急速に生産が伸びた（図5.2）．

1.3.1 製造法

被覆肥料は，原料となる粒状肥料をコーティングドラム，あるいは浮遊流動槽に入れ，被覆材をスプレーして外周に被膜を作る．薄く均一な被膜を作るために温度，スプレー粒子の大きさなどにノウハウがある（図5.3）．

被覆材としては，熱可塑性樹脂であるポリオレフィン系（ポリエチレン・ポリプロピレンなど）[4]と，熱硬化性樹脂であるアルキド樹脂[5]，ポリウレタン樹脂などが用いられている（表5.1）．樹脂系の被覆肥料からの肥料成分の溶出速度は，溶出調節剤（タルク，界面活性剤など）の種類と量を変えて調節するもの（ポリオレフィン系など）と，主として被膜の厚さで調節するもの（硫黄，アルキド系など）がある．

被覆する原料肥料は多様なものが考えられ，窒素肥料（尿素，硫酸アンモニウムなど）のほか，リン酸肥料，カリウム肥料，マグネシウム肥料，化成肥料の被覆肥料があるが，緩効化の効果がもっとも顕著に現れるのは窒素肥料である．

1.3.2 タイプと溶出特性

被覆肥料からの成分の溶出は，施肥直後から徐々に溶出が始まり，時間とともに直線的に溶出が続くタイプ（単純放出型またはリニア型）と，施肥後

表5.1 主な被覆肥料の特性一覧

コーティング材料	肥料	シリーズ名	溶出タイプ	溶出期間（日）*	メーカー
ポリオレフィン系樹脂	尿素	LPコート	単純放出	30〜270	A
		LPコートS	シグモイド	40 [20]〜100 [30]**	
		LPコートSS	シグモイド	100 [45]**	
	尿素	エムコートL	直線状	40〜140	B
		エムコートS	シグモイド	60 [25]〜140 [60]**	
	尿素	ユーコート	シグモイド	50〜60 [20]**	C
				90〜100 [50]***	
	硝酸カルシウム	ロングショウカル	単純放出	40〜140	A
	リン硝安カリ	ロング	単純放出	40〜360	
	同上	スーパーロング	シグモイド	70 [20]〜220 [50]**	
	NK化成	NKロング	単純放出	70〜180	
アルキド樹脂	尿素	セラコートU	シグモイド	40〜140	D
	NK化成	セラコートCK	単純放出	40, 70, 120	
	尿素	シグマコートU	シグモイド	2〜6（月）	E
	化成肥料	シグマコート	シグモイド	2.5〜9（月）	
	高度化成	コープコート	シグモイド	2.5, 4（月）	F
ウレタン樹脂	尿素化成	SRコート	シグモイド	20〜140	G
硫黄，ワックス，タルク	尿素	SCU	直線状	60, 80, 110	H
	高度化成	SC	直線状	50〜105	
熔リン，リン酸液	高度化成	ニッヒリンコート	直線状		I

（注） ＊ 水中（25℃）で成分の80％が溶出するまでに要する日数（月数）．
＊＊ 括弧内はラグ期間（25℃，10％溶出までに要する日数）．
＊＊＊ 括弧内は溶出開始までの日数．

しばらくは溶出がなく，一定期間経過してから溶出が始まりその後は溶出が急速になるタイプ（シグモイド型）とがある．リニア型では被膜を通して水蒸気が浸入し，粒の内部で飽和溶液ができ，この肥料溶液がピンホールからしみ出すイメージで説明されているが，実際には被覆肥料個々の粒子はサイズ，被膜の厚さなどがまったく均一とは考えられず，溶出の遅速に差があるものが混合物になっており，見かけ上溶出が直線的になっていると考える．

表5.2 被覆肥料の溶出率測定値の変動幅

肥料名	日数	平均値 (%)	標準偏差 (%)	変動係数 (%)
LPSS100	70	6.8	2.37	34.7
(1993)	102	53.0	5.50	10.4
	120	76.5	2.14	2.8
セラコートU-L	29	4.2	1.92	45.2
(1993)	60	44.9	1.77	3.9
	110	79.1	0.34	0.4
エムコート	29	6.2	4.20	68.2
(1993)	120	55.1	5.11	9.2
	138	62.7	4.79	7.6
ユーコート	70	7.2	3.39	47.2
(1993)	110	64.5	5.41	8.4
	138	94.4	2.92	3.1

(注) 繰り返し3回のデータでの解析. 肥料1gずつを埋め込み試験.
資料：福井県農業試験場：全農委託試験成績書, 1994.

溶出シミュレーションでは，一次溶出式（単純溶出モデル）で可能である．

一方，シグモイド型では一定期間は溶出が抑制され（ラグ期間），その後は比較的急速に溶出するタイプである．このタイプでは粒内への水蒸気の浸透が初期に遅れる，あるいは粒内で肥料飽和溶液ができても粒が膨張するために溶出が一定期間遅れるものである．さらに溶出開始時期は粒ごとに変動幅があるため溶出は全体としてS字型（シグモイド）になるのである．

このような溶出期間，パターンには当然一定のバラツキ範囲があるが，その測定例は表5.2に示した．

1.3.3 溶出のメカニズムとシミュレーション

被覆肥料からの溶出に先立って，まず粒内への水蒸気の浸透が起こるが，この浸透速度は粒内外の水蒸気圧差に支配されている[6,7]．

図5.4には，デシケーター内に飽和塩類溶液を入れて水蒸気圧を変え，その雰囲気で被覆尿素の溶出速度を測定した例[7]を示した．溶出速度が粒内外の水蒸気圧差にほぼ比例していることがわかる．

水田土壌は水で飽和しているから，温度で水蒸気圧は決まる．しかし畑土

壌では乾燥程度によって水の量が変わり水蒸気圧が変わるから，溶出速度も影響される．しかし水分が容水量の20％以上あれば溶出の遅れはさほど大きいものではない（図5.5）．しかし10％では溶出は著しく遅れ，5％ではほとんど溶出しなかった．このように通常の作物が生育する土壌水分では溶出はあまり大きく影響されないが，土壌表層に施用した場合には局部的に乾燥して溶出が遅れることが

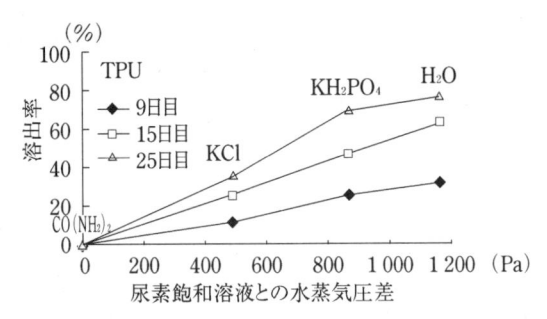

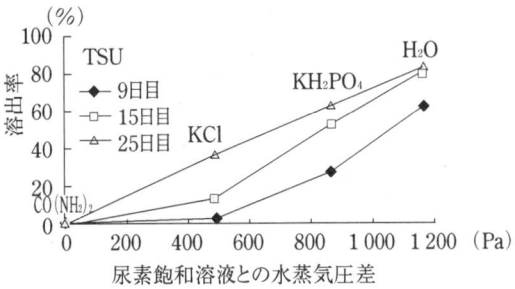

図5.4 塩類飽和溶液で水蒸気圧を変えた時の被覆尿素からの窒素の溶出（小林ら，1997）[6]
TPU＝熱可塑性樹脂被覆：TSU＝熱硬化性樹脂被覆

ある．溶出が表示どおりになるためには，被覆肥料をできるだけ土壌に混合することが望ましく，表層施用をした場合にはマルチをかけるなどの工夫が必要である．

上記のように溶出速度定数が水蒸気圧に比例するとすれば，溶出量を数式化することができる．水蒸気圧は，Antoineの式により温度の指数関数として表現できるので，溶出量も温度の指数関数として表現できる[6,7]．

一方，溶出については，アレニウス（Arrhenius）の反応速度論を適用した解析も報告されている[8]が，この場合も溶出量は温度の指数関数となり，式は類似したものとなった[6,7]．

このいずれの式も，リニア型被覆肥料にはそのまま適用できるが，シグモイド型被覆肥料では，溶出開始までのラグ期間をどう表現するかが問題であ

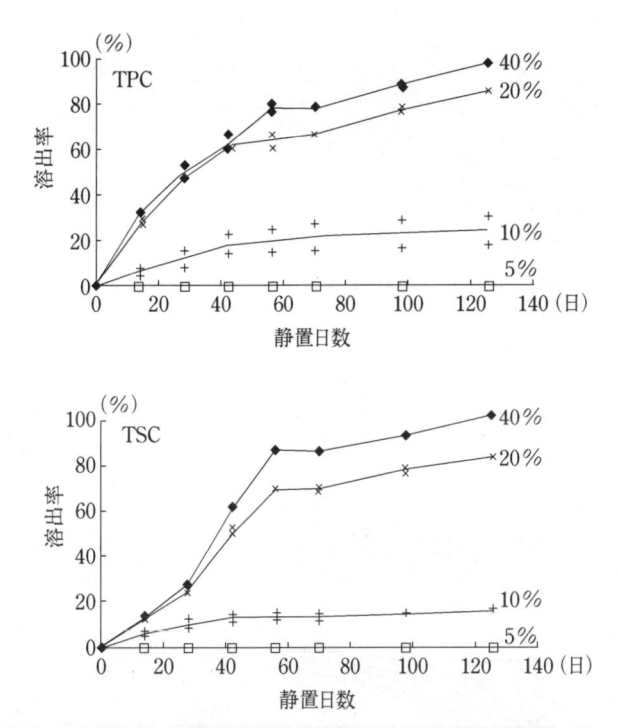

図 5.5 土壌水分が被覆化成肥料からNの溶出に及ぼす影響（小林ら，1997）
TPC＝熱可塑性樹脂被覆：TSU＝熱硬化性樹脂被覆

る．反応速度論的には，ラグ期間をタウ（τ）として時間軸をずらして処理することができる[8]．あるいは反応速度定数を2個与えて2本の溶出式をつなぐ方式で溶出を表現することも試みられた[9]．しかしこれらの方法はいずれも初期の溶出パターンを必ずしも的確に表現できていない．

被覆肥料の溶出速度を一粒ずつ測定してみると，図 5.6 のように溶出開始までの期間（タウ）にはバラツキがあるが，溶出開始後はアレニウス式にしたがって溶出していることが判明した．そこでタウの値のバラツキを正規分布と仮定して式に組み込む（ガウス補正法）と溶出パターンにうまく適合することがわかった（図 5.7）[10]．この方式でシミュレーションするソフトは全農営農・技術センターで開発され市販されている[11]．最近では土壌水分ポ

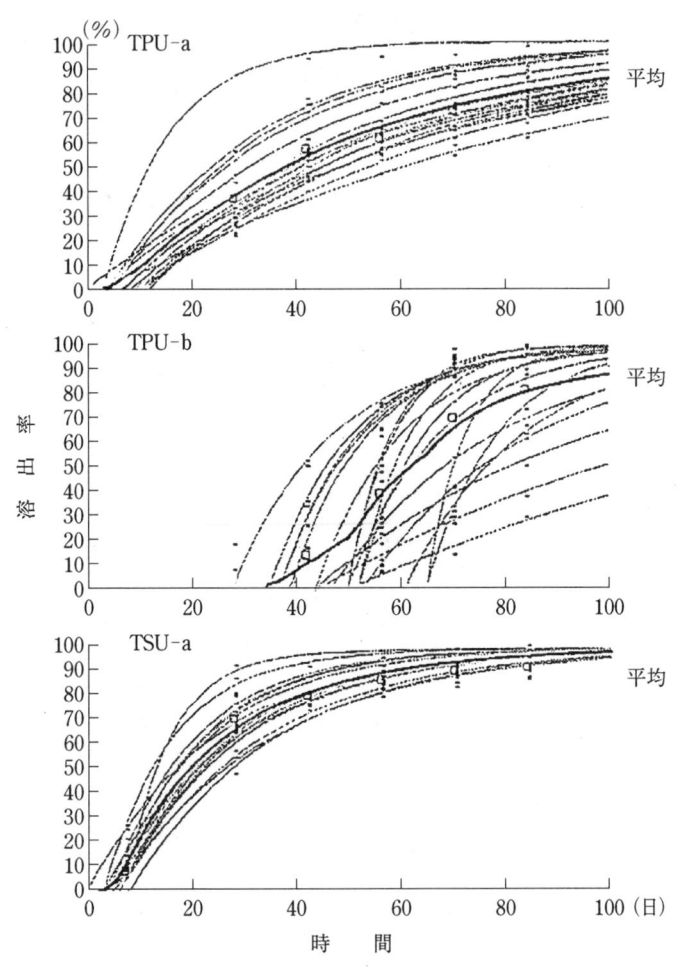

図 5.6 樹脂系被覆尿素の単粒毎の溶出率（小林ら，1997）[10]

テンシャルも組み入れてシミュレートし，さらに正確に溶出予測が可能になっている[12]．

一方，溶出（単純溶出，シグモイド溶出のいずれも）を Richards の式でシミュレートする方法も提案されている[13,14]．

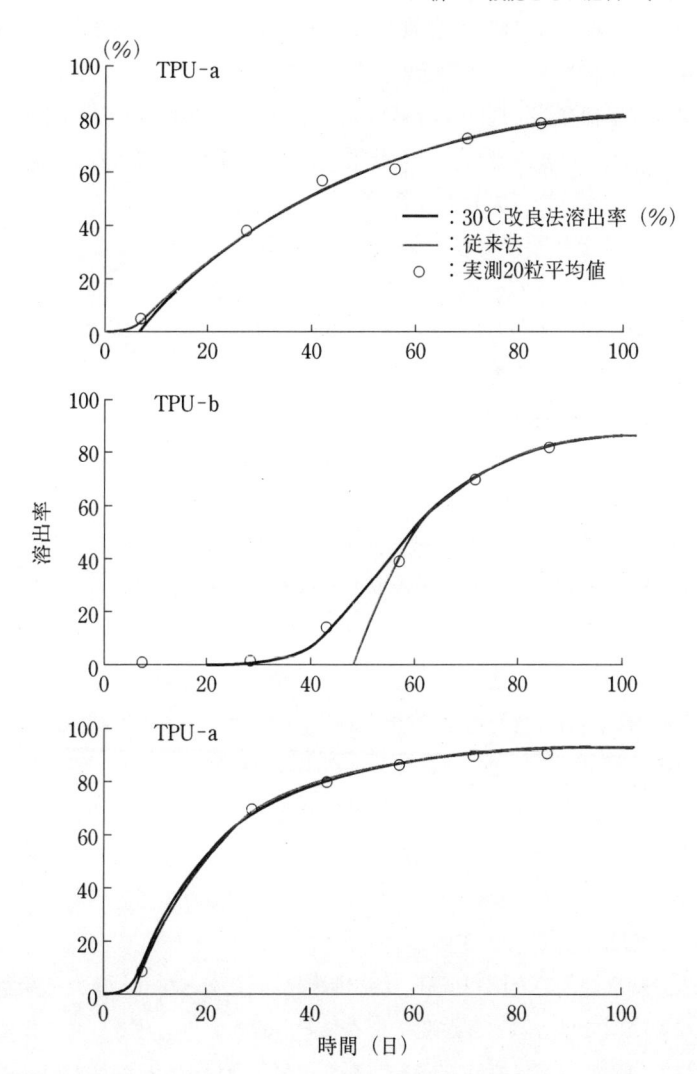

図 5.7 ガウス補正法と従来法を用いた溶出推定曲線と実測値（小林ら，1997）[10]

1.3.4 被覆肥料の銘柄

被覆肥料については，溶出の型・期間の違うものが多種類生産されている．銘柄は溶出期間によって区別され，通常は水中（25℃）での溶出率が 80 %

に達する日数（または月数）で区別している．シグモイド型被覆肥料では日数にSを付けて区別している場合が多い．

このような多様な溶出期間，溶出パターンをもつ被覆肥料と速効性肥料を組み合わせると，全量基肥としても分施と同等の肥効が期待できる．植物の生育パターン，あるいは養分の吸収パターンに溶出パターンを近づけることにより肥効の向上が期待でき，環境保全的であると評価されるようになった．溶出推定プログラムを利用し，地域・土壌の種類，前作までの栽培管理，施用後の気象状況によって最適な，いわばオーダーメードの被覆肥料の設計が可能になろうとしている．

1.3.5 被膜殻の分解性

被覆肥料では，成分が溶出したあとの被膜の殻が気になるところである．被膜の量は被覆尿素を10 kg施用しても1 kg程度であるから，さほど多いものではなく，またプラスチックであるから，直接人畜に有害なものでない．しかし水田のしろかき後などに落水とともに流出するのは見た目がよいものではなく，魚，野鳥が食べないとも限らない．レジンペレットとして環境サイドの監視が厳しくなると予想される．

被膜が硫黄の場合には土壌中で酸化分解する．またアルキド樹脂では植物油を原料の一部に使うので，その部分は微生物分解を受ける[5]．ポリオレフィン系樹脂では，高分子になると分解性はほとんどないが，添加物を加えて紫外線崩壊性をもたせることができる．また低分子のポリオレフィン系樹脂では徐々に分解することがわかっており，それを使った被覆肥料も市販され始めている（口絵写真1，2参照）．

ただ生分解性が高いと肥料成分の溶出制御が不完全となり，また微生物活性が異なる土壌では分解速度が変化するなど，難しい点もある．食品産業で開発されている生分解性樹脂もいろいろあるが，肥料用には分解が早過ぎたり，価格的に高いなど問題が多い．このため安価なポリエチレンと生分解性樹脂を混合して使い，施用後に土壌中でバラバラにして土壌に資化する肥料も開発されている．

1.4 微生物的制御肥料

施用した窒素肥料は畑土壌中では酸化されて硝酸となる(硝酸化成作用).硝酸は土壌粘土に保持されないから溶脱し,地下水へ移行しやすい.

この硝酸化成作用を制御し,土壌に保持され溶脱を受けにくいアンモニウムの形態で保持しようという目的で開発されたのが硝酸化成抑制剤である.これについてはアメリカダウケミカル社の N-Serve の研究に刺激されて,わが国でも数社が競争で開発した.ジシアンジアミド(石灰窒素中に挟雑する),AM,ST,DCS などが現在使用できる[1].

硝酸化成抑制剤は,硝酸化成作用においてアンモニウムの酸化をブロックするために,この過程で起こる脱窒活性を抑えることも知られている.この脱窒活性抑制はハウス栽培でみられる酸性ガス(亜硝酸ガスによる)障害の防止に役立つばかりでなく,亜酸化窒素の発生抑制にも有効であり注目される(図 5.8)[15].

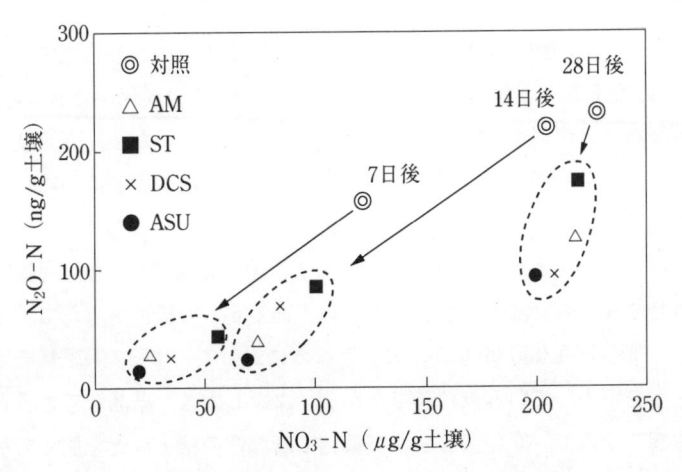

図 5.8 土壌中での亜酸化窒素生成に及ぼす硝酸化成抑制剤(AM,ST,DCS,ASU)の効果(Minami,1994)[15]
　土壌(シルト質しょく壌土,pH 7.4,最大容水量の 60%);窒素源,硫酸アンモニウム,N 2 mg/10 g 土壌;硝酸化成抑制剤添加量,50 μg/10 g 土壌,30 ℃,酸素濃度 18%(最小)で静置.

尿素の加水分解酵素であるウレアーゼの活性を特異的に抑制するウレアーゼ抑制剤についても研究があり，フェニルホスホロジアミデート（PPDA）[1]を用い尿素加水分解の時のアンモニア揮散を抑制できるという報告がある．しかしわが国の水田条件でこの抑制が経済的か，あるいは環境的な意義があるかは不明である．

一般的にこのような化学薬品を環境で使用することについては，発ガン性，環境ホルモンなどクリアすべき点が今後ますます多くなると考えられ，慎重な対処が必要である．

1.5 液状肥料

施肥位置，施肥量を正確に制御するためには，液肥を用いて注入する技術が考えられるが，水田では施肥溝から液肥が噴き出してしまい，うまくゆかなかった．しかし液肥の粘度を高くして糊（ペースト）状とすると，水田土壌でも一定の施肥位置にとどまることがわかり，ペースト肥料が開発された．粘度の高いペースト肥料を押し出すために，施肥機にはスクィーズポンプをつけ，ちょうど歯磨きをチューブから押し出すようにして施肥する．

液肥では，肥料塩の溶解度が限界となって，肥料の高濃度化ができないが，ペースト肥料では肥料塩が微粒子状で分散していればよいから，高濃度化が容易であり，また原料の組み合わせの自由度が高く，溶解度が低い物質，例えば有機質資材でもある程度混入することが可能である．

アメリカで用いられているサスペンション肥料（懸濁肥料）も，固体粒子を分散させて液肥の高濃度化を図った肥料であるが，取扱性を考えて粘度を比較的低く（500〜1,000 cP以下）しているのに対して，ペースト肥料では意識的に粘度を高くしている点に特徴がある．ただし大きい結晶ができると目づまりを起こすので，廃糖蜜などの有機物や膨潤性の粘土などを加えて粘度を高くするとともに結晶の成長を防いでいる．粘度が高いことは特徴ではあるが，取扱性は液肥などに比較して劣る．特に低温の場合などで作業性がわるく，もみほぐしを開封前に十分にするなどの留意が必要である．

ペースト肥料の物性について全農では，次のような基準を設定している．

a. ファンネル粘度　　5〜30秒程度/500g (15℃)
b. 沈降物　　　　　5％以下
c. 結晶　　　　　　微粉状に分散し，原則としてないこと

　ペースト肥料は水田での使用を目標にして開発されたが，その後施肥位置が一定になる特性を活かして野菜などでの使用が研究されている．長野県では全面マルチ下で年2作野菜（例えばレタス－ハクサイなど）の1作目にペースト肥料を用いて植え溝の横に一定距離をおいて施用し，これを2作目以降に吸収させることにより，肥料効率を向上させた（第5章3.3参照）．

　サスペンションあるいはペーストと違ってクリア溶液である液肥については，アメリカでは1960年代から普及が著しく，技術的にも進歩があった．パイプライン，大型ローリーで流通し，バルブの開閉とポンプで肥料が簡単に動くことから，大規模省力作業に適合しやすいメリットがある．これに対して日本では葉面散布用，あるいは施設栽培などで水で希釈して用いる液肥として使われ，大部分が容器に入れられて流通している．このような流通形態ではコスト的に不利であり，普及には限界があった．

　水田での側条施肥には無理としても，畑作物などでは液肥であっても側条施肥は可能である．省力をねらった表層施肥はアメリカでごく普通に行われている方法である．最近話題になっている精密農業では，施肥量可変型施肥機が用いられるが，液肥はもっとも対応しやすい．この場合には，基本的なNPK液肥に窒素溶液を組み合わせることが想定される．

　一方，新しい液肥の使用法として，養液土耕用肥料がある．これは灌水中に一定濃度で液肥を混入し，灌水チューブを使ってマイコン制御で自動的に毎日水と肥料を施用する技術である．これで灌水量を最小に抑え，根域を制限しながら栽培することにより，養水分の利用率を高めることができる．元来はイスラエルなどでの乾燥地農業で発達したのであるが，日本ではハウスの野菜，花などの栽培に利用されている．養分の利用効率がよく，環境汚染（地下水への硝酸溶脱）がない，培養液の更新・廃棄が必要ない点でも注目されている（第5章3.4参照）．

　養液土耕用肥料としては，チューブの目づまりを起こさないように沈殿物

がない液肥が求められている．原料的にはコストが高くなりがちである．

　液肥についての技術的発展方向はアメリカでの歴史をみればよく，技術的にはほとんど完成されているといえる．基礎溶液（base solution）としてリン酸アンモニウム液（10-34-0など）を用い，消費地に近接した所で基礎溶液にカリウム源などを随意の比率で混合し，すぐに機械施用している．このような方式で銘柄の多様化，製品の安定化（沈殿生成の回避），流通容器の省略を実現している．

　窒素単肥としては，窒素溶液のほかに液化アンモニア（N 82％）がある．窒素濃度が肥料中でもっとも高く，アメリカではポピュラーな窒素肥料である．しかし，貯蔵タンク，施肥機などを耐圧にしなければならず，それに対応した流通チャンネル（パイプラインなど）が必要であり，大規模農業でなければメリットはない．

　液化アンモニアは経済的，省力的見地からは一つの究極であるが，一方，部分的殺菌効果が強いことなどから，アメリカの有機農業推進グループでは反対のターゲットとしており，環境保全的な見地からは論議があるところである．

〈越野　正義〉

引用文献

1) 栗原　淳・越野正義（1986）：肥料製造学，p.71-92, 201-210, 養賢堂．
2) 渡辺徹男（1995）：IB系肥料．庄子貞雄編，新農法への挑戦，p.65-80, 博友社．
3) 知念　弘（1995）：CDU肥料．同上，p.81-92.
4) 藤田利雄（1995）：ポリオレフィン系樹脂被覆肥料—LPコートとロング．同上，p.93-104.
5) 渡辺正弘（1995）：セラコート．同上，p.105-118.
6) 小林　新・藤沢英司・羽生友治（1997）：樹脂系被覆肥料の溶出制御と反応速度論的解析による溶出評価（第1報）．被覆肥料の溶出に及ぼす水蒸気圧の影響．日土肥誌，68, 8-13.
7) 小林　新・藤沢英司・羽生友治（1997）：樹脂系被覆肥料の溶出制御と反応速度論

的解析による溶出評価(第2報).被覆肥料の溶出と被覆膜内外の水分の挙動.同上,68,14-22.

8) 石橋英二・金野隆光・木本英照(1992):反応速度論的解析によるコーティング肥料の溶出評価.同上,63,664-668.

9) 北村秀教・今井克彦(1995):肥効調節型肥料による施肥技術の新展開1.水稲の全量基肥施肥技術.同上,66,71-79.

10) 小林 新・藤沢英司・久保省三・羽生友治(1997):樹脂系被覆肥料の溶出制御と反応速度論的解析による溶出評価(第3報).ガウス補正法による溶出モデル式の改良.同上,68,487-492.

11) 全農肥料農薬部(2000):JA施肥診断支援システム―施肥名人―活用の手引き.

12) 藤沢英司・羽生友治(2000):土壌水分の影響を考慮した被覆肥料の溶出推定.日土肥誌,71,607-614.

13) Y. Hara (2000): Application of the Richards function to nitrogen release from coated urea at a constant temperature and relationships among the calculated parameters. Soil Sci. Plant Nutr., 46, 683-691.

14) Y. Hara (2000): Estimation of nitrogen release from coated urea using the Richards function and investigation of the release parameters using simulation models. Ibid., 46, 693-701.

15) K. Minami (1994): Effect of Nitrification Inhibitors and Slow-Release Fertilizer on Emission of Nitrous Oxide from Fertilized Soils. *In* K. Minami et al. Ed.: CH_4 and N_2O: Global Emissions and Controls from Rice Fields and Other Agricultural and Industrial Sources. p.187-196, NIAES. Tsukuba.

2. 水稲の省力・環境保全的施肥管理

2.1 はじめに

日本は,戦後,世界に類をみない急激な経済発展を遂げ,私たちは豊かな生活を享受できるようになった.しかし,その反面,社会全体に多くの「ひずみ」が露呈し始め,社会全体のシステム改革を余儀なくされている.特に,

有限なエネルギー資源の動向に配慮しながら，緩やかな経済発展を基調に，地球環境や地域環境との調和を重視した循環型の社会システムをいかに構築するかが今問われている．

　食糧生産という基本的使命を担う農業といえども例外ではない．私たちは，農業そのものが生態系の秩序を守るかけがえのない産業であると自負してきたが，これまで以上に，農業が環境と調和しながら持続的生産が図られるよう，農業の持つ物質循環機能をより重視するとともに，生産活動を再点検し，環境への負荷を少なくするための技術開発を一層進める必要がある．

　これまで，わが国の農業は，歴史的にみて，水田農業を中心に発展してきた．しかし，現在，米の生産と消費バランスが崩れ，余剰米が恒常化し，農政上，水田農業のおかれている立場はきわめて厳しいものがある．しかし，水田土壌の立地条件を考え，長期的視野に立った場合，人間と自然との調和，さらには，かけがえのない農地の保全，肥よく化等にとって，水田土壌の優れた機能が改めて見直されようとしている[21]．つまり，水田は，多量の潅漑水による養分供給とともに，還元状態の発達に伴い，窒素，リン酸等が有効化する中で，水稲という湛水条件に適応した作物と一体となって省資源的でしかも持続的生産が保証されている[19]．また，水田土壌による水かん養や洪水防止機能，水質浄化機能．そして，日本の自然環境の中で，水田稲作が日本人の心に訴えつづけてきた文化的価値，保健休養的機能など水田土壌の持つ多面的機能[9]が強調されている．さらに，著者は，水田土壌の肥よく度に限定すれば，水田土壌の持つ地力温存的性格を大いに評価すべきと考える．そして，持続的生産を可能にする土壌肥よく度の増強対策を生態系の中でサイクルとしてとらえ，それをうまく活用しながら，土壌肥よく度の実態に応じて，合理的でしかも省力的な施肥技術を確立することが重要な課題と考えている．

　ところで，水稲の生育・収量は，窒素の供給によって微妙に変化し支配されてきた．これに対し，その他の要素は，あるレベル以上土壌に存在すれば，ほとんど問題は起こらない．したがって，水田土壌の肥よく度の中心は窒素成分にあるといっても過言ではない．そのため，ここでは，改めて，水田土

壌の窒素肥よく度を中心に考えながら,水稲に対する省力,環境保全的施肥管理について論述する.

2.2 水稲窒素吸収パターンに対する施肥および土壌窒素の貢献

水稲の安定生産にとって,構成要素と決定要素の調和が重要な課題であり,そのための窒素吸収パターンのあり方が論議されてきた.とくに,水稲の理想的窒素吸収パターンについては多くの検討がなされ,過去に収量と品質が両立した年次の数値を基礎にパターン化するのが一般化し,それらを基に,対応技術が策定され,普及現場への情報伝達が行われてきた[7,10,16,18].

いうまでもなく,水稲が吸収する窒素は,大部分が土壌窒素と施肥窒素で占められる.したがって,土壌窒素の有効化パターンが明らかになり,さらに,施肥窒素の溶出パターンが把握でき,それぞれの利用率を考慮すれば,水稲の窒素吸収シミュレーションが可能になるはずである.そのため,ここでは,土壌窒素発現予測技術と水稲の窒素吸収経過との関連を検討しながら,水稲の窒素吸収に及ぼす土壌窒素と施肥窒素の役割について記述した.

表5.3 米つくり実証田(14地点)の理化学性

区名	土性	pH (H_2O)	T-N (%)	CEC (mmol(+)/100g)	交換性塩基 (mmol(+)/100g)			塩基飽和度 (%)
					CaO	MgO	K_2O	
大泉	LiC	5.4	0.329	22.4	10.79	6.20	0.44	77.8
大山	LiC	5.5	0.473	18.0	10.14	3.90	0.36	80.0
藤島	CL	5.8	0.251	18.6	10.04	2.60	0.52	70.8
横山	LiC	5.9	0.331	19.0	8.96	2.65	0.56	64.1
新余目第2	LiC	5.4	0.309	19.8	10.71	3.55	0.49	74.5
中平田	LiC	5.8	0.307	18.6	11.14	4.69	0.60	87.9
北平田	LiC	5.8	0.323	24.9	12.29	4.95	0.43	71.0
東平田	LiC	5.6	0.381	26.8	14.53	6.55	0.67	81.2
上田	LiC	5.7	0.349	23.7	12.53	5.10	0.41	76.1
本楯	LiC	5.7	0.300	24.2	12.14	6.25	1.13	80.2
観音寺	CL	5.7	0.192	26.5	15.64	6.60	0.53	85.9
遊佐	CL	5.9	0.354	18.3	9.39	2.35	0.54	67.1
高瀬	CL	5.7	0.301	18.9	7.64	3.15	0.39	59.2
西遊佐	CL	5.4	0.286	13.5	14.71	2.05	0.31	52.4

2.2.1 望ましい水田土壌窒素肥よく度

山形県庄内地域は，全国でも有数の良質米産地であり，1973年から現在まで，米づくり運動を展開し，それぞれ農協支所毎に60か所の実証田を設置してきた．そこで，その中から14地点を選定し，水田土壌の窒素発現様式を明らかにするとともに，生育時期別に稲体を採取し窒素吸収量を調査した．米づくり実証田14地点（収量700 kg/10 a以上の多収穫田7点，収量600 kg/10 a程度の一般田7点）の理化学性は表5.3に示したとおりである．また，土壌窒素無機化量は，吉野ら[22)]の方法により，生土と風乾土を供試し，室内培養法（10, 20, 30 ℃の変温条件）で求めた．

上記土壌（生土，風乾土）のNH_4-N生成量を表5.4に示した．その結果，生土での生成パターンが培養温度との関数で直線的に増加するタイプと放物

表5.4 湛水培養によって生成するNH_4-N (N mg/100 g)

区名	湛水培養によって生成するNH_4-N（3週間培養）				温度上昇効果*	乾土効果**	アンモニア生成様式（生土）	
	生土			風乾土			回帰式 Y軸 アンモニア生成量 X軸 温度	アンモニア生成型
	10℃	20℃	30℃	30℃				
大泉	2.48	4.51	6.38	26.2	3.90	19.82	$Y = 0.557 + 0.195X$	Ⅰa型
大山	3.44	4.86	6.31	30.9	2.87	24.59	$Y = 1.99 + 0.144X$	Ⅰa型
藤島	3.47	4.37	5.04	18.7	1.57	13.66	$Y = 2.713 + 0.072X$	Ⅰb型
横山	2.33	3.88	4.19	16.5	1.86	12.31	$Y = 0.67X^{0.577}$	Ⅱb型
新余目第2	2.49	4.90	5.11	21.1	2.62	15.99	$Y = 0.54X^{0.69}$	Ⅱb型
中平田	4.15	6.95	7.17	25.8	3.02	18.63	$Y = 1.29X^{0.524}$	Ⅱa型
北平田	2.74	3.87	5.88	20.6	3.14	14.72	$Y = 1.023 + 0.157X$	Ⅰa型
東平田	3.12	4.93	5.07	17.8	1.59	12.73	$Y = 1.1X^{0.465}$	Ⅱb型
上田	3.16	5.78	6.93	27.3	3.77	20.37	$Y = 0.6X^{0.732}$	Ⅱa型
本楯	2.23	3.31	3.53	22.9	1.30	19.37	$Y = 1.732 + 0.065X$	Ⅰb型
観音寺	2.24	2.69	2.94	7.3	0.70	4.36	$Y = 1.923 + 0.035X$	Ⅰb型
遊佐	4.02	6.34	7.23	29.1	3.21	21.87	$Y = 1.16X^{0.549}$	Ⅱa型
高瀬	3.39	4.28	5.11	27.0	1.72	21.89	$Y = 2.54 + 0.086X$	Ⅰb型
西遊佐	2.21	3.14	3.72	21.6	1.51	17.88	$Y = 1.503 + 0.076X$	Ⅰb型
庄内支場	2.71	3.08	4.22	18.7	1.51	14.48	$Y = 1.837 + 0.075X$	Ⅰb型

（注） *生土（30℃のNH_4-N）−（10℃のNH_4-N）
　　　**（風乾土30℃のNH_4-N）−（生土30℃のNH_4-N）

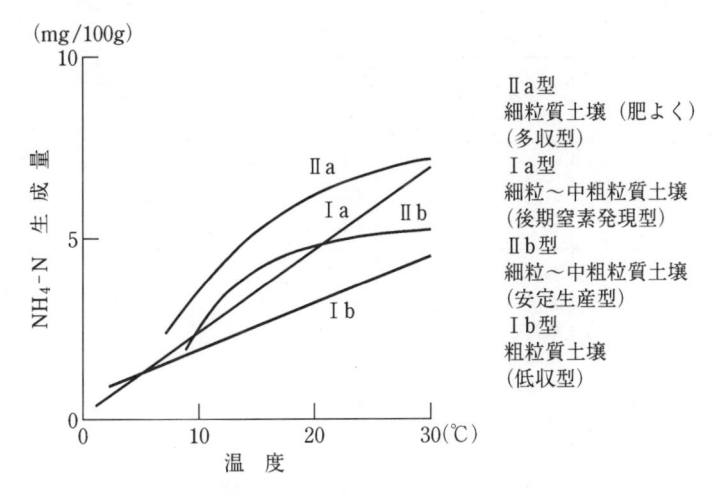

(mg/100g)

Ⅱa型
細粒質土壌（肥よく）
（多収型）
Ⅰa型
細粒～中粗粒質土壌
（後期窒素発現型）
Ⅱb型
細粒～中粗粒質土壌
（安定生産型）
Ⅰb型
粗粒質土壌
（低収型）

Ⅰa型：温度とNH_4-N生成量が直線的に増加し，NH_4-N生成量の絶対量が多い．
Ⅰb型：温度とNH_4-N生成量が直線的に増加することはⅠa型と同様であるが，NH_4-N生成量の絶対量が少ない．
Ⅱa型：NH_4-N生成量の絶対量が多いとともに，比較的低温時からNH_4-Nを放出し，温度との関係が放物線で表される．
Ⅱb型：NH_4-N生成パターンはⅡa型と同様，放物線をたどるが，NH_4-N生成量の絶対量が少ない．

図5.9　生土における温度別NH_4-N生成パターン

線的に増加するタイプに分けることが可能で，4型に大別した（図5.9）．

　NH_4-N生成パターンと収量性との関係は，一概には論じられないが，Ⅱa型が最も安定多収栽培に適しており，そうしたタイプは細粒質の土壌で，下層土まで粘土含量が高く，長年にわたり有機物が積極的に施用されていた．Ⅱb型は細粒～中粗粒質土壌に多く，生育・収量とも安定的なタイプである．Ⅰa型は生育後期に窒素発現量が多く，多収性を示すが，気象によっては，後期窒素発現量の多いことが，倒伏や登熟不良を助長する場合もあり，穂肥等には慎重にならざるを得ないタイプである．なお，Ⅰb型は粗粒質土壌に多く，低収型のタイプを示した（表5.5）．

2.2.2　水稲による窒素吸収経過と玄米収量の関係

　水稲の籾数は，穎花分化期終期までに吸収した窒素量に支配されることが

表5.5 生土における温度別 NH_4-N 生成パターンと有機物施用

NH_4-N 生成型	区名	土性 作土	土性 下層土	稲わら	きゅう肥
Ⅰa型	大泉	LiC	CL	半量	
	大山	LiC	HC	全量	0.5 t
	北平田	LiC	CL (SL)	全量	
Ⅰb型	藤島	CL	L (SL)	全量	
	本楯	LiC	CL	−	
	観音寺	CL	CL (Cos)	全量	1.0 t
	高瀬	CL	L (SL)	全量	0.3 t
	西遊佐	CL	L (SL)	全量	
	庄内支場	CL	SL	全量	
Ⅱa型	中平田	LiC	HC	全量	0.8 t
	上田	LiC	HC	全量	0.5 t
	遊佐	CL	HC	全量	
Ⅱb型	横山	LiC	CL	全量	
	新余目第2	LiC	HC	全量	1.0 t
	東平田	LiC	HC	全量	

表5.6 実証田 (14地点) における

区名	N 含有率 (%)						6/20	7/10
	6/20	7/10	稲揃期		成熟期			
	茎葉	茎葉	茎葉	穂	茎葉	穂	茎葉	茎葉
大泉	3.26	2.02	1.28	1.19	0.68	1.14	2.80	6.13
大山	3.24	1.90	0.96	1.03	0.51	1.03	2.33	5.50
藤島	3.22	1.73	1.05	1.10	0.57	1.09	2.78	6.66
横山	3.12	1.84	1.19	1.16	0.57	1.03	2.58	6.21
新余目第2	3.69	2.22	1.09	1.04	0.71	1.11	2.90	7.67
中平田	3.63	2.11	1.13	1.15	0.52	0.98	4.25	8.18
北平田	3.60	2.01	1.09	1.03	0.51	0.91	3.05	7.13
東平田	3.37	1.87	0.88	0.93	0.57	1.06	2.68	5.53
上田	3.26	1.85	0.95	1.08	0.58	1.13	4.33	7.47
本楯	3.26	1.64	1.11	1.11	0.61	1.11	2.70	6.48
観音寺	3.50	1.56	0.85	0.97	0.47	1.00	2.96	5.77
遊佐	3.48	2.16	1.03	1.04	0.60	1.03	2.90	6.57
高瀬	3.35	1.92	0.93	0.96	0.55	1.04	2.91	6.66
西遊佐	3.51	2.02	1.08	1.04	0.57	0.99	2.89	7.86

知られており[20]，ササニシキ等良質品種の多くは，減数分裂期の窒素吸収量と正の関係にある[3]．また，ササニシキのような穂数型品種は，穂揃期に吸収した窒素1g当たりの籾生産能率が3,500〜4,000粒程度ときわめて高く，登熟の良化が良質米生産のポイントであり，そのための窒素吸収パターンのあり方が論議されてきた．ここでは，前述した庄内地域の多収穫田の窒素吸収経過を調査し，良質安定多収のための窒素栄養について考えてみた．

実証田（14地点）の稲体窒素含有率および窒素吸収量を表5.6に示した．実証田の収量水準は，10a当たり650〜750kgであり，窒素吸収経過も生育初期から順調で，穂揃期には，ほぼ10kg/10a，成熟期には12〜13kg/10aの窒素吸収量が確保され，平均的な窒素1kg当たりの玄米生産能率は，57kgであった．

そこで，図5.10に実証田および山形農試庄内支場の三要素試験の中から1965年以降（ササニシキ）の窒素吸収量と玄米収量の関係を示した．それによると，三要素試験のデータでは，従来から指摘されているように，玄米収量が10a当たり600kg程度までは，玄米収量と窒素吸収量の関係が直線的

稲体窒素含有率および窒素吸収量

N 吸収量 (N kg/10a)						穂への移行率 (%)	玄米生産能率 (玄米 kg/N kg)
穂揃期			成熟期				
茎葉	穂	計	茎葉	穂	計		
9.48	2.24	11.72	4.01	8.76	12.77	68.6	51.7
7.10	1.89	8.99	3.01	8.18	11.19	73.1	60.3
8.68	2.30	10.98	3.63	9.14	12.77	70.4	54.9
9.46	2.16	11.62	3.42	8.32	11.74	70.9	58.7
9.81	1.57	11.38	5.40	9.47	14.87	63.7	50.9
8.83	2.11	10.94	3.46	7.89	11.35	69.5	58.6
8.74	1.56	10.30	3.44	7.44	10.88	68.4	61.4
7.44	1.42	8.86	3.59	8.49	12.07	70.3	58.3
8.12	2.35	10.47	4.21	9.61	13.82	69.5	53.6
9.37	2.36	11.73	4.04	9.25	13.29	69.6	55.1
7.62	1.49	9.11	2.85	7.64	10.44	72.8	61.5
9.71	1.53	11.24	4.46	8.64	13.10	66.0	54.9
8.24	1.52	9.76	3.72	8.83	12.55	70.4	58.5
9.44	1.96	11.40	3.80	8.06	11.86	68.0	56.2

第5章 窒素負荷を軽減する新施肥法

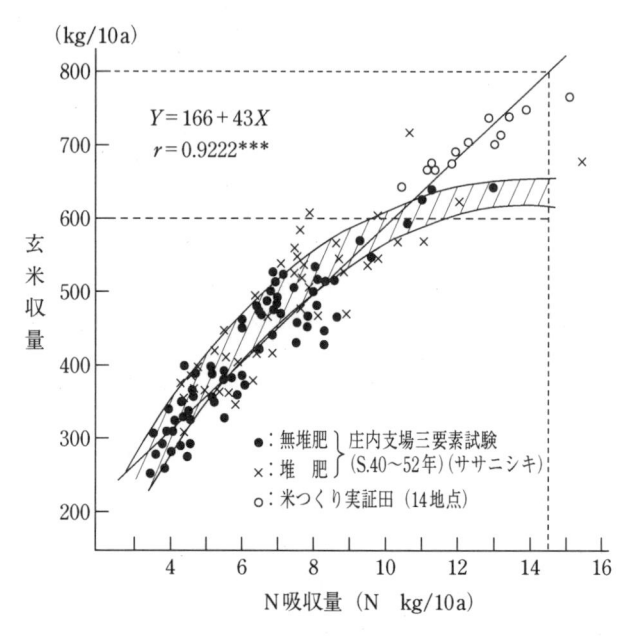

$Y = 166 + 43X$
$r = 0.9222***$

●：無堆肥 ⎫ 庄内支場三要素試験
×：堆　肥 ⎬ (S.40〜52年)(ササニシキ)
○：米つくり実証田 (14地点)

図5.10　稲体窒素吸収量と玄米収量の関係

な正の関係にあり，それ以上の収量になると，窒素吸収量が鈍化する傾向が認められた．しかし，実証田の吸収量を加えて考えると，10 a 当たり 800 kg 程度までは，玄米収量と窒素吸収量の関係が直線的に継続しているように思われた．これは，実証田の土壌改良効果，とりわけ，ケイ酸質肥料を土壌診断に基づき施用した結果，窒素吸収量が増大しても登熟歩合が安定し，安定収量に結びつき，前述した関係が成立したものと推定した．

　以上のことを考慮し，収量水準と窒素吸収量の関係を図 5.11 に模式的に示したように，600 kg/10 a 程度の収量水準は，土壌窒素依存により十分達成可能な水準であり，700 kg/10 a 水準は，土壌窒素を十分活用するとともに，合理的な施肥法を併用することで達成可能な水準である．また，800 kg/10 a 以上の水準になれば，当然，土壌窒素を最大限に活用するとともに，化学肥料を十分施用できうる稲体形質のもとで，稲体窒素吸収量を増大させる必要がある．

2. 水稲の省力・環境保全的施肥管理　（ 139 ）

図中注記:
- 800kg 以上の水準（土壌窒素を最大限活用　化学窒素肥料を十分施用できうる稲体形質　追肥診断技術の精度向上）
- 700kg水準（土壌窒素を活用　合理的な施肥法を併用）
- 600kg水準（土壌窒素依存により、十分達成可能な水準）

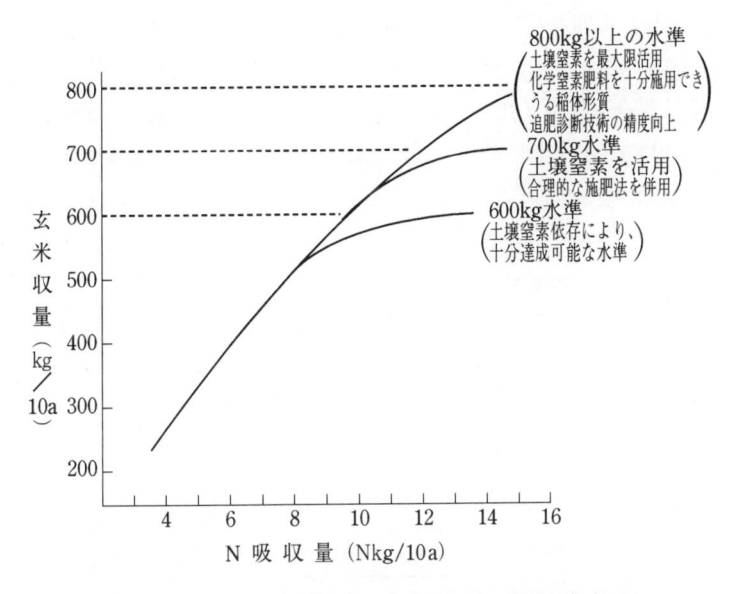

図 5.11　収量水準と窒素吸収量の関係（模式図）

表 5.7　玄米収量と時期別窒素吸収割合

収量水準	区名	玄米収量 (kg/10a)	窒素吸収割合（%）				窒素吸収量 (N kg/10a)
			移植〜6/20	6/20〜7/10	7/10〜穂揃期	穂揃期〜成熟期	
700 kg 水準	新余目第2	757	20	32	25	23	14.9
	上田	741	31	23	22	24	13.8
	高瀬	735	23	30	25	22	12.6
	本楯	733	20	28	40	12	13.3
	遊佐	719	22	28	36	14	13.1
	東平田	704	22	24	28	26	12.1
	藤島	701	22	30	34	14	12.8
	平均	727	23	28	29	20	13.2
600 kg 水準	横山	690	22	31	46	1	11.7
	大山	675	21	28	31	20	11.2
	北平田	668	28	38	39	5	10.9
	西遊佐	666	24	42	30	4	11.9
	中平田	665	37	35	24	4	11.4
	大泉	661	22	26	44	8	12.8
	観音寺	646	28	27	32	13	10.5
	平均	667	26	32	34	8	11.5

次に，実証田（14地点）の収量を，700 kg/10 a 水準（7 点で平均 727 kg）と 600 kg/10 a 水準（7 点で平均 667 kg）のグループに分け，それぞれの時期別窒素吸収割合を表5.7に示した．それによると，700 kg/10 a 水準グループは，600 kg/10 a 水準グループに比較して，総体の窒素吸収量が多いとともに，時期別窒素吸収割合の中で，穂揃期以降の窒素吸収量が多く，いわゆる，秋優り的生育を呈していた．この後期の窒素吸収量は主に土壌窒素に依存しており，土壌窒素肥よく度の重要性を再確認した．

一方，600 kg/10 a 水準グループは，明らかに穂揃期以降の窒素吸収量が少なく，養分供給面と根の機能等に問題があるものと思われた．

以上のことから，ササニシキで 700 kg/10 a 以上の玄米収量を得るための時期別窒素吸収割合は，表5.8に示したように，5:3:2 が適当であり，この吸収割合でもって総体の窒素吸収量が 14～15 kg/10 a 得られるような条件が達成されて初めて，高位多収（800 kg/10 a）の壁が突破できるものと考えた．

表5.8 ササニシキで 700 kg/10 a 以上の玄米収量を得るための時期別窒素吸収割合

時期	移植～幼形期	幼形期～穂揃期	穂揃期～成熟期
N 吸収割合%	50	30	20

2.2.3 水稲の理想的窒素吸収パターンの策定

窒素吸収パターンは，窒素栄養と乾物生産を加味したものであり，栄養診断はもちろん施肥技術を考える上で重要な指標である．これまでも指摘してきたように，水稲の理想的窒素吸収パターンは，過去に収量と品質が両立した年次の数値を基礎にパターン化するのが一般的である．しかし，その時の気象条件は往々にして恵まれている場合が多い．稲をはじめ，あらゆる作物は，気象条件の影響を強く受けて生育している．したがって，真の理想的窒素吸収パターンは，その年の気象環境にもっとも調和している構成要素なり，生育パターンを反映するはずである．つまり，気象変動に対応できる余地をのこした窒素吸収パターンを模索する必要がある．

そこで，山形農試において，1977～1988年におけるササニシキ 280 点の生育および窒素吸収経過を解析した（表5.9）．その中で，まず，最終的に登

2. 水稲の省力・環境保全的施肥管理

表5.9 窒素吸収パターンの類型と収量

類型		N吸収量の指標に対する増減			サンプル数	倒伏3以上の数	平均収量 kg/10a	最低収量 kg/10a	最高収量 kg/10a	変動係数 %
前中期	後期	6/30	穂揃期	成熟期						
Ⅰ	1			−	87	5	579	352	799	14.8
	2	−	−	0	15	1	601	503	688	10.2
	3			+	12	0	653	602	732	5.1
Ⅱ	1			−	18	1	616	525	703	7.3
	2	−	0〜+	0	17	0	667	535	823	9.0
	3			+	12	6	656	546	754	10.3
Ⅲ	1			−	14	5	563	460	712	16.0
	2	0	−	0	4	2	599	513	671	11.2
	3			+	1	1	599	−	−	−
Ⅳ	1			−	12	2	593	529	702	8.0
	2	0	0〜+	0	11	0	632	549	695	9.6
	3			+	14	5	628	522	784	13.5
Ⅴ	1			−	9	5	557	474	671	12.7
	2	+	−	0	2	2	508	436	579	19.9
	3			+	5	0	504	425	594	12.7
Ⅵ	1			−	10	5	613	508	677	10.3
	2	+	0〜+	0	16	13	583	436	713	13.6
	3			+	21	16	604	449	769	14.1

(注) 収量, 品質が両立する窒素吸収パターンはⅡ-2, Ⅳ-2型が望ましい

生育時期別指標

	成熟期	穂揃期	出穂15日前	出穂25日前	出穂35日前
N吸収量 (N kg/10a)	11.9〜13.4	9.3〜11.2	7.0〜9.0	5.4〜6.7	4.1〜5.3
N含有率 (乾物 %)		1.05〜1.25	1.53〜1.78	2.03〜2.30	2.60〜3.05
地上部乾物重 (kg/10a)		880〜1010	440〜560	260〜315	160〜200
生育量 (10^3 cm・本/m^2)	41〜47		40〜47	35〜42	30〜38

	稈長 (cm)	穂数 (本/m^2)	一穂籾数	m^2当たり籾数 10^3	登熟歩合 (%)
成熟期	77〜86	520〜595	70〜81	36〜46	70以上

(注) 上記指標は, ササニシキで玄米収量660 kg/10a程度を目標

熟歩合が70％以上で，倒伏程度2以内で，10 a 当たり 650～700 kg の収量が得られる成熟期の窒素吸収量を求めた結果，11.9～13.4 kg/10 a であった．また，その時の構成要素は，m^2 当たり籾数が 36,000～46,000 粒，穂数は 520～600 本/m^2 であった．そして，上記指標が得られる条件を基に，生育時期を逆のぼって主要な時期の生育指標を作成した．つまり，穂揃期には，窒素吸収量が 9.3～11.2 kg/10 a，その場合の茎葉窒素濃度 1.05～1.25 ％，乾物重は 880～1,010 kg/10 a とした．また，出穂25日前には，窒素吸収量が 5.4～6.7 kg/10 a，その場合の茎葉窒素濃度 2.03～2.30 ％，乾物重は 260～315 kg/10 a，生育量 35～42（10^3 cm・本/m^2）として整理した．

次に，生育ステージを3段階（前期：移植～幼穂形成期，中期：幼穂形成期～出穂期，後期：出穂期～成熟期）に分け，その時の窒素吸収量の指標値に対する増減値をプラス，ゼロ，マイナスで示した．以上のことから，窒素吸収パターンとして，前中期6類型，後期3類型で，計18タイプに分類した．そして，収量性との関係を検討した．その結果，前中期の窒素吸収パターンはⅡ，Ⅳ型が安定し，10 a 当たりの平均収量は，それぞれ，645 kg，618 kg であった．その他の類型は，平均収量が 10 a 当たり 600 kg 以下であった．また，後期の1～3類型を加えた変動係数をみると，Ⅱ類型が，それぞれ，7.3，9.0，10.3 ％，Ⅳ類型が，8.0，9.6，13.5 ％ と低く，その他で10％以下はⅠ-3型の 5.1 ％ のみで，前中期の窒素吸収類型Ⅱ，Ⅳ型が安定していた．なお，前中期の窒素吸収類型Ⅱ，Ⅳ型では，後期の1～3類型にほぼ均一にサンプルが分布しており，後期に窒素吸収量が過大となるⅡ-3型，Ⅳ-3型では，半数近くが倒伏程度3以上となり，逆に，後期に窒素吸収量が不足するⅡ-1型，Ⅳ-1型では，平均収量がやや低下した．したがって，Ⅱ-2型，Ⅳ-2型が最も収量が安定して高く，望ましい窒素吸収パターンであった．なお，Ⅰ-3型は，倒伏もなく，収量も安定しているが，後期登熟が良好な年次に偏っていた．また，Ⅴ，Ⅵ類型は，後期のいずれの類型でも収量の変動係数が高く，前期の窒素吸収量が過大で経過すれば，中期も過大になる傾向が強く，この傾向は後期も持続するものと思われた．

したがって，収量，品質の変動が小さい窒素吸収パターンは，前中期窒素

吸収量が，指標並かやや少なめで，穂揃期にかけて回復し，穂揃期に 9～10 kg N/10 a，成熟期に 11～12 kg N/10 a 程度の窒素吸収量が適当であり，有効茎歩合が高く，生育後期も安定した窒素吸収パターンをとる類型（II-2型，IV-2型）が理想的であった．すなわち，中期生育までは，中庸な吸収パターンに経過させ，それ以降の気象条件が好転する場合は，積極的な追肥対応が効果的であり，気象が不順な場合は，施肥対応を見合わせ，水管理等の管理作業によりじっと我慢することが，結果的に，その年の気象に最も調和した栄養条件になる．

2.2.4 水田土壌窒素の無機化特性と発現予測

水田土壌における地力窒素の発現は，一年周期で，酸化・還元による土層分化や環境条件に対応した動的平衡関係の中で，複雑な微生物反応が行われているが，無機化機構の詳細については，いまだ未解明な部分も多い．

ここでは，土壌有機態窒素の無機化過程を微生物の酵素反応としてとらえ，実験室や圃場での培養窒素の無機化パターンを基礎としながら，温度による無機化反応速度の違いを活性化エネルギーで表す反応速度論的解析法[14,17]について述べるとともに，現地圃場での活用例を示した．

1) 反応速度論的解析法による土壌窒素無機化モデル

水田土壌の窒素無機化機構を考える場合，無機化しうる有機態窒素の根源として，可分解性有機態窒素量（N_0）を重視し，その内訳として，速やかに無機化する画分（N_{0q}）と緩やかに無機化する画分（N_{0s}）に分けて考えた．つまり，可分解性有機態窒素量（N_0）は，土壌を長期培養（基準温度25℃）した場合のアンモニア化成量の最大値と考え，室内培養法による風乾土の

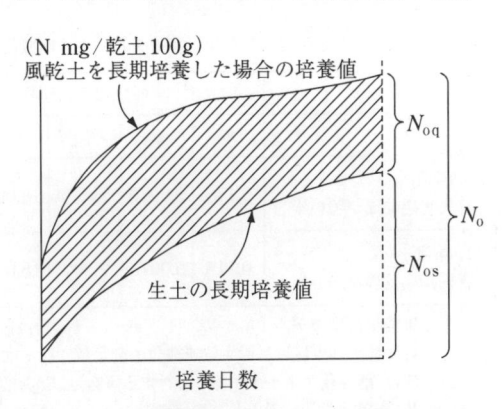

図5.12 土壌窒素無機化パラメータと培養窒素との関係

培養値がそれに相当し，同様に，生土の培養値がN_{0s}，その差をN_{0q}とするモデルである（図5.12）.

そのため，単純平行型モデル：$N = N_{0q}\{1 - \exp(-k_1 \times t_1)\} + N_{0s}\{1 - \exp(-k_2 \times t_2)\} + B$ を用いることにし，各無機化パラメータの算出方法と意義づけを明確にするとともに，日平均地温との関数で時期別土壌窒素無機化量を推定した．

2）反応速度論的解析法による土壌窒素発現予測システム

反応速度論的解析法による土壌窒素無機化パラメータ求める場合，培養窒素のデータが基本となるため，培養土壌の前歴を重視する必要がある．とくに，現地の圃場条件は，春先，程度の差はあれ，表層が乾燥し，下層は湿潤状態で存在している．したがって，圃場の水分実態を反映した土壌を直接培養し，そのデータを基に無機化パラメータを求めることが望ましいと考えた．しかし，汎用性を持たせるためには，風乾土と生土に調製し，それぞれの培養データを求めておき，春先の圃場の乾燥実態を考慮し，比例計算により推定したデータを基礎にして十分実用性が高いものと判断した．

そのため，実際に無機化パラメータを算出する場合，まず生土の培養データを単純型モデル：$N = N_0\{1 - \exp(-k \times t)\} + B$ にあてはめ，基本的な k と Ea を求め，次いで，当該年次の風乾土が混合された土壌の培養データを

表5.10 単純平行型モデルによる無機化パラメータ（置賜分場）

	土壌窒素無機化パラメータ（25℃変換）						
	k_1	k_2	E_{a1}	E_{a2}	N_{0q}	N_{0S}	B（切辺）	V（分散）
1987年 春先圃場乾燥が強い年	0.178	0.0076	15,000	18,000	6.07	13.60	1.51	14.8
1989年 春先圃場乾燥が弱い年	0.115	0.0076	2,300	18,000	2.36	12.85	1.10	22.5

（注）単純平行型モデル：$N = N_{0q}\{1 - \exp(-k_1 \times t_1)\} + N_{0S}\{1 - \exp(-k_2 \times t_2)\} + B$
k_1：乾土効果総量に対する無機化速度定数，k_2：地温上昇効果量に対する無機化速度定数
E_{a1}：活性化エネルギー（k_1 に対する係数），E_{a2}：活性化エネルギー（k_2 に対する係数）
N_{0q}：乾土効果総量としてのポテンシャル（分解の速い画分）
N_{0S}：地温上昇効果総量としてのポテンシャル（分解の遅い画分）
B：切辺（定数）

2. 水稲の省力・環境保全的施肥管理 （145）

単純平行型モデル（反応速度定数の異なる二つの一次反応モデル式の和）にあてはめることにした．その場合，2項（N_{0q}項，N_{0s}項）のうち，N_{0s}項のパラメータ（k_2とE_{a2}）を生土で求めたパラメータ（kとE_a）で固定することにした．このことは，生土を培養した場合，速やかに分解する画分（N_{0q}）がほとんど無視できる[2]と考え，パラメータの計算過程に一定の法則性を持たせた．その結果，単純平行型モデルのN_{0q}項が速やかに無機化する画分，N_{0s}項が緩やかに無機化する画分と考えることを可能にした．

ここでは，置賜分場を例として，1987年（春先圃場乾燥が最大級の年）と1989年（春先圃場があまり乾かなかった年）それぞれの無機化パラメータを表5.10に示すとともに，その年の日平均地温を用いて推定した土壌窒素無

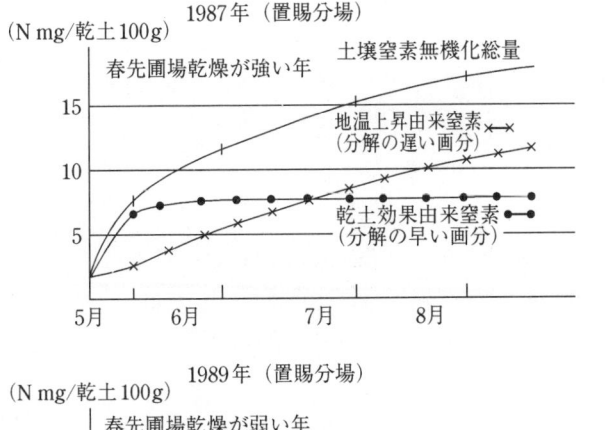

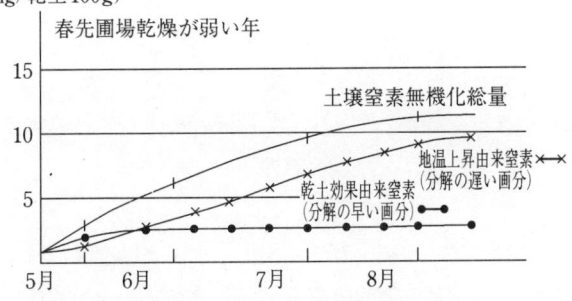

図5.13 土壌窒素無機化総量（内訳として乾土効果由来窒素と地温上昇効果由来窒素）

機化量を図5.13に示した.

2.3 水稲に対する省力的施肥技術

水稲の安定生産にとって,有機物施用や土づくりといった土壌管理技術が基礎となることはいうまでもないが,その上に適正な施肥管理技術が加わって,初めて高収かつ高品質で,しかも持続的生産が可能になると考えられる.ところが,土壌の持つ環境容量を超えて過剰な施肥が行われた場合は,農業系外への環境汚染が懸念されることになる.

したがって,環境を保全しつつ農業の持続的生産を可能にするため,新たな施肥技術の開発が求められている.

2.3.1 施肥技術をシステム化するための基本的考え方

水稲の施肥技術をシステム化できればということが話題になる.システム化するという言葉からは,コンピュータのボタンを押せばすぐに答えが引き出せることを連想するに違いない.工業関係でのシステム化は,まさに条件設定を自由に変化させた中で繰り返し試験が行われる.当然答えは寸分の誤差も生じることはない.

しかし,農業(水稲栽培)は,1年1作しか作れない.いくらベテランの人でもたかだか30年(30作)経験したに過ぎない.しかも,条件(品種,気象,土壌)が常に変動している中での出来事である.

したがって,水稲の施肥技術をシステム化するということは,過去に経験したデータを解析し,その年の気象条件を視野にいれながら,収量・品質が安定するイメージを持ち,得意とする領域(例えば,茎数,生育量,葉色,草姿,窒素吸収パターン等)を設定し,より狭めた範囲に誘導するよう施肥することと考える.そこには,経験と感性が重要なファクターとならざるを得ない.

そのため,著者らは,水稲生育予測技術,水田土壌窒素無機化の解析技術と予測技術の活用,水稲の窒素吸収パターンのモデル化,並びにシミュレーションについて検討してきた.これらは,施肥技術にとって基本的な課題であり,それらを総合的に体系化することにより,施肥設計プログラミングを

2. 水稲の省力・環境保全的施肥管理 （ 147 ）

可能にするものと考えてきた．

1）水稲の生育診断予測技術と情報化

　水稲の安定生産を図るには，時々刻々と変化する気象条件の中で的確に生育診断と予測を行い，それに基づいて対応技術を策定することが重要である．そこで，コンピュータに過去の生育，気象等をインプットし，気象変動による生育推移のパターンを想定するとともに，時期別に生育状況を予測し，それに対応した適切な技術情報を提供してきた[15]．

　図5.14には，山形県村山地域を例として，生育パターンのタイプを分げつ

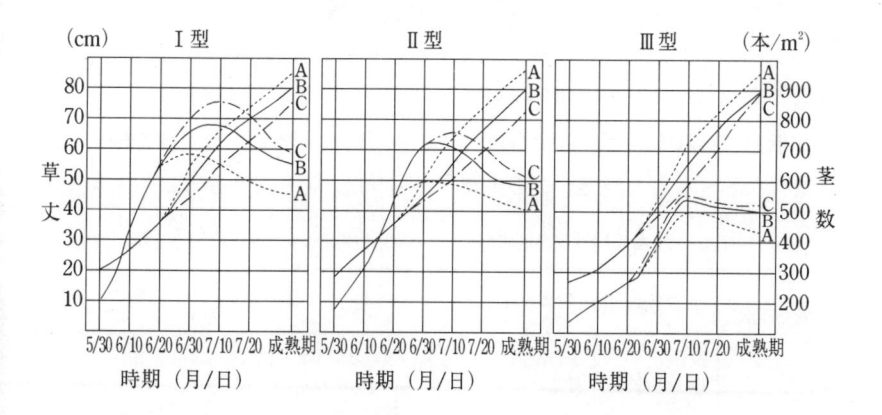

図5.14　コンピュータによる生育推移のパターン（山形県村山地域：ササニシキ）

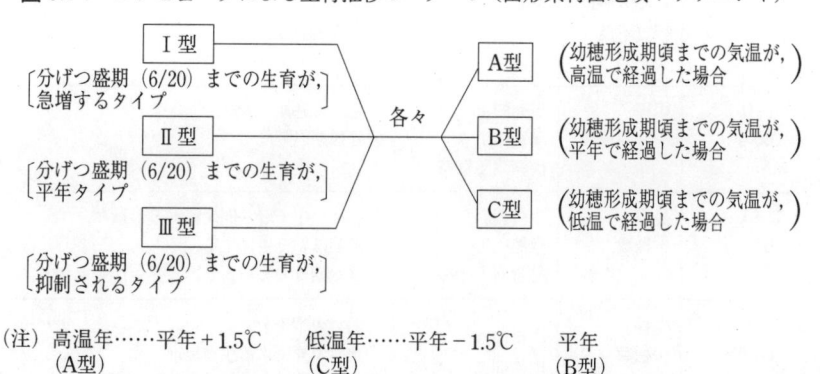

- I 型 〔分げつ盛期（6/20）までの生育が，急増するタイプ〕
- II 型 〔分げつ盛期（6/20）までの生育が，平年タイプ〕
- III 型 〔分げつ盛期（6/20）までの生育が，抑制されるタイプ〕

各々

- A型（幼穂形成期頃までの気温が，高温で経過した場合）
- B型（幼穂形成期頃までの気温が，平年で経過した場合）
- C型（幼穂形成期頃までの気温が，低温で経過した場合）

（注）高温年……平年＋1.5℃　　低温年……平年－1.5℃　　平年
　　　（A型）　　　　　　　　　（C型）　　　　　　　　　　（B型）

図5.15　ササニシキの生育パターンの特徴

盛期（6月20日）までの草丈・茎数を3水準とし，幼穂形成期までの気温を3段階に区分することにより，図5.15に示したような生育パターンを想定することが可能である．つまり，山形県におけるササニシキの有効茎決定期は，早い年で6月13日頃，遅い年で6月30日頃であり，平年的には，6月20日頃である．したがって，第一段階で6月20日の茎数を平年タイプ（I型），急増タイプ（II型），抑制タイプ（III型）に分け，第二段階でそれぞれ幼穂形成期までの気温が平年で経過した場合（B型），平年より1.5℃高めで経過した場合（A型），平年より1.5℃低めで経過した場合（C型）の3水準とし，計9タイプ（I-A, B, C型，II-A, B, C型，III-A, B, C型）の生育パターンを想定した．この場合，幼穂形成期までの気温が高めに推移すれば，茎数が抑制され，草丈が伸長することになるし，反対に幼穂形成期までの気温が低めに推移すれば，遅発分げつにより茎数が増加し，草丈は抑制されることになる．なお，当然，この生育パターンは，過年度のササニシキの膨大

表5.11 年次別生育タイプと対応技術（ササニシキ）

タイプ （該当年次）	生育型	対応のねらい	技術のポイント
I-A 53年 59年	長稈 少〜並穂数	生育調節 凋落軽減	○強めの中干し．倒伏軽減剤の散布． ○つなぎ肥はひかえる． ○穂肥は葉色をみながら行う．穂揃期追肥．
I-C 55年 58年	短稈多穂数 稈質不良	有効茎歩合の向上	○弱めの中干し（小ひびの入る程度）． ○少量多回数の追肥． ○水管理による生育調整．
II-B （60年）	中稈 やや多穂数	登熟向上 品質向上 後期凋落軽減	○穂肥は適期，適量． ○穂揃期追肥．
III-A （56年）	長稈 少穂数	生育調節 登熟向上 品質向上	○弱めの中干し．倒伏軽減剤の散布． ○穂肥はおそ目にする． ○落水期はおそ目とし，登熟促進をはかる．
III-C （61年）	中稈 少穂数	生育促進 出穂促進 登熟向上	○弱めの中干し． ○水温上昇による生育促進． ○葉色維持のためにこまめな追肥． ○落水期はおそ目とし，登熟促進をはかる．

なデータを基に，草丈，茎数とも増加率の等反応曲線から求めたものである．

そのため，当該年の水稲生育がどのタイプにあてはまるかを見極めることが重要となる．表5.11には，想定されるタイプに近似した年次の生育タイプとその年に効果的であった対応技術を整理した．それによると，平年的な生育パターンを示すⅡ-B型では，適期，適量の穂肥が技術のポイントであり，一部，後期凋落が懸念される場合は穂揃期の追肥が効果的である．また，6月20日の生育が旺盛で，幼穂形成期まで高めの気温が予想される生育タイプⅠ-A型は，長稈で少～並穂数となり，技術対応のねらいは生育調整と凋落防止であり，強めの中干しでつなぎ肥はひかえ，穂肥は葉色をみながら慎重に対応することが必要である．一方，6月20日の生育が旺盛であるが，幼穂形成期までの気温が低めに推移する生育タイプⅠ-C型は，短稈で多穂数となり，稈質が不良になりやすく，その場合，技術対応のねらいは有効茎歩合の向上であり，弱めの中干し，少量多回数の追肥が効果的である．また，6月20日の生育が劣り，幼穂形成期まで高めの気温が予想される生育タイプⅢ-A型は，長稈で少穂数となり，穂肥はおそ目に行い，一部，倒伏防止対策を行う等，登熟，品質向上が対応技術のポイントとなる．一方，6月20日の生育が劣り，幼穂形成期までの気温が低めで推移する生育タイプⅢ-C型は，中稈で少穂数となり，生育促進と登熟向上をねらい，弱めの中干し，水温上昇による生育促進，葉色維持のためのこまめな追肥，落水期を遅くする等の対策を構ずることが重要となる．

2.3.2 全量基肥施肥技術の確立

近年，農業構造が大きく変化し，複合経営農家や稲作の規模拡大による専業農家が増加する一方，ますます兼業化が進展し，それぞれ稲作に対する考え方や経営に占める稲作の比重が変化するとともに，米つくりそのものが多様化してきた．一方，圃場区画も拡大化する中で，労力不足が顕在化し，一層の省力化が求められている．したがって，水稲の施肥法も，自分の稲作に合わせて選択できる簡易で失敗の少ない施肥技術[8]が求められるようになってきた．

全量基肥栽培は，基肥のみの施肥で追肥のいらない施肥技術であり，生育

面では，従来のイメージから脱却して，初期の生育量をセーブし，生育中期から後期にかけて，適正な栄養条件を維持する稲作りを指向している．

現在，米作りの方向は，高品質・良食味の時代を迎えているが，従来の多収穫へのこだわりが薄れてきたように感じられ残念な一面もある．特に，田植機が導入されて以来，植え付け精度や運行操作等に注意が払われ，耕起が浅くなり，穂数は確保されるが，思ったほど多収につながらなくなってきた．現在の良質品種（コシヒカリ，ササニシキ，はえぬき，ひとめぼれ，あきたこまち等）にとって，穂数が大きなウエートを占めることにかわりはない．しかし，穂数に偏重した考え方は問題が多い．適正な穂数を確保し，一穂の充実度を高め，穂重感のある稲作りを目指す必要がある．全量基肥施肥技術は，こうした稲作りの改善方向にもマッチするとともに，複合経営農家だけでなく，稲作専業農家でも一層の省力化を模索しており，近未来型の施肥技術として脚光を浴びるものと確信している．

1) 土壌窒素と被覆肥料を利用した全量基肥技術体系の組立

全量基肥施肥技術に対して，米つくり農家の気持ちを集約すると，本施肥技術に関して非常に興味を示しながらも，不安を抱いているのが現状である．特に，その年の気象が予見できないままに，あらかじめ施肥しておくことへの懸念，大幅な気象変動によって，予期しない生育をたどった場合の対応技術，本施肥法による生育パターンの特徴，食味に対する懸念等がある．したがって，ここでは，上記のことがらを十分考慮し，稲作として経営的に成立する目標収量水準を明確にし，そのための窒素吸収パターンを策定し，それに誘導するため，水田の窒素的地力と被覆肥料を活用した全量基肥施肥技術体系について述べることにする．

i) 全量基肥栽培における理想的窒素吸収パターンの策定（仮説）

水稲の窒素吸収パターンは，稲の栄養条件と乾物生産が加味されたものであり，しかも，環境条件が変動する中で，稲が順応してきた過程を集約した結果であり，生育診断指標として，きわめて信頼性の高い数値情報と考えられる．

そこで，全量基肥栽培における理想的窒素吸収パターンを想定してみた．

その場合，地域や品種別に過年度のデータ（作況収量，品質を考慮し，慣行栽培での理想的窒素吸収パターンと平年的かそれをやや下回る吸収パターンを策定）の中で，生育ステージを3段階（Ⅰ期：移植〜6/30，Ⅱ期：6/30〜穂揃期，Ⅲ期：穂揃期〜成熟期）に分け，目標収量（10a当たり玄米収量600kg，700kgの2水準），並びに，地力差（2段階）に応じて窒素吸収パターンを類型化した．

目標収量600kg水準の場合，地力の高い地帯は，ある程度初期生育を重視し，後期は地力に依存した吸収パターン（Ⅰ）とし，地力の低い地帯は，初期生育をセーブし，後期を重視した吸収パターン（Ⅱ）を策定した．さらに，目標収量が700kg水準の場合は，本施肥技術が目指している収量水準よりかなり高いが，取りあえず，地力の高い地帯に適応し，Ⅰ期は，平年的かやや下回る吸収パターンにセーブし，Ⅱ期の穂揃期にかけて理想的窒素吸収パターンに到達し，Ⅲ期はそのまま維持する窒素吸収パターン（Ⅲ）を策定した（図5.16）．当然，この最適窒素要求量

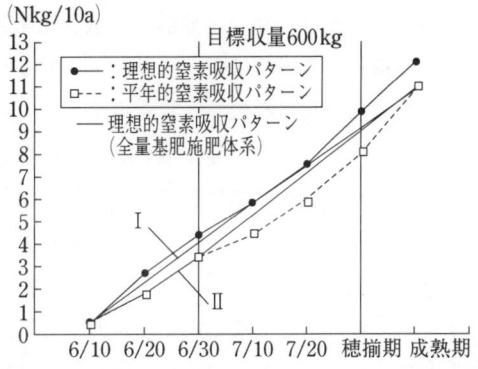

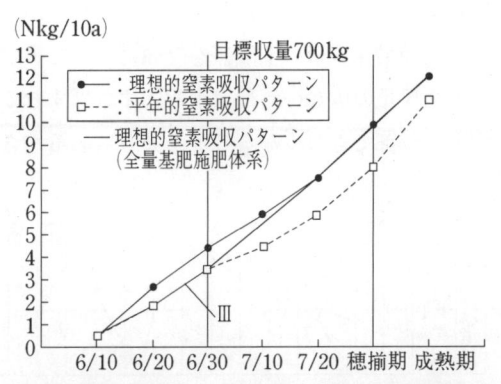

Ⅰ：地力の高い地帯，初期生育を重視，後期を地力に依存する吸収パターン
Ⅱ：地力の低い地帯，初期生育をセーブ，後期を重視した吸収パターン
Ⅲ：地力の高い地帯，6/30まではセーブ，その後穂揃期にかけて理想的吸収パターンに到達し，穂揃期以後そのまま維持する吸収パターン

図5.16 全量基肥栽培における理想的窒素吸収パターン（仮説）

を，土壌窒素の発現予測と施肥窒素（被覆肥料）の溶出パターンを組み合わせ，利用率を考慮すれば，全量基肥施肥技術体系が成立するはずである．

ii) 土壌窒素の発現予測技術

前述したように，水田土壌の窒素無機化機構を考える場合，速やかに無機化する画分（N_{0q}）と緩やかに無機化する画分（N_{0s}）に分けることにし，その合量を水田土壌の持つ可分解性有機態窒素量（N_0）と考えた．つまり，速やかに無機化する画分は乾土効果，緩やかに無機化する画分は温度上昇効果による窒素無機化量の根源と考えることができる．

ところで，普及現場で施肥量を決定する場合は，当該年の土壌窒素無機化量，とりわけ生育初期に発現する乾土効果由来の土壌窒素無機化量を考慮することが重要である．これまで，山形県では，乾土効果発現量の予測情報を普及現場に提供しているが，乾土効果発現量は図5.17に示したように，きわめて年次変動の大きいことが明らかである．当然，それに対応し，初期生育が変動することになる．つまり，当初かかげた生育および窒素吸収パターンの指標値と微妙にかけはなれることになる．そのため，基肥量は，その土壌の乾土効果発現量の上限値を念頭において設定することが重要である．土壌窒素発現量の少ない年は追肥対応すればすむことであり，生育が過剰になりすぎて制御できなくなることを最も戒めるべきである．

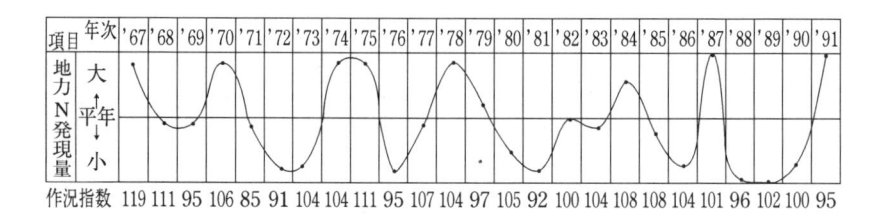

項目	年次	'67	'68	'69	'70	'71	'72	'73	'74	'75	'76	'77	'78	'79	'80	'81	'82	'83	'84	'85	'86	'87	'88	'89	'90	'91
地力N発現量	大↑平年↓小																									
作況指数		119	111	95	106	85	91	104	104	111	95	107	104	97	105	92	100	104	108	108	104	101	96	102	100	95

図5.17 乾土効果による土壌窒素発現量の年次変化（山形県庄内地域）

iii) 被覆肥料の溶出パターン特性

被覆肥料の技術開発が進み，適度な温度依存性をもち，しかもさまざまな溶出パターンをもつ肥料が開発された．

2. 水稲の省力・環境保全的施肥管理

従来，水稲の収量は，土壌の素質（主に窒素肥よく度）によって支配される傾向が強かった．しかし，被覆肥料の出現は，地力の低い土壌（養分保持力が小さく，生育後期の窒素供給も低く秋落ちする土壌）でも，地力の高い土壌に変身できる期待を抱かせるものであった．つまり，土壌の持つ地力と施肥が一体化して，目標とする土壌の窒素肥よく条件を作りうる可能性をもたらした点で，画期的な肥料[1]と考えられる．

ここでは，数種の被覆肥料を供試し，圃場埋設法による溶出パターンを図5.18に示した．

iv) 被覆肥料の窒素吸収特性

全量基肥栽培体系を確立するため，枠試験（1.05 m × 4.02 m，3連）において，^{15}N を利用して被覆肥料の窒素吸収特性を解明した．試験条件として，下記に示したように，被覆尿素100日タイ

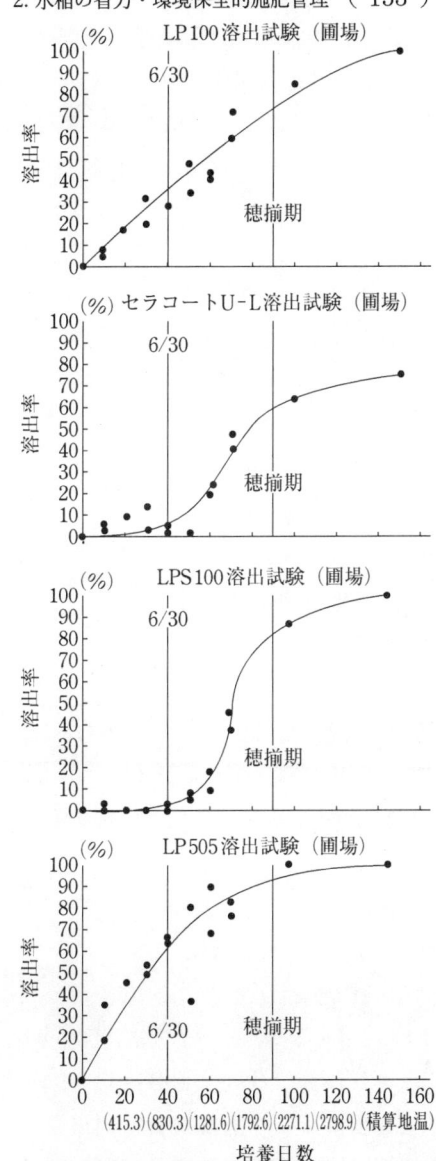

図 5.18 各種被覆肥料の溶出パターン（圃場埋設法）（注）LP505はブレンド肥料（15-20-15）で，LP100のN 10.8%を含む

プの全量基肥区（LP100区）と慣行施肥区（基肥＋追肥体系）で検討した.

  LP100区 ：LP100 7 kgN/10 aの全量施肥

        （^{15}NLP100：T-N 40 %, ^{15}N atom % 3.02 %）

  慣行施肥区 ：硫安で5 kg N/10 a（基肥），追肥1.5 kg/10 aを2回

        （−20日，−10日）

        （^{15}N硫安：T-N 21 %, ^{15}N atom % 3.00 %）

各区の由来別窒素吸収経過を図5.19に示したように，LP100区は慣行施肥区に比較して，6月末頃までは少なく経過する.しかし，生育中期は逆転し，穂揃期から成熟期にかけては，ほぼ同程度に推移した.つまり，幼形期の7/15には，LP区と慣行区の窒素吸収量がほぼ同等となり，慣行区がその後2回の穂肥を行い，成熟期には12 kg/10 a程度の吸収量を得ているのに対して，LP区はLP100を基肥として7 kg/10 a施用することで，十分慣行区の基肥＋穂肥体系（Nとして10 a当たり5 kg+1.5 kg，1.5 kgの計8 kg）に匹敵する窒素吸収経過を示した.

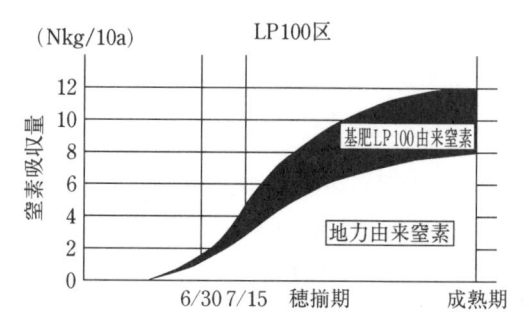

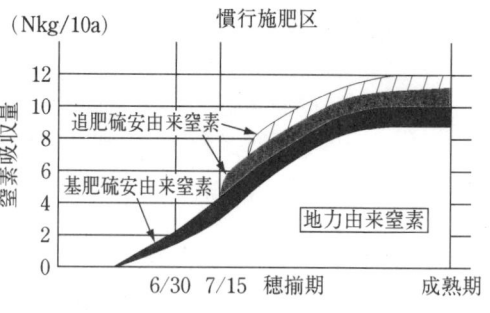

図5.19 由来別窒素吸収経過

v）施肥窒素および土壌窒素の利用率

施肥窒素（被覆尿素，硫安）の利用率は図5.20に示した．それによると，基肥硫安窒素の利用率は，6月末頃にピークに達し，32.8 %であった．一方，基肥被覆尿素100窒素の利用率は，基肥硫安に比較して，7月中旬までは

低く経過するが,それ以降逆転し,穂揃期以降まで緩やかに上昇し,最終的に61.5％に達した.なお,追肥硫安の利用率は,−20日,−10日ともほぼ50％強であった.この基肥硫安および追肥硫安の利用率は,東北地域における既往の結果[11]とほぼ同

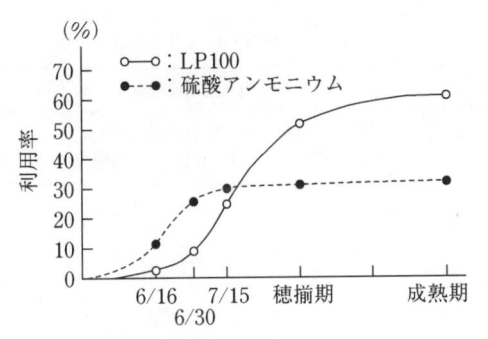

図5.20 基肥施肥窒素（被覆尿素,硫安）の利用率

表5.12 土壌窒素と施肥窒素の利用率

土壌窒素	施肥窒素
乾土効果由来の無機化量（移植〜6月末）‥‥30％ 地温上昇効果由来の無機化量（7月以降）‥‥60％ 下層土からの無機化量（7月以降）‥‥30％	速効性窒素‥‥30％ 緩効性窒素‥‥60％

様であった.したがって,基肥被覆尿素LP100窒素の利用率（61.5％）は,きわめて高い値と考えられる.

なお,土壌窒素の利用率を特定することは難しいが,施肥窒素の利用率を基に,土壌窒素の発現時期や根域等を総合的に考慮し,土壌窒素と施肥窒素の利用率を表5.12に示した範囲で考えることにした.

ⅵ）全量基肥施肥体系の組立

全量基肥栽培における施肥設計樹立にあたって,最適窒素保有量を確保するため,水稲の生育ステージを2段階（Ⅰ期：移植〜6/30,Ⅱ期：6/30〜成熟期）に分けて考えた.生育ステージⅠ期は,土壌窒素発現量として,春先の圃場乾燥実態に応じて土壌窒素無機化量を推定し,利用率を考慮することにより吸収窒素量を推定し,不足する窒素量を速効性窒素で充足することにした.Ⅱ期は,土壌窒素発現量として,地温上昇効果による発現量と下層土からの発現量,並びにそれぞれの利用率を考慮することにより,吸収窒素量を推定し,不足する窒素量を緩効性被覆肥料で充足することにした.

第5章 窒素負荷を軽減する新施肥法

表5.13 全量基肥栽培技術における施肥体系

目標収量 (kg/10a)	地力	時期別窒素吸収量 (N kg/10a)				吸収パターン	施肥体系 (kg/10a)
		移植~6/30	6/30~穂揃	穂揃~成熟	計		
600	低	3.5	5.5	2.0	11.0	II	速効性+Sタイプ (2~3) (6) ブレンド肥料 追肥 (8) (対応)
	高	4.0	6.0	2.0	12.0	I	ブレンド肥料 (6)
700	高	3.5	6.5	3.5	13.5	III	速効性+Sタイプ (2~3) (5~6)

(注) ブレンド肥料：LP505, セラコート UCK-LM555 など, Sタイプ：LPS100 など

以上のことから，収量水準と地力差別に，全量基肥栽培技術における窒素吸収パターンを類型化し，施肥体系を提示した（表5.13）．

2) 全量基肥栽培体系の実証試験結果と経営的評価

i) 土壌の地力条件と全量基肥施肥体系の実証試験

実証試験として，山形農試内にある地力の高い滝山土壌と地力の低い農試土壌を供試し，目標収量を10a当たり600kgに設定し，被覆肥料を用いた全量基肥栽培区を設置した．つまり，両土壌において，目標収量600kgの窒素吸収パターンを示しながら，過年度の無窒素区の窒素吸収実績を考慮し，その差を施肥窒素で補充する考え方を図5.21に示した．すなわち，図中の斜線の部分を施肥窒素からの吸収量でまかなうことができれば，地力の高い土壌でも低い土壌でも，600kgの収量が確保されることになると考えた．

これまで，ややもすると，従来の肥料試験では，収量結果に対する解析が主であった．しかし，本試験では，目標収量を600kg/10aに設定し，目標収量が達成できるよう試験設計を重視した．その結果，全量基肥施肥区の収量性は図5.22に示したように，地力の高い滝山土壌と地力の低い農試土壌とも慣行施肥区より増収し，各区とも安定して目標とする600kg/10a以上の収量が確保された．

2. 水稲の省力・環境保全的施肥管理

窒素吸収パターンⅠ
地力の高い土壌（滝山）

窒素吸収パターンⅡ
地力の低い土壌（農試）

斜線部分を施肥窒素からの吸収量でまかなえば理想的吸収パターンとなる

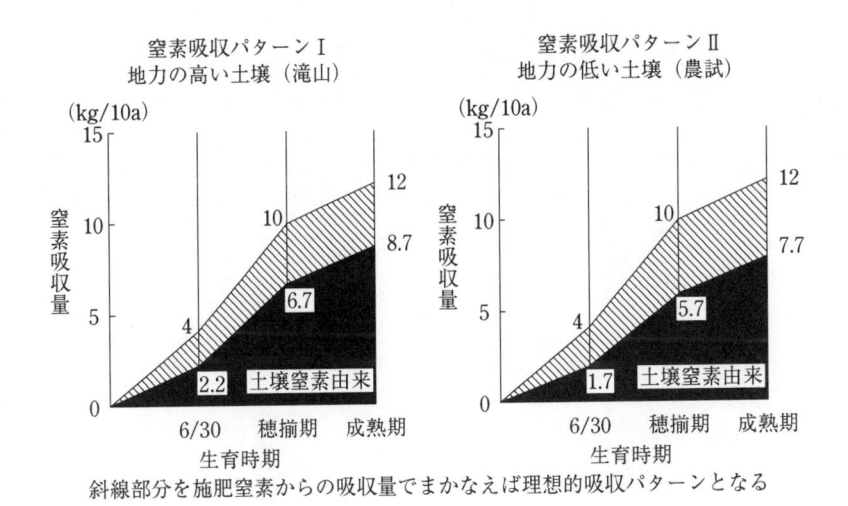

図 5.21　土壌の窒素肥よく性と理想的窒素吸収パターン（目標収量：10 a 当たり玄米 600 kg）

土壌	区名	窒素施肥体系 (kg/10a)					収量調査 (kg/10a)
		基肥	活着期	-20日	-10日	計	
滝山	LPS区	2+4	−	−	−	6	(629)
	LP505区	6	−	−	−	6	(629)
	セラコート区	6	−	−	−	6	(659)
	標準施肥区	4	2	1.5	1.5	9	(618)
	無窒素区	−	−	−	−	−	(451)
農試	LPS区	2+6	−	−	−	8	(601)
	LP505区	8	−	−	−	8	(612)
	セラコート区	8	−	−	−	8	(617)
	標準施肥区	4	2	1.5	1.5	9	(560)
	無窒素区	−	−	−	−	−	(365)

（注）滝山土壌：地力の高い土壌　　農試土壌：地力の低い土壌
　　　耕種概要：ササニシキ，稚苗手植え（1990年　5/16移植），4本/株，22.2株/m^2

図 5.22　全量基肥施肥区の収量性

地力の高い滝山土壌では，水稲生育中期以降に無機化する土壌窒素量が多く，施肥窒素量も当然少なくてすむとともに，施肥の溶出タイプも，速効性と緩効性の割合が 3：7 程度のブレンド品（セラコート UCK‐LM555，LP505 等）が適当で，10 a 当たり 6 kg 程度が適正窒素量と考えられた．一

第5章 窒素負荷を軽減する新施肥法

方,地力の低い農試土壌では,初期生育(6/30までの窒素吸収量)を確保するための速効性の化成肥料とともに,生育後期の窒素吸収量のかなりの部分を施肥に依存する必要があり,この場合は,速効性の化成肥料とシグモイド

表5.14 全量基肥施肥区の収量性 (1990年)

普及所 (担当農家)	土壌型	区名	施肥量 (N kg/10 a)					玄米収量 kg/10 a	品質	倒伏 程度
			基肥	活着	穂肥*		計			
山形 (伊藤徹雄)	細粒強グライ土	LP	6.0				6.0	595	1	0
		慣行	3.0	1.2	1.4	0.6	6.2	570	2	0
村山 (髙嶋健二)	細粒グライ土	LP	6.0				6.0	592	1	0
		慣行	4.6		1.5	0.8	6.9	609	1	1~2
新庄 (渡辺留吉)	多湿黒ボク土	LP	6.6				6.6	622	1	0
		慣行	4.0	1.0	1.0	1.0, 1.0	8.0	690	1	2
置賜 (斉藤隆)	細粒強グライ土	LP	6.0	1.0			7.0	578	1	2
		慣行	4.0	1.0	1.5	1.0	7.5	571	1	2
鶴岡 (五十嵐一雄)	礫質中粗粒灰色低地土	LP	7.0				7.0	557	1	0
		慣行	4.0	2.0	1.0, 1.0	1.0	9.0	592	1	0

(注) LP:LP100と速効性肥料(7-28-12)のブレンドで,Nの70%がLP.窒素,リン酸,カリとも成分でそれぞれ15%,20%,15%である.
*穂肥は慣行区で施用しており,時期をずらして2~3回施用.

(1990年)

普及所 (担当農家)	土壌型	区名	施肥量 (N kg/10 a)					玄米収量 kg/10 a	品質	倒伏 程度
			基肥	活着	穂肥*		計			
山形 (有海賢二)	細粒灰色低地土	セラコート	6.0				6.0	584	2	0
		慣行	1.0	3.4(側条)		2.8	7.2	568	2	0
尾花沢 (三浦清孝)	細粒グライ土	セラコート	6.0				6.0	617	1	0
		慣行	2.7	1.0	1.1		4.8	622	1	0
置賜 (農事法人竹田)	礫質中粗粒灰色低地土	セラコート	6.0		1.3		7.3	667	1	1
		慣行	3.0	1.0	1.0, 1.0	1.0	7.0	639	1	1
長井 (高橋邦典)	細粒強グライ土	セラコート	6.0				6.0	671	1	0
		慣行	3.5	1.4	1.2		6.1	643	1	0
鶴岡 (五十嵐一雄)	礫質中粗粒灰色低地土	セラコート	7.0				7.0	622	1	0
		慣行	5.0	1.0	1.0, 1.0	1.0	9.0	623	1	0

(注) セラコート:尿素とNK化成を被覆した肥料であり,Nの70%が溶出の違うタイプ(MとL)をブレンドした.30%が速効性窒素で,窒素,リン酸,カリの成分はそれぞれ15%.
*穂肥は慣行区で施用しており,時期をずらして2~3回施用.

2. 水稲の省力・環境保全的施肥管理

(1992年)

普及所 品種	土壌型	区名	施肥量 (N kg/10a)				玄米収量 (同比) (kg/10a)	倒伏 程度	成熟期 (全体) 窒素吸収量 (Nkg/10a)
			基肥	活着期	穂肥	計			
山形 ササニシキ	細粒強グ ライ土	慣行 セラコート LP505	4.0 5.0 5.0	1.5	1.5	7.0 5.0 5.0	587 (100) 595 (101) 597 (102)	2 3 3	12.4 13.6 14.1
ササニシキ	細粒グラ イ土	慣行 LPS100	3.0 3.0 + 3.0 (S)*		3.0	6.0 6.0	618 (100) 598 (97)	0 0	12.3 12.5
村山 はえぬき	中粗粒グ ライ土	慣行 LPS100	3.9 3.9 + 4.0 (S)*	2.0	2.0	7.9 7.9	580 (100) 646 (111)	0〜1 1	14.5 15.0
新庄 はなの舞	礫質灰色 低地土	慣行 セラコート	5.9 (側条) 6.9 (側条)		2.0	7.9 6.9	535 (100) 490 (92)	0 0	9.4 8.9
置賜 ササニシキ	灰色低地 土	慣行 LP505	2.4 (側条) 6.0		2.1 3.2	7.7 6.0	552 (100) 578 (105)	0 0〜2	12.7 12.2
長井 ササニシキ	細粒強グ ライ土	慣行 セラコート	3.4 5.0	1.0 1.7 (速効N)	0.7 0.7	5.8 6.7	594 (100) 605 (102)	0 0	11.9 11.1
鶴岡 はえぬき	礫質灰色 低地土	慣行 セラコート LP505	5.8 9.0 9.0	1.5	1.5 2.0	10.8 9.0 9.0	606 (100) 662 (109) 675 (111)	0 0 0	15.3 14.2 15.0
ササニシキ	礫質灰色 低地土	慣行 セラコート LP505	3.0 6.0 6.0	1.0	1.5 1.4	5.5 7.4 6.0	550 (100) 538 (98) 586 (107)	0 3 2	12.1 11.0 13.2
藤島 ササニシキ	中粗粒灰 褐色低地 土	慣行 セラコート	1.5 + 2.7 (側条) 5.7 (側条)		0.7 1.8 1.3	6.7 7.0	605 (100) 661 (109)	0 0	12.3 12.2
酒田 ササニシキ	細粒強グ ライ土	慣行 セラコート	5.1 6.5		6.0 (LP70) 11.1 1.5 8.0		639 (100) 614 (96)	2 1	15.0 14.5

* (S) は LPS100 の N, その場合に全層に併用した基肥は速効性を示す.

の肥効を示す緩効性被覆肥料をブレンドし，10a当たり8kg程度を施肥することにより，目標収量を確保する施肥体系となり，実証試験を通して確認した.

ii) 全量基肥栽培体系の現地実証試験

現地実証試験 (1990〜1992年) として，山形県内普及センターにおいて，一筆圃場 (10a以上) を供試し，LP505ならびに，セラコートUCK-

LM555による全量基肥施肥試験を実施した．水稲品種は，1990〜1991年は，ササニシキを主体とし，1992年は，担当農家に品種選定を一任した．試験設計は，現地圃場の窒素肥よく度を調査し，全量基肥量をあらかじめ設定し，慣行施肥区を対照として検討した．その結果，全量基肥施肥区の収量性を表5.14に示した．それによると，各地でほぼ慣行施肥区に匹敵する収量性が確認された．

なお，著者が現地試験を継続した結果，全量基肥栽培体系における水管理を考える場合，深水管理が実に相性がよく推奨したい技術と考えている．ここでいう深水管理は，生育前期深水を指しており，時期的には，活着後から有効茎決定期までの生育前期に限定し，水深はほぼ水稲の葉齢と同一cmを確保すること．有効茎がほぼ確保されたら必ず中干し（土壌条件により中干しの程度を加減する）を行い，その後は，水稲根を酸化的に維持するため，間断灌水（実際には表面水がなくなったら2〜3日程度干し，灌水する）を原則とする．そして，特に重要なことは，葉色が薄く栄養的に不足している稲に，深水管理をすると，想定した傾向とは逆に茎が太くならず徒長する傾向があるため，深水管理を行う前提条件は，ある一定の葉色を維持し栄養的にも恵まれた状態で行うことが必要である．その結果，遅発分げつを抑制し，茎が太く，しかも揃いの良い充実した茎になり，それが穂重感を増し，登熟歩合の高い多収稲につながることを経験してきた．したがって，全量基肥施肥技術と前期深水管理は，セット技術として導入すべきであり，とくに側条施肥による全量基肥施肥技術では，まさに前期深水管理は必須技術と考えている．

さらに，全量施肥区の水稲の生育パターンは，従来より初期生育をセーブし，有効茎歩合が高く，穂重感のある稲になっており，栽培農家がそうした稲作りに馴れてもらうことが重要と考えている．また，大幅な気象変動によっては，予期しない生育をたどることも想定されるので，従来の生育診断技術等（特に過剰生育で倒伏が懸念される場合はスマレクト処理等を考慮する）をも併用しながら，必要な対応策を準備しておくことが重要である．

iii) 全量基肥栽培と品質・食味の関係

これまでの試験結果では，全量基肥の施肥量が多すぎ過剰生育になった場合は，品質・食味にとって問題であるが，適正な生育量を確保し，生育期間を通して安定して窒素供給が行われる全量基肥栽培は，従来の追肥重点栽培に比較して，一方的に玄米の粗タンパク含量が高まることはなかった．

著者は，最近の食味と粗タンパク含量の関係について，あまりにも過敏に反応しすぎているのではないかと憂慮している．これまで，米の食味と粗タンパク含量の間には，負の関係が認められている．そのことを否定する気は毛頭ない．その年の気象に逆らって，登熟が全うできないような高窒素条件では当然米の粗タンパク含量は高まり食味は落ちる．要は，その品種の特性を重視し，その年の気象条件に調和し，適正栄養条件下で登熟が完全に全うできれば，食味の良い米が生産されると考えるべきではないだろうか．全量基肥栽培は，従来の慣行栽培に比較してより後期栄養が良好に維持されることが特徴的であり，品質・食味にとっても好影響を与えるものと考えている．

iv) 土作り対策と窒素以外の施肥法

全量基肥栽培は，これまで以上に地力活用型の稲作りと考えている．これまでも指摘してきたように，窒素的地力は，土壌によって違うものの，溶出速度や溶出パターンをコントロールできる被覆肥料が地力代替的に作用し，地力と一体となって，水稲が必要な時期に必要な窒素量を供給することを可能にした．したがって，今後とも，水田の窒素肥よく度を高めるための土壌管理（有機物の連年施用）を徹底するとともに，土壌改良（ケイ酸質資材の投入や根圏耕土層の改善）も従来どうり重視することにかわりはない．また，窒素以外のリン酸やカリについても水稲の吸収量に見合う分は補給すべきであり，高度化成をコーテイングした被覆肥料で十分対応が可能と考えている．

以上述べてきたように，全量基肥栽培を可能にしたポイントは，目標とする窒素吸収パターンをシミュレートできるようになったことによる．つまり，それに誘導するための要因解析（緩効性被覆肥料の溶出パターン，土壌窒素の無機化パターン，水稲による利用率）を進めた結果，施肥設計プログ

ラミングを可能にしてきた．

　全量基肥栽培の成否は，前述したように，経営的に成立つ目標収量水準の明確化と，対象農家に，本施肥技術のセールスポイントとして，地力の高い土壌でも，低い土壌でも，安定して600 kg程度の高品質米が確保される施肥メニューの一つであることを理解してもらうことと考えている．なお，全量基肥栽培は，肥効調節型肥料を主体にした施肥技術であり，栽培技術体系の変革をもたらすとともに，今後，接触施肥技術[12]へと発展し，水稲栽培のみならず，園芸作物への応用等，環境問題に配慮した施肥体系[13]へ着実に進展していくものと思われる．

2.3.3 育苗箱全量基肥施肥技術の確立

　著者が，シグモイドの肥効を示す被覆尿素（以下S型被覆尿素とする）を初めて知ったのは昭和57年頃だったと思う．その時，"これだ"と直感した．その当時，緩効性肥料が脚光を浴びており，作物の生長に合わせて緩やかに溶出する被覆肥料が登場し，それを用いて数多くの実用化技術が普及した．確かに，作物の生育期間を通して徐々に溶出する被覆肥料は今でも大いに注目に値するが，施肥後ある一定期間，溶出が完全に押えられ，その後溶出し始めるシグモイド型の出現は，頭をカナヅチでガツーンと叩かれたような強烈な印象を受けた．それまで，肥料はすぐ水に溶けるのが当たり前の時代に，溶けない肥料，正に逆転の発想を感じた．

　これまで，水稲の施肥技術を新たに体系化しようとする場合，土壌の持つ窒素肥よく度を知ることから始めるが，水田土壌の多くは，水稲生育中後期に発現する土壌窒素が少ない，いわゆる地力の低い土壌の多いのが一般的である．そのため，従来から，有機物施用による土づくりや，きめ細かな追肥技術を駆使してきた．S型被覆尿素はこうした役割を担う能力を十分持ち合わせていると考えた．つまり，地力の低い土壌を地力の高い土壌に変身させることができるかもしれないと意を強くした．

　ここでは，こうした優れた機能を持つS型被覆尿素の用途拡大として，育苗箱内に本田で必要とする肥料を施用し，移植するだけですむ育苗箱全量基肥施肥技術について紹介する．

1) 育苗箱全量基肥施肥法とは

これまで，育苗の施肥は，基肥として箱当たり窒素，リン酸，カリをそれぞれ2g程度，追肥として窒素を1g（場合によっては2回）施用することが一般的であった．成分として箱当たり2gということは，床土（床土と覆土を含む）を4kgと仮定して計算すれば，10a（10cm深で100,000kgの土量）当たり50kgの成分量に相当する．これはかなりの量である．これを速効性肥料で施用するわけで，常に濃度障害に気を使うことは当然で，育苗の失敗は取り返しのつかないものであり，許されるものではなく，慎重に慎重を期して苗作りを行ってきた．

今回紹介する育苗箱全量基肥施肥法は，育苗箱内に，育苗時の基肥と追肥はもちろん，本田での肥料もすべて育苗箱に入れておいて育苗し，それを移植する方式である．

具体的には，育苗時に，箱当たりN成分で1g（従来の速効性肥料でスターターの役割）＋S型被覆尿素をN成分で300g（S型被覆尿素のN成分は40％のため現物量で750g）加えることにより，育苗時の追肥が省略でき，N濃度の高い，しかも肥料を根が包み込んだ状態で健苗が得られる．また，移植することによりS型被覆尿素が6月中旬頃から溶出し始め，施肥効率もきわめて高いことから，本田の施肥も省略できる施肥技術である．この方式で10a当たり箱数を23箱使用すれば，本田には10a当たりN成分で6.9kgが入る計算になる．

2) シグモイドの肥効を示すS型被覆尿素でなければ育苗箱全量基肥施肥技術は成立しない

S型被覆尿素を箱当たりN成分で300g，現物で750g入る様子を示したのが口絵写真3である．そして，肥料と床土を混合し播種前の状態を示したのが口絵写真4である．このように，従来では考えられなかった量の肥料が施用される本施肥技術では，まず育苗期間に窒素が徐々にでも一定量以上が溶出すれば完全にアウトである．S型被覆尿素100は理論的には，施用後約30日は溶出が極小で，その後70日間で溶出することになっている．この施用後30日の溶出を完全にコントロール出来て初めて本技術が成立するもの

であり生命線でもある．S型被覆尿素に対する品質管理の重要性が求められる由縁である．ただし，その期間まったく溶出しないような品質管理を求めているわけではない．そこには，ある許容範囲があって当然である．それはほぼ2〜3％程度以内の溶出量と考えられる．この溶出量のおかげで育苗中の追肥省略と高N濃度の苗が得られる点も理解すべきである．

なお，育苗時の条件（とくに温度条件）は様々であるが，通常の出芽温度（無加温や32℃で2日間程度の出芽）やその後のハウス等での育苗管理でS型被覆尿素の溶出量が大きく変動することはなかった．また，秋田農試の金田らは，ハウス内でさらにビニール被覆を行い，過酷な条件で育苗試験を行った中でも育苗に問題が生じなかった．S型被覆尿素でなければこの技術が成り立たない証である．

また，本施肥技術では供試品種による施肥量の加減が必要であり，育苗プラントを利用することが普及条件と考えられる．プラントを改良するには，3 kg 程度の床土が入った育苗箱に入水・播種・覆土する工程で覆土の前に肥料ホッパーを新たに設置することで，品種毎に施肥量の調整も可能になる．金田ら[6]は，床土・種籾・施肥・覆土を層状にすることにより，より一層根が肥料を包み込み，マット形成も問題ないことを実証している．口絵写真5には，本施肥技術で育苗した移植直前の苗を示した．根がS型被覆尿素を包こんでいる状態を示しており，健苗が育っている．

なお，若干余談になるが，育苗箱にS型被覆尿素を床土代わりにつめ，それに播種し，覆土だけ土を用いて育苗した．結果は，水分不足のため出芽・苗立ちが不揃いになったものの，肥料による濃度障害は認められなかった．したがって，箱に施用できるS型被覆尿素の限界は，出芽のための水分保水力に規制されることになり，現物量で1,000 g以内と考えられる．したがって，本田に持ち込まれる施肥量を考慮すると，S型被覆尿素のN成分は現在の40％程度が適当で，少なくとも30％以上のN成分は必要と考えられる．

3）S型被覆尿素を用いた育苗箱全量基肥施肥技術の実証試験

i ）育苗箱全量基肥施肥技術で580 kg は穫れる

表5.15に山形農試の成績を示した．育苗時に，箱当たりN成分で1 g（速

2. 水稲の省力・環境保全的施肥管理

表5.15 育苗箱全量基肥試験の収量性

(cm, 本/m², kg/10a)

区名	6/16 草丈	6/16 茎数	6/29 草丈	6/29 茎数	7/9 草丈	7/9 茎数	成熟期 稈長	成熟期 穂長	成熟期 穂数	成熟期 収量
1 慣行区	30.0	386	41.6	554	49.6	593	66.3	16.6	541	626
2 LPS A区	25.7	214	35.9	340	44.9	499	67.0	16.2	495	552
3 LPS B区	24.7	147	32.6	389	41.8	526	70.6	18.0	435	583

(注) 慣行区の施肥体系は，N成分で6(基肥)＋2(幼穂形成期) kg/10a
LPS区はN成分で育苗時に300g/箱，10a当りに換算したN施肥量は6.3kg/10a
慣行区，LPSA区は平成5年 LPSB区は平成4年のデータ
品種：はえぬき(山形県の夢のコメで耐肥性の強い品種である)

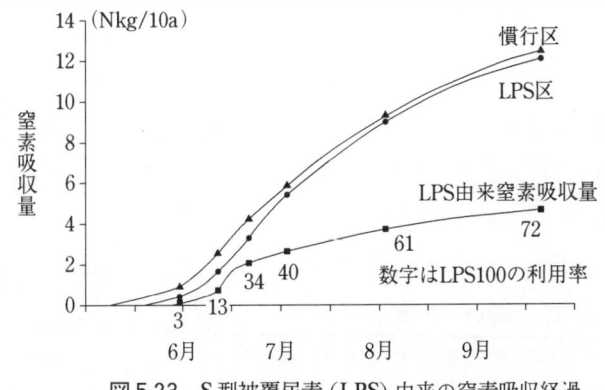

図5.23 S型被覆尿素(LPS)由来の窒素吸収経過

効性肥料)＋300g(S型被覆尿素100日タイプ)という箱施肥のみで, 550〜580kg/10aの玄米収量が得られる．この場合, 10a当たりの苗箱数は23箱前後で, 肥料は窒素だけである．水田の多くはこのように窒素肥料だけでもある程度の収量は確保できるものである．

また, 慣行栽培と箱施肥で栽培した場合の稲体窒素吸収量, および重窒素S型被覆尿素を用い, その窒素吸収経過を示したのが図5.23である．

この結果, 箱施肥区は慣行区に比較して, 明らかに6月中は劣るものの, 7月に入ると葉色が濃くなり, 慣行区並に回復し, 成熟期の窒素吸収量は両区ともほとんど同じであった．なお, S型被覆尿素の利用率は, 6月中旬以降高くなり, 最終的には72％であった．一方, 秋田農試の金田ら[5]も図5.24

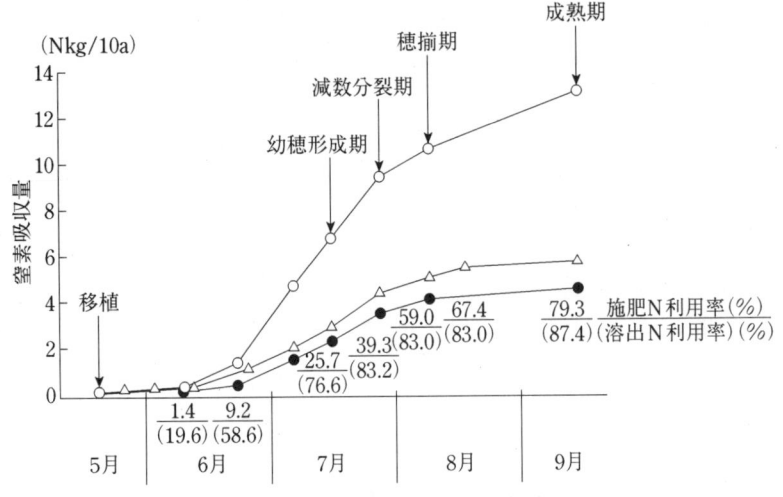

図5.24 育苗箱全量基肥施肥区における水稲の窒素吸収経過(金田,1992年)

グラフ中の数値:
- 移植(5月)
- 1.4 (19.6), 9.2 (58.6)(6月)
- 25.7 (76.6), 幼穂形成期
- 39.3 (83.2), 59.0 (83.0), 減数分裂期
- 67.4 (83.0), 穂揃期
- 79.3 (87.4) 施肥N利用率(%) (溶出N利用率)(%), 成熟期

○, 全N吸収量; △, 溶出N量; ●, 被覆尿素由来N吸収量
(S型被覆尿素N成分240g/箱, 品種:あきたこまち)

に示すように79.3％の利用率を得ており,溶出量に対する利用率は87.4％で,これらは驚異的な数値である.

ⅱ) **全層施肥と育苗箱施肥技術を組合せると600kg以上は穫れる**

S型被覆尿素を用いた箱施肥のみでは,どうしても従来の慣行栽培(全層施肥+追肥体系)に比較して,初期生育がやや劣る傾向がある.これは,シグモイドの肥効を持つ被覆尿素の肥効特性から当然と考えられる.したがっ

表5.16 全層施肥と育苗箱全量施肥技術を組合せた場合の収量性(1994年)

(cm, 本/m², kg/10a)

区名	6/16		6/30		7/11		成熟期			
	草丈	茎数	草丈	茎数	草丈	茎数	稈長	穂長	穂数	収量
全層施肥+LPS区	28.3	240	41.6	472	57.8	498	72.4	19.1	448	613

(注) LPS区はN成分で育苗時に300g/箱,10a当たりに換算したN施肥量は6.3kg/10a
他にN成分で2kg/10a(大豆化成5:15:20)を全層施肥
品種:はえぬき(山形県の夢のコメで耐肥性の強い品種である)

表5.17 育苗箱全量基肥施肥による水稲の収量および収量構成要素（金田，1994年）

区	基肥 (N kg/10a)	追肥 (N kg/10a)		稈長 (cm)	穂数 (本/m²)	玄米重 (kg/10a)	収量指数	総籾数 (×10³/m²)	登熟歩合 (%)	千粒重 (g)
		幼穂形成期	減数分裂期							
育苗箱全量施肥区	0 (持込み5.2)	0	0	84	474	624	105	35.2	82.8	21.5
全層施肥区	5.0	2.0	2.0	85	428	591	(100)	34.4	82.0	21.4

品種：あきたこまち　稲わら全量秋施用

て，慣行並に初期生育を確保したい場合は，表5.16に示したように，N成分で2 kg/10 aの全層施肥を組み合わせる方法がある．この場合は，同時にリン酸とカリも考慮するようにする（例として，窒素成分が低く，リン酸，カリ成分の高い大豆化成40 kg/10 aを用いた）．この結果，玄米収量は10 a当たり613 kgで慣行栽培以上の収量が得られ，土壌条件によっては十分多収技術になることも考えられる．

　なお，秋田農試では，表5.17に示したように，稲わらを施用したグライ土壌で苗箱施肥を行っており，慣行栽培では全層施肥した速効性の化成肥料が，稲わらの分解に伴い有機化され，利用率が低下し，穂肥（2 kg/10 aを2回）を施用したものの，591 kg/10 aの玄米収量にとどまっているのに対して，苗箱施肥では局所施肥のため，稲わらに接触する割合が少なく，施肥効率も高いことから624 kg/10 aの収量を得ており，地力が高く初期生育も十分確保されるグライ土壌等では，苗箱施肥のみで十分多収技術につながることを実証している．

　iii）側条施肥技術と育苗箱施肥技術の併用による全量基肥栽培

　育苗箱施肥技術は，シグモイドの肥効を持つ被覆肥料が前提になっており，前述したように慣行栽培（全層施肥＋追肥体系）に比較して，初期生育がやや劣る傾向がある．そこで，側条施肥田植機と育苗箱施肥技術を併用した．こうした全量基肥栽培はきわめて合理的な栽培方式と考えており，山形農試で行った試験結果を表5.18に示した．その結果，玄米収量は10 a当た

第5章 窒素負荷を軽減する新施肥法

表5.18 側条施肥田植機と育苗箱施肥技術を併用した全量基肥栽培

(N g/箱, kg/10 a)

区名	施肥条件（箱，本田）			生育(6/30)		成熟期		玄米 収量 (kg/10 a)
	育苗箱	本田基肥	本田追肥	草丈 (cm)	茎数 (本/m^2)	稈長 (cm)	穂数 (本/m^2)	
箱施肥区	1 g + 300 g			42.6	550	74.1	524	599
箱施肥＋側条区	1 g + 220 g	2 (側条)		43.9	674	74.0	581	697
慣行区	2.1 g のみ	6 (全層)	2	46.9	716	77.4	570	659

（注）箱施肥は，速効性育苗肥料1 g，シグモイド型NK 301：(30-0-10) 100日を使用した
慣行区は速効性肥料を使用

り697 kgで慣行栽培（659 kg）以上の収量が得られ，十分多収技術につながることを実証した．以上，三つの事例を紹介したが，要は，水田土壌の地力実態を十分把握するとともに，自分の経営戦略に応じて，導入技術を選択することが重要と考えている．

4）苗箱施肥技術の普及実態と今後の方向

従来の慣行栽培と育苗箱全量基肥栽培法の作業体系を図5.25に示した．

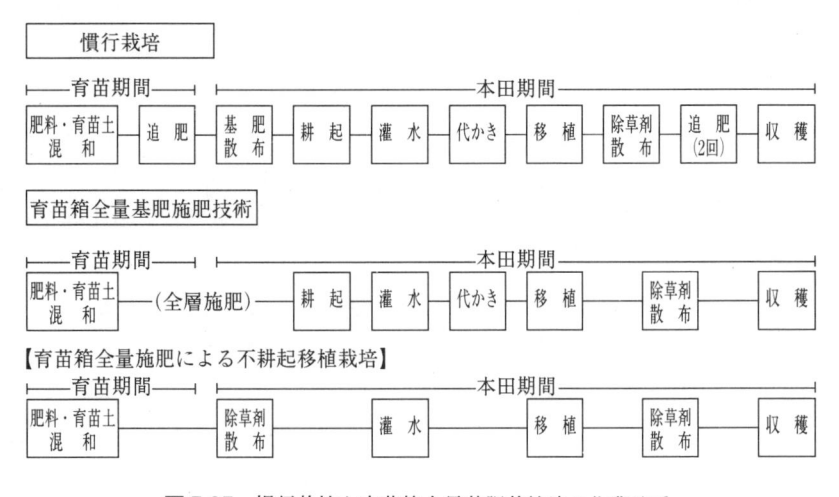

図5.25 慣行栽培と育苗箱全量基肥栽培法の作業体系

2. 水稲の省力・環境保全的施肥管理

表5.19 秋田県大潟村における苗箱施肥の普及状況（大潟 O-LISA 研究会）

年次	1993	1994	1995	1996	1997	1998	1999	2000
普及率%	0.1	2.3	3.7	8.0	14.5	19.7	27.8	35.7

それによれば，苗箱施肥は慣行栽培に比較して，作業的，コスト的にみても優れているとともに，肥料を根にからませて本田に移植するため，代かき水への肥料混入もなく，水稲による利用率が明らかに向上する等，環境保全的施肥技術として高く評価できる．

現在，苗箱施肥技術の普及状況は，全国的には，農家の疑心暗鬼が先に立ち，ゆるやかな伸びにとどまっている．しかし，先駆的地域である秋田県大潟村の普及状況をみると，年々，急激な伸びをみせ，平成12年度には35.7％の普及率に到達しており（表5.19），爆発的普及も夢でないように思われる．

ところで，著者らは，前述した全量基肥施肥技術や育苗箱全量基肥施肥技術を，ある意味では，"シンプル技術"と呼んでいる．つまり，技術の中身は，「さまざまな溶出特性を持つ被覆肥料をブレンドし，何kg施用すればいい」ということだけである．しかし，そこに到達するまでのプロセスは，稲の生育パターンの問題，土壌窒素の問題，吸収シュミレーションの問題など，基礎的な解析があり，実証試験を経て成り立ってきた．

農家がこの技術を取り入れようとする場合，必ず不安を感じると思う．とにかく慣れてもらうことが重要と考えている．そして，自分の経営の中でこの技術が必要かどうか検討して欲しい．複合経営農家の中で稲作技術をより省力化して，余裕が出来た労力を他の部門に振り向けたい．稲作の大規模経営を目指したい．兼業で労力のない農家等には，この技術は必ずや受け入れられるものと確信している．一方，篤農的な技術で稲作を追求しようとする農家には，この技術は必要ないかもしれない．稲作への思い入れが多様化している時代には，施肥技術はメニュー方式にならざるを得ない．農業試験場でいろいろなメニューを提示し，それを農家が自分の経営の中で選択する．全量基肥技術や育苗箱全量基肥技術は，そのメニューの中に含まれるもので

ある．

　さらに，付け加えれば，従来の肥料のやり方を変えるだけではインパクトが足りない．肥料のやり方を変えることで，作業体系も大きく変わっていくものに位置づけられれば，農家が望んでいる形に発展していく可能性があろう．育苗箱全量基肥施肥技術に不耕起栽培を組み合わせる方式も，その表れといえる．肥料のやり方だけでなく，農家経営のおかれている背景をつねに総合的に判断し，望ましい施肥技術を確立すべき時代と考える．その際には，従来の施肥技術を十分に評価し，新しい技術を開拓しながら，農業全体を環境保全的な方向にシフトしていくことが重要と考えている．

おわりに

　今後の農業の発展方向は，現代農業（化学的集約農業）の欠陥を是正し，生物・生態学的視点を重視した生態系調和型農業を目指すべきと考えて間違いない．これまでも作物が本質的に持っている CO_2，O_2 のガス交換等，農業の持つ環境修復機能を強調したが，一方で，有限な石油エネルギーや鉱物資源をやみくもに使う時代ではない．

　したがって，今後，ますます環境保全型農業を目指すことになるだろう．環境保全型農業とは，「適切な農業生産活動を通じて国土・環境保全に資するという観点から，農業の有する物質循環機能などを生かし，生産性の向上を図りつつ環境への負荷の軽減に配慮した持続的な農業」と定義されている．そのため，今後とも，従来の農業技術を正当に評価しつつ，技術や資材の開発，試験研究の成果を生かし，生産性の低下を招かないで，農業技術体系をより環境保全的なものにシフトさせていくことが重要である．こうした意味で，肥効調節型肥料による効率的施肥技術体系の確立が一層急務と考えている．

　本節では，水稲に対する環境保全的施肥技術として，全量基肥施肥技術と育苗箱施肥技術を中心に述べてきた．そこでは，土壌の窒素肥よく度を念頭におきながら，速効性の化学肥料と特徴ある被覆肥料を上手に併用して施肥体系を構築してきた．しかし，最近，一部ではあるが，化学肥料に対して，偏

見をいだき，敬遠する動きが見られる等，困惑することがあまりにも多い．基本的に，農業とは無機物を有機物に変換する産業であり，無機物である化学肥料は植物養分そのものである．適切な使用がなされれば非難をうける筋合いはまったくない．化学肥料が問題になるとすれば，土壌の持つ環境容量を超えて過剰に施用された場合，農業系外に流出することによる二次的な問題である．また，水田土壌では，さほど問題にならないが，畑土壌等では化学肥料のみを多量に連用すれば，当然，土壌の酸性化の問題や有機物の分解，土壌の有用微生物に対する影響も生じてくる．これも化学肥料の適正施用に努めれば問題は起こらない．むしろ化学肥料の無機態窒素が土壌中で有機化され，窒素的地力を高める事実を見逃してはならない．

したがって，作物による施肥効率を高めることが重要であり，そのための施肥技術を追求してきた．庄子ら[13]が提唱した接触施肥法（co-situs placement）は，種子と肥料，根と肥料が近接して施用できる施肥法であり，この接触施肥法こそ，今後の環境保全的施肥技術の主流になるものと確信している．育苗箱全量基肥施肥技術は，正に接触施肥法の最たるものであり，山形農試では，その他に，ネギの機械移植同時施肥法や，麦，大豆2作物一回施肥法を普及に移してきた．こうした技術がさらに発展すれば，当然，直播栽培での施肥播種同時作業や野菜，花き等育苗時の施肥技術に波及することは明らかである．従来の速効性の化成肥料では，この接触施肥技術は濃度障害の問題があり成立しない．肥効調節型肥料，とりわけシグモイドの肥効を示す被覆肥料がそのカギをにぎっているといえる．

また，一部に，化学肥料と有機農業の主役である有機物との間にも誤解した考え方があるように思う．いわゆる，有機物が善玉で化学肥料を悪玉とする短絡的な論争である．ここでは，解りやすくするため，窒素に絞ってみる．作物が吸収する窒素は主に無機態窒素（アンモニウム態窒素，硝酸態窒素）である．化学肥料は，直接的に関与し，有機物は微生物により分解され緩効的に無機態窒素に変化し作物に供給される．つまり，化学肥料と有機物から供給される窒素は，作物に吸収される形態は同じであるが，作用効果に時間的なズレがあること，そして，その異なった作用を最大限に発揮させ，補完

しあうことが生産性向上に結びつくものと考えている．

ここは，西尾のいう「土壌基礎体力は有機物，肥効調節は化学肥料，土壌生産力の持続は両者の適切な管理で」がわかりやすいように思われる．

いずれにしても，私たちはこれまで，有機物を中心とした土づくりの重要性とその意義を継続して訴えてきた．そして有機物の施用を強調してきた．その背景には収量が向上すればするほど，それに応じて土の地力を収奪することになる．地力の源は有機物である．したがって，化学肥料のみでは，わが国の農用地の地力はとうてい長期的，安定的に維持できないことになる．さらに，収量水準や農業技術の発展度合によって，土づくりや地力に対する考え方を変える必要がある．わが国のように，収量水準の高い農業状況下で，今後とも，安定して持続的農業を行うためには，有機物を中心とした土づくりと化学肥料の併用が前提にならざるを得ないのである．つまり，作物ごとに望ましい養分吸収パターンを明らかにし，それに見合った養分供給を化学肥料と有機物とが分担しあい，最大の収量を確保するとともに，持続的生産を保証するため，土壌肥よく度の増進に寄与し，一方で，農業系外へ流出する余分な養分を最小限に食い止めるような方策を講じることが環境保全型農業の本質的な問題であることを強調しておきたい．

〔上野　正夫〕

参考文献

1) 藤田利雄・前田正太郎・柴田　勝・高橋知剛（1989）：被覆肥料に関する研究（肥料の現状と将来）―21世紀を目指す肥料に関するシンポジウム―，講演集，p. 111-126.

2) Inubushi, K. and Wada, H. (1987): Easily Decomposable Organic Matter in Soils. Ⅶ Effect of Various Pretreatments on N- Mineralization in Submerged Soils. Soil Sci. Plant Nutr ; 33 (4), 567〜576.

3) 神保恵志郎・芳賀靜雄・吉田富雄・板垣賢一・吉田　浩・原田康信・東海林覚（1982）：水稲生育中期における窒素栄養と生育診断，予測に関する研究．山形農試研報 16, 79-90.

4) 甲斐秀昭（1978）：水田土壌中における窒素の形態変化と有効性．水田土壌学，講談社，p.229-243.
5) 金田吉弘・粟崎弘利・村井　隆（1994）：肥効調節型肥料を用いた育苗箱全量施肥による水稲不耕起移植栽培，土肥誌，65, 385-391.
6) 金田吉弘・粟崎弘利・村井　隆（1994）：肥効調節型肥料による育苗箱全量施肥法（第1報）肥効調節型肥料の層状施肥，東北農業研究，47, 115-116.
7) 北田敬宇（1990）：灰色低地土とグライ土水田についての速度論的解析法による土壌窒素の無機化予測，土肥誌，61, 241-247.
8) 北村秀教・今井克彦（1995）：肥効調節型肥料による施肥技術の新展開1 水稲の全量基肥施肥技術，土肥誌，66, 71-79.
9) 増島　博（1996）：水田の優れた機能と新たな活用戦略　水田の多面的な機能の活用と土地利用計画，土壌肥料学会シンポジウム講演要旨集，第42集，p.273-274.
10) 深山政治・岡部達雄（1984）：水稲の品種特性と最適窒素保有量，土肥誌，55, 1-8.
11) 庄子貞雄・前　忠彦（1984）：無機養分と水の移動，作物の生態生理，文永堂，p.97-121.
12) Shoji, S. and Ambrosio T. Gandeza (1991): Controlled Release Fertilizers with Polyolefin Resin Coating.
13) Shoji, S. (1999): MEISTER Controlled Release Fertilizers – Properties and Utilization – p.160.
14) Stanford, G. and Smith, S. J. (1972): Nitrogen Mineralization Potentials of Soils. Soil Sci. Soc. Am. Proc. 36, 465-472.
15) 谷藤雄二・東海林覚（1985）：水稲生育の逐次予測モデルの構築とその適用，山形農試研報，19, 1-22.
16) 武田敏明（1985）：福島県における水稲の生育診断，予測技術開発の現状と課題，土肥誌，56, 252-255.
17) 杉原　進・金野隆光・石井和夫（1986）：土壌中における有機態窒素無機化の反応速度論的解析法，農環研報，1, 127-166.

18) 丹野文雄（1988）：総合計量化方式によるコシヒカリ，ササニシキの生育予測と診断技術，土肥誌，59, 423-428.
19) 鳥山和伸（1996）：水田の優れた機能と新たな活用戦略．水田土壌の特性—生産力の持続と環境との調和，土壌肥料学会シンポジウム講演要旨集，第42集，267-268.
20) 和田源七・松島省三・松崎昭夫（1968）：水稲収量の成立原理とその応用に関する作物学的研究（第86報）．穎花数の成立におよぼす窒素の影響，日作紀，37, 417-423.
21) 吉田武彦（1978）：水田軽視は農業を亡ぼす，p.224, 農文協．
22) 吉野 喬・出井嘉光（1977）：土壌窒素供給力の有効積算温度による推定法について，農事試報，25, 1-62.

3．露地野菜の省力・環境保全的施肥管理

3.1 はじめに

　作物栽培において太古以来追求されてきた最大の目標は多収穫である．それもできる限り良質な生産物を，気象条件に大きく左右されずに安定して収穫することである．この目標に加えて栽培の労力負担や諸経費を軽減する生産の省力化や低コスト化も追求されてきた．さらに近年，注意が払われている生産方法上の問題として，環境を保全しながら農業生産をすすめることの重要性が指摘される．

　このことは「農業も環境汚染の一端に組している」との反省に立ち，農業生産は環境を守りながら進めていくことが重要目標になった．肥料や土壌改良資材の施用場面においては大気や水圏など地球環境を汚さぬよう管理することがますます重要になっている．1999年2月には地下水の硝酸性窒素が環境基準化され，農地の地下水も10 ppmをクリアーできるよう施肥管理が厳しく求められている．したがって，今日における作物生産の目標は「環境を保全しながら省力・低コスト的に効率よく，良質な生産物を安定して多収穫すること」と結論づけられる．これらの目標を個々に達成することは容易

ではないが，それらを同時に達成することはさらに難しい．しかしこれらの目標は互いに関連しあい必然的に両立しうる可能性があることも事実である．本章においては野菜の省力・環境保全的施肥管理として露地野菜の施肥技術を中心に述べる．

3.2 省力・環境保全的施肥管理とは

作物栽培において肥料や資材の施用は良質な収穫物を安定して多収穫するために欠かせないが，その際施用された肥料・資材が作物に完全に吸収利用されることが理想である．肥料・資材の利用率が理想値の100％から大幅に下回るならば，利用されなかった肥料成分や資材成分は土壌に残存し地下水へ流出したりガス化して大気へ放出され，河川，湖沼，海洋や大気圏を汚染し，環境負荷を生じる．このような施肥管理による環境負荷の発生は出来る限り防止し，環境を良好に維持しなければならない．一方，施肥管理によって土壌や大気がよりクリーンになる，すなわち浄化作用がもたらされるなら，これは積極的な環境保全策となるが，砂漠や都市における緑地化や微生物による化学物質汚染土壌のバイオリメディエーション（生物的修復）を除けばそのような施肥管理による環境保全効果はあまり知られていない．したがって「環境保全的施肥管理」とは「肥料や資材による環境負荷量を限りなく少なくする施肥管理対策である」と理解される．一方，深刻な労力不足に対応し魅力ある農業を展開するうえで作業の省力化や軽労働化も重要課題であり施肥管理面でも省力施肥や機械作業に対応した施肥技術が求められている．したがって，環境保全的施肥管理と省力的施肥管理を同時に達成することが省力・環境保全的施肥管理と考えられるが環境保全性と省力性は後に述べるように効率性を追求することにより両立しうると考えられる．

3.3 環境保全的施肥管理の方法

環境保全的施肥管理のため，肥料成分の溶脱を限りなく低く抑える方法としてはまず，1) 肥料成分の地下浸透の抑制を狙って，圃場の肥料保持力を高めるため，① 土壌の陽イオン交換容量（CEC）および陰イオン交換容量

(AEC)を増大させる．②全面マルチフィルム被覆や灌水を最小限にすることにより土壌水分をコントロールする．③肥料を肥効調節型にして作物の要求に見合った供給パターンにする．2)作物による肥料吸収を効率的に行わせるため，④根を健全にして根活力を高める．⑤理想的な施肥位置に施肥する．3)投入された肥料を1作物の作付だけで利用しつくすことは限度があるので，⑥複数の作物を連続して作付けし，作付体系全体によって投入量に対する回収率（利用率）を100％に近づけること等が挙げられる．このような施肥管理技術が実施できれば生産物の収量・品質を低下させずに施肥成分の環境負荷量を限りなくゼロに近づけることができる．

3.4 環境保全的施肥法の確立にむけて

3.4.1 最も重要な施肥の基本

施肥は，作物が養分を効率的に吸収し十分生育することにより安定多収および高品質収穫ができるよう行われてきた．さらに，省力，低コスト生産を可能にしたり作業の機械化に対応できる施肥法も開発されてきた．このような施肥技術の発展において一貫している施肥の基本は「適度な肥効が持続的に得られること」である．適度な肥効とは何かを葉菜の場合でみていくと図5.26のようになる．

すなわち葉菜の積算吸収窒素（N）曲線からNの供給曲線が描かれ，土壌Nの供給をふまえると施肥N供給の理想曲線が把握される．この理想曲線から大きくはずれない供給パターンが適度で持続的な肥効をもた

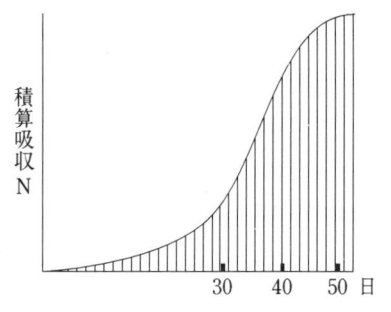

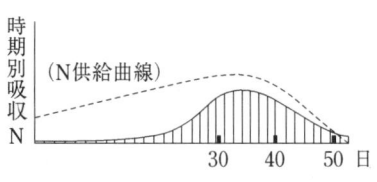

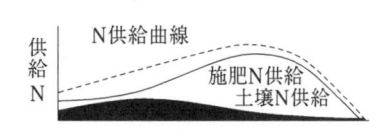

図5.26 葉菜類の適度なN肥効パターン

らす．野菜生産においても適度な肥効を得ることによりL等級を中心とする出荷規格に合った良質生産物が収穫できる．この「適度な肥効の持続」こそ，施肥がめざすすべての生産目標を達成できる必須条件と考えられ，環境保全的施肥法においてももちろんあてはまる．

3.4.2 施肥法の構成要因の検討

施肥法はこのように安定多収，高品質生産，省力・低コスト生産を可能にしてきたが，今日ではこれらに加えて環境保全的に施肥を管理することが強く求められている．言い替えれば環境保全的でなければたとえ高収量，高品質生産できる施肥法であっても受け入れられない背景がある．したがって，現在実施されている施肥法について構成要因を環境保全的に見直すことが必要である．

1）施肥量

ある作物栽培において「施肥量が適正である」とみなされるのは何をもって判断されるのであろうか．主たる収穫目標が収量，品質，収量と品質のそれぞれの場合において，それらが最高になる施肥量が適正とされてきた．生産現場において施肥量が適正と判断されるのは多くの場合，良質な生産物の収量性に基づいている．例えばある作物が最高に近い収量を得るのに窒素（N）が10 kg/10 a必要であると仮定した場合，Nの施肥適正量は10 kg/10 aとみなされる．しかし「施肥適正量は養分吸収量から把握できる」との考え方によれば，作物によるNの吸収量が仮に7 kg/10 aであったなら施肥N量は3 kg/10 a削減して7 kg/10 a施用すれば収量は確保できることになる．

表5.20 キャベツ1作におけるN多肥が溶脱に及ぼす影響（野菜試 1982）

土壌	施肥	収量 (kg/10 a)	N吸収 (kg/10 a)	N溶脱量 (kg/10 a)		
				栽培期間	裸地期間	合計
黒ボク土	標肥 多肥	701 667	21.3 21.6	5.8 6.4	12.7 25.1	18.5 31.5
黄色土	標肥 多肥	691 705	19.5 24.0	2.2 4.8	9.2 14.5	11.4 19.3

（注）標肥区 N 30 kg/10 a，多肥区 N 45 kg/10 a

この場合，N 3 kg/10 a は無用な窒素なのだろうか．施肥量と利用率との関係を調査してきた筆者の知見によれば，このような場合，N 施用量を 7 kg/10 a に減肥すれば N 吸収量は 7 kg/10 a を下回り減収する場合が多い．したがって，施肥適正量は収量性から判断するのが実際的である．しかし今日では収量性に基づく判断だけでなく，環境保全的な検討も加えた総合的判断が求められている．芝野[1]は露地野菜畑における N 溶液に及ぼす要因を検討し，N 多肥が容易に溶脱増を招くことを示している（表 5.20）．このように一般的には施肥法や施肥条件が同じであれば，施肥量が多くなるほど溶脱する窒素量は多くなると考えられるため，施肥による N 溶脱量すなわち環境負荷量を最小限度に抑えられる施肥量を把握する必要がある．しかしこの場合においても一定水準の収量性が確保されることが必要条件である．施肥量を環境保全的に判断するため環境へ負荷される絶対量を正確に把握することは容易ではないが，一般的には「施肥量に対する作物の吸収利用率すなわち回収率が 100 ％ に近づくほど負荷量は小さい」と理解されるため，この比率（以後「施肥効率」とよぶ）の高い施肥量レベルを選べばよいと考えられる．

2）施肥配分

施肥が始まった原始的施肥時代から化学肥料時代に至るまで，用いる肥料

```
                    ┌─ 速効性肥料全量基肥
        ┌ 全量基肥法 ┤
        │           └─ 肥効調節型肥料全量基肥
        │              （2作1回施肥～多作1回施肥）
        │
        │           ┌─ 速効性肥料基肥 + 速効性肥料追肥
        │           │
        └ 分 施 法  ┼─ 肥効調節型肥料基肥 + 速効性肥料追肥
                    │
                    └─ 肥効調節型肥料基肥 + 肥効調節型肥料追肥
```

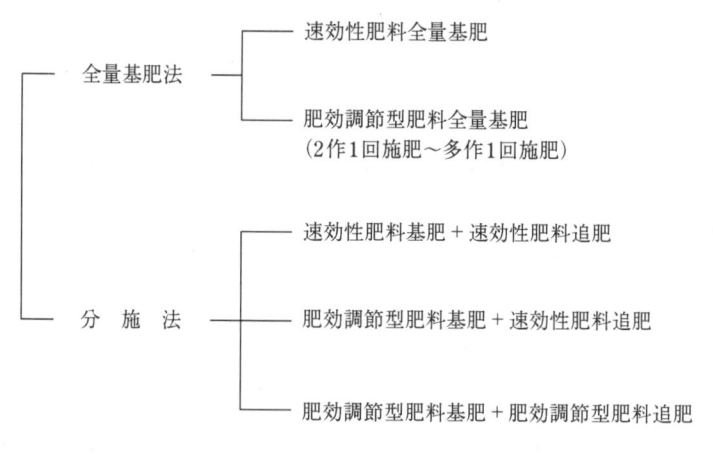

図 5.27　施肥配分による施肥法の分類

3. 露地野菜の省力・環境保全的施肥管理 (179)

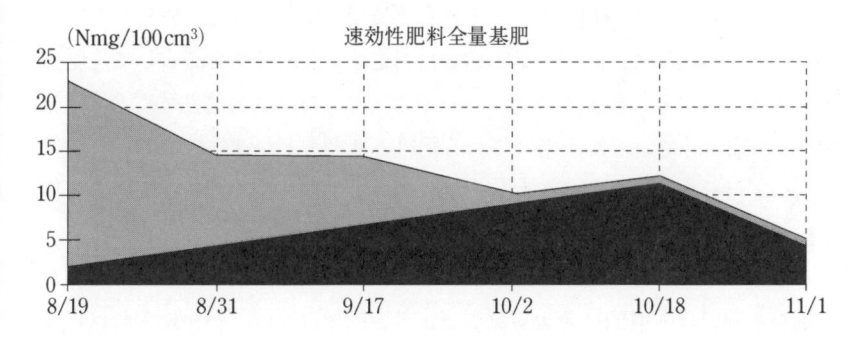

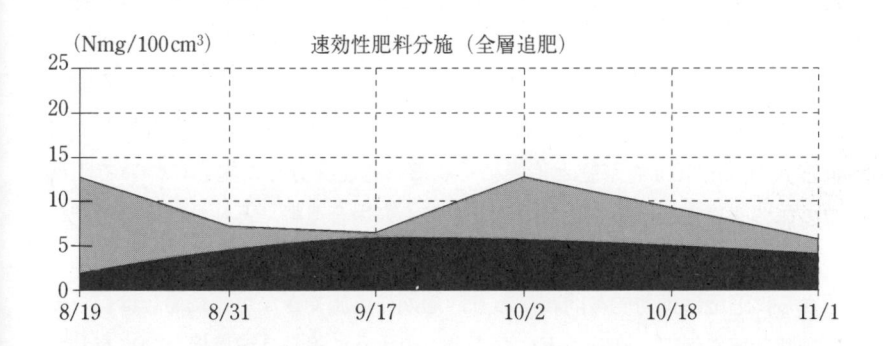

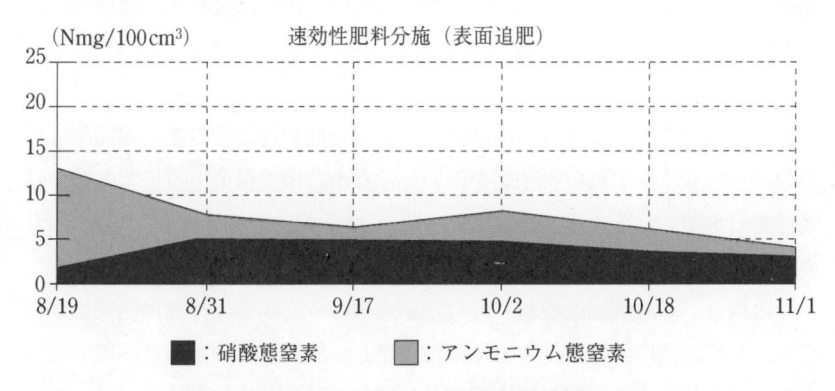

図 5.28 施肥配分による土壌の無機態窒素の相違

の全量は基肥として施用される「全量基肥施用」の時代が長く続いたと思われる．その後次第に，基肥の肥効切れに対処するため基肥を減らして追肥にまわすようになり，施肥を生育ステージに応じて配分する方法すなわち「分施法」が確立していった．用いられる肥料のほとんどが速効性であった時代においては分施法は隆盛をきわめ今日においてもなお広く行われている．施肥配分によって施肥法を分類すると図5.27になる．

しかし，追肥を施肥効率から評価すると，作付期間が長かったり多肥される場合を除けば一般的に考えられるほど効率的ではない，いい換えれば環境負荷が少ないとはいえない．なぜなら，追肥は立毛中の施肥であるため施用に難点があり全層追肥はほとんど不可能であり表面追肥にならざるを得ないからである．すなわち，追肥は後に紹介する灌注機による土中注入法を除けば施肥効率はむしろ低いのが実状である．N 20 kg/10 a 全量基肥施用した場合と N 10 kg/10 a を基肥と追肥にそれぞれ施肥配分した場合について土壌中の無機態窒素の推移を比較すると，多くの場合追肥，とりわけ表層追肥による上昇幅が著しく低いことが示される（図5.28）．

さらに追肥は労力的な問題があり，適期に実施できなかった場合はいっそう施肥効率を低下させることになる．このように追肥は環境保全的に有利な施肥とは必ずしもみなされず，肥効調節型肥料を用いた全量基肥施用または基肥重点施用が有利になる場合がある．

3）肥料の肥効発現型

肥料は肥効発現型によって速効性肥料と緩効性や遅効性の肥効調節型肥料に分けられる．いずれのタイプを使い分けるかは環境保全上重要である．速効性肥料を用いると全量基肥施用した場合の土壌中の無機態窒素は図5.29の破線のように推移する．

この場合，理想実線曲線から外れる斜実線部分によって作物は肥効過剰に陥ったり塩類濃度障害を受ける危険性が増し，肥料成分の多くは溶脱して環境に負荷を与える．反対に斜点線部分は肥効不足のため生育不良になって収穫目標が十分達成できなくなる．これらを是正する方法として基肥と追肥に施肥配分する分施法が行われてきたが，この場合も理想実線曲線からかなり

外れている．したがって土壌中の養分濃度を作物が必要とする程度に肥料成分の可給化または溶出をコントロールできる肥効調節型肥料を用いるとよい．その結果，基肥施用時の急激な塩類濃度の上昇を抑え，生育初期の肥効不足は適量の速効性スターター肥料を併用することにより作物の要求量にみあった施肥養分の供給パターンが描ける（図5.29）．すなわち速効性肥料の場合に比較して作物による肥料の利用率が高まり，環境保全的になる．ただしそのためには栽培条件に適した肥効調節型肥料を選択し，肥料成分の約80％以上が作付期間中に溶出することが前提となる．肥効調節型肥料を用いれば環境への負荷量がつねに軽減されるとは断定できないが多肥栽培，多灌水栽培，長期栽培を行う場合や栽培環境が粗粒質土壌条件や多雨気象条件下にあっては肥効調節型肥料を用いると環境保全的効果は大きいと考え

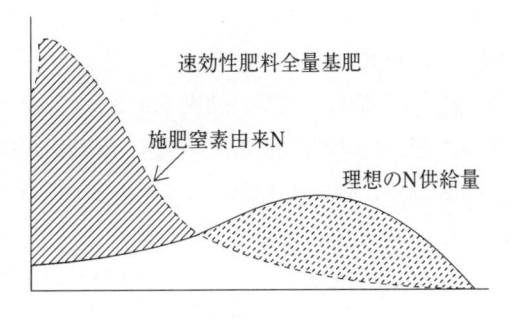

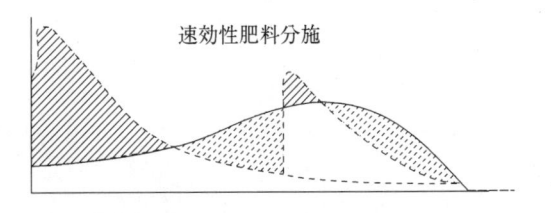

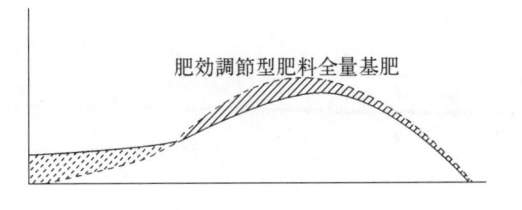

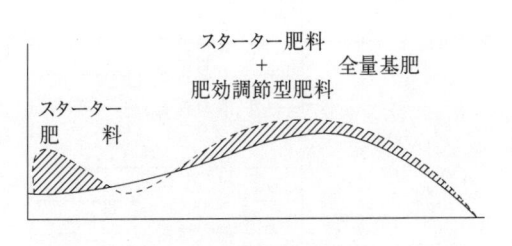

図5.29 施肥後の無機態窒素の推移と理想窒素供給量（概念図）

4）施肥位置

　戦後，化学肥料が容易に使用できるようになり昭和30年代以降は耕作規模も拡大して大型農機によるロータリー耕が行われるようになり，肥料の施用方法も局所施肥の一種の作条施肥から，圃場全面に肥料を散布し作土全層に混入する「全面全層施肥」が一般的になった．この方法は現在でも全盛であるが，この施肥法において施肥効率を高めるには肥料をできる限り作土層に保持させることが重要である．そのため土壌改良によってCECやAECを高めて土壌の保肥力を増大させたり，ポリマルチフィルム被覆によって土壌水分をコントロールすると効果的である．

　しかし全面全層施肥は根系の分布しない位置にも肥料が施されるため，施肥効率には限界がある．したがって，作物が肥料を最も効率よく利用できる

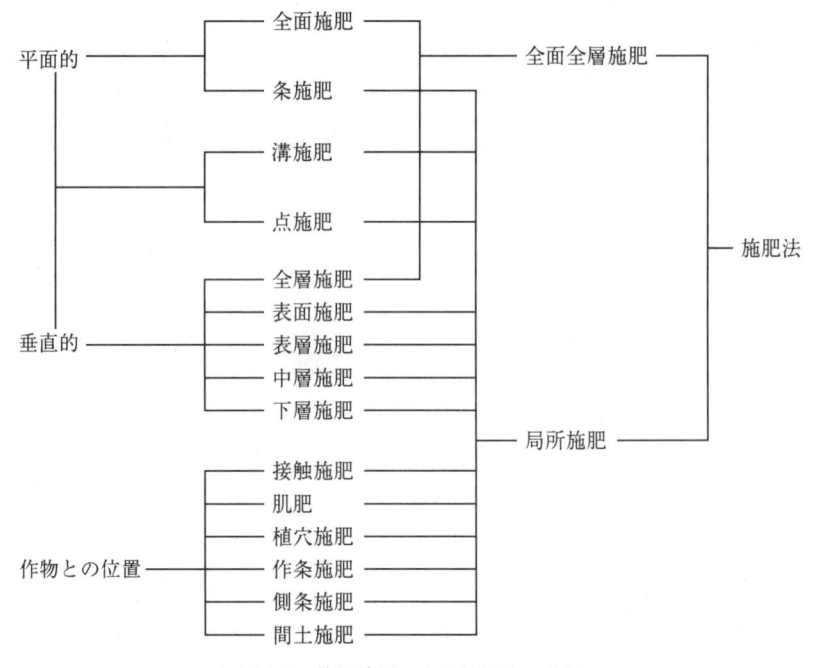

```
                ┌─ 全面施肥 ──┐
       平面的 ──┤              ├──── 全面全層施肥 ──┐
                ├─ 条施肥 ─────┘                    │
                │                                   │
                ├─ 溝施肥                            │
                └─ 点施肥                            │
                                                    │
                ┌─ 全層施肥                          │
                ├─ 表面施肥                          │
       垂直的 ──┼─ 表層施肥                          ├── 施肥法
                ├─ 中層施肥                          │
                └─ 下層施肥                          │
                                                    │
                                        ┌── 局所施肥 ┘
                ┌─ 接触施肥              │
                ├─ 肌肥                  │
  作物との位置 ──┼─ 植穴施肥              │
                ├─ 作条施肥              │
                ├─ 側条施肥              │
                └─ 間土施肥              │
```

図5.30　施肥位置による施肥法の分類

ためには施肥位置を全面全層からその作物に最も適した局所へ転換する必要がある．現在まで行われてきた局所施肥法には多くの方法があるが（図5.30），作物および栽培条件に適した施肥位置に局所施肥すれば施肥効率を高めて減収を伴わない大幅減肥を達成することができる．局所施肥法は環境保全的施肥法として最も有効性の高い方法であり，次項で詳しく述べる．

3.4.3 施肥技術の発展と環境保全的評価

野菜栽培においても施肥技術は安定多収，高品質，省力・低コスト生産のために発展し優れた施肥法が開発されてきた．これらの施肥技術を環境保全的視点から点検しなおし再評価する．

1）肥効調節型肥料を用いた全量基肥施肥法

近年，種々の優れた肥効調節型肥料が開発された結果，かなり長い作付期間においても全量基肥施肥によって適度な肥効が得られ，良質安定多収が可能になった．本施肥法は速効性肥料を用いた場合の施用直後の多量の肥料溶脱がなく，追肥の施肥効率の低い欠点も回避できるため環境保全的な施肥法とみなされる．ただし，低温条件や乾燥条件が長引くと肥効調節型肥料の溶出率が低下して肥効不足を生じて収量・品質が低下したり，施肥効率が低下することにより環境負荷量がかえって増加する場合があるので注意を要する．そのため本施肥法においてはマルチフィルム被覆を行えば地温や土壌水分の適正な管理が容易となり肥料溶出を安定化させ，作土層の肥料保持力も高めることができる．

さらにこの施肥法は1回の基肥施用によって追肥労力を省くことができる省力的施肥法でもあり，多くの作物において普及している．

2）全面マルチ栽培の施肥法

近年，ポリマルチフィルム資材などを用いて地表面を被覆するマルチ栽培が普及したが，長野県をはじめ大規模露地野菜産地においては，ポリマルチフィルムを重ね合わせて畝の山も谷も圃場全面をマルチ被覆する全面マルチ栽培が普及した（図5.31）．マルチ栽培は，①土壌水分の保持，②地温上昇，③雑草防止，④病害虫害の軽減，⑤野菜の汚れ防止，⑥土壌消毒効果を高めるなど多くの長所を有するが，環境保全的にも多くの利点がある．すなわ

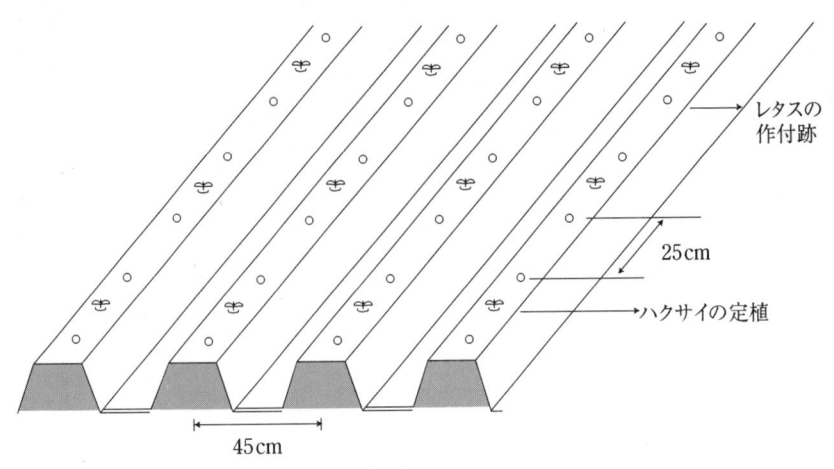

図 5.31　全面マルチ栽培（レタス-ハクサイ作付けの場合）

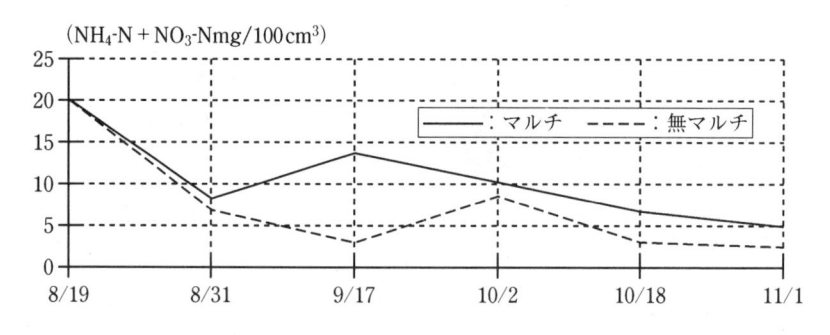

$(NH_4\text{-}N + NO_3\text{-}N mg/100 cm^3)$

図 5.32　マルチフィルム被覆が土壌の無機態窒素に及ぼす影響

ち土壌水分がコントロールされるため，施肥された肥料成分が作土層に長く保持され（図 5.32）作物による肥料の吸収利用率が高まり地下浸透量が軽減されるからである．

　これらの効果は全面マルチフィルム被覆によってさらに高まる．このように多くの長所・利点を持っている全面マルチ栽培において実施されている葉菜類の施肥法を図 5.33 に示す．

　一方全面マルチ栽培の施肥においてはマルチフィルム被覆後の施肥が困難な弱点もある．慣行施肥法として追肥や 1 回マルチ栽培の 2 作目の基肥がマ

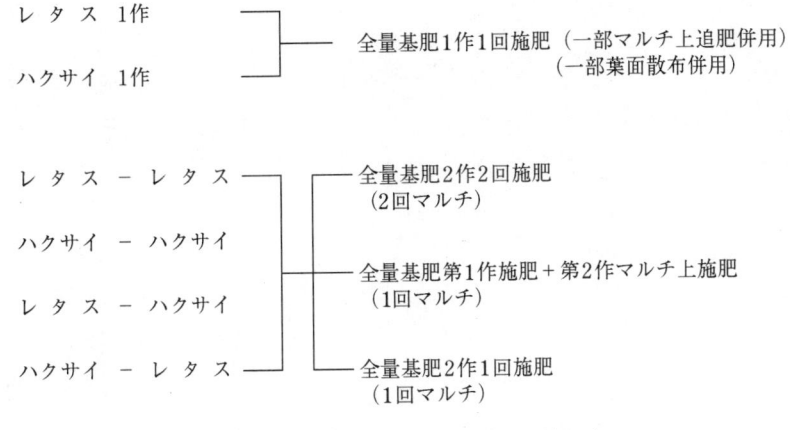

3. 露地野菜の省力・環境保全的施肥管理 （ 185 ）

```
レタス　1作 ┐
             ├── 全量基肥1作1回施肥（一部マルチ上追肥併用）
ハクサイ　1作 ┘                    （一部葉面散布併用）


レタス － レタス ┐
                ├── 全量基肥2作2回施肥
ハクサイ － ハクサイ┤   （2回マルチ）
                │
                ├── 全量基肥第1作施肥＋第2作マルチ上施肥
レタス － ハクサイ┤   （1回マルチ）
                │
ハクサイ － レタス ┴── 全量基肥2作1回施肥
                    （1回マルチ）
```

図 5.33　葉菜類の全面マルチ栽培の施肥法

ルチフィルム上から施用されているが，これらの方法は施肥効率がきわめて低いうえに環境保全上の問題も大きい．レタスやハクサイのように作付期間が比較的短い葉菜類の全面マルチ1作栽培においては施肥効率は高く80～90％以上であるため全量基肥で十分な肥効が確保でき，2作栽培の場合も次項で紹介する2作1回施肥法により合理的に施肥できる．

表 5.21　ハクサイ2作1回施肥法　(菅平, 1986)

試験区	第1作（夏どりハクサイ） 平均結球重 (kg/株)	等級別株数割合 (%) 2L -3.0 kg	L 2.5-3.0	M 1.9-2.5	S 1.5-1.9	B 1.5-	第2作（秋どりハクサイ） 平均結球重 (kg/株)	2L -3.0 kg	L 2.5-3.0	M 1.9-2.5	S 1.5-1.9	B 1.5-
速効性 2作2回施肥	2.71	19	59	21	1	0	2.95	53	32	11	3	1
肥効調節型A2作1回施肥	2.75	26	50	23	1	0	2.92	42	40	11	4	3
肥効調節型B2作1回施肥	2.76	25	50	24	0	1	2.81	36	43	12	7	2
肥効調節型C2作1回施肥	2.73	18	63	17	1	1	2.75	36	37	21	6	0
肥効調節型D2作1回施肥	2.77	17	64	17	2	0	2.76	41	33	16	4	6

(注) 窒素施用量：2作2回施肥 N-12 kg/10 a×2
　　　　　　　　2作1回施肥 N-24 kg/10 a
　5月22日：2作1回施肥（全面全層施用）全面黒マルチフィルム被覆
　7月21日：第1作ハクサイ収穫　　9月19日：第2作ハクサイ収穫

3）2作1回施肥法

全面マルチ栽培においてレタスまたはハクサイをレタス-レタス，ハクサイ-ハクサイ，レタス-ハクサイ，ハクサイ-レタスと1年に2作を栽培する場合，慣行栽培の多くは2作目の施肥は1作目のマルチ除去後に施肥してマルチ張りする場合（2回マルチ）と1作目のマルチは除去しないでマルチ上から肥料を散布し植え穴や排水孔から肥料を効かせる場合（1回マルチ）がある（図5.33）．前者は干ばつの場合圃場をさらに乾燥させたり降雨待ちして作付が遅れるリスクがある．後者は全面マルチ上からの施用のため施肥効率が著しく悪く，降雨時には肥料が表面流去して水系を肥料汚染させ環境問題も生ずる．これに対して，長野県の大規模露地野菜産地では2作分の施肥を1回の施用で行う2作1回施肥法が確立されている．本施肥法は1・2作を通じて適度な肥効を持続的に得るために肥効調節型肥料を用いる．ハクサイに対して2

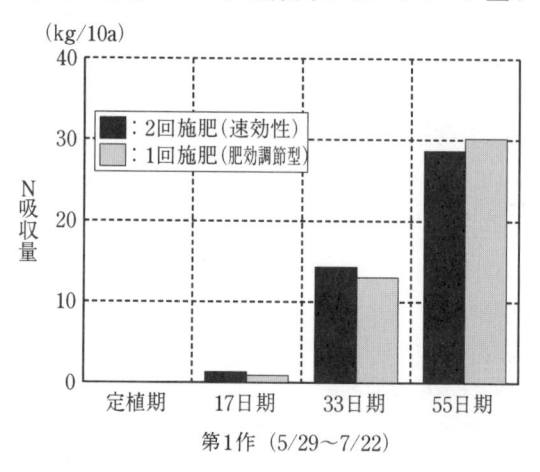

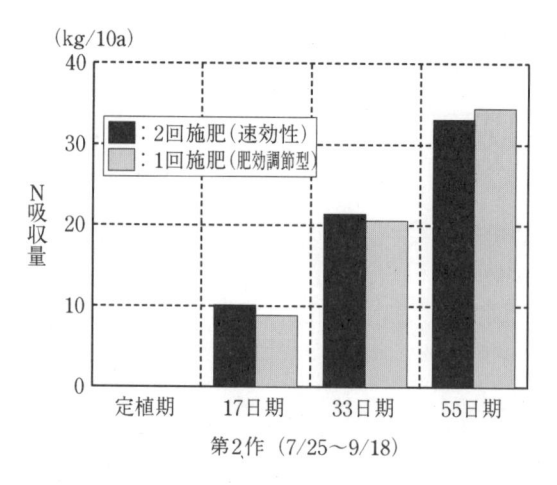

図5.34 2作1回施肥法のハクサイの窒素吸収（菅平，1986）

作1回施肥法を実施した場合の収量と窒素の吸収状況を表5.21と図5.34に示す.

本施肥法は慣行の1回マルチ栽培において2作目施肥の施肥効率が低い欠点を改善できる環境保全的効果が得られる.しかし1・2作のトータルの施肥量を減らすことは難しい.なぜならこの施肥法では2作目の肥料の在圃期間が長くなるため,その分溶脱量が増すこと,および作付け期間中の肥料溶出率が100％をかなり下回った場合,1・2作合計の施肥量を減らすと2作目の肥効が不足する危険性があるからである.したがって,2作1回施肥法の施肥量を減らし環境保全的効果をより大きくするには後に述べるように局所施肥を併用する必要がある.その他に本施肥法の長所として2作栽培において施肥と畝立・マルチフィルム被覆を同時に1回ですませるため省力効果と省資材効果が得られる.

4) 環境保全型施肥法への改善方向

施肥法を環境保全的に改善するには,① 収量・品質水準を維持しながら施肥量を削減する,② 施肥法を基本的に転換することにより施肥効率を高めることの二つの方法論が考えられる.

ⅰ) 施肥量を削減する

施肥量(本稿での「施肥量」は化学肥料だけでなく土壌改良資材や堆肥のような有機物資材も含めた広義の肥料の施用量を意味する)の削減は環境負荷量を低く抑える上で有効な方法である.既述のように施肥による地下への窒素流出量は施肥量の増加とともに増加し,環境への負荷量との間に正の相関傾向がみられるため,施肥量の削減すなわち減肥が環境保全的施肥管理のための主目標とされている.しかし慣行の施肥量を単純に減肥すると収量や品質の低下をまねくことが多い.減肥しても収量・品質にあまり影響を与えない場合は慣行の施肥量がもともと過剰域にあり減肥量が過剰量の範囲内であったとみなされる.慣行の施肥法において過剰施肥が行われているなら当然,減肥により改める必要がある.施肥の適正化は環境保全的施肥管理の第一歩である.しかし最近ではこのようなケースは施肥改善の取り組みなどにより比較的少なく,農家が地域の施肥基準をふまえて個々の圃場で把握して

いる施肥量は適正に近い場合が多い．適正に近い施肥量からさらに減肥するためには，施肥法を局所施肥法などに転換する必要がある．他方，化学肥料を有機質肥料や有機物資材で代替する「減化学肥料栽培」は一般の化学肥料栽培に比べて，用いる肥料が有機か無機かの相違があるだけで基本的にはトータル量は削減されていないので，環境への負荷は早い遅いはあっても結果的にはあまり変わらず環境保全的とはみなせない．

ⅱ）施肥効率を高める

　肥効調節型肥料を用いて作物の養分要求量にみあった肥料供給パターンを形成したり，全面全層施肥から局所施肥へ施肥法の基本的転換を図ることなどにより施肥効率を高めることは可能である．施肥効率を高めることにより投入された施肥成分の環境負荷量を減らして施肥法の環境保全性を向上させることができる．そして施肥効率を高めるなら結果的に20～30％の減肥ができるようになり，2作1回施肥法などを併用すると40～60％の大幅な減肥も可能である．この場合は収量や品質の低下をもたらさないため収量性と環境保全性が両立できる．このように施肥効率を高めることは必然的に減肥を可能にし，施肥法を環境保全的に改善するための最も重要な方法と考えられる．

3.5　省力・環境保全的な局所施肥法

　肥料の施用において肥料を土層のある限られた位置に施す方法を「局所施肥法」と称し，「全面全層施肥法」と対比される．肥料の施される位置すなわち「施肥位置」によって，局所施肥法は図5.30のように分類される．昔から小規模な作付においては，苗を植え付けたり種子を蒔く位置またはその近傍に浅く溝を掘って肥料を施すことが一般的に行われてきた．この方法は少ない肥料を有効に利用する施肥法の知恵であり，局所施肥法の一種であった．しかし作物栽培の規模が拡大し大型農機が用いられるようになってからは，現在のような全面全層施肥法が一般的となった．全面全層施肥法は施肥後の圃場内の肥料分布が均一なため，作物を任意の場所に植付けられる長所があるが，作物に利用されない場所まで肥料が施される短所がある．これに対し

て局所施肥法は作物根の分布する根域において養分吸収が積極的に行われる場所に肥料が位置するため，① 施用された肥料が作物に有効に吸収され肥料の利用率すなわち施肥効率が高く，肥料の流出や揮散が少なく，水系や大気に対する負荷が少ないため環境保全的である．② 肥料が効率的に吸収されるため生育が促進され収量の確保や品質向上が図られる．③ 施肥効率が高いため減肥栽培が可能となり資源を大切に使用すると同時にコスト削減も図られる，④ 作物の生育ステージに合った最適位置に施肥することにより，生育制御も容易になる，など多くの長所を有している．特に本施肥法は省力・環境保全的な有利性を備えていることが重要である．

3.5.1 局所施肥の方法

局所施肥法が作物の生産安定と環境保全を両立させる実用的技術となるには以下のような施肥条件が不可欠と考えられる．

1) 施肥位置

局所施肥法において施肥位置は最も重要である．野菜においても適する施肥位置は作目によって異なり，用いる肥料の種類によっても異なる．したがって野菜が肥料を最も効率的に吸収できる根域に施肥する必要がある．一方，局所施肥法では施肥位置に肥料が集中するため，その付近の根が塩類濃度障害をうけ易い危険性をもっている．そのためこの施肥法では塩類濃度障害をいかに回避して肥料を効率的に吸収させるかがポイントであり，障害を回避できる位置に正しく施肥する必要がある．最適の施肥位置は障害を受けずに肥料養分を最も効率的に吸収できる場所であり，cm レベルの正確さが求められる．ただし，作物の養分吸収からみた最適施肥位置が把握できても局所施肥機の機械構造上の制約や他の作業工程との関係で次善の施肥位置を選択せざるを得ない場合もある．したがって，施肥位置は機械作業条件も考慮して，作物の養分吸収からみた最適位置に最も近い場所が選択される．

2) 施肥量

局所施肥法における施肥量は全面全層施肥法のそれに比べて少ない量で十分である．反対に施肥量を適量まで削減しなければ過剰生育したり塩類濃度障害を受けて生育不良に陥る．慣行の全面全層施肥から局所施肥へ転換する

場合の施肥量の削減割合は施肥効率の高い局所施肥法ほど大きくなるが，作物の種類や品種および栽培条件によっても異なる．削減しすぎる場合は当然ながら肥料不足を生じるため，局所施肥を行うにあたっては予備試験により適量を把握しておかねばならない．施肥量は施肥位置とともに局所施肥を成功させる鍵になる．

3）肥料の種類

局所施肥法では肥料の種類の選択が重要であり，適度な肥効が持続して十分得られ，かつ根に塩類濃度障害を与えない肥料が適している．これらの条件を満たすものとして粒状肥料では肥効調節型肥料（被覆肥料）が適しており，肥効発現日数や発現パターンなど緩効度を吟味して局所施肥方式に最も適した肥料を選択する必要がある．さらに粒状肥料の場合，適する条件として肥料が目詰まりせず局所施肥機から施肥位置へスムースに送られるための肥料表面の滑らかさも求められる．一方，局所施肥しやすい形状の肥料としてペースト状の肥料も適している．ペースト肥料は液肥よりは粘性が高い液状の肥料であり，N, P, Kをそれぞれの比率で含有する複合肥料であり，速効性肥料から一部緩効性を含む肥料まである．ペースト肥料の場合は粒状肥料に比べて施肥位置および施肥量がより正確に局所施肥でき，垂直線上の2段位置にも施用できる長所を持っている．この肥料は塩類濃度障害が回避できる施肥位置を選べば速効性タイプでも十分使用できる．

4）機械局所施肥法

局所施肥法ではほとんどの場合，施肥位置と施肥量の正確さが求められるため，作業精度および作業の能率性からみて，作業農機を用いて機械施肥することが不可欠となる．すなわち，農機を用いることによってcmレベルの正確な施肥位置に所定の施肥量を過不足なく均一に施用することができる．さらに局所施肥法が実用技術として実施できるためには，生産現場で行われている作業体系に適用できる方式にする必要がある．例えば露地野菜栽培ではほとんどの場合，畝立てを行いマルチフィルム被覆する場合も多いが，定植作業は収穫時の労力集中を避けるため施肥・畝立て・マルチフィルム被覆の工程と切り離して実施される．したがってこのような作業体系下では，局

所施肥は畝立て・マルチフィルム被覆までの工程を同時作業として実施し，その後一定期間をおいて畝中央部に定植される野菜が所定の正確な施肥位置をとるには，次項で紹介するように定植ラインに平行の畝内の線状に局所施肥する方式が適している．局所施肥を農機によって正確に実施すれば施肥効率の高い環境保全的な施肥を行うことができ，その他の作業も同時に実施できるため，作業の省力化，軽労働化，能率化をも実現できる．すなわち，現代における局所施肥法のほとんどは農機によって実施可能となるため，必然的に作業の合理化が可能になり省力・環境保全的施肥法となる．

3.5.2 野菜の局所施肥法の実際

露地野菜の収穫目標を環境保全的に達成できる局所施肥法の実際としてレタス，ハクサイ，キャベツなどの葉菜類に対する機械局所施肥法と農機を用いない局所施肥法であるセルリーのポット施肥法を紹介する．さらに果菜類や根菜類に対しても局所施肥を成功させている例を紹介する．

1）葉菜類に対する肥効調節型肥料を用いた機械局所施肥法

ⅰ）1作栽培の場合

レタス，ハクサイの全面マルチ栽培またはキャベツの無マルチ栽培において粒状の肥効調節型肥料を機械局所施肥・畝立て・マルチ同時作業機により

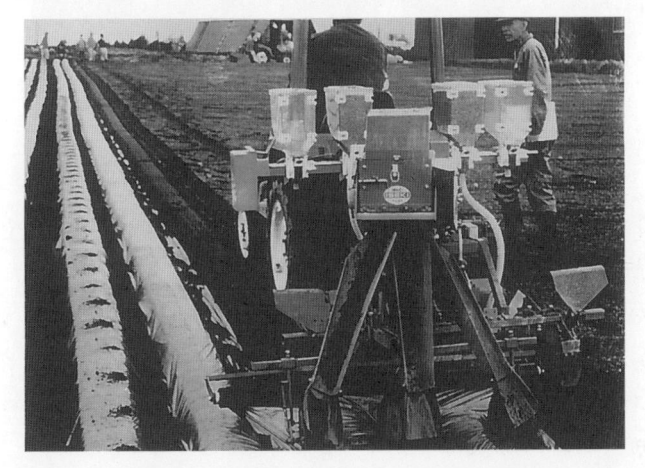

写真 5.1　施肥・畝立て・マルチ同時作業機

（192） 第5章 窒素負荷を軽減する新施肥法

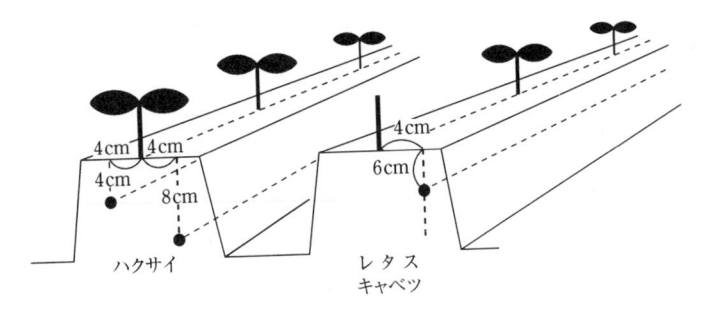

図5.35 葉菜類に対する肥効調節型粒状肥料の局所施肥法

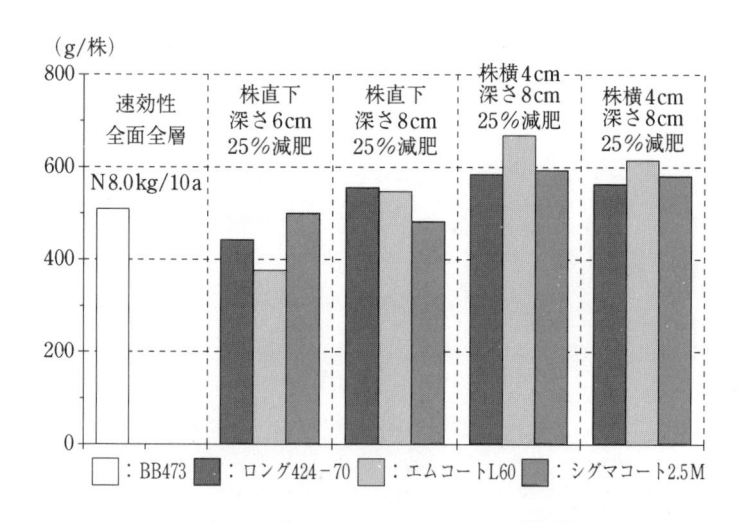

図5.36 施肥位置によるレタスの収量

（写真5.1），図5.35の施肥位置に局所施肥すると速効性肥料を全面全層施肥する慣行施肥法に比べて施肥量を20～30％削減しても同程度かまたはそれ以上の収量が得られ，施肥窒素の利用率も高くなる．

　この方法における最適施肥位置はレタスまたはキャベツの場合は試験結果より，定植位置ラインより横4cm離れた片側の深さ6cmの位置に断面直径が約1cmの連続した線状が最適であると判断された（図5.36）．

　ハクサイの場合はレタスやキャベツよりも養分要求量が多いため，2本の

A：全面全層，N15Kg／10a
B：株直下深さ6cm，33％減肥
C：株片側4cm深さ6cm，33％減肥
D：株両側4cm深さ4，8cm，33％減肥

■：ロング424－70　　□：シグマコート2.5M

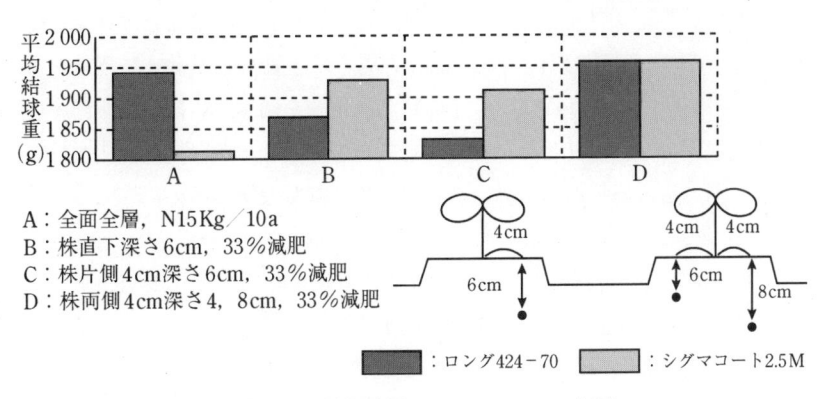

図5.37　施肥位置によるハクサイの収量

■：ロング424－70　　□：シグマコート2.5M

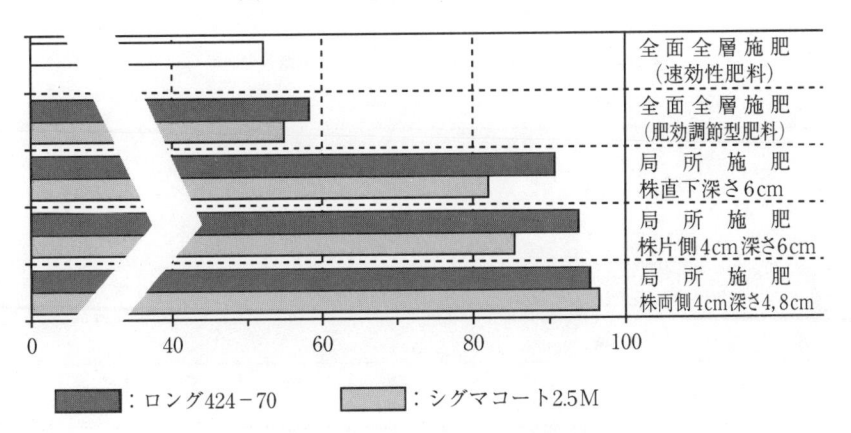

図5.38　施肥位置によるハクサイの窒素利用率（％）

線状すなわち定植位置ラインより4cm離れた両側の片方深さ4cm，片方深さ8cmの施肥位置が最適であると試験結果より判断された（図5.37）．

用いる肥料は70日前後の溶出タイプの肥効調節型肥料が適している．速効性のスターター肥料の併用は全面全層施肥においては必要であったが，局所施肥においては作物が塩類濃度障害を受け易くなるため行わない．用いる肥効調節型肥料も全面全層施肥なら40日型が適する作物であれば1.6倍程度長い70日型が適している．その理由は局所施肥では作物根に近い位置に比較的多量の溶出肥料成分が局在するため，全面全層の場合より長い溶出タ

イプの肥料が適度な肥効をもたらすからである．そして施肥配分は葉菜類のように作付期間が70日以内の比較的短い場合は全量基肥で十分な肥効が得られる．本施肥法におけるハクサイの窒素利用率を調べた結果，局所施肥の場合の利用率は80％以上であり全面全層施肥の場合の60％以下に比較して優り，本方法の施肥効率が高いことが認められた（図5.38）．

ii) 2作栽培の場合

3.3項では全面全層施肥する場合のマルチ栽培において2作1回施肥法が合理的であることを述べたが，局所施肥する場合も連続して2作付けを行うなら2作分の施肥を1回で行う「2作1回機械局所施肥法」が有利である．この方法は1作目の大幅な減肥は望めないが，2作目においては局所施肥の

表5.22 粒状肥料2作1回局所施肥法による葉菜の収量

第1作レタス

試験区	全重 (g/株)	結球重 (g/株)	縦径 (cm)	横径 (cm)	球緊度
① 慣行施肥区	703	483	12.8	16.1	33.4
② ロング424局所施肥区	789	577	13.1	16.7	38.7
③ シグマコート局所施肥区	824	560	13.2	17.2	36.8
④ エムコートBB局所施肥区	837	583	13.9	16.9	37.9

第2作ハクサイ

試験区	全重 (kg/株)	結球重 (kg/株)	縦径 (cm)	横径 (cm)	球緊度
① 慣行施肥区	2.63	1.94	28.3	17.5	84.7
② ロング424局所施肥区	3.80	2.75	29.8	21.7	107
③ シグマコート局所施肥区	3.59	2.71	30.7	19.5	108
④ エムコートBB局所施肥区	3.43	2.62	31.6	20.0	102

（試験場所） 長野県南佐久郡川上村　標高1,250 m，淡色黒ボク土，土性CL
（試験期間） 施肥・畝立て・マルチ（慣行施肥区，局所施肥区）：6月23日〜第1作レタス定植：7月2日〜収穫：8月16日〜第2作施肥（慣行施肥区）：8月17日〜第2作ハクサイ定植：8月20日〜収穫10月8日
（施肥方法） 慣行施肥区：第1作　速効性肥料を全面全層施肥（N 18.4 kg/10 a）
　　　　　　　　　　　第2作　速効性肥料を全面散布施肥（N 8.0 kg/10 a）
　　　　　　局所施肥区：肥効調節型肥料を2作1回局所施肥（N 15.7 kg/10 a）
　　　　　　　　　　　株横4 cm 片側深さ6 cm 位置に，定植ラインと平行に連続的に機械局所施肥
（耕種条件） 銀黒マルチフィルム全面被覆，畝幅45 cm，株間レタス25 cm　ハクサイ50 cm

長所に加えて，1作目の残存肥料が2作目において利用される連続作付の長所が発揮されるため，大幅な減肥が達成できる．慣行施肥として1作目に速効性肥料をNで18.4 kg/10 a全面全層施肥してマルチ被覆した後，レタスを作付けし，2作目は速効性肥料をマルチの上からNで8 kg/10 a施用してハクサイを連続作付けする「1回マルチ2作2回施肥法」を比較対照とし，60〜70日溶出タイプの肥効調節型肥料をNで15.7 kg/10 a，2作1回機械局所施肥した栽培例を紹介する．施肥位置は株横4 cm，片側深さ6 cmの定植ラインに平行の断面直径約1 cmの連続した線状である．その結果，局所施肥区の1作目のレタスは慣行施肥区に比較して施肥量が15 %減肥であったが生育・収量・品質が優り，2作目のハクサイは41 %の大幅減肥であったが生育・収量・品質が優ることが認められた（表5.22）．

このように2作1回機械局所施肥法は施肥効率が高いため，減肥しても収量性を十分確保することができ，作業の機械化により省力化，軽労働化をも達成できる．

2）葉菜類に対するペースト肥料を用いた機械局所施肥法

ⅰ）1作栽培の場合

レタス，ハクサイの畝山マルチ栽培（写真5.2）または全面マルチ栽培（写真5.3）とキャベツの無マルチ栽培において，ペースト状の肥料を機械局所施肥・畝立てマルチ同時作業機により，図5.39に示すように株下5 cmと10 cmまたは株横4 cmで深さ5 cmと10 cmの2段に局所施肥すると，速効性の粒状肥料を全面全層施肥する慣行施肥法に比べて施肥量を

写真5.2　レタス・ハクサイの畝山マルチ栽培

(196)　第5章　窒素負荷を軽減する新施肥法

写真 5.3　ペースト肥料局所施肥・畝立てマルチ同時作業機

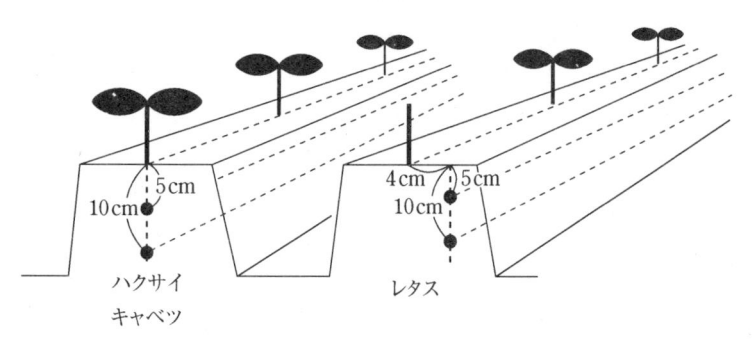

図 5.39　葉菜類に対するペースト肥料の局所施肥法

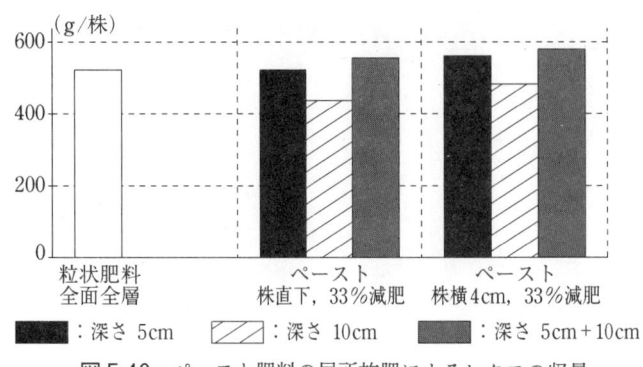

図 5.40　ペースト肥料の局所施肥によるレタスの収量

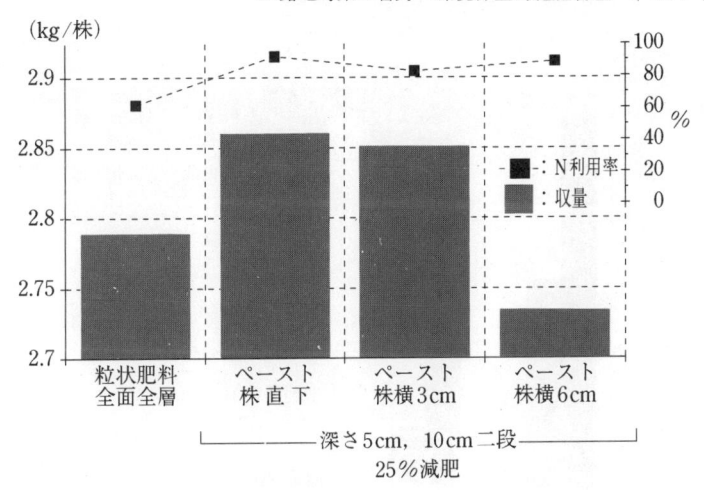

図 5.41 ペースト肥料の施肥位置によるハクサイの収量と施肥 N 利用率

20〜30％削減しても，同程度かまたはそれ以上の収量が得られ，施肥窒素の利用率も高くなる．

この方法における施肥位置はレタスの場合，定植ラインの直下にするとペースト肥料による塩類濃度の影響をやや受けるため，定植ラインから 4 cm 離れた位置の深さ 5 cm 部と 10 cm 部の 2 段に等量ずつ施用する方法がよいと判断された（図 5.40）．

ハクサイ，キャベツの場合は定植ライン直下の深さ 5 cm 部と 10 cm 部の 2 段位置にペースト肥料を等量ずつ施用しても，レタスのような塩類濃度の影響を受けることがなく，株横 3 cm や株横 6 cm の深さ 5 cm と 10 cm の 2 段に施用した場合よりも収量が優り施肥 N 利用率も高いことが認められた（図 5.41）．

これらレタス，ハクサイ，キャベツに対するペースト肥料の局所施肥においては，生育初期には主として深さ 5 cm 部から，生育の中期以降は深さ 5 cm 部と 10 cm 部の両方から根系の発達に応じて肥料が吸収されると考えられる．そしていずれの葉菜も粒状肥料の場合と同様に全量基肥で十分な肥効を得ることができる．ペースト肥料を局所施肥した場合，作土の土壌水に硝酸態窒素が日数経過に伴ってどれくらい溶け込んでくるかを調べた結果を図

第5章 窒素負荷を軽減する新施肥法

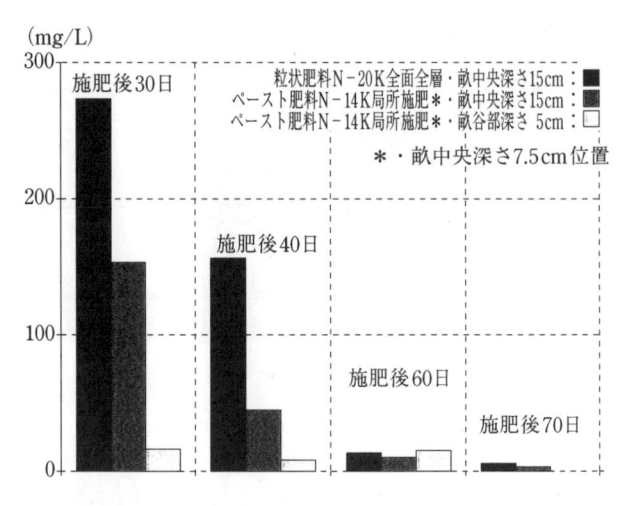

図5.42 ペースト肥料局所施肥圃場の土壌水の NO_3-N

凡例:
- 粒状肥料N-20K全面全層・畝中央深さ15cm：■
- ペースト肥料N-14K局所施肥＊・畝中央深さ15cm：▨
- ペースト肥料N-14K局所施肥＊・畝谷部深さ5cm：□
- ＊・畝中央深さ7.5cm位置

5.42に示す．

この調査においては，粒状肥料をN 20 kg/10 a全面全層施肥した場合を対照にして，ペースト肥料を30%削減してN 14 kg/10 aを畝中央の深さ7.5 cmの位置に局所施肥して，施肥後30日目から70日目までの推移を追った．この調査によれば，ペースト肥料の施肥位置から直下7.5 cmの部位における土壌水の硝酸態窒素は，粒状肥料を全面全層施肥した作土層の同じ深さ位置（畝上面から深さ15 cm位置）におけるそれと比較して，施肥後30～40日にかけては著しく低いことが特徴的である．ペースト肥料を局所施肥した部位から最も離れた畝谷部の深さ5 cm部の硝酸態窒素が著しく少ないのは当然としても，ペースト肥料の施肥位置の直下部位においてもこのように低い値を示していることから，ペースト肥料を局所施肥した場合の地下水へのN溶脱量すなわちNの環境負荷量は少ないと考えられる．

ⅱ) 2作栽培の場合

ペースト肥料を用いた機械局所施肥法においても，肥効調節型肥料を用いた場合と同様に2作1回施肥法が可能である．用いる肥料および施肥位置は1作栽培の場合と同様であり，施肥量は慣行の「1回マルチ2作2回施肥」

表 5.23 ペースト肥料2作1回局所施肥法による葉菜の収量

第1作レタス

試験区	全重 (g/株)	結球重 (g/株)	縦径 (cm)	横径 (cm)	球緊度
① 慣行施肥区	740	509	12.9	16.2	35.0
② ペースト肥料局所施肥区	835	607	13.8	16.9	39.5

第2作ハクサイ

試験区	全重 (kg/株)	結球重 (kg/株)	縦径 (cm)	横径 (cm)	球緊度
① 慣行施肥区	3.09	2.16	28.5	18.9	91.1
② ペースト肥料局所施肥区	3.56	2.76	32.8	19.6	105

(試験場所) 長野県南佐久郡川上村 標高1,250 m, 淡色黒ボク土, 土性CL
(試験期間) 施肥・畝立て・マルチ (慣行施肥区, 局所施肥区): 6月23日~第1作レタス定植: 7月2日~収穫: 8月16日~第2作施肥 (慣行施肥区): 8月17日~第2作ハクサイ定植: 8月20日~収穫10月8日
(施肥方法) 慣行施肥区: 第1作 速効性肥料を全面全層施肥 (N 18.4 kg/10 a)
　　　　　　　　　　第2作 速効性肥料を全面散布施肥 (N 8.0 kg/10 a)
　　　　　　局所施肥区: ペースト肥料を2作1回局所施肥 (N 15.5 kg/10 a)
　　　　　　　　　　株横4 cm 片側深さ5 cmと10 cmの2段位置に, 定植ラインと平行に連続的に機械局所施肥
(耕種条件) 銀黒マルチフィルム全面被覆, 畝幅45 cm, 株間レタス25 cm ハクサイ50 cm

　栽培における第1作目施肥N量の84%に相当するペースト肥料を1回に施用し, 第1作にレタスを第2作にハクサイを作付けして, 速効性粒状肥料を1回マルチ2作2回施肥した慣行栽培の場合と比較した. この場合のペースト肥料2作1回機械局所施肥法の減肥率は第1作で16%, 第2作で41%であったが, 第1作のレタスおよび第2作のハクサイのそれぞれの収量・品質は慣行施肥栽培におけるそれに比例して優ることが認められた (表5.23).

　このようにペースト肥料の2作1回機械局所施肥法の場合も粒状肥料の2作1回機械局所施肥法と同様に施肥効率が高いため, 減肥しても収量性を十分確保することができ, 作業の機械化により省力化, 軽労働化をも達成できる.

iii）施肥と土壌消毒の同時作業化

以上のような葉菜類に対するペースト肥料の機械局所施肥は，写真5.3の作業農機により行われるが，写真に示した3段のノズルが取り付けられており，深さ5cm部と10cm部の上2段のノズルからはペースト肥料が注入でき，3段目の深さ15cm部のノズルからはキルパー剤などの土壌消毒薬剤が注入できる．このように本作業農機はペースト肥料局所施肥と畝立て・マルチフィルム被覆の他に，防除効果の高い土壌消毒剤のマルチ畝内処理も同時作業ができるため，さらに作業の省力化・能率化・軽労働化を図ることができる．

iv）ペースト肥料の追肥施用法

追肥は作物が立毛している状態での施用であるため，粒状肥料の場合は土寄せしないかぎり施肥位置は表面施肥となり，施肥効率は悪い．これに対してペースト肥料は土中の適する位置に注入できるため，施肥効率の高い追肥ができる．本施肥法は背負い式灌注機を用いて作物の近傍から根圏内へ肥料を注入する方法であり（写真5.4），マルチ被覆上からも施用でき，多雨が長期間続いて基肥が流出し追肥や葉面散布が実施できない場面でも，効果的か

写真5.4　ペースト肥料の灌注機

つ速効的に追肥できる．

　さらに本施肥法は，1回マルチ2作栽培においても第2作目の基肥として定植後に効果的に施用できる．レタスの場合は2株おきに株と株の中間の深さ8cmの位置に，ハクサイやキャベツの場合は株横位置の斜め上から差し込んで株直下8cmの位置に，慣行施肥量の70～80％量を施用すると十分な肥効が得られる．

　本方法はアスパラガスのような多年生作物に対しても根群域の中心に局所施用することにより効果的な施肥を行うことができる．

3）セルリーに対するポット施肥法

　セルリーは茶とともに典型的な多肥栽培作物であり，施肥量は露地作型の場合，N量は80 kg/10 a程度であり，地力Nの供給が少ない圃場では100 kg/10 aを越す場合も珍しくない．しかしセルリーの窒素吸収量は10～15 kg/10 a程度であり施肥効率は著しく低い．そのうえ多量の葉上灌水を行うため，利用されなかった肥料成分の多くが地下浸透し環境に与える影響が大

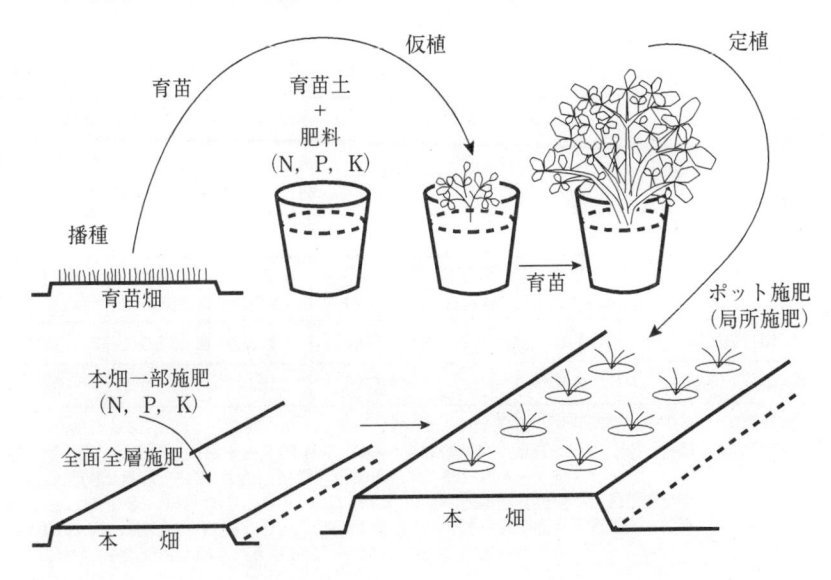

図5.43　セルリーのポット施肥法

きい．しかし慣行の施肥方法のまま施肥量を N 30 kg/10 a 程度に減肥して栽培すると出荷規格に合った収量，品質の収穫は不可能になる．セルリーが多肥・多灌水栽培される理由は軟らかくて歯ざわりがよく繊維が口に残らない良質なセルリーが求められるためである．しかしセルリー栽培地帯において地下水の硝酸性窒素規制をクリアーするためには慣行施肥量の大幅な削減または施肥効率の大幅な向上が必須条件である．そのため局所施肥の一種であるポット施肥法を開発した．ここでいう「ポット施肥法」とは育苗時に仮植するビニールポットの用土に育苗期間中はほとんど溶出しないシグモイドタイプ（S型）の肥効調節型肥料を混合しておき，苗が完成した後に定植と同時に本畑に局所施用する方法である（図5.43）．

この施肥法は定植後ビニールポット内の容積が施肥位置となるため，直径 10 cm 深さ 10 cm 程度の大きさ以上のポットで育苗する必要がある．用いる窒素肥料は 40 日間ほとんど溶出が抑えられる S 型の肥効調節型肥料が必要であり，遅効性が低いと育苗中にポット内の塩類濃度が上昇して苗が障害を

表5.24 ポット施肥法によるセルリーの収量

1. 苗の生育（完成苗）

試験区	草丈 (cm)	葉数 (本/株)	葉色 (GM値)
① 肥料無施用料苗	21.4	8.9	28.6
② 肥料施用苗	32.0	9.5	35.0

2. セルリーの収量

試験区	全重 (kg/株)	調整重 (kg/株)	草丈 (cm)	茎数 (本/株)	第1節間長 (cm)	株径 (cm)
① 慣行施肥区	1.45	1.24	50.0	17.0	18.0	8.4
② ポット施肥区	2.66	2.13	59.3	18.0	24.0	10.4

（試験場所）　長野県諏訪郡原村　標高 1,100 m，淡色黒ボク土，土性 L
（試験期間）　播種：3月10日～育苗土に肥料混合・仮植：5月10日～本畑に一部全面全層施肥・畝立・マルチフィルム被覆・ポット施肥（定植）：6月16日～収穫：8月29日
（施肥方法）　慣行施肥区　：全面全層施肥　ロング 424-70 N-P_2O_5-K_2O = 80-68.6-80 kg/10 a
　　　　　　　ポット施肥区：全面全層施肥　ロング 424-70 N-P_2O_5-K_2O = 10-8.6-10 kg/10 a
　　　　　　　　　　　　　　＋ポット施肥　スーパーロングショウカル 140 N 20 kg/10 a
　　　　　　　　　　　　　　　　　　　　　熔リン P_2O_5 20 kg/10 a
　　　　　　　　　　　　　　　　　　　　　ロングカリ S2038-140 K_2O 15 kg/10 a
（耕種条件）　平畝白マルチ被覆，クロルピクリン土壌消毒，3,600株/10 a　2条千鳥植

受けて失敗する．セルリーのポット施肥は栽植密度を 3,600 株/10 a とした場合，ポット内にシグモイド型被覆硝酸カルシウム（S 型ロングショウカル 140 日タイプ）で N 5.56 g，熔リンで P_2O_5 5.56 g，被覆カリ（S 2038-140）で K_2O 4.18 g 混合しておくと，定植時に本畑に N-P_2O_5-K_2O = 20-20-15 kg/10 a を局所施肥することになり，あらかじめ定植前の本畑に N-P_2O_5-K_2O = 10-8.6-10 kg/10 a を全面全層施肥しておくとトータルで N-P_2O_5-K_2O = 30-28.6-25 kg/10 a 施用することになる．慣行施肥量は窒素，リン酸，カリがそれぞれ 80-68.6-80 kg/10 a 程度であるから N 量では 50 kg の削減となり，減肥率は 62.5 ％ となる．本施肥法の場合，大幅に減肥したにもかかわらずセルリーは順調に生育し，収量および品質は慣行施肥に比較して低下しないでむしろ優った（表 5.24）．

　セルリーに対するポット施肥法はこのように慣行の施肥栽培に比べて収量・品質を確保しながら大幅に施肥量を削減できる環境保全的な施肥法であり，育苗時に仮植用土と肥料を混合するだけで慣行の作業体系のもとで容易に実施できる．

4）果菜類に対する局所施肥法

　果菜類に対する環境保全型施肥法として，夏秋ピーマンとトマトに対する局所施肥事例を紹介する．影井は夏秋ピーマンの肥効調節型肥料を用いた全量基肥栽培において，施肥位置・施肥量を組み合わせた検討を行い，慣行の全面全層施肥法に対して，施肥量の半量を直径 15 cm 深さ 10 cm の植え穴に局所施肥した場合，施肥量を 30 ％ 削減しても 8.5 ％ 増収して施肥効率が向上し，平畝の幅 30 cm 深さ 20 cm 層に施肥全量を局所施肥した場合，施肥量を 50 ％ 削減しても 4.8 ％ 増収して施肥効率が向上することを明らかにしている[2]．古川はトマトに対して肥効調節型肥料を用いた全量基肥栽培において，施肥量・施肥位置を組み合わせた検討を行い，速効性肥料を分施する慣行施肥栽培に対して，肥効調節型肥料を用いた全量基肥栽培の場合は，施肥量を 20 ％ 削減しても同程度の収量が得られ，施肥量を 20 ％ 削減した場合，畝床のみに局所施肥すると 7.6 ％ 増収し，これら施肥量を削減した場合の土壌中の硝酸態窒素は慣行施肥栽培に比べ変動が小さく，低く推移することを

明らかにしている[3]．この他に果菜類の効果的な局所施肥法を成功させた例は少ないが，作期が長い作物だけに今後，品目や作型に適した施肥位置，施肥配分，肥料の種類などが検討されれば環境保全型の施肥法が多く確立されていくと考えられる．

5）根菜類に対する局所施肥法

清本はダイコンとニンジンに対して施肥位置と施肥量を組み合わした検討を行い，ダイコンの場合は N の 50％ が 40 日タイプの肥効調節型である配合肥料を，播種位置が中心になる 10 cm 幅の深さ 20 cm の深層部と 0～10 cm の上層部にそれぞれ等量ずつ局所施肥すると慣行の全面全層施肥に比較して 20％ 減肥しても 4％ 増収し，ニンジンの場合は 15 cm 間隔の播種ラインの間に，10 cm 幅の深さ 20 cm の深層部に 40 日タイプの肥効調節型 N 肥料を，0～10 cm の上層部に速効性 N 肥料をそれぞれ等量ずつ局所施肥すると，慣行の全面全層施肥に比較して 20％ 減肥しても 30％ 増収し，施肥効率が向上することを明らかにしている[4,5]．

このように根菜類においても局所施肥法は，環境保全的施肥管理法として有望と考えられる．ただし根菜類の局所施肥法においては，施肥位置によっては収穫物の形状を悪くする場合があるので，施肥位置の両側のバランスをとる必要があると考えられる．

あとがき

野菜に対する環境保全的施肥管理法として，最も有望と考えられる環境保全型施肥技術について主に述べてきた．環境保全的施肥技術のなかでも局所施肥法は最も高い環境保全効果が得られ，機械局所施肥同時作業によって省力性と環境保全性が両立し省力・環境保全的施肥法として実施できる．紹介した局所施肥技術に対しては今後，施肥効率がさらに向上する施肥位置や施肥方式が見いだされ，機能性新肥料や新資材なども使用されるなら，より効果的な省力・環境保全的施肥法に発展するだろう．

野菜産地全体が環境基準化された地下水の硝酸性窒素規制をクリアーすることは容易ではないが，農家自身ができることから実行しなければ何も進展

しない．そのためには農家の生産目標が同時に達成できる実行可能な技術体系が提供されなければならない．紹介した施肥技術のなかから着手しやすいものを選び工夫して，一日も早く環境保全的施肥管理が農家によって実施されることを期待したい．

（高橋　正輝）

引用文献

1) 芝野和夫（1992）：野菜畑における窒素，リンの土層内分布の検証．農林水産技術会議事務局研究成果272号，39-43．
2) 影井雅夫（2000）：ピーマンに対する被覆肥料の施肥位置改善試験．JA全農・肥料農薬部委託試験成績書，73-76．
3) 古川雅文（1995）：肥効調節肥料によるトマト栽培の施肥改善．関東土壌養分研究会，43-44．
4) 清本なぎさ（2000）：ダイコンに対する施肥位置改善による効率的施肥法試験．JA全農・肥料農薬部委託試験成績書（別冊），281-287．
5) 清本なぎさ（2000）：ニンジンの施肥位置改善による効率的施肥法試験．JA全農肥料農薬部委託試験成績書（別冊），300-303．

4．施設野菜の省力・環境保全的施肥管理

4.1　施設栽培の特徴

　高収益を追求する施設園芸では，高生産性を目的として，長年施設の周年利用と多肥栽培を行ってきた．しかし，降雨を遮断された閉鎖系環境下の施設栽培では，露地と異なり，水の動きは下から上へと移動する．これに伴って土壌養分は表層に蓄積しやすい特徴がある（塩類化作用）．一般には養分吸収をかなり上回る多肥栽培の傾向にあるため，吸収されずに残った養分が土壌中に集積して，カリやカルシウム等の塩基および有効態リン酸の富化を招いてきた．さらに，硝酸イオン，硫酸イオン等陰イオンの蓄積も顕著にな

っている．

　各野菜産地とも施設の連続使用（以後本項では連用と略する）年数の増加とともに，ますます塩類集積および土壌養分富化が進行しつつあり，土壌養分の過多と，それらの不均衡に起因すると思われる各種の生理障害が多発する傾向にあり，生産力の低下を招いている事例も多い．

　連用施設では多肥による塩類集積回避のため，かけ流し除塩等で，利用されずに残った塩類を除去して，次作の生産安定を図ってきた．しかしこの除塩方法は養分を溶脱させるため，環境保全上問題視されている．さらには野菜の輸入量が増加する中で，施設野菜農家はより生産コストを下げ，生産性を高める必要がある．今後，塩類集積のない，環境に負荷が少なく，しかも生産性が高く，施肥効率の高い持続的な環境保全的施肥管理システムの確立が求められる．

4.2　施設栽培における環境保全的施肥管理

4.2.1　塩類集積のない施肥管理

　施設栽培で，副成分をもつ硫酸アンモニウム（硫安），過リン酸石灰（過石），硫酸カリ（硫加）を施用した区と，副成分のない硝酸アンモニウム（硝安），リン酸カリ，硝酸カリを施用した区で，塩類集積や野菜の生育を比較したところ，副成分のある肥料を施用した区では，pHが低下し，ECは高くな

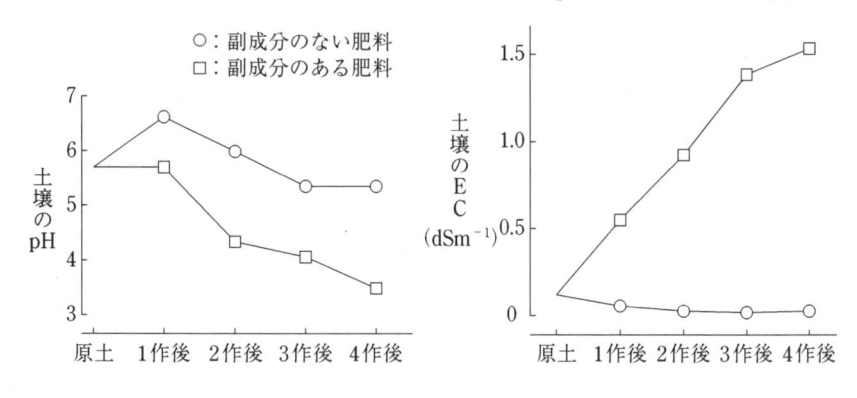

図5.44　肥料の種類の違いによる土壌pH, ECの経時適変化（小野ら，1994）

4. 施設野菜の省力・環境保全的施肥管理 (207)

表 5.25 施設野菜の吸収量, 施肥基準, 現場の施肥量 (kg/10a:愛知農総試, 普及指導部)

品目	吸収量*			施肥基準**				現場における施肥量			
	N	P_2O_5	K_2O		N	P_2O_5	K_2O		N	P_2O_5	K_2O
イチゴ	14	7	18	旧	24	16	24	最少	16	16	12
				新	24	16	24	最多	35	37	35
								平均	23	24	22
トマト	25	7	45	旧	28	18	28	最少	20	18	20
				新	26	18	28	最多	45	40	45
								平均	29	31	31
キュウリ	43	15	73	旧	65	30	55	最少	50	20	44
				新	60	30	50	最多	55	60	55
								平均	52	41	47
ナス	51	12	77	旧	58	26	54	最少	45	40	45
				新	58	26	54	最多	75	70	70
								平均	61	50	59
温室メロン	22	9	25	旧	15	10	15	最少	7	13	7
				新	15	10	15	最多	13	21	21
								平均	10	17	14

(注) * 速水らのデータを一部変更, 加筆
　　** 旧:平成3年11月発行, 新:平成7年11月発行
資料 :伊藤祐朗「野菜・花き課題別研究会資料」, 野菜・茶業試験場(1996)

ったのに対し, 副成分のない肥料を施用した区では, 作付け回数が増加しても土壌pHやECは作付け前と変わらず, 適正な状態に保たれていた(図5.44)[1]. また, 野菜の生育も後者で良好であった. このように, 施設土壌の塩類集積は, 副成分のない肥料を用いることによって回避することができる.

4.2.2 富化養分を生かした施肥管理

施設農家は一般的にその地域で決められた施肥基準に従って施肥管理を行っている(表5.25). しかし, 施肥基準は養分富化が比較的少ない土壌での基準を示したもので, 必ずしも連用を想定した基準ではない. したがって, 連用を続けると作物に吸収利用されなかった養分が培地中に残存し, 次第に養分富化土壌・塩類集積土壌が生成される.

とくに富化養分の顕著なのはリン酸である. リン酸は窒素やカリと同量かそれ以上に施用されているが, 作物による吸収量は窒素の30%程度で, 吸

収されないリン酸は土壌に蓄積してゆく．さらに，施設では有機物の施用が多く行われ，それらに伴って搬入されるリン酸も上乗せされ，一層富化が増す．土壌中の有効態リン酸は 100 g 中 60〜80 mg あれば十分であるが，実際には 200〜500 mg と 15〜20 作分に相当するリン酸が蓄積している施設も多い．有効態リン酸が 100〜200 mg あればリン酸施肥量を半量，200 mg 以上であれば無施肥としても作物生育には支障がない．

また，施設では長年の過剰施肥や有機物施用によって，窒素やカリも富化している．易分解性の有機態窒素（地力窒素）は栽培期間中に微生物の働きによって無機化され，施肥基準に沿った管理を行っていても，土壌中窒素はより一層高まる傾向にある．有機物の多用によるカリの富化が顕著な施設も多い．また，pH 調整のための石灰資材の長年の連用により，カルシウム，マグネシウム等の塩基の富化した施設も多く見られる．

これからは土壌に蓄積した養分を上手に利用して，施設外への養分流出を極力抑える施肥管理法が求められており，そのためには，栽培期間中の土壌や作物体内養分を迅速に，かつ簡易に測定できる診断法を開発し，作物生育に必要な養分だけを供給するといった明確な考え方が必要である．

4.2.3 根を大切にする施肥管理

根の働きはいうまでもなく作物体を支えること，作物生育に必要な養水分を吸収すること，そして，その吸収した養水分を地上部に送り，代謝活動を活発にすることにある．しかし，根は土壌の環境条件の変化に大きく反応し，とくに細根・毛根の先端部分は敏感である．たとえば，土壌中の高い肥料濃度に接すると，根の発達が悪くなったり，極端な場合には肥料焼けで枯死してしまうこともある．さらに，土壌水分の変化によっても，乾燥害や湿害を起こし根の機能を失うことになる．

一例として，キュウリを定期的な灌水や追肥で土壌中の養水分含量が大きく変わる慣行の栽培方法と，毎日生育に必要な養水分を与えた区（養液土耕），すなわち窒素含量を 5 mg/100 g，pF を 1.7〜2.0 に保って栽培した区の根重を比較すると，支持根では差が無かったが，養水分を吸収する細根では明らかに後者が優った．

以上のように，慣行の養水分管理では無意識のうちに根の発達や機能にストレスを与えていることがわかる．したがって，作物の生育を十分促すためには，根にストレスを与えずに，しかも，根域の養水分を適正にコントロールできるシステムが求められる．

4.2.4 土壌溶液の養分コントロール

作物は土壌溶液中の養分を吸収するが，現行の施肥法では基肥，追肥として一度に多量の施肥が行われるため，一時的に土壌溶液の養分濃度が高まったり，低くなったりしてその変動が激しい．その結果，根に対しストレスを与え，ひいては養分の過不足を生じて生育に悪影響をもたらす．一方，野菜の種類によって好適養分濃度が異なることが知られている．たとえばマスクメロンでは生育前半はやや低く，中期は高く，後半は低く保つことが良いとされている（図5.45）．このように，作物の生育ステージによっても最適養分濃度は異なっているので，作物の安定生産を維持するには，従来の基肥主体＋追肥の施肥管理体系では対応できない側面がある．これからは，作物の生育と養分吸収量・速度を十分把握し，それに応じた土壌溶液中養分濃度をコントロールする施肥管理が必要である．

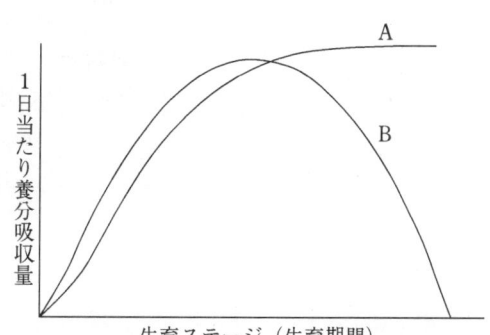

A：連続吸収型（キュウリ，ナス，長段トマト，イチゴなど）
B：山型吸収（マスクメロン，摘心トマト）

図5.45　野菜の生育ステージと養分吸収経過の模式図（愛知農試，加藤「野菜・花き課題別研究会資料」野菜・茶業試験場，1999）

4.2.5 養分吸収特性に合わせた施肥管理

野菜の養分吸収パターンは，栄養生長，生殖生長，その両者が併行して生長するなどその生育特性あるいは人為的に目的とする収穫物の収穫時期によって著しく異なる．このため，事前に養分吸収パターンを把握し，それに応

じて養分を供給するならば，効率的な養分管理ができる．そのためには，作物体の健康チェック，すなわち栄養診断が欠かせない．作物体の診断部位，時期，そして簡易分析法の確立によって，リアルタイムに栄養診断が行われ，その結果が直ちに対策に結びつけることが求められている．

4.3 施設栽培における施肥事例

4.3.1 施設栽培における施肥方式

施設野菜で利用されている施肥方式を下記に示す．

① 有機質肥料主体（ペレット肥料）タイプ
② 有機質肥料主体（ペレット肥料）＋液肥追肥タイプ
③ ボカシ肥料基肥主体タイプ
④ 緩効性肥料主体＋液肥追肥タイプ
⑤ 肥効調節型肥料主体タイプ
⑥ 肥効調節型肥料主体＋液肥追肥タイプ
⑦ 肥効調節型肥料主体＋有機質肥料追肥タイプ
⑧ 液肥主体タイプ（ドリップ・ファーティゲーション）

施設野菜の施肥は，今まで有機質肥料（ボカシ肥料も含む）主体の施肥方式や，緩効性肥料主体あるいは肥効調節型肥料主体の施肥方式がとられてきたが，今後は液肥主体タイプの導入，すなわち，より自動化，省力化，そし

表5.26 肥効調節型肥料の愛知県における作物別利用状況 （愛知農総試，普及指導部，1996）

品名	主な作物	利用割合	普及上の問題点
かさいLP有機180	ナス キュウリ	5～6割 6～7割	冬期の肥効不十分，春先以降効きすぎ 同上
かさいLP有機140	イチゴ	数%	有機配合肥料に対する意向強い
はっとりくん	オオバ	3～4割	
ロング（スーパーロング424等）	トマト ナス キョウリ	4～5割 1割程度 1～2割	冬期の肥効不十分，春先以降効きすぎ 同上，定植時期の影響大きい 同上
シグマコート	トマト	数%	冬期の肥効不十分，春先以降効きすぎ

資料：「野菜・花き課題別研究会資料」野菜・茶業試験場（1996）

てリアルタイムで養液の供給濃度をコントロールできるシステムの導入が期待されている．本方式は養液土耕栽培（ドリップ・ファーティゲーション）と呼ばれ（ファーティゲーションとは，fertilization と irrigation を合わせた合成語），灌水と施肥を同時に行う栽培法である．

4.3.2 果菜類の施肥法

イチゴ，メロン等の果菜類では，品質向上を期待して，有機質肥料（ボカシ肥料）を利用する事例が多い．キュウリ，ナス，ピーマン，トマトでは収穫が長期にわたるため，追肥に多大な労力を要する．この追肥を省略する目的で，肥効調節型肥料の利用が進んだ（表5.26）．肥効調節型肥料をベースに，追肥として液肥，有機質肥料あるいは緩効性肥料も併用されるが，従来よりも追肥回数が減り，かつ施肥量もかなり削減となった．また，生育中・後期の肥効発現を期待して，溝施肥や深層施肥なども行われている．

4.3.3 葉菜類の施肥法

有機質肥料を利用する場合も多いが，栽培期間が短いため，緩効性肥料・有機質肥料が主体となる．あるいは，液肥が生育に合わせて施用される場合もある．被覆肥料を用いた例として，松本はホウレンソウのシードテープに被覆尿素（LP-30）を封入して，は種・施肥を同時に行う方式を紹介している．それによると，肥効は著しく高まり，窒素施肥量は慣行の全層施肥に比べ，1/3～1/4で同等以上の収量を得ることができ，窒素の大幅な削減になった（表5.27）[2]．

表5.27 シードテープによるは種・施肥とホウレンソウの収量，窒素利用率*

窒素施肥法	窒素施用量 (g/m^2)	発芽率 (%)	収量 (g/m^2)	N 吸収量 (g/m^2)	施肥由来 N 吸収量 (g/m^2)	施肥窒素利用率 (%)
無窒素	0	90	1500 (81)	5.20	—	—
LP30テープ	2.7	84	1941 (105)	7.02	1.94	89.7
LP30テープ	4.5	80	1960 (106)	7.63	2.55	71.7
LP30テープ	6.3	59	1630 (86)	7.02	1.94	38.3
LP 全層	12.0	84	1841 (100)	7.43	2.35	24.3

* 春作，夏作，秋作の3作の平均で示す．
出典：松本美枝子；施設ホウレンソウの合理的施肥方法，農業と科学，1998, 6/7

4.4 養分吸収パターンに基づく環境保全型施肥

4.4.1 施設野菜の養分吸収パターン

1）連続吸収タイプ　収穫期間の長いキュウリ，ナス，トマト，ピーマン，シシトウ，イチゴ等の果菜類およびセルリー，ネギ，オオバ等の葉菜類は，窒素の肥効をコンスタントに保つ必要がある（図5.45）．ただし，維持すべき窒素濃度は作物種・品種によって異なる．窒素濃度をコンスタントに保つには，追肥主体の施肥方式が適する．あるいは，肥効調節型肥料と液肥による追肥形態も考えられる．

2）山型の吸収タイプ　生育中期に十分な養分供給が必要で，後半まで窒素が効きすぎると品質が低下する場合で，マスクメロンや生育期間の短いホウレンソウ，チンゲンサイ，サラダナ等がこれに属する．したがって，基肥主体とし，後半の肥効がないようにする．

このタイプには，有機質肥料主体あるいはこれに液肥追肥方式，または養液土耕も適する．

3）尻上がり吸収タイプ　前半の生育を抑えないと，ツルボケして十分な収量が得られないタイプで，スイカ，カボチャ等が該当する．この場合には，基肥を少なくして，中・後期に肥効が現れるような施肥法が望ましい．したがって，追肥主体あるいは肥効調節型肥料が適している．

4.4.2 施肥効率の高い環境保全型施肥法

1）肥効調節型肥料の局所施肥　肥効調節型肥料を定植時に，植え穴あるいは溝に基肥として施肥する方法である．トマトを栽培した結果によると，局所施肥は慣行の窒素量に比べて30％減肥しても収量はいずれも優れた（図5.46）[3]．ただし，移植時に肥料の溶出が十分でない場合には，スターターとして速効性肥料あるいは溶出期間の短いタイプを選定するとか，初期の生育を抑えたい場合には，シグモイド型肥料が適している．また，肥効調節型肥料の溶出を促し，肥効を高めるためには，少量多回数の潅水が望ましい．

2）肥効調節型肥料の連作全量一括施肥法　省力化のため，肥効調節型肥

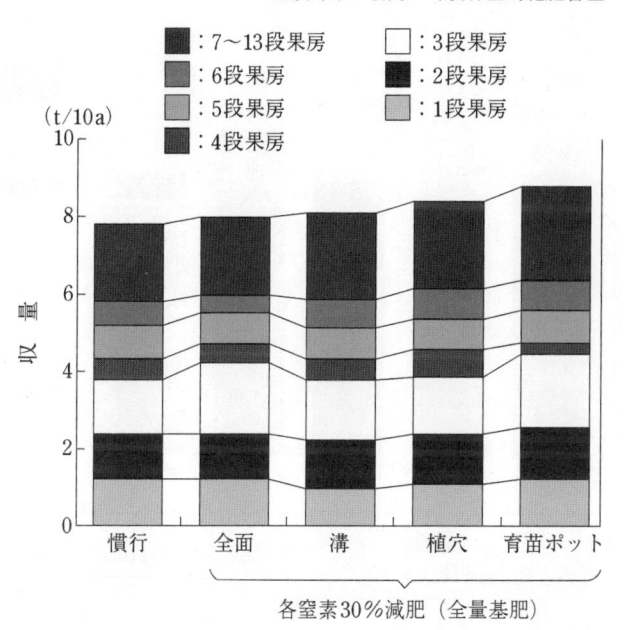

図 5.46 トマトの施肥方法と収量（大分農技セ・畑地利用部）

料を用いて，2～6作分の全量を一括施肥する試みがある．キュウリでは不耕起栽培で2作分を施肥した例がある．雨よけホウレンソウでは，年5～6作の栽培が行われるが，1作目に年間必要量を一括施肥した結果によると，慣行の毎作施肥に比べ25％減肥であっても，収量は優った（図 5.47）[4]．このように，肥効調節型肥料を用いると，減肥と追肥労力の省力化が可能となる．

3）**肥効調節型肥料と点滴灌水** 今井は被覆肥料とドリップ灌水を組み合わせた新しい栽培法を提案している[5]．これはピートモス培地に70日溶出タイプと100日溶出タイプを置き，トマトを植えつけ，点滴灌水する方法である．同じくトマトの土耕栽培でも，ドリップチューブの真下に肥効調節型肥料を局所施肥し，少量多回数の点滴灌水で，安定した肥効が得られている（加藤，未発表）．この方法で施肥効率をより高めることができる．

なお，肥効調節型肥料のみでは，初期生育が確保できない場合とか，生育中期に肥料不足を起こした場合などは，少量の液肥を施用するとよい．

第5章 窒素負荷を軽減する新施肥法

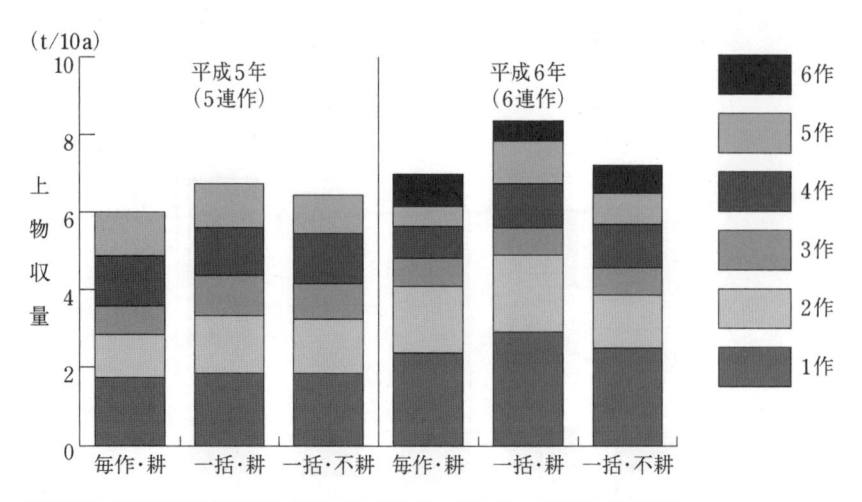

年度 (作付)	試験区 施肥・耕起*	トータル施肥 窒素量	ベースとなる肥料銘柄**
		kg/10a	
平成5 (5作)	毎作・耕(慣行) 一括・耕 一括・不耕	66.0 40.0 40.0	リン硝安カリS811 IBS1号＋ロング424(70日)＋〃(100日)
平成6 (6作)	毎作・耕(慣行) 一括・耕 一括・不耕	81.0 50.0 50.0	リン硝安カリS811 IBS1号＋ロング424(70日)＋〃(140日)＋〃(180日) 〃

*耕：作付ごとに耕起，不耕：1作目に耕起，2作目以降はレーキで整地のみ
**一括施肥の緩効性肥料は窒素成分量が各々等量となるよう配合した．

図5.47 雨よけホウレンソウ不耕起一括施肥法と収量(佐賀農研セ，中島)[4]

4) **養液土耕** 作物の生育あるいは養分吸収に応じて養分を供給することが最も望ましい施肥法であるが，従来から固体肥料の分施あるいは溶出を調節した被覆肥料や緩効性肥料が使われており，根圏の養分濃度を最適条件にすることはほとんど不可能であった．近年点滴灌漑と養分を同時施用する養液土耕が関心を集めている．これに関しては，次に詳しく述べる．

4.5 これからの施設園芸を支える革新技術；養液土耕

　環境問題がクローズアップされるなかで，施設園芸でも今まで以上に環境に優しい栽培システム・潅水技術・施肥技術が求められている．また，次世代につながる連作障害のない，持続的生産システム・生産技術がますます重要になっている．21世紀に生き残れる大規模施設園芸には，省力・低コスト・高品質・多収だけでなく，大規模生産，規格品生産，周年計画生産が重要となる．

4.5.1 養液土耕（ドリップ・ファーティゲーション）

　養液土耕では，従来の潅水法とは異なり，点滴により潅水と養分を併せ供給する方法である．すなわち，土壌のもつ緩衝能を生かしながら，点滴潅水により「作物の生育ステージに合わせ，作物が必要とする養分を，吸収可能な状態（液肥）で，リアルタイム栄養診断，土壌溶液診断に基づき過不足なく与える栽培法」である．したがって，養液土耕では，任意に養水分供給が可能となり，作物の好適養水分状態が保たれ，過湿による根腐れや，過乾による塩類濃度上昇とそれによる根へのストレスが解消される．

　大規模施設園芸中心のイスラエル，欧米では，古くから潅水施肥が行われてきた．一方，日本では塩化ビニル管ノズル，散水チューブを利用した潅水方法がとられてきた．点滴タイプは養液栽培には利用されてきたが，土耕栽培ではごく一部に採用されてきただけである．これは，両者の潅水に対する考え方の相違によると考えられる．すなわち，イスラエル等では水が貴重な資源であり，点滴により必要最小限の水で栽培することが求められるのに対し，日本では潤沢な水があり，一度にたっぷりの水をかけて回数を減らすほうがよいとされてきた．例えば，日本のキュウリでは，蒸散量の多い夏場は $5〜6 t/日/10 a$ の水を消費するので，$2〜3$ 日毎に潅水が必要となるが，秋〜春にかけても1回の潅水量は $20〜30 t/日/10 a$ と多く，潅水間隔で調整する方法をとってきた．このような方法では，過乾・過湿が繰り返され，根にストレスを与えることは必至である．また，一度の潅水量が多いことは，養分の流出を助長することになる．

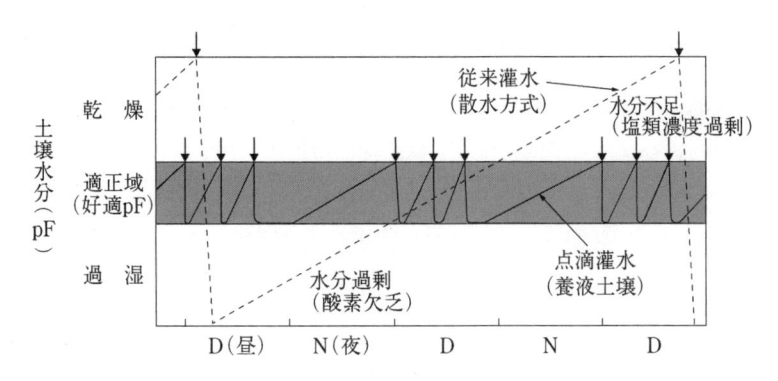

図 5.48 灌水方式と土壌水分（pH）の変化—点滴灌水による灌水の適正化・好適水分管理（愛知農総試・加藤）[7]

一度に多量灌水する慣行の散水方式の問題点と，少量多回数灌水する点滴方式の利点を整理すると次のようになる．

慣行の散水方式 表面にクラストが形成され，透水性，通気性が不良となる．下層で過湿となり，酸素不足（湿害）を招くことがある．次の灌水までに乾燥するため，土壌溶液濃度が上昇して根痛みを起こし易い．

点滴方式 表面にクラストができないため，透水性，通気性がよい．根圏が制限されるものの，ほぼ均一の土壌水分状態が得られる．きめ細かな灌水コントロールにより，過湿による酸素不足や，過乾による塩類濃度上昇とそれによる根へのストレスが回避できる（図 5.48）．

このように，養液土耕では，養水分，物理性が野菜や花きの根に最適な条件を提供する次世代型の管理方式といえる．恒常的水不足をかかえる施設園芸では，環境保全の立場からも，肥料等養分の流亡を極力少なくする節水型灌水方式の導入が求められる．

4.5.2 リアルタイム診断

従来の，勘あるいは経験的な判断による施肥では，必要以上に施肥される場合が多く，適正な施肥はなかなか困難である．そこで，効率的で適正な施肥を行うため，土壌診断・栄養診断を行い，その結果に基づいて，追肥の量・時期の決定に役立てる施肥管理法が求められており，21 世紀に向けて環境調

4. 施設野菜の省力・環境保全的施肥管理　（ 217 ）

和型生産システムの構築が期待されている．つまり「リアルタイム土壌溶液診断」「リアルタイム栄養診断」を，作物の生産性と品質の向上に積極的に結びつける方法である．従来の有機質肥料主体の施肥体系の場合の無機態窒素濃度パターンでは，1回当たりの施肥量が多いため，好適窒素濃度範囲が大きくずれ，大きな波を打つ形態をとる．したがって，理想モデルを維持することが困難である（図5.49-a）．

　これに対し，リアルタイム土壌診断を活用した有機質主体の施肥では，少量多回数灌水であるため，追肥回数は増えるが，窒素濃度は比較的適正値にコントロールできる（図5.49-b）．さらに，リアルタイム診断を活用して液

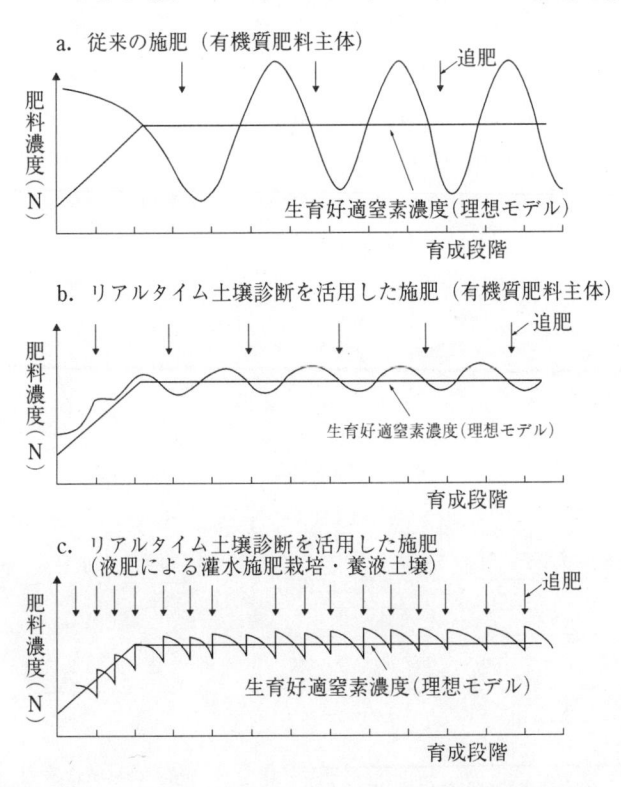

図5.49　リアルタイム診断を活用した施肥の方法と肥効パターン
　　　　（愛知農総試・加藤）[7]

肥主体の灌水施肥を行うと，好適窒素濃度に近いパターンで推移する．この場合，追肥回数は著しく増加するが，灌水施肥のシステム化・自動化をはかれば，施肥の適正化とともに省力化と環境保全が図られる（図5.49-c）．

従来の施設園芸の慣行施肥体系では，家畜ふん堆肥，有機質肥料，化成肥料などに由来する塩類集積が著しい．たん水除塩，排土客土，クリーニングクロップの利用などの塩類集積対策なしには生産力の維持・向上が図れないのが現状である．リアルタイム診断を活用した施肥で，施肥量と灌水量をより節約することができれば，塩類集積を回避することもできる．

4.5.3 養液土耕の実際

養液土耕栽培システムは岡部らによって花き切り花で実用化がはかられた[6]．それによると，図5.50に示すように，点滴灌水で必要最小限の養水分を供給することによって，根域を25～35 cmに制限する（作物によってはこれより深くする）．根域が制限されているので，任意に養水分をコントロールすることが可能で，それによって生育・草勢を容易にコントロールできる．1日当たりの灌水量を少量ずつ何回にも分けて与えることにより，地表から25 cm程度の範囲が常に一定の養水分で浸潤されており，ここに細根

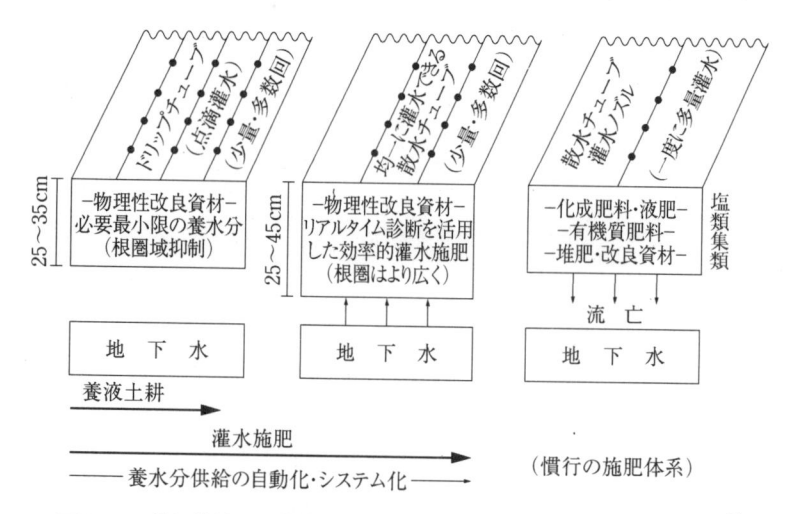

図5.50 施設栽培での灌水施肥・養液土耕の概念（愛知農総試・加藤）[7]

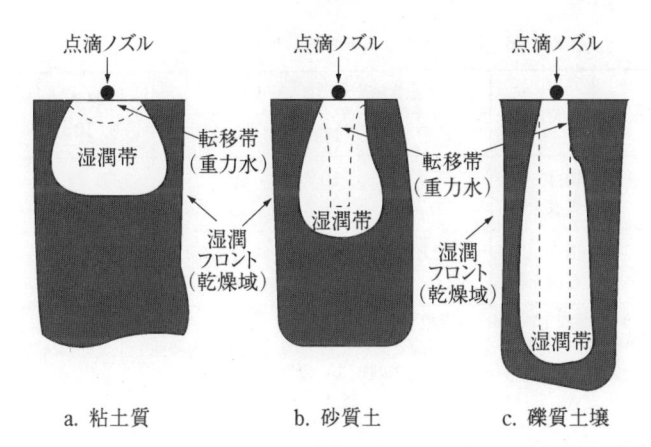

図 5.51 ドリップ（点滴源）からの養液・水の分布（Gadi. G. を修正）[7]

（図中ラベル）点滴ノズル，湿潤帯，転移帯（重力水），湿潤フロント（乾燥域），a. 粘土質，b. 砂質土，c. 礫質土壌

が集中して発達する．ただし，キュウリなど果菜類では，種類によって根域をもっと深くする必要がある．

養液土耕では，点滴された養液が重力と毛管現象により，下方と外側に浸透していき，円錐状の浸潤帯を形成する．この浸潤帯は適量・高頻度の点滴灌水によって得られ，水分・養分・酸素が作物の生育，とくに根の機能，細根の発達に好適である物理性がよく，毛管孔隙に富み，通気性に優れた土壌（培地）では養液の横方向の浸潤がよく，浅くて広い円錐状の湿潤帯を形成する（図 5.51-a タイプ）．団粒構造の発達した火山灰土壌では a タイプであるが，団粒構造の発達が中程度の砂質は b タイプで，養液が重力によって主に下方へ動くため，円錐径は細く，深くなる．さらに，粗孔隙の多い，れき質土壌では，円錐径がより細く，深くなる（c タイプ）．また，養液土耕では，基本的には基肥なしで，追肥主体とするため，定植後の活着が良好で，根系の発達もよい．しかも，養分の過不足によるストレスと，水分の過湿・過乾によるストレスが少なく，草勢コントロールが容易である．

養液土耕は，「土壌・培地」を用いて養液栽培を行うもので，システム化・自動化できる合理的栽培システムであるが，リアルタイム診断が前提となる．作物の養分吸収特性，生育ステージに合わせた効率的な施肥を行うに

表5.28 養液土耕によるトマト,セルリーの収量

野菜	栽培法	窒素施肥量 (N kg/10 a)			収量 (t/10 a)
		基肥	追肥	計	
トマト	慣行	35.4	10.7	46.1	14.6
	養液土耕	0	29.2	29.2 (63)	16.1 (110)
セルリー	慣行	62.8	53.0	115.8	5.6
	養液土耕	0	46.2	46.2 (40)	7.3 (130)

(注) ( ) は養液土耕/慣行の指数
出典;小野信一:元肥チッソ無用論と養液土耕栽培,「関東東海農業 土壌肥料研究会資料」農業研究センター (2000, 9)

は,ハード(栽培システム)とソフト(管理マニュアル,リアルタイム診断)がかみ合って始めてシステムとして機能する.土壌・培地を用いて過不足なく養水分を供給するには,診断は不可欠条件である.

次に,養液土耕の実際例をいくつかあげて若干の考察を試みる.表5.28はトマト,セルリーについて,慣行栽培と養液土耕栽培の比較である.この場合,養液土耕では基肥をまったく使わず,もっぱら灌水同時施肥である.トマトの窒素施肥量は10 a当たり慣行で46 kgに対し,養液土耕では29 kgで,慣行の40%減である.しかし,収量は慣行より10%多く得られている.また,セルリーでは,これも多肥料の代表野菜であるが,養液土耕は慣行に比べ実に60%減肥でも30%の増収となった.

表5.29は半促成のキュウリとナスおよび抑制キュウリの例である.キュウリでは土壌水分をpF 1.8～2.0,ナスでは2.0～2.2に管理した.半促成キュウリの窒素施肥量は250～300 g/日/10 a,灌水量は750～1,500 L/日/10 aで,気温の上昇と生育の進展に伴って増加した.

全室素施肥量は,慣行が40 kg/10 aに対し,養液土耕では32 kg/10 aと20%減であるが,収量は11%の増収である.

抑制キュウリでは反対に栽培日数の経過に伴って日照,気温とも低下することから,収穫中期以降は施肥量,灌水量とも減少した.この場合も,施肥窒素量は慣行の37%の減であるが,収量はやや優る結果が得られている.

表5.29 養液土耕によるキュウリ，ナスの施肥量・収量

種類	栽培法	窒素施肥量 (kg/10 a)			収量 (t/10 a)
		基肥	追肥	計	
キュウリ（半促成）	慣行	20	20	40	13.7
	養液土耕	0	32	32 (80)	15.2 (111)
キュウリ（抑制）	慣行	15	15	30	6.5
	養液土耕	0	19	19 (63)	6.9 (106)
ナス（半促成）〈無加温栽培〉	慣行	20	20	40	6.9
	養液土耕 A	0	32	32 (80)	7.4 (107)
	養液土耕 B	0	20	20 (50)	7.4 (107)

(注)（ ）は養液土耕／慣行の指数
資料：埼玉園試　六本木・山崎の成績から作表
「関東東海農業　土壌肥料研究会資料」農業研究センター（2000）

ナスの半促成栽培では，窒素230 g（32 kg/10 a）（A区），120 g（20 kg/10 a）（B区）の2水準で行った．灌水量は1,000から3,000/L/日へと増え，キュウリの場合と同様の傾向であった．窒素施肥量はA区で20％，B区で50％の減肥であるが，収量は両区とも7％の増収であった．このように，地力のあるハウスのナスでは慣行の50％の窒素でも養液土耕の場合には十分な収量が得られることが実証された．

次に，上記半促成栽培のキュウリの窒素について，その施肥量と吸収量の関係を見ると（図5.52），慣行栽培では，窒素濃度が階段状に変化しており，

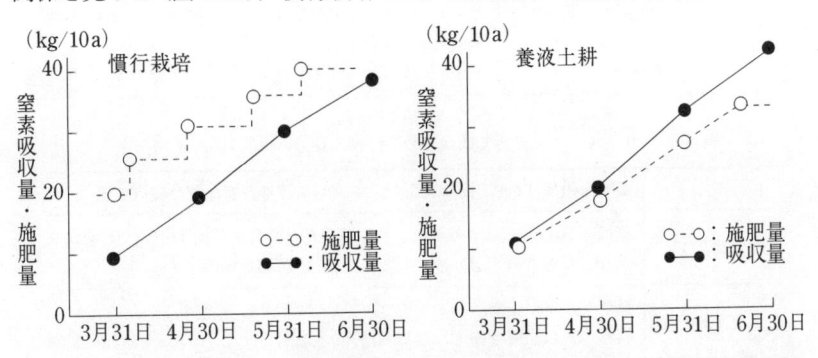

図5.52　栽培法の違いによる窒素施肥量と吸収量の比較（六本木，「関東東海農業土壌肥料研究会資料」農業研究センター，2000）

窒素供給濃度の濃淡がはっきりしていることを示しているのに対し,養液土耕では直線状になっていて,窒素供給が一定濃度で行われていることがわかる.また,キュウリによる吸収量も養液土耕で優り,施肥量の削減とあいまって,施肥効率は高く,その分残存窒素も少なくなり,したがって,系外への流出が少なくなり,環境保全上きわめて有効な施肥法といえる.

4.5.4 土壌診断,作物体栄養診断

土壌診断には土壌溶液を,① 吸引法(例として商品名ミズトールなどを利用),② 生土容積抽出法があり,比較的簡易に採取することができる.

作物体の栄養診断では,具体的な診断部位や汁液採取法および診断基準の目安(定値)が示されている(表5.30,31,32).これ以外にも野菜の種類,作型,品種等で基準値は異なることが予想され,それらについては今後のデータ蓄積にまつところが大きい.

なお,さらに詳しい診断方法,装置については,六本木・加藤[7]を参照されたい.

表5.30 野菜の栄養診断での測定部位と汁液採取方法(六本木)[7]

作物名	採取方法	測定部位
キュウリ	搾汁液法	14～16節の本葉または側枝第1葉の葉柄
ナス	搾汁液法	最新の展開葉から数えた3～5葉目の葉柄
イチゴ	摩砕法,搾汁液法	最新の展開葉から数えた3葉目の葉柄
トマト	搾汁液法,摩砕法	ピンポン玉程度の花房直下で本葉の中央部小葉の葉柄
メロン	搾汁液法	果実直下の葉柄
キャベツ	搾汁液法	地面に対し30～40度傾いた下位葉の葉柄基部

表5.31 リアルタイム栄養診断のための作物体養分の採取方法(六本木)[7]

搾汁液法	葉柄を鋏で1cm前後に切断し,ニンニク搾り器で汁液を採取する
摩砕法	葉柄を0.5cm前後に切断し,すり鉢または乳鉢に葉柄1～2g,蒸留水9～18mLを入れ十分に摩砕して,葉柄汁液の10培液とする.
スライス法	葉柄を2mm程度にカミソリで細切し,葉柄2g,蒸留水18mlをガラス容器に入れ,時々振とうして30分間水抽出を行う

4. 施設野菜の省力・環境保全的施肥管理 (223)

表 5.32 野菜のリアルタイム栄養診断基準値の目安（六本木）[7]

野菜名	作成県	収穫期間	硝酸イオン含量の診断基準値 (ppm)
促成キュウリ	埼玉	2月下旬－6月下旬	3月上旬：3,500〜5,000，4月上旬：3,500〜5,000，5月上旬：900〜1,800，6月以降：500〜1,500
半促成キュウリ	埼玉	3月下旬－6月下旬	4月上旬：3,500〜5,000，5月上旬：900〜1,800，6月以降：500〜1,500
抑制キュウリ	埼玉	9月下旬－11月下旬	9月下旬-11月下旬：3,500〜5,000
夏秋雨よけキュウリ*	宮城	7月下旬－9月下旬	8月上旬：400〜500，その後は収穫終了にかけて漸減
露地ナス	埼玉 岐阜	7月上旬－10月中旬	7月上旬-8月上旬：3,500〜5,000，8月中旬以降：2,500〜3,500
半促成ナス	埼玉	4月上旬－7月上旬	4月上旬-7月上旬：4,000〜5,000
促成イチゴ	埼玉 岐阜	12月下旬－4月下旬	11月上旬：2,500〜3,500，1月上旬：1,500〜2,500，2月上旬以降：1,000〜2,000
いちご苗（セル育苗）	茨城		8月中旬：400〜500以下，9月上旬：微量
促成トマト（6段摘心）	愛知	12月中旬－2月上旬	12月中旬-2月上旬：1,500〜3,000
半促成トマト（6段摘心）	愛知	5月中旬－7月上旬	5月中旬-7月上旬：1,000〜2,000
長段穫りトマト	三重	11月下旬－5月下旬	収穫前（第1花房肥大期）：10,000〜8,000，11月下旬-2月上旬（主枝花房収穫期，1-6段）：5,000〜3,000，2月中旬以降（側枝花房収穫期，7-14段）：2,000〜1,000
抑制トマト（7段摘心）	茨城	8月中旬－11月中旬	8月中旬-9月上旬（第1,2花房収穫期）：7,500〜9,000，9月中旬以降（第3-7花房収穫期）：5,000〜6,000
促成トマト（12段摘心）	埼玉	2月下旬－7月下旬	1月-2月下旬：4,000〜5,000，3月上旬-4月下旬：2,000〜3,500，5月上旬-6月下旬：500〜1,500
半促成メロン	愛知	7月上－中旬	定植時：3,000〜4,000，開花期：2,000〜3,000，果実肥大期：5,000〜6,000，成熟期：2,000〜3,000，収穫期：1,000〜2,000
キャベツ	滋賀		結球始期（球径4cm制度）春播き栽培（6月下旬）：8,000以上，夏播き年内穫り（10月上旬）：10,000以上

（注）* 測定部位は上位第3展開葉から伸びる巻きひげの基部から5cm長まで

4.5.5 養液土耕の問題点

養液土耕は環境保全上きわめて有効な栽培法であるが，一般に普及するには未だ解決すべきいくつかの問題点がある.

① 導入コストが高い

② 灌水ノズルの目詰まりの解決

③ 土質，物理性に合った点滴灌水法の開発

④ 土壌肥よく度に合った施肥法の開発

⑤ 作物の養分吸収パターンとそれに適合した好適養分濃度の把握

（加藤　俊博）

引用文献

1) 小野信一・森　昭憲（1994）：ハウス栽培における化学肥料の形態が土壌に与える化学的ストレス. 日土肥誌, 67, 371-376.

2) 松本美枝子（1998）：施設ホウレンソウの合理的施肥方法. 農業と科学, 6/7.

3) 東　隆夫（1999）：九州・熊本における野菜の肥効調節肥料の利用. 農業と科学, 8.

4) 中島　治（1996）：一括施肥で手間を省き，収量は十分. グリーンレポート, No.257

5) 今井秀夫（1999）：被覆肥料とドリップ灌水を組み合わせた新しい水耕法. 農業と科学, 11.

6) 岡部陽一ら（1994）：デルフィニウム・エラータムの養液土耕栽培. 園学雑別1, 510～511.

7) 六本木和夫・加藤俊博（2000）：野菜・花卉の養液土耕. 農文協.

5. 野菜の品質と窒素施肥

5.1 野菜の品質

野菜は，ビタミン，ミネラル，繊維等の供給源であり，人の体の調子を整

える働きがある．野菜の品質を考えるとき，これら栄養成分の含有率を第一に考慮しなくてはならない．しかし，市場向けには色，形などの外観的要素や収穫後の保存性，加工適性が重要であり，消費者の立場からは食味の良し悪しや有害物質を含まない等の安全性も大きな関心事である．このように多岐にわたる品質項目のうち，ここでは栄養や食味，安全性にかかわる内容成分について，そのうちでも糖，アスコルビン酸（ビタミン C），硝酸およびシュウ酸を取り上げた．野菜の品質にかかわる内容成分（以下，品質成分と呼ぶ）の含有率は品種や作期，作型によって変化するが，土壌条件や施肥，有機物の施用などの影響も大きい．さらに，施肥や養分条件の中で品質成分に最も強く影響するのは窒素である．窒素は作物の生育，収量に大きな影響を与えるだけでなく，品質成分に対する影響も大きい．しかも最大収量を目的とした場合と，高品質に注目した場合では最適窒素条件は異なる．窒素の多用は地上部の旺盛な生育をもたらし収量増に結びつく場合が多いが，栄養成分や食味関連成分の含有率を低下させ，有害成分の蓄積をもたらす場合が多い．高品質な野菜生産にはどのような窒素施肥が適しているか，見ていきたい．

5.2 窒素施用と糖

一般に，窒素肥料を多く与えると，作物の糖含有率は低くなり，食味は悪くなる．糖は野菜の食味を左右する最も基本的な成分である．さらに，収穫時に糖がある程度蓄積していることで，収穫後の野菜の保存性が良くなる．

糖含有率を窒素施用量 $10 \mathrm{~g~N~m^{-2}}$ で比較すると，春どりホウレンソウでは葉身で 9.5，葉柄で 17.3 $\mathrm{g~kg^{-1}FW}$（新鮮物 1 kg 当たりの g 数），コマツナでは葉身で 6.2，葉柄で 9.7 $\mathrm{g~kg^{-1}FW}$ であり，秋どりホウレンソウでは葉身で 0.9〜1.6 $\mathrm{g~kg^{-1}FW}$，葉柄で 3.5〜9.3 $\mathrm{g~kg^{-1}FW}$ である．また，可食部ではないがバレイショの開花盛期の葉身では 5.1〜5.2，葉柄では 9.4〜12.0 $\mathrm{g~kg^{-1}FW}$ である．さらに，カンショ塊根の収穫期の糖含有率は 12.4〜14.9 $\mathrm{g~kg^{-1}FW}$ であり，バレイショ塊茎では収穫期には 0.4〜1.8 $\mathrm{g~kg^{-1}FW}$ とごくわずかである[1]．このように，糖は作物の種類や部位，栽培時期，生育量な

どにより含有率が大きく変動するが,さらに窒素施肥量を変えることで変化する.

張ら[2]によると,ホウレンソウの水耕栽培で,窒素濃度を園試処方の1 mol L^{-1}から1/5 mol L^{-1}に薄くすると,糖含有率は4.03が7.05 mg kg^{-1}へと1.7倍になった.山崎ら[3]によると,秋作メロンで追肥窒素量は一株当たり3 gとし,基肥窒素量を3から12 gへと増していくと,果実のブリックス糖度は14.1から13.1に低下し,基肥窒素量4 gで,追肥量を0.5から3 gに増すと,果実のブリックス糖度は13.4から12.6に低下した.一方,春作メロンでは,施肥窒素量とブリックス糖度の関係は明瞭ではなかった.

野菜に含まれる糖の主なものは,還元糖のグルコース(ブドウ糖)とフルクトース(果糖)および非還元糖のスクロース(ショ糖)である.矢野ら[4]によると,キャベツを施肥条件を変えて栽培すると,グルコース,フルクトース,スクロース含有率とも窒素多施用で標準施肥より低下した.また,キャベツを5, 50, 500 mg L^{-1}の窒素を含む培養液で約2か月水耕栽培した場合,培養液の窒素濃度が高いほど,グルコース,フルクトース,スクロー

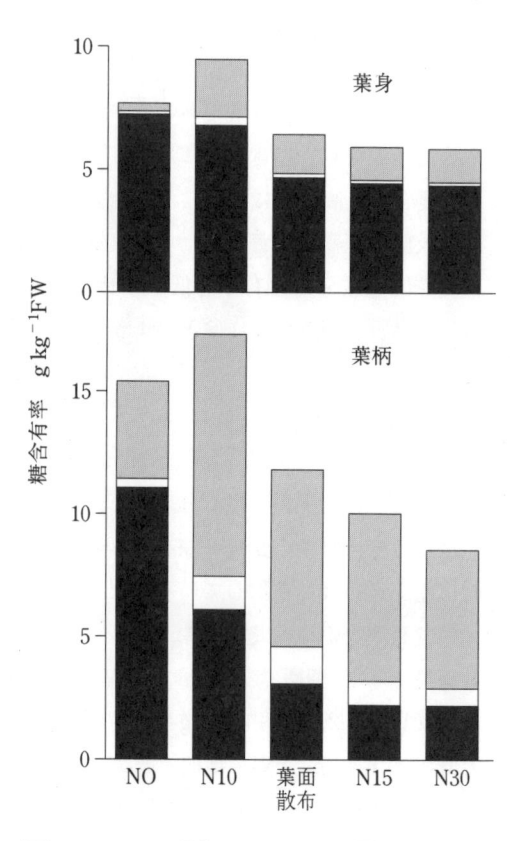

□:グルコース □:フルクトース ■:スクロース

図5.53 ホウレンソウの糖含有率の窒素施肥量による変化(建部ら,1995a)[6]

ス含有率は低下し，スクロースの低下が最も大きいことが示された[5]．

3種の糖の組成割合は作物別，部位別で異なる．スクロースはホウレンソウの主要な糖であるが，コマツナにはわずかしか存在せず，逆にフルクトースはコマツナにはある程度存在するが，ホウレンソウにはごくわずかであった．また，スクロースは葉身に，グルコースは葉柄に多く存在した（図5.53，5.54）[6]．ホウレンソウ，コマツナではスクロースは0 g N m^{-2}区で最も高い含有率であり，窒素施用量が増すにつれて低下した．一方，グルコースは0 g N m^{-2}区より10 g N m^{-2}施用区で含有率が高まり，それより窒素施用量

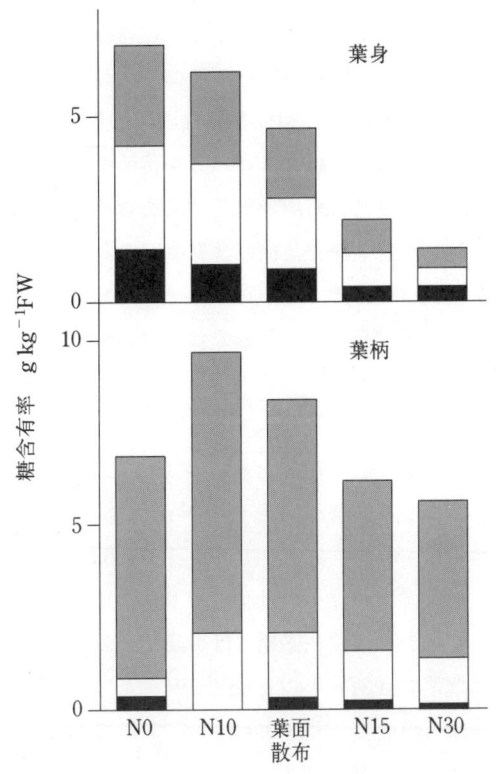

図5.54 コマツナの糖含有率の窒素施肥量による変化（建部ら，1995a）[6]

が増すと低下し，スクロースとグルコースで窒素施肥反応が異なった（図5.53，5.54）[6]．

植物は光合成により炭素を固定し，スクロースを作り出す．スクロースは一時的に貯蔵されたり，作物体の各部位へ運ばれ，様々な体構成分が作られていく．光合成によって供給される炭素量に対して，吸収される窒素量が大きく不足する0 g N m^{-2}区では，スクロースの利用が減るが，窒素の不足量がそれほど大きくはない10 g N m^{-2}施用区では，スクロースの利用は増え

るものの，代謝の中間物質と考えられるグルコースの利用が少なくなり，グルコースのプールが大きくなったものと思われる．したがって，糖の主体がスクロースである作物とグルコースなどの還元糖である作物では，窒素施用量と糖含有率との関係が異なる可能性がある．根部に150～200 g kg^{-1} FWと特異的に多量のスクロースを蓄積するテンサイでは，窒素施用量を増すほどスクロース含有率が低下するのは明らかな現象として知られている[7～9]．しかし，野菜類では糖の含有率がテンサイより一桁小さく，しかもその主体がスクロースであるかグルコースであるかなど様々であるため，糖と窒素栄養の関係が必ずしも明確でない場合が出てくるものと考える．

5.3 窒素施用とアスコルビン酸

アスコルビン酸はビタミンCとして人にとって必須の栄養素である．アスコルビン酸含有率を10 g N m^{-2}施用区（カンショは3 g N m^{-2}区）で比較すると，ホウレンソウでは葉身で0.69～1.00，葉柄で0.12～0.20 g kg^{-1} FWであり，コマツナでは葉身で0.95，葉柄で0.36 g kg^{-1} FWであった．また，バレイショの開花盛期には葉身で1.10～1.26，葉柄で0.16～0.17，収穫期には塊茎で0.37～0.42 g kg^{-1} FWであり，カンショの収穫期には葉身で0.97～1.12，塊根で0.33～0.34 g kg^{-1} FWであった[1]．このようにアスコルビン酸はいずれの作物でも緑が濃く，光合成活性の高い葉身では高い含有率を示す．

目黒ら[10]によると，ホウレンソウにおいて0から20 g N m^{-2}まで増肥に伴い収量は漸増し，アスコルビン酸含有率は漸減したが，さらに40 g N m^{-2}まで窒素量を増やしていくと再びアスコルビン酸含有率は上昇を示した（図5.55）．今西・五島[11]によると，ホウレンソウの水耕栽培において，5～30 mMの範囲で培地の窒素濃度が高いほどアスコルビン酸含有率は上昇した．また，カンショでは生育盛期の尿素葉面散布により葉身のアスコルビン酸含有率は対照無処理区の108～121 %に上昇した[12]（図5.56）が，ホウレンソウでは葉面散布によりアスコルビン酸含有率はやや低下した[6]（図5.57）．このように，作物やその部位により，また窒素の処理方法により，窒素栄養

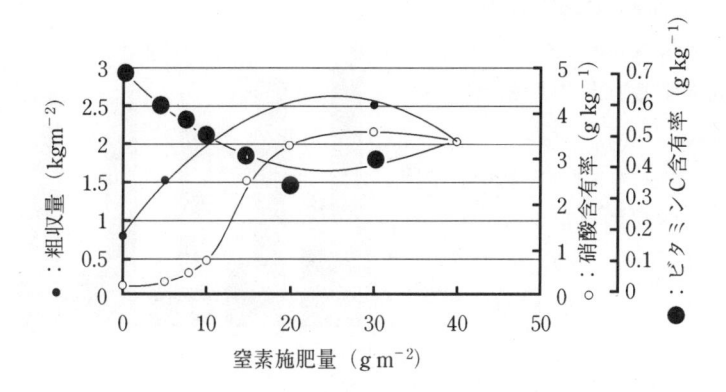

図 5.55 窒素施肥量とホウレンソウの収量および硝酸,ビタミン C 含有率との関係(目黒ら,1991)[10]

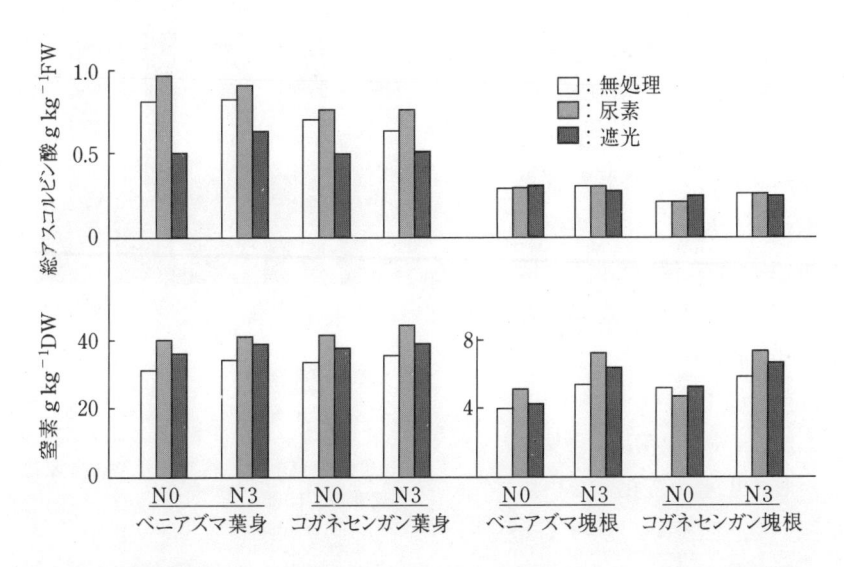

図 5.56 尿素葉面散布,遮光処理によるカンショの総アスコルビン酸および窒素含有率の変化(建部・米山,1992)[12]

とアスコルビン酸の関係は変化する.Mozafar[13]は窒素肥料とアスコルビン酸に関する文献のレビューを行い,上昇,変化なし,低下の三つの傾向に分類したのち考察を加え,すべての植物,すべての場合にはあてはまるわけで

はないが，窒素施用量の増加に伴いアスコルビン酸含有率は低下する方向にあるとしている．

ホウレンソウ，コマツナにおいては窒素施用量が0から $30\,\mathrm{g\,N\,m^{-2}}$ まで増加するにつれて，生重は増加し，乾物率は低下し，全窒素含有率は上昇したが，それに伴ってアスコルビン酸含有率が低下した[6]（表5.33）．すなわち，生育量が小さく，窒素含有率が低く，乾物率の高い個体ほどアスコルビン酸含有率が高まった．作物が窒素施用量に反応して生重が増加し，それに伴い乾物率が低下するような生育をする場合は，アスコルビン酸含有率は窒素施用に伴い低下する．しかし，窒素施用量の増加に対して生重が変化しないか減少し，乾物率も上昇するような場合は，アスコルビン酸含有率は上昇すると考えられ，このためアスコルビン酸含有率と窒素施用量との関係には作物や部位により違いがみられるものと考える．

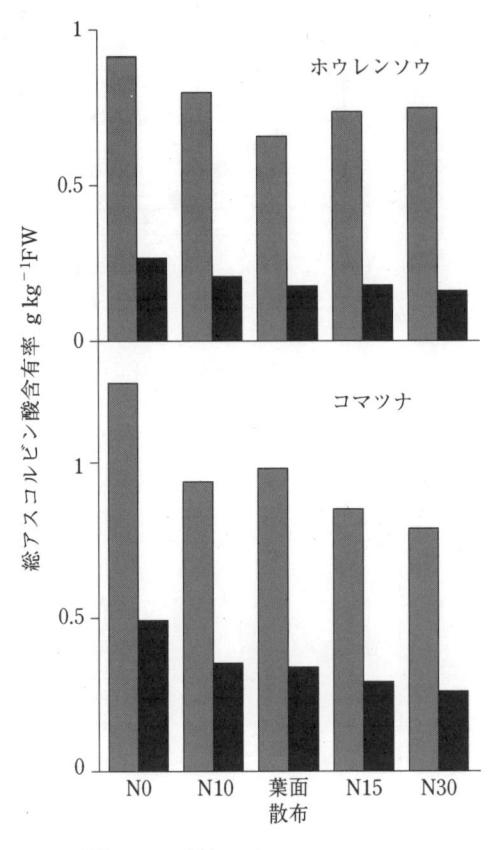

図5.57 ホウレンソウ，コマツナの総アスコルビン酸含有率の窒素施肥量による変化（建部ら，1995a）[6]

表5.33 ホウレンソウとコマツナの収穫期（ホウレンソウ6月3日，コマツナ5月25日）における地上部生重，窒素吸収量および各成分の地上部全体での含有率（建部ら1995a）[6]

処理 *1	生重 kg m^{-2}	窒素吸収量 g m^{-2}	硝酸 g kg^{-1}FW	総アスコルビン酸 g kg^{-1}FW *2	3糖合計 g kg^{-1}FW *3	全シュウ酸 g kg^{-1}FW *4
ホウレンソウ						
N0	0.15	0.43	0.19	0.74	9.73	8.61
N10	0.99	3.69	0.26	0.57	12.46	8.96
葉面散布 (N13)	1.22	5.59	0.83	0.47	8.50	7.70
N15	1.39	6.72	1.56	0.52	7.51	8.60
N30	1.43	7.10	2.81	0.51	6.62	8.63
コマツナ						
N0	0.55	1.34	0.69	1.00	6.98	—
N10	2.40	6.12	2.22	0.62	8.14	—
葉面散布 (N11.5)	2.38	5.98	2.37	0.63	6.70	—
N15	2.77	7.95	4.28	0.54	4.50	—
N30	3.22	10.39	5.10	0.48	3.94	—

(注) *1 窒素処理：N0（無窒素），N10（基肥で10 g N m^{-2}施用），葉面散布（基肥10 g N m^{-2}＋ホウレンソウは3 g N m^{-2}，コマツナは1.5 g N m^{-2}を尿素葉面散布），N15（基肥10 g N m^{-2}＋追肥5 g N m^{-2}），N30（基肥20 g N m^{-2}＋追肥10 g N m^{-2}）
*2 総アスコルビン酸＝還元型アスコルビン酸＋酸化型アスコルビン酸
*3 3糖合計＝グルコース＋フルクトース＋スクロース
*4 全シュウ酸＝水溶性シュウ酸＋不溶性シュウ酸

5.4 窒素施用と硝酸

硝酸は，体内でその一部が毒性の高い亜硝酸に変わるため，さらに亜硝酸が第二アミンと反応して，微量で発ガン性を持つN-ニトロソ化合物が生成されるため，その摂取量は少ない方が望ましいとされている．

畑で育つ作物は，土壌からの窒素を主に硝酸態の形で吸収する．硫酸アンモニウムなどのアンモニウム態の窒素肥料は畑に施用されると，酸素が十分に供給される好気的な条件では，土壌中の硝酸化成菌などにより速やかに硝酸へと変化する．畑で育つ作物はその硝酸を主に吸収し，また，たとえ両方の窒素が存在しても硝酸の方を好んで吸収する作物（好硝酸植物）が多い．吸収された硝酸は作物の主に根や葉身で還元されてアンモニウムになり，さらに，アミノ酸，タンパク質となり，作物体を構成し，様々な機能を発揮す

る．作物は生育の初期から栄養成長期にかけて，土壌中あるいは培地中の窒素を勢いよく吸収し，急速に成長するが，このとき，作物体内では吸収が利用を上回り，高濃度の硝酸が葉柄や茎に蓄積する．ある程度の蓄積は，その後の生育が進んでいく上で必要であり，生育最盛期に硝酸の蓄積量が少ない場合は窒素の不足が心配される．野菜の硝酸濃度が問題となるのは，このような生育最盛期に，しかも硝酸の蓄積した部位を収穫する種類，例えば，ホウレンソウ，コマツナなどの葉菜類である．

Maynardら[14]は野菜の硝酸蓄積についてまとめ，野菜の硝酸は基本的には養分として施用された，または培地で形成された硝酸に由来するとしている．伊達ら[15]によると軟弱野菜の硝酸含有率は，窒素施用 $24 \mathrm{~g~N~m}^{-2}$ では $10 \mathrm{~g~N~m}^{-2}$ の2倍以上になるが，堆肥を多用すると低下した．これは堆肥添加により土壌溶液中の硝酸イオン濃度が低下するのが一因であるとした．また，化学肥料を有機物資材の窒素で代替させると，発酵下水汚泥の場合は，キャベツ，ダイコンの収量を維持し，かつ硝酸含有率を低下させる効果を表した．目黒ら[10]は，夏どりホウレンソウの硝酸の指標値を $3 \mathrm{~g~NO_3~kg}^{-1}$ 以下とし，それ以下にするための栽培指針として，窒素施肥量は施肥標準量を超さないこと，土壌の残存窒素を評価して減肥することとした．ホウレンソウの硝酸含有率は，窒素追肥量を増すと上昇し[16]，水耕栽培で培養液の窒素濃度が $1 \mathrm{~mol~L}^{-1}$ では $3.36 \mathrm{~g~L}^{-1}$ であるのが $1/5 \mathrm{~mol~L}^{-1}$ では $0.098 \mathrm{~g~L}^{-1}$ と大きく低下した[2]．ホウレンソウおよびコマツナにおいて，窒素施用量 0〜$30 \mathrm{~g~N~m}^{-2}$ で栽培した場合，収穫期の硝酸含有率は窒素施用量の増加に伴い上昇し，特に追肥を行った 15，$30 \mathrm{~g~N~m}^{-2}$ で高い値を示した[6]（表5.33）．

5.5 窒素施用とシュウ酸

ホウレンソウなど一部の野菜では代謝の過程でシュウ酸が作られ，生育に伴い作物体に集積する．野菜のシュウ酸は食味を悪くするアクの主成分とされており，また多量摂取はカルシウムの吸収を阻害したり，結石の原因になると考えられていて，その摂取量は少ない方が望ましい．

ホウレンソウに窒素を $10 \mathrm{~g~N~m}^{-2}$ 施用した場合の全シュウ酸含有率は，葉

身で11.0,葉柄で5.7 g kg^{-1} FWであり,地上部全体で9.0 g kg^{-1} FWであった.コマツナでは0.1 g kg^{-1} FW程度でホウレンソウの約1/100と少なかった[1].

ホウレンソウにおけるシュウ酸と窒素栄養との関係について,香川[17]によると,三要素を増減させた試験において,無窒素区のみシュウ酸含有率の低下が認められた.吉川ら[18]は液肥の窒素濃度を1.2から36 mmol L^{-1}まで上げるとシュウ酸含有率は上昇することを,亀野ら[16]は追肥量が多いほどシュウ酸含有率が上昇することを示した.また張ら[2]は水耕培地の窒素濃度を1 mol L^{-1}から1/5 mol L^{-1}に低下させると,シュウ酸が1 mol L^{-1}の時を100とすると84まで低下するとしている.これらの結果は窒素の減肥がシュウ酸含有率をやや低下させることを示している.

一方,ホウレンソウを窒素施用量N 0から30 g N m^{-2}で栽培すると,シュウ酸含有率は窒素施用量が増すにつれて葉身では上昇し,葉柄では低下し,地上部全体としては窒素処理によって変化しなかった[6](図5.58,表5.33).作物体内で硝酸が還元される際に,細胞を中和するために有機酸が生成され[19],シュウ酸はその一つであるとされている.そこで,水耕栽培で培地の窒素形態の比率を変えて,ホウレンソウがアンモニウム態窒素を吸収する割合

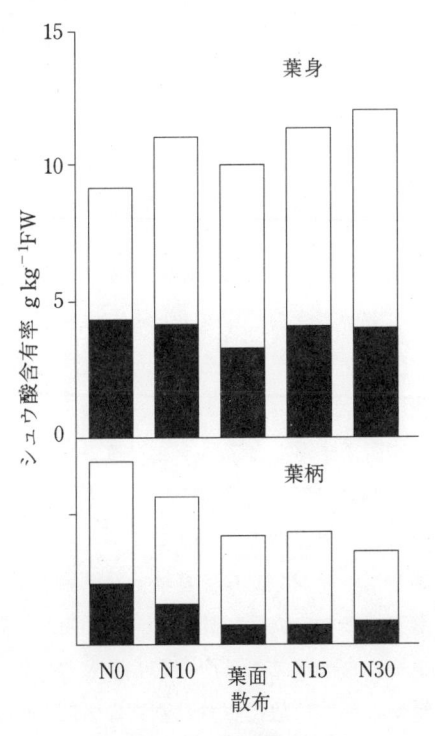

図5.58 ホウレンソウのシュウ酸含有率の窒素施肥量による変化(建部ら,1995a)[6]

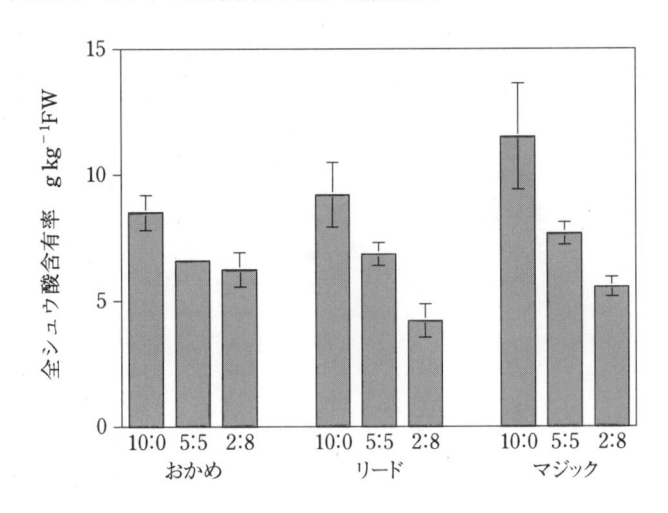

図5.59 培地のNO_3-N:NH_4-N比を変えた場合のホウレンソウ地上部の全シュウ酸含有率の変化（建部等，1995b)[20]

を高めてみた．培地の窒素がすべて硝酸態窒素の場合に対し，培地のアンモニウム態窒素の比率を80％にすることによって，地上部シュウ酸含有率はすべてが硝酸態の場合の46～75％と低下した[20]（図5.59）．塩見は，養液栽培ホウレンソウにおいて，収穫1週間前に硝酸態窒素をアンモニウム態窒素に置換することで，シュウ酸含有率は61％低下することを示した[21]．

露地栽培でも，窒素をアンモニウム態で吸収する割合を上昇させればシュウ酸含有率は低下するはずである．被覆尿素と被覆リン酸アンモニウムを条施してホウレンソウを栽培した結果，ホウレンソウの全シュウ酸含有率は硫酸アンモニウム区に比べ低下し，特に被覆リン酸アンモニウム区では硫酸アンモニウム区での47～72％と大きく低下した[22]（図5.60）．これは被覆肥料から徐々に放出された窒素の一部が硝酸化成される前にアンモニウム態としてホウレンソウに吸収されたためと考えられる．しかし，この効果は被覆肥料の種類，土壌の種類，気象条件によって変わり，露地条件では安定的に効果を発揮できない．土壌の無機態窒素中のアンモニウムの割合が高いほどホウレンソウの全シュウ酸含有率は低下した[23]．すなわち，被覆肥料から

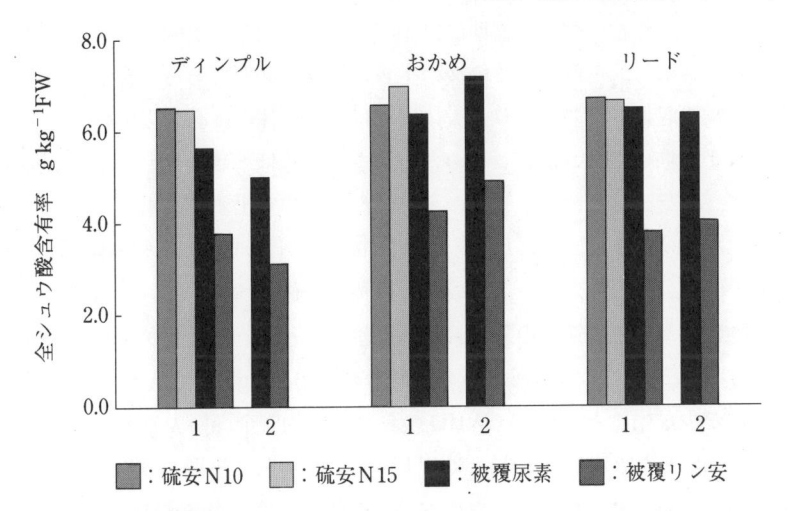

図5.60 被覆窒素肥料によるホウレンソウ地上部の全シュウ酸含有率の変化(建部ら, 1996)[22]
1:硫安N10区, 硫安N15区の収穫適期
2:被覆尿素区, 被覆リン安区の収穫適期

放出されたアンモニウムの他に, 多量の硝酸が土壌中に存在するような条件下では, ホウレンソウは硝酸の方をより多く吸収し, その結果, シュウ酸含有率はあまり低下しないことになる. このように, 吸収させる養分の形態の制御は難しいが, 量だけではなく吸収形態も考えていくことで, 品質成分の制御の範囲が広がっていくものと考える.

5.6 収量と品質

以上に示したように, 好ましい品質成分の糖やアスコルビン酸は作物体内の窒素が不足気味の時に高含有率となり, 好ましくない品質成分の硝酸は窒素吸収が高まるほど高含有率となる. したがって, 品質成分を高めることだけを極端に追求すると, 窒素は不足状態となり, このことはアミノ酸やタンパク質を作る速度を遅らせることになり, 生育量, 収量の増加は望めない. ホウレンソウとコマツナの試験において, 収穫期生重は窒素施用量がゼロではきわめて小さく, $30\ gN\ m^{-2}$まで施用量に伴い増加した[6](表5.33). 先に

示したように，作物は生育最盛期には硝酸の吸収が利用を上回り，葉柄や茎に高濃度で蓄積し，それが，その後の生育の展開に必要である．窒素の施用には，作物の収量を可能な限り最大に近づけるが，体内に必要以上の硝酸を蓄積させず，糖やアスコルビン酸の含有率を大きく低下させないポイントを見つけて，収量，品質のバランスのとれた作物を作り出すのが重要である．

そのためには，土壌診断に加え，栄養診断など細かい養分管理技術が要求される．収量目標に加えて，品質成分の目標値を作り，さらに目標値にあった収穫物にいたる生育途中の栄養診断基準値を作っていく必要がある．目黒ら[10]は，ホウレンソウの収穫時点の硝酸含有率が $2.5~\mathrm{g~kg^{-1}FW}$ 以上では収量の増加が少ないこと，FAO/WHO の食品添加物安全評価表の1日摂取許容量から算出した上限値は $3.64~\mathrm{g~kg^{-1}FW}$（体重 50 kg，摂取量 50 g）などから，北海道の夏どりホウレンソウにおける硝酸の目標値を $3~\mathrm{g~kg^{-1}FW}$ 以下とした．また，アスコルビン酸の目標値を $0.3~\mathrm{g~kg^{-1}FW}$ とした．キャベツで，外葉の硝酸含有率ないし葉色を用いた栄養診断で，収量と糖含有率を予

表5.34 キャベツの窒素栄養診断による品質（糖含量）と収量の予測と分施判断[*]

(道立中央農試 1996)[24]

金系201		アーリーボール		収量の予測と分施の影響	糖含量の予測		糖含量に対する分施の影響	分施[**]判断
硝酸含量 (g/kgFW)	SPAD値 (葉色)	硝酸含量 (g/kgFW)	SPAD値 (葉色)		晩春まき (g/kgFW)	初夏まき (g/kgFW)		
7.5以上	50 (40) 以上	6以上	50 (45) 以上	一球重1250 g以上 分施の効果は小さい	25以下	35以下	分施で低下	×
	35-50 (40)		40-50 (45)		25以上	35以上	分施でやや低下	×
5 - 7.5	50 (40) 以上	3～6	50 (45) 以上	一球重1000～1250 g以上 やや分施の効果あり	25以下	35以下	分施で低下	×
	35-50 (40)		40-50 (45)		25以上	35以上	分施でやや低下	×
	35以下		40以下		25以上	35以上	分施で低下しない	○
5以下	35-50 (40)	3以下	40-50 (45)	一球重1000 g以下 分施の効果は大きい	25以上	35以上	分施でやや低下	×
	35以下		40以下		25以上	35以上	分施で低下しない	○

(注) [*] 晩春まきについて表し，初夏まきは括弧内に示した．硝酸含量は外葉全体，SPAD値は第1外葉（結球から1番目の外葉）で診断する．診断は結球初期に行う
　　[**] ○：分施する，×：分施しない

測し，分施を行うか否かの判断基準がまとめられた．その中で，目標糖含有率を晩春まき25 g kg^{-1}，初夏まき35 g kg^{-1}としている（表5.34）[24]．

バレイショ（男爵薯，キタアカリ）において，十分な収量とデンプン価14以上を得るためには，栄養診断基準値として着蕾期の葉柄汁液の硝酸態窒素濃度が1.3～1.5 g L^{-1}（硝酸濃度5.8～6.6 g L^{-1}）程度であることが望ましい[25]．このような品質の目標値や栄養診断基準値は個々の作物ごとに作っていかなければならない．今後の診断情報の蓄積が望まれる．

ここでは葉菜類を中心に，品質成分として糖，アスコルビン酸，硝酸，シュウ酸について，養分としては窒素の影響のみ取り上げた．さらに多くの作目，品質成分について，また，窒素以外の養分の影響について，研究や高品質を目指す取り組みが行われている．さらに，有機質肥料や有機物施用と品質の関係，養液土耕栽培における作物体の養分推移と品質などについて研究が進められている．高品質野菜生産のための安定した施肥管理法がさらに充実していくことが期待される．

（建部　雅子）

引用文献

1) 建部雅子（1999）：農研センター研報，31, 19-83.
2) 張　春蘭・渡邊幸雄・嶋田典司（1990）：千葉大園学報，43, 1-5.
3) 山崎浩司・徳橋　伸（1992）：高知農技セ研報，1, 33-39.
4) 矢野昌充・伊藤　洋・速見昭彦・小濱節雄（1981）：野菜試研報 A, 8, 53-67.
5) Hara, T. (1989): J. Japan Soc. Hort. Sci., 58, 595-599.
6) 建部雅子・石原俊幸・松野宏治・藤本順子・米山忠克（1995a）：土肥誌，66, 238-246.
7) Draycott, A. P. (1972): Sugar Beet Nutrition. p.201-213, Applied Science Publishers Ltd, London.
8) 泉山陽一（1978）：北海道農試研報，121, 13-69.
9) 西宗　昭・斎藤元也・金野隆光・藤田　勇・宮沢数雄（1982）：同上，133, 31-60.
10) 目黒孝司・吉田企世子・山田次良・下野勝昭（1991）：土肥誌，62, 435-438.

11) 今西三好・五島　晧（1990）：中国農研報, 7, 1-16.
12) 建部雅子・米山忠克（1992）：土肥誌, 63, 447-454.
13) Mozafar, A.（1993）：J. Plant Nutr., 16, 2479-2506.
14) Maynard, D. N., Barker, A. V., Minotti, P. L. and Peck, N. H.（1976）：Adv. Agron., 28, 71-117.
15) 伊達　昇・米山徳造・都田紘志・加藤哲郎（1980）：東京都農試研報, 13, 3-13.
16) 亀野　貞・木下隆雄・楠原　操・野口正樹（1990）：中国農研報, 6, 157-178.
17) 香川　彰（1993）：農園, 68, 797-803.
18) 吉川年彦・中川勝也・小林　保・時枝茂行・永井耕介（1988）：近畿中国農研, 75, 77-81.
19) Raven, J. A.（1985）：Sci. Prog. Oxf., 69, 495-509.
20) 建部雅子・石原俊幸・石井かおる・米山忠克（1995b）：土肥誌, 66, 535-543.
21) 塩見文武（1997）：近畿中国地域における新技術, 31, 103-107.
22) 建部雅子・佐藤信仁・石井かおる・米山忠克（1996）：土肥誌, 67, 147-154.
23) Takebe, M., Kasahara, Y., Karasawa, T. and Yoneyama, T.（1998）：Summaries of 16th World Congress of Soil Science, vol. 1, 251.
24) 日本土壌肥料学会北海道支部編（1999）：北海道農業と土壌肥料1999, 173-174.
25) 建部雅子・細田洋一・笠原賢明・唐澤敏彦（2001）：土肥誌, 72, 33-40.

6．果樹類の省力・環境保全的施肥管理

6.1　果樹園の施肥の特徴

　果樹園の施肥は，収量を安定させ高品質の果実を生産する上で必須であり，これまでにもそれぞれの樹種に応じた施肥の適正化が図られてきた．さらに今後は，窒素成分の溶脱等施肥に由来する負荷を低減させ，有機物の土壌還元による土づくりを含めた環境保全型施肥技術の開発が求められている．

6.1.1 果樹の生育と養分吸収

　果樹は，光合成器官である葉を周年にわたり着生してる常緑果樹と，冬期は落葉して樹体も休眠する落葉果樹に大別され，それぞれ栄養特性に特徴がみられる．

　常緑果樹である温州ミカンの栄養特性は，4月の発芽から春枝の初期生育までは，生長に必要な大部分の養分を，前年までに吸収され旧葉と細根に蓄えられた貯蔵養分に依存している．春葉や春枝の伸長が充実する頃になると，窒素の供給源も貯蔵養分から吸収養分に変わってくる．6～7月になると，養分吸収も盛んになり乾物量の増加も多くなり，この時期の窒素吸収量は年間の約60％を占め，カリも同様な傾向を示している．リン酸の吸収量は窒素に比べ少なく，時期による変動も少ない．8月頃にいったん吸収が衰えるが，9月以降に再び養分吸収は活発となる．この時期は，果実が肥大後期から成熟期であり，貯蔵養分の蓄積や花芽分化も開始されるので，適期に窒素を供給し，樹勢回復をはかる必要がある．果実の収穫期を迎えると地温も低下し，養分吸収量も減少してゆく（図5.61）．

　落葉果樹のナシでは，2月頃から根の伸長が始まり，4月の展葉開始から5月中・下旬の開花結実期までは，樹体内に蓄えられた貯蔵養分で生長する．新梢の伸長と展葉は5月に最も旺盛となり，6月下旬～7月上旬に停止し，

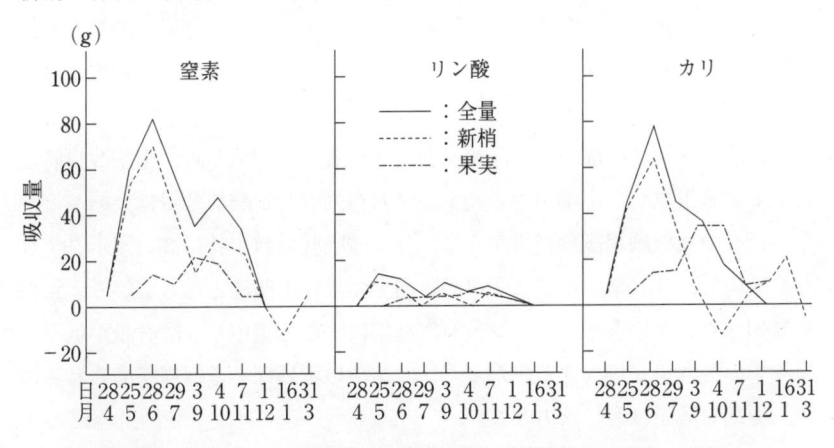

図5.61　温州ミカンの肥料三要素吸収量の季節的変化（佐藤，1956）

次の果実肥大期に移行することが望ましいとされる．新梢伸長の停止後は，果実の発育盛期になるので養分の過不足のない供給が必要である．収穫期から落葉期までは，枝や花芽が充実し，樹体内に貯蔵養分を蓄積する時期となる．

このように新生器官である葉や新梢，果実に必要な窒素の供給は，生育初期には貯蔵性窒素，ついで施肥窒素と続き，地温の上昇とともに土壌に由来する地力窒素からも供給される．秋には樹勢の回復と翌年の貯蔵性窒素を高めるためにも施肥窒素の供給が必要である．

主要肥料成分の中でも，窒素は樹体生育や果実品質にもっとも影響の大きい成分である．窒素の過剰は，枝の徒長や過繁茂を招き，熟期の遅れ，果実の着色遅延や糖度の低下など，果実品質を低下させる．窒素の不足で枝の生長が悪く，葉数も減少し，収量は少なく不安定となる．また樹体窒素の過不足は，花芽分化や枝の充実にも影響し，次年度の着果の良，不良の原因となる．

リン酸は，窒素やカリに比べて要求量が少なく，幼木の時期や土壌中のリン酸が極端に少ない場合を除いて，果樹園での欠乏症の発生はまれである．これは樹体内の貯蔵性リン酸が吸収リン酸と比べて多く，根群分布も広いこと，また施肥リンが短期間に土壌に固定され降雨による流亡も少ないことによる．果実品質では，温州ミカン幼木でリン酸が不足すると果汁の減少や酸含量が増加し甘味比を低下させたり，ブドウでリン酸施用により糖度が増加し着色が促進される．

果樹園では，リン酸が果実品質を向上させるとの期待から，土壌改良時などに多量施用され，土壌調査の結果からも有効態リン酸の含量は高いことが多い．このため圃場試験結果からは，リン酸吸収係数が特に高い黒ボク土などを除いて，リン酸の増肥による品質向上効果は不明確となっている．ただし温州ミカンの場合では，リン酸を無施用にすると葉中リン酸含量が低下し果汁中の酸含量が増加する例が多く，リン酸の肥効はある程度認められるので，極端な減肥は避けた方がよい．

カリは，果実に多く含まれることから，窒素と同様に果樹の吸収量が多い．

露地栽培では，土壌のカリ含量が不足で問題になることは少なく，成木園におけるカリの施肥反応も，土壌中の交換性カリ含量が少ない土壌を除いては，あまり見られない．むしろ，土壌中にカリが過剰集積して，マグネシウム吸収との拮抗作用を起こし，マグネシウム欠乏症の原因となることが多い．

6.1.2 施肥時期

　果樹では，樹体の栄養生理だけでなく果実品質への影響も考慮して，施肥時期，施肥回数，配分割合が決められる．年間の施肥回数は，ブドウ，モモ，リンゴで，1～2回と少なく，ミカン，ビワ，イチジクでは3～6回と多い．これは，樹種によって生育特性，結果習性も異なり，さらに品種，栽培法や土壌，気象条件の地域による違いが加わるためである．このため施肥時期の名称については十分な統一がなされていない．

　落葉果樹では，基肥（元肥）として落葉後の休眠期に肥料成分のかなりの割合を施用することが習慣的に行われ，不足分は追肥として施用されてきた．基肥として施用された窒素は，冬期間中に根群の分布する深さに到達し，春以降に吸収されることになる．

　一方，春先の初期生育に必要な養分は，前年に吸収された貯蔵養分にかなり依存していることが明らかにされ，秋施肥の重要性が認識されるようになってきた．このため9～10月に施し年内の吸収を図るのを秋肥といい，硝酸アンモニウムや尿素など速効性肥料の施用が好ましい．11月以降に施用するのを冬肥といい春先からの吸収に備え，冬に降水量が多く保肥力の少ない土壌や積雪が多い地域では，肥料成分の流亡を避けて3～4月に施用し春肥と呼んでいる．

　常緑果樹の温州ミカンでは，一般に春，夏，秋の3回に分けて施用される．春肥は3月頃施用し，4～5月頃に吸収されて春枝の充実と幼果の肥大を促す．夏肥は樹体全体が多くの養分を必要とし，地力窒素のみでは不足するために，これを補う量を6月頃施用する．秋肥は11月上旬までに施用し，着果負担で低下した樹勢の回復，耐寒性の向上や翌年の初期生育の確保のために施す．

6.1.3 年間施肥量の考え方

　果樹の年間施肥量は，一般に養分吸収量をもとに設定されている．理論的には，施肥量と養分利用率を掛けた量に，養分の天然供給量を加えたものが，果樹の養分吸収量に相当する．それぞれの要因についてみると，養分吸収量は，樹齢，品種，収量，台木や根系分布の程度といった樹体要因で異なり，養分の天然供給量は，土壌肥よく度の高低，有機物施用の有無，地温の推移で変化する．また，養分利用率は，肥料の種類，施肥時期，土壌水分，降水量や降水時期，排水の良否，園地の傾斜，草生栽培等の地表面管理の影響も受ける．

　これらの要因は複雑に絡み合っていて，個々の要因については，評価法も確立されていない場合もあり，精密な定量化は十分に進んでいない．このため，現行の施肥基準を果樹についてみると，以下のような考え方を基礎として算出されることが多い．

　浅見(1951)は，リンゴ'国光'，ナシ'長十郎'，温州ミカンにおける肥料三要素試験の果実収量指数と，果樹の根張りが広く深いことおよび生長期間が長いことによる土壌養分吸収の利点を考慮して，きわめて乏しい根拠からではあるが吸収量に占める天然供給量の割合について推定を行い，窒素は1/3，リン酸およびカリは1/2とした．また肥料利用率については，オオムギの試験成績をもとに，果樹園の特性として傾斜地では窒素とカリの雨水による流亡が多いことと，リン酸は肥効の持続期間が長いこと等を考慮して，果樹園の肥料利用率を窒素は50％，リン酸は30％，カリは40％と推測している[2]．

　小林(1958)は，果樹における肥料3要素の天然供給量，利用率を正確に算出することを，その当時では不可能と見なした．そこで，施肥量の基準を得るためには，各器官の年生長量を考慮した面積当たりの吸収量が必要であるが，既存の資料から，果樹の各器官の肥料三要素含量の比率は，窒素10に対しリン酸2～4，カリ5～13程度となった．これを全樹体の年吸収量から単位収量(果実1t/10a生産するための吸収量)に換算すると，窒素3～6kg，リン酸1～3kg，カリ3～7kgと樹種にかかわらず似た数値になること

から，施肥量は，果実1t生産に要する樹体吸収量と予想収量から算定し，これに施肥後の樹勢を勘案して適宜加減していくより仕方がないとしている[10]．

森・山崎（1958）は，生育各時期の窒素栄養について，リンゴ水耕試験結果を基礎に，夏に吸収した窒素は果実品質に悪影響を及ぼし生理障害も増加させるので，この時期にはなるべく吸わせないようにし，9月以降の窒素供給は果実品質を害することなく，翌春の生長に効果があるとした[25]．この結果から従来行われた基肥（晩春あるいは早春期）と追肥（晩春から初夏）の施肥時期を，基肥（春期）と秋肥（晩夏から初秋）とし，窒素栄養は全生育期間を通じて過不足のないように少しずつ施し，春秋は多く吸収させる考えを述べているが，これには，窒素の天然供給量が年間吸収量の1/3程度と低く見積もられている．

佐藤（1982）は圃場で栽培されるリンゴは窒素の施肥反応が判然とせず，天然供給量は年間吸収量の70〜80％あるいはそれ以上と考えられることから，圃場試験結果を基に土壌肥よく度を重視した施肥の考えを述べている[14]．これは，夏の終わりまたは初秋における窒素栄養の適正点を定め，施肥窒素と地力窒素の合量で目標値に到達するように春の施肥量を加減する．土壌肥よく度が低いと春の施肥量を多くし，土壌肥よく度が高いと春は無施用にして目標値にあわせる．果樹に対する窒素の供給は，地力窒素を主体にし，その不足分を良品果実生産上必要とする時期に肥料で補うとしている．また，窒素肥よく度を必要限度内で高く維持し有効に活用する立場としている．なお，当時は窒素の天然供給量の評価法が確立されていないことから，この考えに基づいて施肥量を定量的に決定するまでには至っていない．

肥料の利用率については，重窒素を用いた施肥試験から，主要樹種について施肥窒素利用率が求められている．7年生温州ミカンの春肥，秋肥および夏肥を加重平均した利用率は33.9％であり，秋肥の利用率は43.9％と高い（長崎果樹試，1997）[18]．落葉果樹で若木（3〜7年生）の施肥時期別の測定事例がまとめられ（Komamura, 1991）[12]，肥料利用率をみるとリンゴが，16〜42％，モモ'白鳳'で30〜48％，ブドウ'巨峰'は47〜58％の範囲にあ

った．

　窒素の天然供給量では，埋設ポリエチレンバッグ法を用いて圃場での窒素無機化量が測定されている．試験実施事例から，1年間に土壌から無機化する窒素量は，土層の厚さ，施肥や地表面管理，有機物施用来歴で異なるが，慣行施肥条件で150～340 kg/haの範囲であり，草生栽培を10年間継続すると100 kg増加し，堆肥等の有機物施用により40～190 kg増加することが示された（梅宮，1991)[5]．このように土壌から無機化する窒素量は，施肥量に比べても多いことから，地力窒素を評価した施肥法の開発が重要である．

6.1.4 果樹の養分吸収量

　樹体の年間養分吸収量は，生育前の春先と生育の停止した冬に個体を解体し，収穫果実や落葉も含め，それぞれの養分含量の差から計算される．圃場での調査には労力を要し，樹体が大きく個体間差異もあるので，実施事例は多くない．また樹齢，品種によっても吸収量は異なり，成木では果実中に含まれる肥料成分の割合が高いので，果実収量が異なると養分吸収量にも影響する．さらに単位面積当たりの養分吸収量への変換は，1樹当たりの吸収量と植栽本数の積であり，植栽密度の取り方によって単位面積吸収量も変化する．このように果樹では，樹齢，品種，収量，植栽密度や栽培方法により計算基礎が異なり，その根拠となる文献も少ないので，各樹種について単位面積当たりの養分吸収量を正確に見積もることは困難を伴う．

　以上のような制約があるものの，主要果樹について単位面積(ha)当たりの養分吸収量の試算がなされた（表5.35, Hiraoka and Umemiya, 2000)[21]．その結果をみると，常緑果樹の三要素年間吸

表5.35　主要果樹の三要素吸収量
(単位 kg/ha)

樹種	窒素	リン酸	カリ
温州ミカン	235	38	178
ナツミカン	202	35	150
ビワ	164	40	182
ニホンナシ	152	19	98
ウメ	142	34	154
モモ	115	28	97
クリ	123	30	56
キウイフルーツ	137	77	220
リンゴ	98	31	113
カキ	115	27	99
ブドウ	66	26	74

(注)　窒素：ニホンナシは幸水，二十世紀，長十郎の平均（原報64），リンゴは樹齢11～23年の平均（原報79）

資料：Hiraoka and Umemiya, 2000

収量は多く，カンキツとビワで窒素 164～235 kg，カリ 150～182 kg，リン酸 35～40 kg の範囲であった．落葉果樹の窒素吸収量はクリ，ウメ，キウイフルーツ，カキ，モモで多く，115～142 kg の範囲となっていた．一方，ニホンナシ，リンゴは 64～79 kg の範囲で少な目となったが，これは栽植密度を低く見積もったことによると思われる．カリは温州ミカン，ビワ，ナツミカン，ウメ，リンゴ，キウイフルーツで吸収量が多く（113～220 kg），クリ，ニホンナシ，モモ，カキは吸収量が少なかった（56～99 kg）．リン酸の吸収量は樹種間差異が少なく，大部分が 20～40 kg の範囲であった．果樹全体について年間吸収量の割合をみると，窒素 10 に対し，リン酸は 3（範囲 2～6），カリが 10（範囲 5～16）であった．これらの差が正確に樹種の相違を反映しているかについては，今後さらに多くの試験結果による検討が必要とされよう．

6.1.5 施肥基準値

果樹では品質と収量が重視されることから，養分吸収量，肥料成分の利用率，施肥試験の結果や現地施肥実態も考慮して適正施用量が求められ，地域ごとの土壌肥よく度や土壌物理性さらに気象条件を勘案して設定されている．このため同一樹種でも地域によって施肥基準が異なっている．

全国レベルでの現行施肥基準から，樹種別に結果樹，未結果樹の施肥基準平均値が計算された（表 5.36, Hiraoka and Umemiya, 2000）[21]．この結果から，養分吸収量の多い常緑果樹では，がいして落葉果樹より多肥であることが示される．年間の窒素施肥量を結果樹についてみると，常緑果樹のパイナップル（350 kg）が最も多い．中晩柑類は，ネーブルオレンジ（326 kg），イヨカン（317

表 5.36 主要果樹の施肥基準値（結果樹，成木）
（単位：kg/ha）

樹種	窒素	リン酸	カリ
温州ミカン	219	164	160
ナツミカン	309	229	224
ハッサク	316	199	221
イヨカン	317	227	242
ビワ	204	167	162
ニホンナシ	204	156	164
ウメ	166	106	152
モモ	141	98	127
クリ	149	107	124
キウイフルーツ	179	138	158
リンゴ	115	63	93
カキ	178	127	152
ブドウ	111	115	115

資料：Hiraoka and Umemiya, 2000

kg), ハッサク (314 kg), ナツミカン (309 kg) と 300 kg 以上で多く, ついで温州ミカン (219 kg) とビワ (204 kg) が約 200 kg であった. また中晩柑類ではリン酸, カリの施肥量も年間 200 kg あまりと多い. 常緑果樹類の施肥量は, 窒素 204～350 kg, リン酸 115～239 kg, カリ 160～310 kg の範囲であった.

落葉果樹ではニホンナシの施肥量が最も多く, 窒素施肥量は 204 kg, リン酸 156 kg, カリ 164 kg となり, 吸収量に比べ高くなっている. 窒素吸収量の多い樹種では窒素施肥量も高めで, キウイフルーツ (179 kg), カキ (178 kg), ウメ (166 kg), クリ (149 kg), モモ (141 kg) の順に施肥量が減少した. 一方, リンゴ (115 kg) とブドウ (111 kg) は, 窒素吸収量が少なく, 窒素施肥量も低かった. 落葉果樹全体の施肥量は, 窒素 111～204 kg, リン酸 63～156 kg, カリ 93～164 kg の範囲であった.

1980 年頃の各県施肥基準値から得られた施肥窒素の平均値 (青葉, 1982) は, 常緑果樹で温州ミカン (普通 260 kg, 早生 237 kg), ネーブルオレンジ (348 kg), イヨカン (320 kg), ハッサク (329 kg), ナツミカン (321 kg) となり, 落葉果樹では, ニホンナシ (214 kg), ウメ (187 kg), カキ (176 kg), クリ (158 kg), モモ (155 kg), リンゴ (140 kg, 無袋ふじ 84 kg), ブドウ (140 kg, 巨峰 76 kg) であった. 現行の施肥基準値と比較すると, 温州ミカンを除いては, 平均値の求め方が異なることを考慮しても近い値であることから, 主要果樹の施肥基準値は, この 20 年間変更も少なく維持されていることがわかる. なお, 温州ミカンでは品質が重視され, 施肥基準値 300 kg 以上の県が減少したため, 施肥基準も低下していた.

施肥基準値/三要素吸収量の比をみると, ニホンナシの窒素が 3, リン酸で 8 となり他の樹種に比べても高いが, ニホンナシの植栽密度を他の樹種より少なく見積もっており, この影響を受けたと思われる. その他の樹種では, 窒素 1.3 (範囲 0.9～1.6), リン酸 4.5 (範囲 1.8～6.5), カリ 1.2 (範囲 0.8～1.8) となり, 窒素とカリは養分収支が良好であるが, リン酸の養分収支は施肥量が吸収量を大きく上回った.

6.1.6 施肥の実態

　果樹の施肥量の推移をみると，1955年頃は収量を重視した多肥栽培が行われていたが，1965年頃を境に減少傾向となっている．これは多量の化学肥料の連用により土壌の酸性化が促進され，土壌中の塩基組成が不良となり，ミカンやリンゴで栄養生理障害が多く発生したことと，果実生産が品質を重視した栽培法へと変化し，施肥量も減少したことによる．

　最近の施肥実態では，野菜，果樹等を対象にした単位面積当たりの施肥量について調査（表5.37，農林水産省統計情報部，1999）がなされている[19]．それによると，露地果樹全体の施肥量は，窒素147 kg，リン酸138 kg，カリ114 kgであり，三要素の比率は，窒素-リン酸-カリが，10-9.4-7.8となり，リン酸の施肥割合が高い実態が示される．施設果樹全体の施肥量は，窒素

表5.37　果樹園の化学肥料投入量 (kg/ha)

区分	窒素			リン酸			カリ		
	計	基肥	追肥	計	基肥	追肥	計	基肥	追肥
露地果樹	147	85	62	138	86	52	114	66	48
リンゴ	104	78	26	87	73	14	65	51	14
ブドウ	72	48	25	144	96	49	75	50	25
日本ナシ	246	165	81	246	185	61	176	124	52
モモ	121	105	16	117	94	24	93	70	23
温州ミカン	191	96	94	172	90	82	146	74	72
ナツミカン	278	89	189	255	83	172	216	70	146
ハッサク	227	102	126	187	78	109	180	77	103
イヨカン	272	72	200	221	62	159	224	68	155
ユズ	218	110	108	155	75	80	177	79	97
カキ	99	74	25	96	75	21	95	65	29
クリ	79	48	32	56	37	18	61	36	25
ウメ	137	70	67	106	53	53	118	61	57
オウトウ	77	68	9	75	63	12	54	48	6
スモモ	158	96	62	112	68	44	135	60	75
キウイフルーツ	121	72	49	121	71	50	108	61	47
西洋ナシ	116	99	17	98	86	12	80	68	12
ビワ	131	63	69	95	44	51	79	38	41
イチジク	105	62	43	105	68	37	123	67	55
施設果樹	184	83	101	179	109	70	124	69	55
ブドウ	124	57	68	151	100	51	93	50	43
温州ミカン	345	152	193	264	151	114	197	115	83

資料：農林水産省統計情報部，1999

184 kg, リン酸 179 kg, カリ 124 kg で, 三要素の比率は 10-9.7-6.7 となり, 露地に比べて窒素とリン酸の施肥量が多く, 三要素の比率はカリでやや少ない. 窒素施用量は, ナツミカン (278 kg), イヨカン (272 kg) 等の中晩柑類や, ニホンナシ (246 kg) で 200 kg 以上と多く, 温州ミカン (191 kg) が続いている. ついでスモモ (158 kg), ウメ (137 kg), ビワ (131 kg), モモ (121 kg), キウイフルーツ (121 kg) が 120〜160 kg の範囲にあり, リンゴ (104 kg), カキ (99 kg), クリ (79 kg), オウトウ (77 kg), ブドウ (72 kg) は, 100 kg 以下と少なくなっている. 基肥と追肥の割合はイヨカン, ナツミカン, ハッサクで追肥の割合が高く, 温州ミカン, ユズ, ウメ, ビワで基肥と追肥が同程度であり, 残りの果樹では基肥の割合が高かった.

6.1.7 有機物由来の肥料成分

有機物の役割として, 窒素成分の無機化やリン酸, カリ等による養分供給機能があり, 腐植の集積による保肥力の増大等, 土壌化学性の改善や, 孔隙増大による物理性改良効果があげられる. 果樹園では, 家畜ふんなど肥料成分の多い有機物を多量施用すると, 夏期に地温が上昇して有機物の微生物分解が促進され, 土壌の無機態窒素が増加する. これを樹体が必要以上に吸収すると, 新梢伸長の停止時期が遅れ, 果実肥大や成熟に悪影響をもたらすことが知られている. このため, 家畜ふんを極端に多量で連用することは少ない. 試験成績も窒素成分の少ないバーク堆肥等, 土壌物理性改良効果を期待した資材の事例が多い. また, 有機物に含まれる肥料成分を化学肥料から減肥するなどの配慮はあまりなされておらず, 果樹園土壌中には交換性カリや有効態リン酸の集積が認められる.

有機物資材は種類が多く, 含まれる成分も一様でないため, 肥料成分の換算も一般化しにくいが, 今後は成分含有量の表示も求められている. 果樹園の有機物施用方法は, 土壌物理性の改良を目的とした場合, 開園時や圃場造成時に 50〜60 t/ha を深耕施用したり, 既成園では, 局所施用により隔年や数年おきに施用されることもある.

果樹に対する有機物の施用基準として, 品質を考慮した温州ミカンでは, 牛ふん堆肥で 20 t/ha, 豚ふん堆肥で 15 t/ha, 乾燥鶏ふんで 3 t/ha が限度

とされていて，他の樹種でも同程度とされる．

　果樹園の有機物施用実態をみると，家畜ふん尿やこれに由来するきゅう肥，オガクズ堆肥，稲わらなど，園地周辺で比較的容易に入手できる資材が多い．未施用園では，有機物が入手できないこと，傾斜地の園地には施用困難であることから，園地外からの有機物の補給は行われず，草生栽培により生産される刈草を有機物源とすることもある．

　土壌環境基礎調査の堆肥の施用量等に関するアンケート調査（3巡目：平成元～5年，調査点数18千点）の樹園地（調査農家数2,757戸）の結果から，何らかの有機物を施用している園地の割合は過半数の56％となっていた．堆きゅう肥は11種類に区分され，各堆きゅう肥施用園地割合の合計は34％となり，そのなかでは牛ふん尿きゅう肥の利用が9.6％と最も多く，ついでその他の家畜ふん尿きゅう肥の5.4％であった．

　堆きゅう肥施用農家の施用量は大部分が20t以下で，平均施用量は14tとなり，施用量30t以上の割合は畑地に比べ樹園地できわめて少ない．平均施用量について資材別にみると，牛ふん尿きゅう肥（19.7 t），豚ふん尿きゅう肥（15.1 t），木質混合家畜ふん尿きゅう肥（16.9～21.3 t），おがくず堆きゅう肥，バーク類堆肥（19.3 t）となり，これらでは施用基準に近い量が施用されていた．

　主要12種類の有機物について養分含量をみると，窒素（0.6～3.6％），リン酸（0.2～5.1％），カリ（0.3～2.7％）の範囲にあった．各有機物について養分含量と施用量から果樹園面積に対する施用成分総量を求めると，窒素成分が11.9千t，リン酸で15.6千t，カリは12.4千tに相当した（Hiraoka and Umemiya, 2000）[21]．窒素成分総量に占める割合は，牛ふんに由来する牛ふん尿きゅう肥窒素（3.8千t）と木質混合牛ふん尿きゅう肥窒素（1.7千t）で多く，ついで鶏ふんに由来するその他の家畜ふん尿きゅう肥窒素（2.1千t）であった．樹園地に施用された各堆きゅう肥の年間窒素無機化割合をもとに，施用1年目の窒素無機化量は，4.6千tと推定された．なお，果樹園全体で単位面積（ha）当たりの施用成分量に換算すると，窒素（38 kg），リン酸（50 kg），カリ（39 kg）となり，窒素成分については，堆きゅう肥由来の無機

化量は 15 kg と計算される．一方，有機物施用園地割合 (34 %) からみると，堆きゅう肥施用園では上記の 3 倍程度多く施用されていることになり，有機物施用の有無による窒素供給量の相違が大きい．

6.1.8 果樹園における養分収支

　果樹園の土壌環境を良好に保ち，長期間にわたって維持していくためにも，果樹園に投入される肥料成分のインプットと，樹体に吸収されたり土壌系外に流出する肥料成分のアウトプットの養分収支について，バランスをとり，養分収支を適切な範囲に保つことが必要である．

　主要果樹の結果樹と未結果樹について，栽培面積と施肥基準平均値から推定した肥料三要素の年間施用量 (1995 年) は，全国で窒素 (50.6 千 t)，リン酸 (36.4 千 t)，カリ (40.7 千 t) であった (Hiraoka and Umemiya, 2000)．また，施肥実態による施肥量 (1998 年) と，果樹栽培面積 (1995 年) から計算した主要果樹の肥料三要素の年間施用量は，窒素 (46.3 千 t)，リン酸 (43.5 千 t)，カリ (35.9 千 t) であった．これは果樹園の三要素施肥量が，国内施肥量 (1995 年) の窒素 (8.8 %)，リン酸 (8.2 %)，カリ (7.4 %) を占めることを示している．年間施肥量について施肥実態と施肥基準平均値の比は，窒素 (92 %)，リン酸 (119 %)，カリ (88 %) となり，国土レベルで果樹園地をみた場合，窒素とカリの施肥実態は施肥基準値に近い値で施用され，リン酸の施肥実態は施肥基準値より多く施用されていることがわかる．

　果樹園に施用される有機物中の肥料成分は，前述のように窒素 (11.9 千 t)，リン酸 (15.6 千 t)，カリ (12.4 千 t) であり，この値を施肥実態による施肥量と比較すると，窒素が 25.7 %，リン酸は 35.9 %，カリで 34.5 % に相当した．これは，化学肥料の肥料成分の 1/3〜1/4 に相当する量が，有機物からも果樹園地に供給されることに他ならない．なお，堆肥施用 1 年目に無機化して樹体に容易に利用される窒素は，4.6 千 t と計算され，これは施肥実態による窒素施肥量の 9.9 % に該当する．

　果樹園の肥料成分のインプットを，化学肥料と有機物施用実態の合量とみなすと，窒素 (58.2 千 t)，リン酸 (59.1 千 t)，カリ (48.3 千 t) であり，このうち窒素については，化学肥料とたい肥施用 1 年目に無機化する窒素の合量

表5.38 日本の果樹園の養分収支（1995年）

成分	施肥基準量 (千t)	施肥実態量 (千t)	有機物由来成分 (千t)	果樹園地投入量（施肥実態＋有機物成分）(千t)	果樹吸収量 (千t)	施肥実態/施肥基準 (%)	有機物由来成分/施肥実態量 (%)	吸収量/施肥実態 (%)	吸収量/投入量 (%)
窒素	50.6	46.3	11.9	58.2	39.8	91.5	25.7	86.0	68.4
リン酸	36.4	43.5	15.6	59.1	9.1	119.4	35.9	20.9	15.4
カリ	40.7	35.9	12.4	48.3	35.3	88.2	34.5	98.3	73.1

とすれば，窒素インプットが50.9千tに相当する．

肥料成分のアウトプットについては，各樹種の結果樹について単位面積当たりの養分吸収量と，1995年の果樹栽培面積（315千ha）から，果樹園全体の養分吸収量が計算され，果樹園の養分吸収量は窒素（39.8千t），リン酸（9.1千t），カリ（35.3千t）と推定された（Hiraoka and Umemiya, 2000）．

国土レベルで，施肥実態量と果樹の養分吸収量から肥料成分の利用率を求めると，窒素（86.0％），リン酸（20.9％），カリ（98.3％）となり，窒素，カリの利用率は高い．有機物中の肥料成分を加えると，窒素（68.4％），リン酸（15.4％），カリ（73.1％）となり，利用率は低下した．なお，堆肥から施用1年目に無機化する窒素量を施肥実態量に加えると，窒素利用率は78.2％となった．このことから，堆肥中の肥料成分量を適正に評価し，化学肥料施肥量から削減することにより，養分収支の向上が可能になると期待できる（表5.38）．

6.2 果樹園地からの環境負荷

6.2.1 窒素負荷の実態

集約栽培される果樹の施肥量は，樹種毎の施肥窒素基準値で見ると111～350 kgの範囲であり，茶や野菜より少ないものの，畑作物に比べ多いとされ，多量の窒素施肥による環境負荷が問題となっている．果樹に吸収されずに土壌に残った窒素は，一部が溶脱して地下水の硝酸態窒素濃度を高めたり，集水域の河川や湖沼の水質を富栄養化する要因となることが明らかにされている（竹内，1997）[16]．

農業用地下水の水質調査結果（農林水産省, 1991）によると，調査地点のうち硝酸態窒素が 10 mg/L を越えている地点の割合は 15.4 % であり，全国的に地下水の汚染が進行している．また，10 mg/L を越えた地点の樹園地では，硝酸態窒素が 13.0〜24.8 mg/L の範囲を示していた．農村地域の井戸水調査結果（藤井ら, 1997）[22] を土地利用別に見ると，畑地の硝酸態窒素濃度は N.D.〜68 ppm の範囲であり，水質基準値以上となる地点の割合が 104 地点中 57 地点となり最も多かった．樹園地の硝酸態窒素濃度は 0.34〜35.9 mg/L の範囲で，19 地点中 5 地点が水質基準値以上であり，畑地に次いで高い割合を示した．基準値を超した樹園地にはミカン園，ナシ園，茶園が含まれていた[22]．

調査結果を総合すると，わが国の地下水の硝酸態窒素汚染状況として，面積当たりの施肥量の増大とともに地下水の硝酸態窒素濃度が上昇したり，畜産経営が近傍の地下水の大きな汚染源となることが示され，果樹園，野菜畑地帯では地下水の硝酸態窒素汚染地が広く分布していると考えられている（熊澤, 1999）[8]．

扇状地に立地するモモ園地帯の例を示すと，地下水を水源とする水道水中

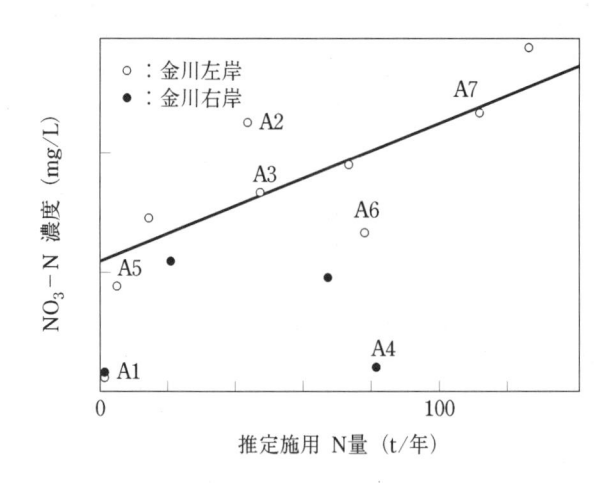

図 5.62 モモ園地帯地下水硝酸態窒素濃度と施用窒素量の関係（坂本ら, 1993; 100 t が 375 kg N/ha に相当）

硝酸態窒素の測定から，窒素施肥量が多いほど地下水中の硝酸態窒素が多くなり，年間窒素施肥量が 300 kg を越えると，地下水中の硝酸態窒素濃度が 10 mg/L 以上になると推定された（図 5.62，坂本ら，1993）[13]．

果樹園からの肥料成分の溶脱は，施肥時期とその後の降水量の他に土壌物理性の影響が大きい．リンゴ，モモ園の調査事例では，初冬期に施用した窒素のうち深さ 1 m の土層内にとどまる割合は土壌によって異なり，壌質砂土のように透水性の大きな土壌では，3 月までの間に施肥窒素の大部分が溶脱することが認められた（小松ら，1982）[11]．このため施肥時期の設定には，土壌物理性や降水特性も配慮することが必要である．

溶脱した施肥窒素は，地下水を経由して暗渠から排水されたり，集水域の小河川に流出して，河川水質に影響を及ぼす．傾斜地モモ園の集水域 13.2 ha を対象とした水，窒素，リンの収支の例では，水の流出率は 44.3 % とされ，施肥窒素の投入量 156 kg/ha に対し，流出量は 37.4 kg となり，溶脱率は 26.2 %（流入量を除いた差引溶脱率で 17.1 %）であった．流出窒素の大部分が硝酸態窒素で，その平均濃度は 6.39 ppm であった．施肥リンの溶脱率は 0.6 %（差引溶脱率で 0.2 %）で窒素に比べきわめて少なかった（田辺，1994）[17]．

果樹園地を主とする集水域における流出水の調査研究から，施肥窒素量と窒素溶脱率の関係を概略すると，窒素施肥量が 150 kg 付近では溶脱率が 4.2〜31.5 % の範囲であり，堆肥成分を含む窒素施肥量が 300 kg 以上では，溶脱率が 26.0〜46.9 % となって，変動が大きいものの窒素負荷が増加する傾向を示している．

なお，表面流去水中のアンモニウム態窒素，硝酸態窒素濃度はきわめて低く，リン酸は痕跡程度であり，草生敷草により流去水中の溶脱窒素の大部分が防止できることが，傾斜ライシメーターによる枠試験から明らかにされている（花野ら，1996）[20]．

6.2.2 養分収支と窒素負荷

硝酸態窒素の水質基準値（NO_3-N 10 mg/L 以下）を満たすために，農耕地からの窒素溶脱許容量は，平水年の水資源賦存高を 1,191 mm とし，これ

に農耕地から溶脱した硝酸態窒素が均一に溶解したと仮定すると，年間119 kg/ha と試算された．さらに地域ごとの気候特性，施肥時期，土壌透水性の差異を考慮すると年間窒素溶脱量を50〜70 kg 以下に抑える必要がある（尾崎, 1994)[7]．

窒素の環境負荷は，土壌面の収支から見ると，窒素のインプットとアウトプットの差で示される．窒素投入量には，化学肥料だけでなく，有機物に含まれる窒素が含まれている．施用窒素のうち果樹に吸収されなかった量がすべて溶脱するわけでなく，一部は土壌中で有機化されたり，脱窒して大気中に放出される．吸収された窒素成分のうち約半分が果実として園外に持ち出され，残りはせん定枝として園外に搬出されたり，貯蔵養分として樹体に保持，あるいは落葉として土壌に還元される．樹種毎のこれらの割合が不明なこともあり，ここでは窒素アウトプットを養分吸収量とし，施肥量から吸収量を差し引いた値を窒素負荷として窒素溶脱量とみなした．

主要樹種について，結果樹の施肥基準値，施肥実態値，結果樹の養分吸収量，窒素溶脱量を示した（表5.39）．施肥実態値をみると，ニホンナシで施肥基準値より多いものの，他の樹種では施肥基準値より低かった．施肥実態値

表5.39 主要果樹の窒素負荷量

	施肥基準値 (kg/ha)	施肥実態値 (kg/ha)	吸収量 (kg/ha)	溶脱量 (施肥基準値から) (kg/ha)	溶脱量 (施肥実態値から) (kg/ha)
温州ミカン	219	191	235	−16	−44
ナツミカン	309	278	202	107	76
ハッサク	314	227	202	112	25
イヨカン	317	272	202	115	70
ビワ	204	131	164	40	−33
ニホンナシ	204	246	152	52	94
ウメ	166	137	142	24	−5
モモ	141	121	115	26	6
クリ	149	79	123	26	−44
キウイフルーツ	179	121	137	42	−16
リンゴ	115	104	98	17	6
カキ	178	99	115	63	−16
ブドウ	111	72	66	45	6

からの窒素溶脱量が50 kgより高い樹種はナツミカン，イヨカン，ニホンナシであり，ニホンナシでは94 kgにも達していた．一方，他の樹種の溶脱量は25 kg以下であり，温州ミカンでは施肥基準値，施肥実態いずれも吸収量より低く，カキは施肥基準値からの溶脱量が63 kgと高めであるが，施肥実態は吸収量に満たない値であった．

有機物からの窒素は，樹種毎の施用量が不明であるので，施肥実態に加えなかった．なお，果樹園全体では，有機物に由来する窒素は38 kgとなり，施用1年目の窒素無機化量は15 kgと見積もられている．

これらから，ニホンナシ，ナツミカンおよびイヨカンは環境負荷の高い樹種とみなされるが，その他の果樹では，肥料に由来する窒素溶脱量が少なく，地下水中の硝酸態窒素濃度が環境基準値を越えないと予想される．また，施肥基準値から求めた溶脱量が100 kgを越えるハッサクと，施肥実態値からの溶脱量が多いイヨカン，ナツミカン，ニホンナシを合計した果樹園全面積に占める割合は12.2 %（1995年）であった．これらの樹種はまとまった産地を形成していることが多く，農耕地面積当たりの施肥量を増加させる．このため，施肥量の削減や施肥効率向上を図り，環境への窒素負荷を低減させることが必要である．

6.3 環境負荷低減技術

果実の収量増加を期待して適量以上に施肥を行うと，過剰成分は溶脱して環境に負荷をもたらす．果実の安定生産のためには一定量の施肥が必要であり，過度の減肥は隔年結果や，樹勢衰弱による耐病性の低下，生産の不安定をもたらす．窒素については，果樹園地の総量で見ると，施肥量に対する吸収量の割合がすでに86 %にも達しているので，現行施肥法での減肥は限界に近いと思われる．施肥法の改良や有機物の施用により，施肥基準値からもう10～20 %の減肥は可能と思われるが，大幅な減肥の余地は少ないであろう．

施肥法を改良し，環境負荷を低減するためには，施肥体系の見直しや，被覆肥料，葉面散布資材の利用，土壌診断や栄養診断の活用，草生栽培の導入

があげられる．

　施肥体系の見直しでは，普通温州ミカンで，夏期の施肥割合を60％まで増加しても果実品質には悪影響を及ぼさず，施肥効率も向上し減肥が可能であることが示されている．ウメでは果実収穫後の夏肥が冬肥よりも効果的であり，リンゴでは秋肥重点施用により，果実品質も向上することが明らかになっている．

　堆肥の連用や土壌改良資材の施用によりカリやリン酸が集積している場合は，土壌診断結果から，カリやリン酸の施肥量を削減することが可能である．リンゴ等では施肥基準が見直されカリが減肥されている．

6.3.1 肥効調節型肥料

　被覆肥料の特徴として，窒素成分の溶出期間を制御できるので，作物の窒素吸収パターンに適した養分の供給が可能となる．これにより施肥窒素の利用率向上が図られ，施肥量を減らすことができる．被覆肥料からの窒素成分の溶出は緩やかなため，土壌中の硝酸態窒素は，慣行肥料に比べ大きな変動もなく安定的に推移し，降雨による溶脱や流亡は減少する．また，肥効の持続期間を調節できるので，追肥の回数を減らすことが可能となる．施肥の回数が多く，追肥の時期が樹体管理と重なるような樹種や，マルチ栽培で追肥の散布が困難な場合では，省力化の効果も大きい．

　イチジク（池田ら，1994）で，被覆肥料のLPS100を3月下旬に全量基肥施用したところ，窒素の溶出は5月中旬から始まり，7月上旬から8月上旬に最大となり累積溶出率は80％となった．これはイチジクの栄養生理特性と一致し，慣行の6回分施に比べ，新梢の生長も良く収量も増加した[3]．土壌中の硝酸態窒素濃度は慣行より高く推移するが，土壌からの窒素溶脱量は慣行より30％低下した（図5.63）．このことから，イチジクでは被覆肥料の全量基肥施用で，追肥の省力化と窒素の溶脱減少による環境負荷低減効果が認められた．

　温州ミカン栽培の施肥慣行として，春肥-夏肥-秋肥の3回分施が行われているが，春肥と夏肥の合量を被覆肥料で施用し，秋肥は化成肥料の年2回施肥を行った．その結果，葉中窒素含量の推移は被覆肥料の緩効度で異なるも

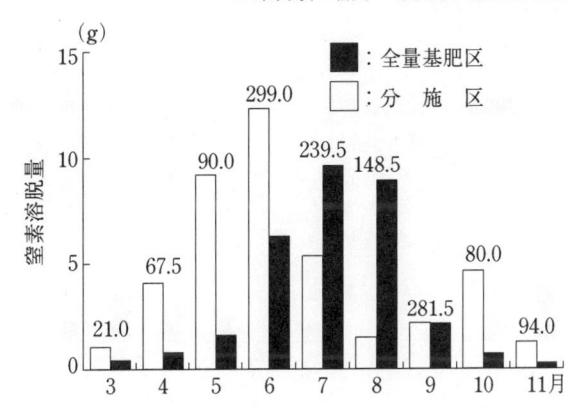

図5.63 被覆肥料による窒素溶脱低減効果（池田ら，1994；イチジクのライシメーター試験）

全量基肥区：LPS100 3月下旬施用　溶脱量30.8g（74％）
分　施　区：6回分施　　　　　　溶脱量41.5g（100％）
（数字は月例の降水量）

のの，果実品質，収量は慣行と同等であり，施肥回数の削減が可能となった（愛媛果樹試，1992）．ニホンナシ'二十世紀'では慣行施肥回数が4回と多いが，肥効期間の長い被覆肥料を全量基肥として12月上旬の表面施用が試みられている（鳥取園試，1992）．

　果樹の生育に適した窒素供給様式は，施肥時期以降の地温推移に応じた被覆肥料の溶出特性から選択するとよい．溶出量が単一の被覆肥料だけで不十分な場合，複数の被覆肥料を組み合わせたり，被覆肥料と速効性肥料の混合施用が行われている．

　秋肥に施用する場合は，落葉果樹のニホンナシ（鳥取園試，1995），ブドウ（山梨果樹試，1991）で，LP70タイプの被覆肥料を単独または化成肥料と混合し秋に全量基肥施用すると，10〜11月にかけて窒素が溶出し，生育期間の4〜7月に再び溶出が増加する（図5.64）．また，成熟期の8〜9月には窒素が切れるので，果実品質上好ましい．リンゴ'ふじ'のLP40〜50タイプの全量基肥施用では，窒素の溶出パターンは被覆肥料による相違が少なく，果実収量，品質も慣行と同程度であった（長野果樹試，2000）．常緑果樹のマルチ

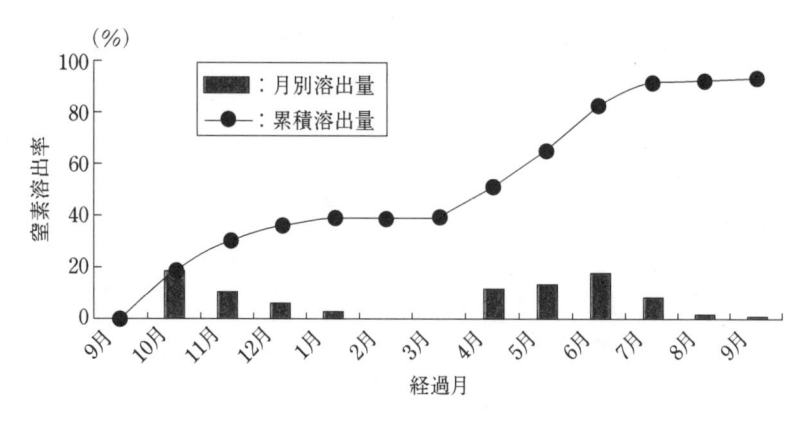

図 5.64 ナシ園地表面に散布した被覆肥料（LP70）の窒素溶出経過（長野県南信農試，2000；9月全量施肥）

栽培温州ミカンで，マルチ除去後の 11 月上旬に，溶出期間の長い LPS100（N 60 %）と有機質配合肥料（N 40 %）で全量基肥施用したところ，着花や果実品質に対する影響は少なく，葉中窒素濃度も慣行と差が認められず，窒素の周年供給が可能となった．なお，マルチ栽培では，マルチ除去後の施用適期の確保が重要であり，表層施用後は地表面を敷きわらで被覆する必要がある（佐賀果樹試，2000）．

春肥に施用する場合は，リンゴ'ふじ'（青森りんご試，1995）で溶出期間の短い LP30〜70 タイプを用い，温州ミカン（愛媛果樹試，1991）では春肥として LP30〜70 タイプと，秋肥は化成肥料の組み合わせで実施した．温州ミカンでは葉中窒素含量の推移は被覆肥料の緩効度で異なったが，いずれも果実収量と品質は慣行と同程度の結果が得られている．

果樹の施肥試験では，初年度は前年までの施肥管理の影響が大きく，試験実施後は肥効に関係する地温変化や降水量の年次間差異もあるので，普通 5 年程度の試験期間が必要である．被覆肥料を用いた試験は多くの樹種で実施されるようになってきたが，個々の試験については，被覆肥料の種類と組み合わせも多様であり，試験期間が短い事例も多いので，さらに長期間の試験継続が望まれる．

今までに得られた施肥試験の結果を概略すると，大部分の果樹では，被覆肥料により画期的な品質向上を期待できないが，慣行肥料と同程度の収量と品質が得られることがわかってきた．この理由として，慣行肥料を用いた果樹の施肥体系が，長年の経験や試験の積み重ねに基づいた施肥法を採用していることと，果樹園では従来から緩効性の有機質肥料の利用も多いので，被覆肥料との明瞭な差が出にくいためと思われる．

　果樹園に被覆肥料を利用する場合の問題点も指摘されている．果樹園では，肥料を地表面に散布するだけで，耕起して土壌と混和することが少ない．このため地表面が乾燥したときは，肥料成分の溶出と土壌中への拡散が遅れやすい．また，夏季に地表温度が土壌中より高くなるので，予想より溶出が早くなり，施肥効果が不安定となることも知られている．また，被覆資材の特性についても，環境分解型資材に移行しつつあることから，地表面散布や土壌混和した場合に，光や微生物による樹脂の分解過程の解析も必要とされよう．なお，被覆肥料を土壌と混和すると余分の労力を必要とすることから，必ずしも省力化にはつながらない．

　草生果樹園では，肥料の地表面散布が一般的であることに加え，施肥窒素の大部分が草に速やかに吸収される．草に吸収された窒素は，刈った後，地表面で分解放出を経て樹体に吸収利用される．このため，速効性の化学肥料が緩効的な肥効になることが知られており，溶出時期を調節できる被覆肥料の場合でも，その利点が十分に発揮できないと思われる．また，草生リンゴ園では，地表面散布された被覆肥料粒子が作業管理や作業機械の踏圧で損傷を受けやすく，その結果，肥料成分の溶出も促進された．

　このような問題点を解決するために，局所施肥等，施肥法の開発が必要であり，被覆肥料を土壌に直接混合できる施肥機の開発も進められている．

6.3.2 葉面散布

　窒素成分の葉面散布は，土壌施用に比べると速効性のため，樹体への肥効調節が容易となる．また吸収利用率は高いので施肥効率が向上し，肥料成分の溶脱も減少すると期待されている．

　果樹で用いられる葉面散布資材には，窒素成分として尿素の他に無機態窒

素やアミノ酸類を含むものが多い．さらにリン酸を加えたり，マンガン，亜鉛等の微量元素を含む資材も市販されている．従来から果樹の葉面散布は，樹勢低下や養分欠乏症が生じたときに急速に回復するための手段として用いられてきた．最近では，樹勢低下の予防のため積極的に散布することが多くなっている．この背景として，温州ミカンでは高糖度ミカンを生産するために，シートマルチ等で降雨を遮り，樹体に乾燥ストレスをかける栽培法が増加している．マルチで樹冠下の地表を被覆すると，施肥作業が行いづらく，土壌も乾燥してくると根からの養分吸収が困難となり，樹勢低下を招きやすい．また，施設栽培では地上部が地下部より早く生育するので，根からの養分吸収が遅れることが多い．このため，生育初期や収穫後の窒素栄養向上を目的として散布することも多い．

温州ミカン，モモ，ブドウについて，0.5％尿素溶液を葉面散布し，その後の吸収過程を測定したところ，落葉果樹のモモとブドウでは，6時間から1日後には付着した尿素の大部分が吸収された．温州ミカンでは尿素の吸収はやや遅れ1～3日後に吸収が最大となり，土壌施用に比べきわめて吸収速度が速くなる．葉面散布では水溶液として散布するため，1回の散布量に限り

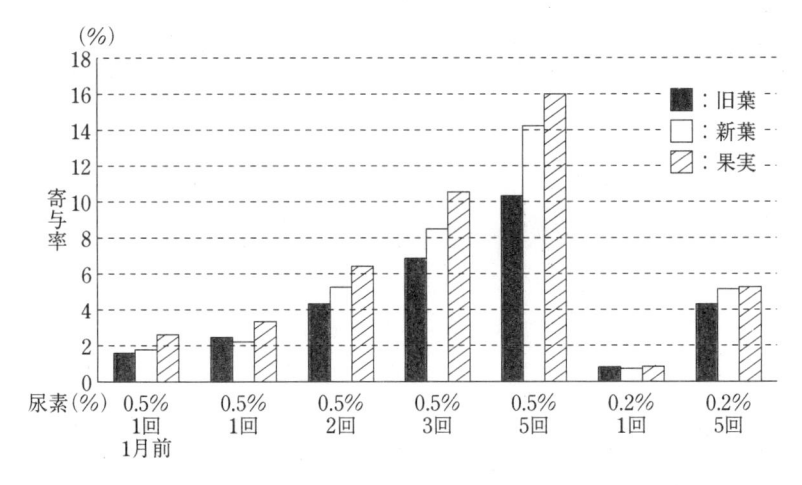

図5.65 葉面散布した尿素の吸収に及ぼす散布回数と散布濃度の効果（静岡県柑橘試・果樹試，1998；温州ミカンに6月散布）

があり，吸収量は少ない．0.3〜0.5％の尿素水溶液には窒素成分が4〜7 kg/ha含まれ，このうち1〜3 kg程度が樹体に吸収利用される．また，窒素の葉面散布は複数回散布されることも多く，5回までの散布回数では，吸収量は散布回数に応じて増加してゆく（図5.65）．窒素成分の種類では，無機態のアンモニウム態窒素や硝酸態窒素は尿素より吸収されにくく，分子量の大きいアミノ酸態窒素はさらに吸収されにくいことも示されている．さらに葉の生育時期によっても吸収量が異なることもあり，温州ミカンで窒素吸収量を調べると，葉齢の若い5月散布が最も高く，ついで12月散布であり，3月の旧葉となる時期が最も低かった．ただしこれには葉齢に加えて散布時期の気温の影響も関連したと思われる（果樹試ほか，2000）．

なお，微量要素欠乏対策としての葉面散布は即効的であるが，その効果は施用当年に限られるので，欠乏症の発生した土壌条件の改善が基本となる．

6.3.3 有機物施用

果樹園の土づくり資材として，牛ふん，豚ふん，鶏ふんの堆肥が主に用いられ，ニホンナシ，カキ，クリ園で施用量が多く，リンゴ，モモ，カンキツ園での施用量は少ない．また，地力の低い造成園地の土壌改良には，家畜ふん堆肥やバーク堆肥が広く利用されている．バーク堆肥には，難分解性の木質系資材が含まれるので，土壌物理性改良の持続効果が高い．

家畜ふんに含まれる窒素の肥効率は，牛ふんで30％と低く，豚ふん，鶏ふんで70％と高い．リン酸肥効率では60〜70％，カリは90％とされる．堆肥化に用いた混合資材の量と性質により，肥効の程度は異なってくる．肥料成分の高い家畜ふん堆肥は，有機質肥料に近い肥効率となる一方，木質成分を多く含むバーク堆肥は，無機化する窒素が少なく，肥料的な効果を期待できない．

家畜ふん堆肥中の窒素成分は，一部が施用した年に無機化することで，有機質肥料の効果をもつ．残りは土壌有機物として集積し，さらに地力窒素として発現する．数十年後には土壌への集積量も平衡値に近づき，施用量に相当する窒素が施用した年に無機化してゆく．このため，化学肥料の施肥量から有機物に由来する量を削減することで，環境負荷を減らすことが可能とな

る．今のところ，このような減肥は一般に行われておらず，今後は，この観点を加えた果樹での試験事例の集積が必要である．

果樹園の有機物施用効果は，土壌物理性の改善と，地力窒素供給力の増加が大きいとされ，適正施用量は土壌の物理性の良否，地力窒素の多少で異なってくる．

造成地果樹園は，土壌が未熟なため物理性や化学性が不良の場合が多い．このような土壌では，定植時に深耕を兼ねて，バーク堆肥等を根群の分布する範囲に局所施用することが望ましい．有機物施用量は，面積当たりの施用量よりも，改良する土壌容積量当たりの施用量で表示される．細粒黄色土壌のブドウ'ピオーネ'では，バーク堆肥を土壌 $1\,m^3$ 当たり 100 kg 程度，条溝に混合して施用すると（図 5.66），土壌物理性が改良され樹体の生育も良好となり（藤原ら，1987），モモでも同程度の混入量で初期生育が優れることが示された[23]．

また，定植後5年程度は，家畜ふん堆肥を 40～80 t/ha 多量に連用し，土壌肥よく度が向上した時点で，肥よく度を維持するための施用量まで低下させるとよい．細粒褐色森林土に開園された温州ミカンでは，深さ 0.6 m まで深耕した後，オガクズ入り鶏ふん堆肥 40 t/ha を5年間表層施用することに

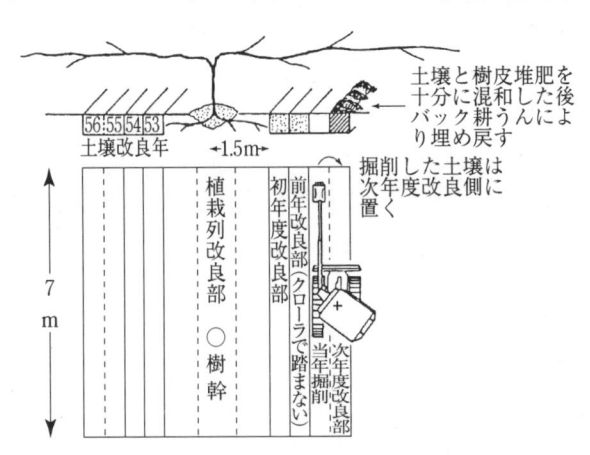

図 5.66 バーク堆肥条溝施用によるブドウ園の土壌改良（藤原ら，1987；細粒黄色土壌，品種：ピオーネ）

より，土壌物理性が改良され根群形成も優れた（峯・小田，1984）．また，和泉砂岩土壌地帯のモモ園では，開園時にオガクズ豚ふん堆肥を施用して深さ1mまで深耕し，その後もオガクズ豚ふん堆肥を連用すると，土壌表層の理化学性が改善され，樹体生育や果実収量も増加した．このため，開園後4～5年は，堆肥を80t/ha連用して樹体生育を促進し，その後は施用を中止して果実品質向上を図るのが望ましい（小池，1992）[9]．

肥よく度が中程度の果樹園では，土壌有機物の分解による消耗を補い，地力窒素の維持を図ることが必要である．このため，家畜ふん堆肥の施用量として10～20t/haが適当であり，カリが土壌に集積することも少なく塩基バランスが保たれ，細根も増加する．

温州ミカンでは，オガクズ牛ふん堆肥を20t/ha連用することで収量が増加し，化学肥料を減肥しても，果実品質や葉中成分への悪影響はみられなかったことから，堆肥窒素の肥効率は60％とされた（岩本ら，1985）[4]．ブドウ'巨峰'の若木では，オガクズ牛ふん堆肥5t/haまたは10t/haの連用で収量・品質ともに優れ，20t/haでは生育は旺盛であるが品質が劣った．ブドウ高品質果実の安定生産のためには，オガクズ牛ふん堆肥の5～10t/ha施用が適当であり，土壌改良には最低20t/haが必要である（渡邉ら，1989）[27]．

既成園で樹体が高樹齢化して樹勢が衰え収量も低下したような場合は，有機物施用と部分深耕を併用して土壌改良を行い，根群形成を盛んにして樹勢回復を図るとよいとされる．25年生ニホンナシ'幸水'の樹勢が低下した園地で，コイル式深耕機やホールディガーの機械力により，幅30cm，深さ40～50cmの孔を1樹当たり8か所掘り，1孔当たり牛ふん堆肥20kg（1樹当たり160kg）を局所施用した．その結果，1年後に根量が増加して樹体生育が良好となり，果実収量も増加する（六本木ら，2000）[26]．

6.3.4 牧草草生栽培

草生栽培は，果樹園の地表面管理法の一つであり，イネ科やマメ科牧草で地表面を被い，適期に草刈りを行う．草生栽培の他に，敷きわら等の被覆資材を用いたマルチ栽培や，地表面を裸地に保つ清耕栽培やそれらの折衷法がある．清耕栽培は，適切な除草剤を選択すると比較的簡単に維持されるが，

化学物質を使用することによる環境負荷が大きい.

草生栽培にすると,果樹の生育期間に牧草との間で春先の養分や夏期に水分の競合が生じやすい.これを避けるためには,園地全体を牧草で覆う全面草生法より,樹冠部を清耕とし樹列間を草生とする部分草生法が優れている.また,成木になると養分の競合はそれほど問題とされず,過剰の窒素は牧草に吸収されるので果実品質も向上する.

イネ科やマメ科牧草の草生栽培の利点として,肥料成分を牧草が吸収し,一時的に蓄えられるので,肥料の園外流出が抑制され,溶脱窒素の環境負荷が軽減される.一例をあげると,リンゴを用いたライシメーター試験では,流出する窒素が草生栽培により清耕栽培の 34 % と大幅に減少し,カルシウムの溶脱防止効果も高かった.なお草生果樹園では,牧草を経由して循環する窒素の割合が多いので,施肥の効果は緩効的となる.

また傾斜地では園地の土壌侵食を防ぐ効果も非常に高いので,養分に富む表土の流出が抑えられる. 牧草草生栽培では,地上部の刈草や地下部の根の腐朽によって園内で有機物が生産される利点もあり,イネ科牧草の場合,乾物で 3〜7 t/ ha 程度が得られ,刈草をマルチすることで土壌有機物の増加が図られる.このため,表層土の団粒化が促進され,雨水が地下によく浸透し排水も良好となる.

草生栽培の草種にはイタリアンライグラス,オーチャードグラス,ベントグラス,アルファルファ,レッドクローバー,ラジノクロバー等が利用されてきたが,野草が入り込み牧草が衰え,雑草草生化しやすい.最近ではアレロパシー作用により比較的安定した純群落を作りやすい草種が利用されるようになり,イネ科のナギナタガヤ,バヒヤグラス,マメ科のヘアリーベッチ等の有効性が報告されている.これらは純群落を維持しやすい,枯れた後に地表面を被い他の雑草発生を抑制する,草高が余り高くない等の特徴を有し,今後は樹種に適した草種の検討が必要である.

6.4 主要果樹の施肥法

果樹の施肥基準と施肥実態の推移について,温州ミカンの例を示すと,施

6. 果樹類の省力・環境保全的施肥管理

表 5.40 果樹の施肥時期と施肥割合（主産県）

樹種：品種 収量 (t/ha)(主産県)	年間施肥量 (kg/ha) 窒素-リン酸-カリ	施肥時期	施肥量 (kg/ha) 窒素-リン酸-カリ	窒素分施割合 (%)
普通温州ミカン 40 t (静岡)	220-120-180 肥よく土壌	3下 6中～下 11上	40-40-30 120-40-120 60-40-30	18 55 27
イヨカン 30 t (愛媛)	270-200-240	3上 7中 9上 11上	60-40-50 60-60-70 80-60-70 70-40-50	22 22 30 26
リンゴ (青森)	150-50-50	4	150-50-50	100
ニホンナシ：幸水，豊水， 二十世紀 40-50 t (千葉)	200-200-120 火山灰土壌	基肥11下 秋肥9上	120-80-70 80-120-50	60 40
ブドウ：巨峰，ピオーネ 15 t (山梨)	60-60-60	6中 11上	20-0-20 40-60-40	33 67
モモ：中晩生種 30 t (山梨)	140-100-120	9上 10下	40-40-20 100-60-100	29 71
ウメ 15 t (和歌山)	230-120-200	10下～11下 4中 5中 6下～7上	70-30-60 20-20-60 40-20-30 100-50-50	30 15 15 40
カキ：富有 28 t (和歌山)	280-170-230	12～1 3下 7上 10下	130-120-90 50-0-0 60-50-140 40-0-0	45 20 20 15
クリ (茨城)	160-80-160 清耕栽培	11下～2上 7下 9下	80-80-80 40-0-40 40-0-40	50 25 25
オウトウ (山形)	150-60-120	9下～10上 7上	120-60-120 30-0-0	80 20
イチジク 30 t (愛知)	180-120-170	2中 6中 9上 9下	140-100-100 0-0-50 20-10-10 20-10-10	78 0 11 11
ビワ (長崎)	300-225-240 樹齢20年生	2中 5下～6中 8下～9上	60-90-72 90-45-48 150-90-120	20 30 50
キウイフルーツ 25 t (愛媛)	200-180-210	11上 3上 6下 9上	100-80-90 30-30-30 40-40-50 30-30-40	50 15 20 15

肥量は1955年頃から増加が顕著であったが，1965年頃を境に1980年頃まで減少している．この理由として収量を重視した多肥栽培の結果，土壌が酸性化して温州ミカンでは異常落葉等，生理障害が多発したことと，高品質果実を生産する栽培法へと変化したことや，品種構成の変化があげられる．しかし過度の減肥により，樹勢が低下して隔年結果を生じ，生産が不安定になってきたことから，1980年頃以降は施肥量もやや増加して，施肥基準に沿った施肥実態となってきている．他の樹種でも，過剰施肥により果実品質の低下をもたらすことから，必要以上の多肥を控えることが多い．

果樹園では，樹種によって養分吸収特性が異なり，また果実品質への影響を考慮して，多様な施肥法がなされている．そこで，主要産地について最近の施肥基準値の概要を以下に述べるとともに，施肥時期，施肥割合の例を表5.40に示した．また，環境負荷が問題となる樹種については，施肥法の見直しについてもふれた．

6.4.1 温州ミカン

主産県の年間窒素施肥基準値は，250 kg/ha付近（範囲220〜300 kg）にあり，収量水準や樹齢により施肥量は変化する（表5.41）．窒素施肥量が適正範囲より減少すると，収量が低下するとともに隔年結果が顕著になる．果実品質と窒素施肥量の関係をみると，果実糖度，酸含量，着色は基準施肥量付近に好適水準があり，これより多くても少なくても品質が低下するが，浮き皮の発生は窒素施用量の削減に伴って減少する（図5.67, 長崎果樹試，1997）[18]．

表5.41 普通温州ミカンの樹齢別・収量別の施肥基準（長崎県）

樹齢（年）	年間施肥量 (kg/ha) 窒素-リン酸-カリ	収量 (t/ha)	年間施肥量 (kg/ha) 窒素-リン酸-カリ
1	30-20-15	3	180-130-130
3	70-45-40	4	220-150-150
5	105-75-75	5	250-180-180
7	130-90-90	6	280-200-200
10	160-110-110		
14	190-130-130		

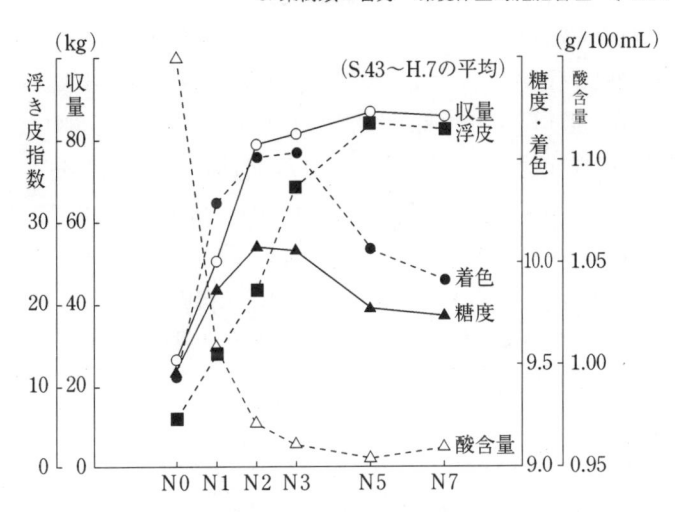

図5.67 窒素施用量が温州ミカンの収量と品質に及ぼす影響(長崎果樹試,1997;N3が基準施肥量,N2は基準の2/3,N5は基準の5/3)

施肥時期は,秋肥,春肥,夏肥の3回分施が一般に行われる.秋肥は,着果負担に対する樹勢回復と翌年の初期生育のための貯蔵養分の増加を図り,春肥は,発芽後の新梢伸長と幼果の初期生育を促し,夏肥は,果実肥大促進と春枝の充実を目的とする.

窒素施肥割合は,普通温州の場合,春(40〜45%)-夏(20%)-秋(35〜40%)が多い.樹勢が旺盛で隔年結果性が強い高糖度系温州(青島)の産地では,施肥量を多めとし,夏肥を重視して,春(18〜27%)-夏(40〜55%)-秋(27〜33%)となる.早生温州や早期出荷を目的とした場合,夏肥を施用せず春(40〜45%)-秋(55〜60%)とする産地もある.

極早生温州は,収穫時期が早く,樹勢回復期間も長いことから秋肥に重点をおき,収穫直前の10月上旬と,11月上旬に秋肥を2回分施し,春(35%)-秋(40%)-晩秋(25%)とする.なお,リン酸とカリは,窒素の70〜80%で十分である.

窒素減肥のため,施肥効率向上を目的として分施回数を増やしたり,肥効調節型肥料を利用して施肥回数の削減を図る試験が実施されている.和歌山

県で早生種の完熟ミカン産地では,慣行施肥では樹勢低下や隔年結果を生じやすく,増肥が行われていたが,夏肥を取り入れて施肥割合を変えることにより(春60:夏40:秋100 kg),増肥の必要がないことが示された.また,急傾斜地階段畑で周年的に透湿性防水シートで部分マルチ栽培を行うと肥料成分の流亡が抑制でき,バーク堆肥を20 t/ha併用すると窒素施肥量が20%削減可能な試験結果も得られている(菅井,1999)[15].しかし,傾斜地が多いミカン園では,堆肥の施用が困難であり,被覆肥料の利用も施肥後の耕うんが実施できないなどから,施肥基準には堆肥や被覆肥料利用による施肥削減が組み込まれていない場合も多い.

6.4.2 中晩生カンキツ類

中晩柑には,アマナツ(ナツミカン),ハッサク,イヨカン,ポンカン,ネーブル等が含まれ,最近の品種には,'清見','不知火'がある.これらの年間窒素施肥基準値は,ナツミカンで320〜400 kg(収量50 t)の範囲にあり,ハッサクで320 kg,イヨカンで270〜320 kgとなり,普通温州の250 kgより高めとなっている.これは,大玉果実生産,収穫時期が遅いことによる樹勢の維持・回復,耐寒性の増加を目的としている.

中晩柑では,窒素施用量が多いと収量が増加するが,多肥になると糖・酸ともに減少し果実品質を低下させるので,窒素300〜350 kg付近が適量とされる.なお,'不知火'の年間窒素適正施用量は,214 kg/ha(年5回分施,有機質配合肥料使用)と少ない(岡島ら,1998)[6].

施肥時期は,春肥(3月),夏肥(5〜7月),初秋肥(8〜9月),晩秋肥(10〜11月)の4回分施が行われ,施肥回数が多い.肥料は,濃度障害による根いたみを防ぐため,有機質配合肥料を主体とし,継続的に養分が供給されるのが望ましい.

ナツミカン,ハッサクの施肥割合は,新梢の発育と充実,果実の肥大促進を促す春肥と夏肥に重点をおいて施用される(春+夏50〜65%).秋肥(20〜30%)は,樹勢を回復させ貯蔵養分を蓄積させる.普通イヨカンでは初秋肥(30%)が,果実の貯蔵性を高め,樹勢回復と寒害防止に効果が高い.

肥効調節型肥料を用いてイヨカンの年2回施肥法が検討され,有機配合肥

料による慣行の年4回施肥（N 320 kg）に近い肥効が示されるとともに，施肥窒素の減肥効果も期待されている（愛媛果樹試，2000）．

6.4.3 リンゴ

窒素施肥量とリンゴ樹体の生育や果実収量・品質の関係をみると，施肥量と樹体生育に関連性が見られる．一方，増肥により果実の地色，表面着色，酸含量等の果実品質に低下が認められるものの，果実収量には施肥窒素の効果が現れにくい．このことから，リンゴは肥料依存性が少なく，土壌養分の依存性が高いと考えられている．

リンゴの施肥基準値と施肥時期は，地域による相違が大きい．年間窒素施肥基準値は土壌肥よく度で異なり，長野県では120～200 kgの範囲である．福島県では，土壌肥よく度に応じた'ふじ'の施肥基準値は60～80 kgの範囲でやや低めであるが，'つがる'で90～120 kg，'スターキング'は110～150 kgと高くなる．青森県の施肥基準値は150 kgとなっていて，施肥実態は1990年前後で137 kgと基準値より低い．これは，無袋'ふじ'の面積割合が増加し，果実の着色を良くするために施肥量が減少したことによる．

施肥時期は，秋肥と冬肥の2回分施が一般的で，秋肥は果実品質に影響の少ない9～10月に施用して貯蔵養分の充実を図り，冬肥は初期生育を促進するために休眠期中の11～3月に施用する．冬季の降水量の多い地域や黒ボク土では春肥（2～4月）とし，流亡しやすい土壌では追肥（6月）を施用する．福島県では，秋肥が春肥に劣らず吸収され，翌年の葉の光合成速度の維持に効果的であることから，秋肥の割合が50～100 %と高い．青森県では，秋施肥が溶脱量も多く利用率が低いことから，全量を春肥として施用している．

リンゴでは，肥料利用率の高い時期に施肥したり，土壌管理も肥料成分流出の少ない草生管理を採用しているので，環境負荷は少ないと考えられる．また，青森県では土壌診断の結果，土壌中にカリの集積量が多いことから，カリの施肥基準値が100 kgから50 kgに減肥されている．

6.4.4 ニホンナシ

ナシの窒素吸収量は品種間差異がみられ，'長十郎'で145 kg，'二十世紀'

で190 kg, '幸水' が 120 kg 程度とされ, 土壌に由来する窒素の吸収割合が高い. 生育時期別の窒素吸収特性をみると, '幸水' は '二十世紀' に比べ生育中期の窒素要求が高く, 生育期に途切れることなく窒素が供給されるような施肥が望ましい.

主産県の年間窒素施肥基準値は, '幸水', '豊水' が 200 kg 付近 (範囲 160～250 kg) にあり, '二十世紀' で 20 % 程度少なく 160～200 kg の範囲にある. 施肥時期は, 基肥 (11～2月), 秋肥 (9月) の 2 回施肥が一般に行われるが, 鳥取県では, 秋肥 (9月中, 10月中に分施), 冬肥 (11～12月), 春肥 (2月下), 夏肥 (6月上) の 5 回分施となっている. '二十世紀' では, 窒素の急激な肥効が, 果実品質の低下や黒斑病を助長することから, これを避けるため分施回数が多くなっている.

窒素施肥割合は, 基肥に年間窒素施用量の 60～75 % を施用し, 秋肥で残りの 25～40 % を速効性肥料で施用する. なお樹勢の弱い場合や, 肥料の流亡の大きな土壌では, 基肥の割合を 50 % とし, 3月から6月に 20 % を施用する.

ニホンナシは, 施肥基準値に比べ施肥実態が高いが, これは主要品種の '幸水' で高樹齢化に伴い生産量が低下し, これを補うために施肥量や施肥回数が増加したことによる. 対策として, 樹勢を回復させ多収量を維持させる樹体管理技術が求められ, せん定等栽培法の改善や, 肥効調節型肥料や分施による施肥法の改善が検討されている.

6.4.5 ブドウ

'巨峰' は, 樹勢が強く施肥量を多くすると花ぶるいしやすいことから, 主産県の年間窒素施肥基準値は, 60～80 kg と低い. 若木の時期は樹勢が強いので, 3～4年生までを無施肥とし, 7年生までは 30 kg 程度の少肥で, 樹勢にあわせて施肥量を調節する. 10年以上の樹齢になると 120 kg に増加する産地もある. 無核処理では 20 kg 程増肥する. 'デラウェア' 等の中粒品種では施肥基準値が 100～140 kg と多い. 施肥時期は, 基肥と追肥を加えた 1～2 回の施肥であり, 基肥は 11月 (10～11月) に年間窒素施用量の 50～70 % を施用する. 追肥は, 収穫後の 9月に 30 % を施用するのが一般的である.

なお、'巨峰'では結実の安定した6月中旬が無難であり、3～4月の春先に施用する産地もある.

6.4.6 モモ

モモは窒素過剰になると、生育初期に核割れや生理落果が多く、生育後期は枝の充実不良や枯れ込みを生じるなど、窒素の過不足に敏感な樹種である.

主産県の年間窒素施肥基準値は、140 kg付近（範囲100～200 kg）にあり、早生種は中晩生種より20 kg程度窒素量が少ない. 施肥時期は、基肥と秋肥の2回分施が一般的であり、基肥は10～2月に年間窒素施用量の60～80 %を施用し、秋肥は8～9月に20～40 %を施用する. 福島県では、施肥量が土壌肥よく度別に区分され、肥よく度の高い土壌では冬肥窒素が20 kg少なく、吸収利用率の高い秋肥が重視され、秋肥の割合が60～75 %と高い.

6.4.7 ウメ

ウメの窒素吸収量は他の落葉果樹に比べて高いため、窒素施肥量も多い傾向である.

主産県の年間窒素施肥基準値は、200 kg付近（範囲130～230 kg）にあり、多収栽培では施肥量も増加する. ウメは生育ステージも早く、根は2～3月から活動を始め、新梢は4～7月に伸長し、果実は4～6月に肥大して収穫され、翌年の貯蔵養分は7～10月に蓄積される. このため施肥時期は3～4回に分施され、芽出肥、実肥、礼肥、花芽肥と呼ばれる. 施肥割合は、収穫後の6～9月が年間窒素施用量の40～50 %と高い.

6.4.8 その他の果樹

カキは深根性であり、新根による養分吸収が開始される時期は遅く、初期生育は貯蔵養分に依存しているなど、施肥反応は鈍い. また高濃度の養分は細根に障害を引き起こす. 主産県の年間窒素施肥基準値は、160 kg付近（範囲120～280 kg）にあり、施肥時期も基肥、夏肥、秋肥の3回分施が多い. 基肥は11～2月にかけて年間窒素施用量の45～70 %、夏肥を施用する場合は20～30 %、秋肥は15～36 %が施用される.

クリは、施肥量をある程度多くし、樹勢を旺盛にしたほうが、収量も高く、

凍害や胴枯病による枯死被害が少ない．主産県の年間窒素施肥基準値は，160〜200 kg 付近にあり，施肥時期も基肥，夏肥，秋肥の3回分施が多い．基肥は11〜2月にかけて50〜60％が施用される．

オウトウの年間窒素施肥基準値は，100〜150 kg 付近で，施肥回数も基肥と礼肥の2回分施となっている．'佐藤錦'では，発芽から収穫まで約80日程度ときわめて短く，夏期には花芽形成が始まるので，貯蔵養分の役割は高いと考えられている．このため，秋（9〜10月）に施用される基肥の割合は60〜80％と高い．礼肥は6〜7月頃20〜40％が施用される．

イチジクは，収穫期間が長期間にわたることから，肥効が大きく変動することなく長期間持続することが必要である．年間窒素施肥基準値は120 kgで，施肥回数も4回と多くなっている．

ビワの年間窒素施肥基準値は，300 kg 付近で，収量や樹齢で大きく異なる．窒素の多量施用は収量増加にはつながらず，果肉を堅くして品質を低下させる．施肥時期も春肥，夏肥，秋肥の3回施肥が一般的である．開花期から果実肥大初期および冬期の樹体栄養をまかなうため，8〜9月に施用される秋肥の割合は，50％と高い．

キウイフルーツは，窒素増肥で結果母枝数が多くなり収量を増加させるが，果実品質への影響が少ない．年間窒素施肥基準値は，200 kg で，施肥回数は3〜4回の分施となり，基肥は11月に50％が施用される（表5.41）．

（梅宮　善章）

引用文献

1) 青葉幸二（1982）：施肥法, 156〜173, 千葉　勉編著, 果樹園の土壌管理と施肥技術, 博友社.
2) 浅見與七（1952）：果樹栽培汎論, 土壌肥料編, 養賢堂.
3) 池田彰弘・井戸　豊（1994）：被覆肥料を利用したイチジクの全量基肥施肥法, 愛知農総試研報, 26, 281-286.
4) 岩本数人・中路正紹・高橋祐子・岡島量男・金川英明・野口法子（1985）：温州ミカン園における有機物施用効果の解析（第2報）オガクズ混入きゅう肥の施用効

果の解析,九州農研,47,240.
5) 梅宮善章(1991):土壌窒素の評価法,平成2年度果樹課題別研究会資料「樹園地における樹体及び環境計測技術の評価と利用」,103-108.
6) 岡島益男・相川博志・長田芳朗・土田通彦・磯田隆晴(1998):カンキツ'不知火'の施肥法,熊本農研セ研報,7,77-87.
7) 尾崎保夫(1994):農林水産試験研究における環境研究手法,p.125-134,農林水産技術会議事務局.
8) 熊澤喜久雄(1999):地下水の硝酸態窒素汚染の現況,土肥誌,70,207-213.
9) 小池 明(1992):堆肥の施用が新規開発園土壌の理化学性ならびにモモ樹の生育と果実品質に及ぼす影響,徳島果試研報,20,11-22.
10) 小林 章(1958):果樹の栄養生理,朝倉書店.
11) 小松喜代松・佐藤雄夫・佐々木生雄(1982):果樹園における初冬期施用窒素の溶脱と土壌の物理性との関係,福島果樹試研報,10,35-46.
12) Komamura, K. (1991): Trace of 15N applied to decidous fruit trees. JARQ., 25, 141-147.
13) 坂本 康・中村文雄・風間ふたば(1993):地下水を水源とする水道水の硝酸性窒素濃度の地理的分布と時間的変動,水道協会雑誌,62,17-28.
14) 佐藤雄夫(1982):リンゴ園の土壌管理と施肥技術,257-289,千葉 勉編著,果樹園の土壌管理と施肥技術,博友社.
15) 菅井春雄(1999):柑橘(温州ミカン)園の環境にやさしい効率的な施肥管理法,果実日本,54(3),76-78.
16) 竹内 誠(1997):農耕地からの窒素・リンの流出,土肥誌,68,708-715.
17) 田辺和司(1994):樹園地の用排水に伴う全窒素及び全リンの動態,香川農試研報,45,85-90.
18) 長崎県果樹試験場(1997):九州地域におけるカンキツの合理的な施肥法の確立に関する試験,指定試験(土壌肥料),37,1-92.
19) 農林水産省統計情報部(1999):農業生産環境調査 農家調査結果の概要,農林水産統計速報,11-159(地域-3),1-37.
20) 花野義雄・石原 暁・井田 明(1996):傾斜ライシメータを使ったミカン及び茶

園の土壌流出と窒素分流出の測定，土肥誌，67，194-197．

21) Hiraoka, K. and Umemiya, Y. (2000): Estimation of balance of Nitrogen, phosphorous and potassium in relation to chemical fertilizer application in Japanese orchard fields. JARQ., 34, 87-92.

22) 藤井国博・岡本玲子・山口武則・大嶋秀雄・大政建次・芝野昭夫（1997）：農村地域における地下水の水質に関する調査データ（1986～1993），農技研資料，20，1-329．

23) 藤原多見夫・木村陽登・古井シゲ子・関谷宏三・駒村研三（1987）：樹皮堆肥による粘質ブドウ園土壌の環境改善，広島果試研報，12，29-38．

24) 峯　浩昭・小田眞男（1984）：温州ミカン園における表層及び下層土改良（第1報）オガクズ入鶏ふんの連用と深耕が根群分布に及ぼす影響，大分柑試研報，2，51-68．

25) 森　英男・山崎利彦（1958）：りんご園施肥の新構想，農業技術，13，402-404；450-453；490-494．

26) 六本木和夫・島田智人・浅野聖子（2000）：高樹齢化したニホンナシ「幸水」の生産性向上対策，2000年度日本土壌肥料学会関東支部講演要旨集，21．

27) 渡邉敏郎・中嶋靖之・伊東嘉明・藤田　彰・許斐健治（1989）：'巨峰'に対する有機物施用効果，福岡農総試研報，B-9，69-72．

注1：6.3および6.4節の県名を記載した内容は，下記の成績書から引用した．

全農肥料農薬部肥料技術普及課編：平成元年～3年度果樹の窒素施肥法改善による品質向上試験成績書（1990～1992）．

全農肥料農薬部肥料技術普及課編：平成4～6年度果樹の被覆肥料の果樹根域制限への応用（1993～1995）．

全農肥料農薬部肥料技術普及課編：平成7～11年度果樹園における新肥料利用による施肥合理化試験（1996～2000）．

注2：6.4節の施肥基準値は主産県の施肥指針から引用した

7. 茶の省力・環境保全的施肥管理

　茶園においては，うま味を求めて大量の窒素肥料を長年にわたり投入した結果，土壌の極強酸性化が進行した．このため土壌の劣化，異常に高い一酸化二窒素（亜酸化窒素）発生，地下水の硝酸汚染，周辺水系における魚など水生生物の死や多様性の消失等，他の作物栽培においては見られないほどの環境劣化を引き起こしている．今日の環境に対する意識の高まりを考えるとき，このような負の部分の改善を進めることが茶業の将来にとって重要である．そこで，現在茶園が抱える様々な環境問題を明らかにし，これを踏まえて環境配慮型の施肥法について提示する．

7.1　茶園の多肥による生産環境劣化とその対策

　茶園における窒素施肥量は，図 5.68 からわかるように明治から昭和の初めにかけてはおよそ年間 10 kg/10 a 程度であり，昭和 30 年当時の施肥量として 28 kg/10 a が東海近畿農業試験場茶業部の基準とされていた．その後，施肥量は茶のうま味を追求するあまり 40 年代後半以降急速に増加を始め，50 年代には 150 kg/10 a 程度を使用する農家も多く現れ，300 kg/10 a 近い量を使用した例もある[1]．このような窒素肥料の多量使用は若干の減少はあるものの今日まで続いてきた．

　茶園の環境問題は多量の窒素肥料が茶園面積の 1/6 程度に当たる畝間に

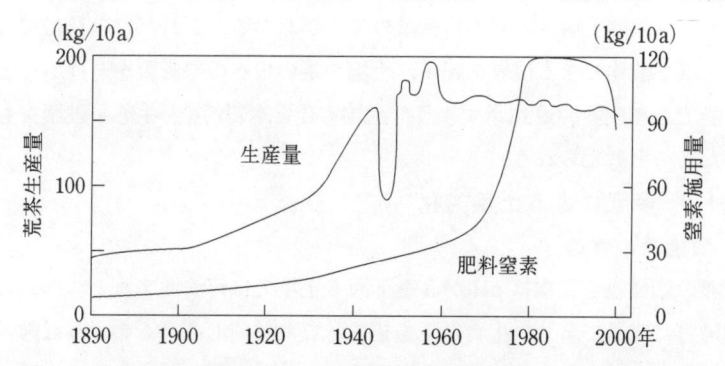

図 5.68　窒素肥料使用量と茶生産量の変遷（保科 1985，肥料窒素追加改変）

第5章 窒素負荷を軽減する新施肥法

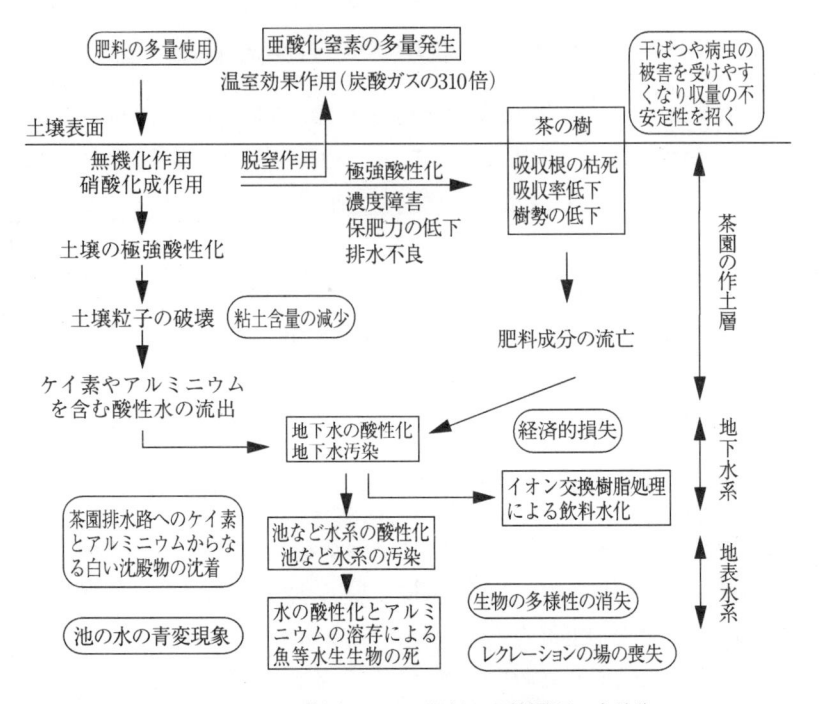

図 5.69 茶園における肥料と環境問題の全体像

集中して長年投入されたことに起因する．例えば 100 kg/10 a の窒素肥料が使われたとすると，畝間土壌には 600 kg/10 a の窒素肥料が投入されたことになり，野菜等の普通畑で使われる肥料窒素の年間使用量 20〜80 kg/10 a に比べ茶園畝間土壌への窒素負荷量の多さがわかる．これだけの量になれば畝間土壌が消化できる限界を超え，土壌や茶の根への悪影響を避けることは不可能であり，図 5.69 に示すような土壌劣化と水質汚染，生態系破壊をもたらしたものと考えられる．

7.1.1 多肥による土壌劣化

1) 酸性化の実態

一般の畑作物や果樹は pH が 5 を下回る土壌では可溶性アルミニウムの生理的障害によって著しい生育低下を招く．これに対し茶はこのような酸性土壌に適した作物であって，pH が 6 より高い土壌では生育はむしろ劣る．茶

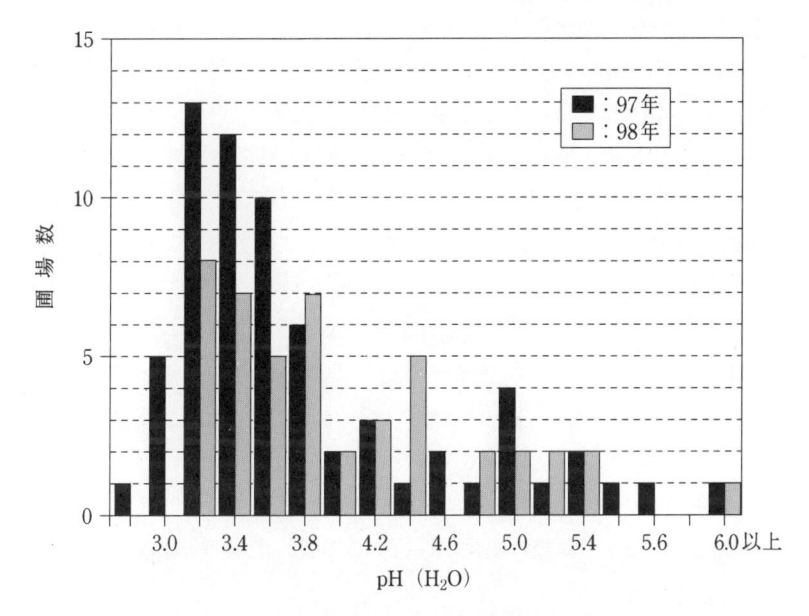

図5.70 茶園畝間土壌の極強酸性化の実態（9月の場公開日に農家が持参した土壌試料）

はアルミニウムを好む作物であって，ある程度のアルミニウムの存在は生育を良好にする．それは生理的にリン酸や鉄の吸収を促進したり，過剰に吸収したマンガンの障害発生を抑制するなどの作用を演じているためと考えられる[2]．茶の生育にとって適正な pH は 4〜5.5 とされている[3]が，実際の農家茶園の畝間土壌は図 5.70 に示すごとく，適正 pH よりはるかに低い pH 3.8 以下が多く存在する．茶園土壌の強酸性化に対しては，早くから注意を喚起する報告が行われてきた[4]が，土壌の劣化に伴う弊害よりも旨味追求の施肥管理が優先したため，生産現場の農家レベルにおける問題意識はほんの一部を除いて現在も低いままに留まっている．

2）酸性化のメカニズム

茶園土壌に肥料が施用されると土壌中で様々な変化が起こり，多くの場合 pH は低下する．この変化に関与する反応には肥料の性質，植物による吸収，肥料と土壌の反応，微生物による反応，化学的変化，土壌中における移動の

難易等が関与する．硫酸アンモニウムを例に考えてみよう．硫酸アンモニウムの水溶液は弱い酸性を示すが，この水溶液に植物を生育させると，アンモニウムイオンが硫酸イオンよりも多く吸収されるためイオンバランスが崩れ，pHは低下する．土壌に施用した場合は，土壌に吸着されていた水素イオンやアルミニウムイオンがアンモニウムとの交換反応により遊離するため土壌のpHは低下する．やがてアンモニウムイオンは微生物による硝酸化成作用により硝酸に変化するため，pHはさらに低下する．硝酸イオンは土壌に吸着されないので，対イオンであるカルシウムやマグネシウム等を伴って降雨時に流亡する．結果としてpHはわずかながら上昇する．またアンモニウムの対イオンである硫酸の流亡は硝酸に比べ遅いため，土壌溶液中の硫酸イオン量が増加する．これに伴ってアルミニウムイオン濃度の上昇が起こる．このためpHの上昇は塩化アンモニウムを施用した場合に比べ遅くなる．そして次の施肥によって同様の変化が進行するので，土壌のpHは徐々に低下する[5]．

土壌が酸性化した場合のAl^{3+}は大部分吸着態で存在すると考えられるが，土壌pHが4以下になれば土壌溶液に存在するようになる．Al^{3+}は次のように加水分解を受け酸性を示す．

$$Al^{3+} + H_2O \rightleftarrows Al(OH)^{2+} + H^+$$

Al^{3+}の加水分解で示される酸性はpH4程度までである．

橘[1]は三重県の火山灰土茶園で年間10a当たり窒素，リン酸，カリをそれぞれ156，52，および59kg施用した場合の土壌について，pHと土壌溶液中のイオン組成を調べている．図5.71によれば表層の土壌溶液中のイオン濃度は追肥が頻繁に行われる春先から夏にかけて高く，追肥のない冬期で低い．しかし下層50cm当たりの土壌溶液濃度は表層からの土壌溶液の随時流下により表層ほど大きな季節変化を示さず，かつ比較的高い値を維持している．表層土壌のイオン組成を見ると，陰イオンでは硝酸イオンと硫酸イオンが多く，陽イオンはカルシウム，アルミニウムが多い．土壌pHは3以下の極強酸性でり，20〜30 mmol(＋)/L程度溶存するアルミニウムの加水分解によって生ずるH^+だけでこれほどの低いpHを説明することはできない．

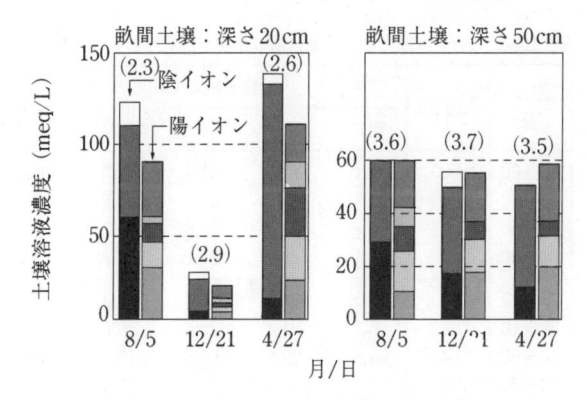

図5.71 畝間の土壌溶液濃度とイオン組成（橘，1997）

左柱：陰イオン ■NO_3^-、■SO_4^{2-}、□SO_4^{3-}
右柱：陽イオン ■Ca^{2+}、■Mg^{2+}、■K^+、□NH^{4+}、■Al^{3+}
（ ）内の数字は土壌溶液のpH

陰イオンと陽イオンそれぞれの総和のバランスの崩れが示すように，過剰の硝酸および硫酸による酸性の関与が考えられる．とくに夏期の極強酸性は多量に施用された硫酸アンモニウムや有機質肥料から生成される硝酸によると考えられる．下層土壌のpHは3.6程度で季節変動が小さい．表層からの陰イオンの移動が随伴イオンとしての陽イオンの移動を伴っていてイオンバランスが取れていることが考えられる．

土壌溶液中にAl^{3+}が多く存在することからアルミニウムの一部はK^+，SO_4^{2-}，PO_4^{3-}と難溶性の化合物に変化している可能性がある[6]が，このことについては明らかでない．

最近は無機質肥料の使用が減り，ナタネかすや魚かす等の有機質肥料が増加している．これらは強酸の無機陰イオンを持たないため，同量の窒素を施用した場合のpH低下は硫酸アンモニウムのような化学肥料に比べ明らかに弱い．しかし有機質肥料もアンモニウム態窒素を経て硝酸態窒素へと変化するため多量に使用すれば，同様にpHの低下を招くことになる．

3）粘土粒子の崩壊

極強酸性条件下に長期間おかれた畝間土壌の理化学性は大きな影響を受け

表5.42 赤黄色土壌と黒ボク茶園土壌の粘土含量に及ぼす施肥の影響（加藤ら，1999）

土壌	畝/畝間	深さ(cm)	土壌pH	粒子組成(%)					有機物(%)
				粗砂	細砂	シルト	粘土	計	
赤黄色土壌	畝土壌	0〜20	4.00	4.1	23.3	21.9	50.7	100	1.79
		20〜40	4.00	3.4	23.3	22.2	51.1	100	1.32
		40〜60	4.06	4.7	21.3	20.8	53.2	100	1.07
		60〜80	4.02	4.1	22.1	21.1	52.7	100	0.81
	畝間土壌	0〜20	3.30	14.5	39.2	28.3	18.0	100	13.3
		20〜40	3.22	6.2	31.7	25.4	36.7	100	2.48
		40〜60	3.45	4.8	22.9	22.6	49.7	100	2.51
		60〜80	3.64	5.2	22.1	21.1	51.6	100	1.64
黒ボク土壌	畝土壌	0〜20	4.10	3.7	22.2	32.5	41.6	100	14.0
		20〜40	4.32	3.6	20.4	35.5	40.5	100	13.0
		40〜60	4.15	1.2	19.7	40.1	39.0	100	14.5
	畝間土壌	0〜20	3.11	3.3	22.3	38.0	36.4	100	20.1
		20〜40	3.15	2.6	20.5	32.9	44.0	100	14.6
		40〜60	3.56	3.1	22.5	32.3	42.1	100	14.3

る．粒径組成について表5.42に示した．赤黄色土壌では20年以上にわたり10a当たり年間150kg程度の窒素が使用され，非火山性黒ボク土壌では120kgの硫酸アンモニウム窒素のみが30年以上にわたって投入されてきた．その結果，畝間表層土壌の粘土含量は赤黄色土壌茶園で施肥を受けない畝土壌に比べ1/3近くまで減少し，反対にシルト，細砂，粗砂含量が増加している．粘土含量の減少は非火山性黒ボク土壌でも認められるが，赤黄色土壌に比べ弱い[7]．

粘土含量の減少以外にも，酸性シュウ酸塩可溶アルミニウムとケイ素含量の変化，細砂の色の変化が認められている[7]．酸性シュウ酸塩可溶ケイ酸含量は畝に比べ畝間で増加し，黒ボク土壌より赤黄色土壌で顕著であった．また細砂の色にも変化があり赤黄色茶園の畝間土壌で有色鉱物のような着色鉱物の増加が認められている．これは鉱物の比重に違いのないことから鉄やマンガン等の鉱物表面への沈着によると考えられる．

4）保肥力の低下

土壌の最も大切な機能の一つに肥料成分であるアンモニウム態窒素，カリ

ウム,カルシウム,マグネシウム等を捕まえて流さない,いわゆる肥料成分保持能力がある.この大きさは陽イオン交換容量(CEC)の測定によって表わされる.この保持能力は微粒子である粘土と腐植の持つ陰荷電が担っている.粘土の陰荷電は粘土の種類によって異なるもののpHの変化に関係しない永久荷電が多く,腐植の陰荷電はpHの低下によって減少する変位荷電が主体である.火山灰由来のアロフェンを主体とする黒ボク土壌は変位荷電である陰荷電が多いため,pHが低下するとCECが著しく減少し,肥料成分保持能力が低下する.このことは肥料効果の持続性を考えるとき大きなマイナスである.これに対し,鉱質土壌の粘土は永久荷電の割合が大きいため,pHの低下に伴うCECの減少は黒ボク土壌ほど顕著でない.

図5.72は小菅ら[8]が茶園土壌について調べた結果である.酢酸アンモニウム溶液を使って測定した場合,pH 7においては腐植にとむ火山灰土のCECは46であり,pH 4では12に低下した.これに対し赤黄色土壌ではそれぞれ32と13である.茶園土壌のpHの実態は図5.70からわかるように3台の値が多く,2台も見られる.したがって実際の圃場ではCECはさらに低くなっていて,保肥力の著しい低下が考えられる.一方陰イオン交換容量(AEC)はpHが低いほど増加するので,硝酸イオン吸着能の増加が考えられる.今井ら[9]はAECの大きい十勝土壌にNH_4Clや$(NH_4)_2SO_4$を加え,静電的反応によってCl^-とNH_4^+の吸着が起こること,そして$(NH_4)_2SO_4$の場合は,SO_4^{2-}の特異吸着によりpHの上昇が起こり,これによるCECの増大に伴うNH_4^+吸着が進むためNH_4Clの場合より塩吸着が多くなることを認めている.

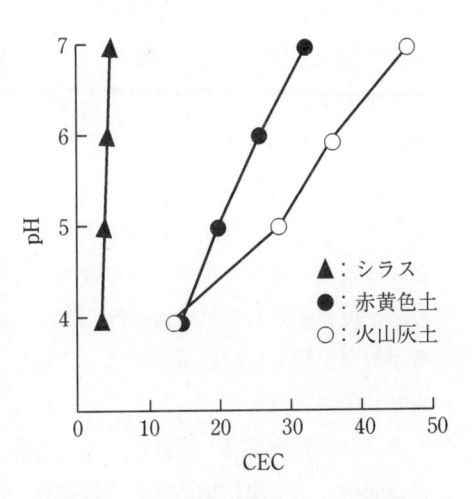

図5.72 シラス,火山灰土および赤黄色土からなる茶園土壌のpH-荷電曲線(小菅ら,1983,の図より一部抜粋)

AECによる見かけの塩吸着の増加による養分保持や流亡抑制についての知見の集積が望まれる．火山灰土壌のpH低下による保肥力の減少は荷電特性によるものであるが，強酸性化による粘土含量の低下はイオン交換座の減少による荷電量そのものの減少を意味する．

茶園土壌では施肥量が適正化されたとしても施肥が畝間に集中するので普通畑に比べpHは低くなりやすい．そこで保肥力の増強も重要である．保肥力の強化に当たっては永久荷電を持ったゼオライトなどの陽イオン交換能の大きい資材の活用が考えられる．ゼオライトの投入に当たっては産地によってCECや保持する塩基が異なるので配慮が必要である．またゼオライトは比表面積が大きく蒸散作用が大きいので土壌との混和が基本であり，大量投入による不測の事態を避けるため一回の使用量は100 kg/10 a程度以下に留め，年数をかけて集積効果を期待すべきと考える．

5) 透水性・通気性の問題

日本の主産地の茶園の下層は表層に比べ透水性が悪い．とくに赤黄色土，黄色土，花こう岩質土等の鉱質土壌で顕著である．下層土の固層率が高く，透水性が不良な場合は，土層が浅いほど生育は劣ることになる．これは土壌水分の動きに関連し，根の生育が抑制されるからである．

土壌の酸性化も透水性を低下させる．アロフェン質火山灰土壌の透水性が一価イオンからなる酸性溶液を浸透させた場合に低下することが明らかにされている．原因は表層における団粒崩壊とその土壌粒子の粗孔隙への目詰まりであって，この現象は硫酸イオンでは見られず，硝酸イオンで顕著であるとの報告がある[10]．土壌粒子の表面荷電特性は粒子によって大きく異なるため，土壌粒子が分散するpHは土壌によって異なる．アロフェンを主体とする黒ボク土壌では酸性条件でよく分散し，層状の粘土鉱物の多い土壌ではアルカリ条件で分散する．

層状粘土鉱物を含む赤黄色土等の茶園土壌でも極強酸性条件下では団粒構造の崩壊による単粒構造化が予想され，これによる透水性の低下が考えられる．長年の酸性環境下で粘土鉱物の崩壊を起こしているような茶園では，溶けだしたケイ素やアルミニウムが下層のより高いpH部分に非晶質のケイ酸

やアルミニウムの水酸化物等として沈着し透水性の低下を起こしていることも予想される．

　土壌のガス交換の良否の程度が通気性と呼ばれる．通気性の良否は直接的に植物の根の生育に影響する．植物の生育に対する土壌中の酸素濃度の影響は植物の種類によって異なるが，茶に対する影響は明らかでない．

7.1.2　畝間吸収根の問題

　牧ノ原台地および周辺部における一部の成木茶園について，平成7年当時0～20 cmの表層土壌の根についてその量と着色の程度を目視で調査したことがある．大半の茶園で根が褐色に変色しており，まったく存在しない茶園も少なくなかった．極端な圃場では吸収根の分布が畝間の雨落ち部から15 cm程度樹冠下の内部に後退し，樹冠下も表層から15 cmの深さまで枯死していた．

　橘ら[1]は三重県北部の茶園地帯で厚層腐植質黒ボク土からなる126筆の

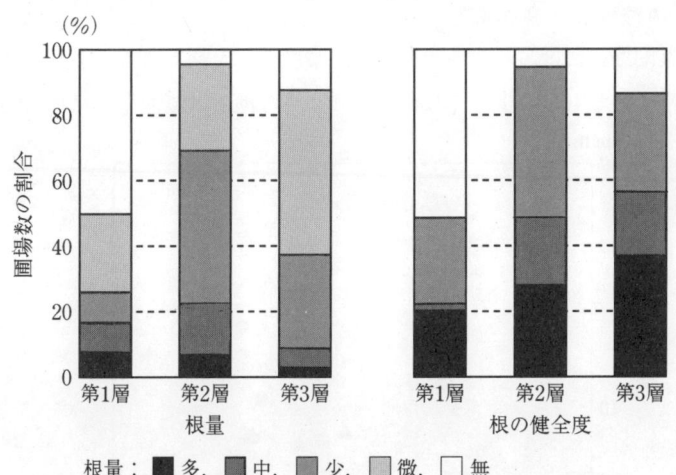

根量：■多，■中，■少，■微，□無
根の健全度：■健全，■健全・腐敗，■腐敗，□根なし
第1層：人為的攪乱を受けた表層で，深さ15～20cmあたりまで，
第2層：腐植に富み粒状構造が発達している層で35～45cmあたりまで，
第3層：第2層以深で，明らかに土色が異なり粘土質の層

図 5.73　畝間における根の分布状況（橘ら，1997）

茶園について 1984, 1985 年に窒素投入量と畝間における根の状態との関係を調査している．層位別の根の多少と健全度の関係を図 5.73 から見ると，深さ 20 cm あたりまでの第 1 層では根の分布がまったく認められないか，ごくわずかに認められる圃場が 75 % を占め，多く分布する茶園は 6 % に過ぎない．また根が健全である圃場は 20 % であった．この状況は下層でやや改善されるにすぎない．また，健全根の分布割合を窒素施肥量別に調査した結果[1]によると，年間使用量 60 kg/10 a 以下の茶園では第 1 層における健全根の割合は 63 % 程度であり，施肥量の増加に伴ってその割合は減少し，140 kg を越えると 60 % 以上の圃場で根の存在そのものが認められない．第 2 層においてもこの状況は変わらず，健全根の割合が若干増えるに過ぎない．

主要な施肥位置である畝間に健全な吸収根が存在しないということは肥料の利用率を著しく損なうものであり，この改善が必要である．

7.1.3 茶園の周辺環境の問題

1) 水系の酸性化と魚の死

牧ノ原茶園周辺には多くの池が存在し，酸性化した湧水の流入を長年にわたって受けているものも少なくない．そのような池では酸性化した水と溶存

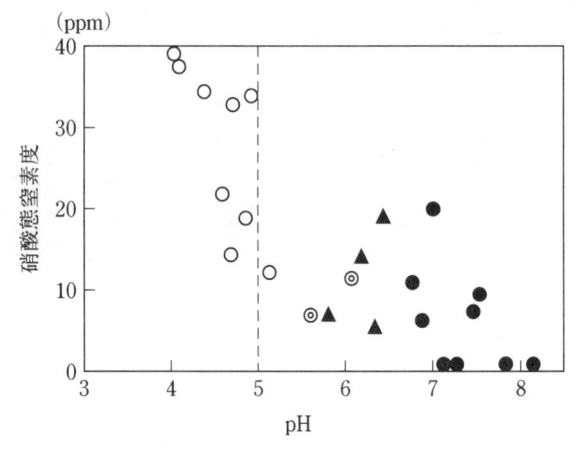

図 5.74 静岡県中部のため池の pH，硝酸態窒素濃度と魚の生存 (Kato, 2001)

するアルミニウムの相乗作用により多くの水生生物の住めない環境になっている。このような池の硝酸態窒素濃度は図5.74に示すように20 ppmを超える場合が多い[12]。平成9年4月に300 mmを越す降雨の後に，ため池で魚のへい死が起こっている．これは酸性の茶園排水の大量流入による池水 pH の急激な低下と溶存アルミニウムが原因であると考えられる．池に入ったア

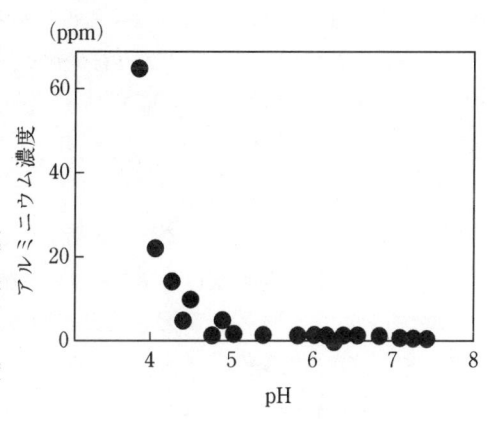

図5.75 茶園周辺水系（湧水，暗渠排水，小河川，池）の pH とアルミニウム濃度の関係（Kato, 1998）

ルミニウムは重合した塩基性アルミニウムに変わり，水中生物の死を起こすとの報告がある[11]．図5.74からもわかるように pH 5 以下の池などでは魚の生存が困難といわれるが，pH 5 以下になると溶存するアルミニウムの量が図5.75に示すように著しく増加することも大きく関係している．魚は卵が孵化した後の浮上期の方が酸性に弱いので，池の水の pH が 6 近くに高くなったとしても繁殖は困難であると考えられる．

福岡県南部においても茶畑の酸性化に起因する池の青変化とコイ等魚のへい死が報告されている[13]．土壌の緩衝作用が喪失するほどの施肥は土壌の劣化に留まらず，魚貝類や藻類等生物の多様性の喪失を引き起こすことになる．これらの現象は施肥量の実態を考えると静岡県や福岡県に限らず主な茶生産府県でも進行していると考えられる．

土壌の強酸性化と魚の生息できない池の環境を作った状況は地球規模で起こっている酸性雨による湖沼での魚の死の現象に似ている．違いは原因が工業活動に起因するか，農業活動に起因するかである．北米の湖で魚の復活をかけて酸性化した水の石灰による中和が行われ，魚が放流された．しかし魚はやがて全滅している．水の pH を中和しても溶存するアルミニウム，銅，

亜鉛，ニッケルなどによって魚は生き得なかったと考えられる[14]．茶園周辺の水系においてもアルミニウムだけでなく，ニッケル，銅，亜鉛，マンガン，コバルトなど重金属による地下水の汚染についても注意を払う必要がある．

吉田ら[15]によるとAl-腐植複合体やアロフェン・イモゴライトを主体とする黒ボク土壌は酸性雨に対して高い緩衝能を示すが，Al^{3+}を溶出しやすいとされているので，土壌の酸性化を進めない施肥管理が重要である．

2）周辺水系におけるケイ酸とアルミニウムの沈殿物

牧ノ原茶園周辺の排水溝やこれにつながる小河川において，白色の沈殿物が見られる．最近沈殿を始めたと思われる1 mm程度のものから何年か前より沈殿をはじめたと思われる2～3 cm程度の厚さのものまで様々である．この沈殿物は茶園における粘土粒子の減少に関係があると予想されるため，その組成について検討が行われた[16]．

沈殿物の強熱減量は40 %程度を示し，粘土のそれに比べ明らかに高い．成分組成はケイ素とアルミニウムが大半で，少量の硫黄と鉄，微量のフッ素，マグネシウム，リン，カリウム，カルシウム等からなっていた．沈殿物のケイ素/アルミナ比は沈殿の場所によって異なるが低いものは0.48であり，上流に位置する茶園土壌から分離した粘土の2.0～3.0の値に比べかなり低い．また酸性シュウ酸塩にケイ素の約20 %，アルミニウムの80 %以上が可溶であって，粘土のそれに比べ10倍以上高い．

また沈殿物を採取した水系の上流から下流にかけての水のpHとケイ素およびアルミニウム含有率を見ると，湧水のpHは低く両成分含量は高い．そして下流に行くほどpHは高くなり両成分含量は低くなっており，所々存在するコンクリート部分で顕著な沈殿が見られる．水系を流下するに伴って周辺水田等から流入するアルカリ成分や底質の持つ緩衝作用等によりpHが上昇しケイ素とアルミニウムが沈殿すると考えられる．

7.1.4 多肥と微生物性

1）微生物性の変化

強酸性化した茶園土壌においては普通畑とは異なる生化学的活性の特徴を

示す場合が多く，特徴的な微生物相の形成が考えられる[17]．土壌の硝酸化成作用はpHの影響を強く受ける．通常の畑土壌では硝酸化成が起こりうるpHの下限は4.0〜4.5と考えられている[18]．これに対し，茶園土壌では下限値pH2.9まで硝酸化成が起こり，強酸性土壌で見られる従属栄養細菌による硝酸化成でなく，独立栄養細菌によることが明らかにされている[19]．また蛍光性シュードモナス細菌数が土壌の健全性を示す指標になりうると考えられ[20]，その数が多いほど土壌は健全であるとされるが，この細菌は自然農法の茶園からは分離されるものの，慣行農法の茶園からは分離できなかった[21]．さらに普通畑では亜酸化窒素の生成に細菌が主体的に関与しているが，茶園土壌では細菌だけでなく糸状菌もおおいに関与していること，さらに茶園における亜酸化窒素生成は酸化的条件でも起こっているが，還元的条件での脱窒反応が主要であると報告されている[22]．

このように過剰施肥を受けてきた茶園の生化学的活性や微生物相は自然農法茶園や普通畑とは明らかな違いが見られ，茶園の微生物相は強酸性化した土壌環境に適応したものにシフトしていると考えられる．土壌中の物質代謝を担う微生物相の多様性を保つことが土壌の健全性と茶樹の健全性を確保する上できわめて重要であると考える．

2) 亜酸化窒素生成能

亜酸化窒素は地球温暖化ガスであり，その温暖化能力は分子数当たりでは二酸化炭素の310倍といわれ，その効果の期間を加味した温室効果能（global warming potential : GWP）はGWP100年で290倍と計算されている．加えてオゾン層破壊能を持つため，その発生抑制が強く求められている．このガスは二つの過程，すなわちアンモニウム態窒素が硝酸態窒素に変化する酸化的過程および硝酸態窒素が窒素ガスに変わる還元的過程で生成される．畑土壌では，酸化的環境と還元的環境が共存しており，両過程での亜酸化窒素生成が同時に進行していると考えられる．

茶園土壌の亜酸化窒素生成能はきわめて高い．表5.43に示すように作物別に土壌からの発生量を見ると，窒素肥料の使用量が少ない穀物畑で少なく，使用量の増加に伴って増加する．とくに施肥量の多い茶園地での発生量

第5章 窒素負荷を軽減する新施肥法

表5.43 日本の畑地からの亜酸化窒素の発生量

作 物	施用窒素量 A) (kg/ha)	亜酸化窒素発生量 B) (kg/ha/作付け期間)	発生割合 B/A (%)
穀物畑	60 – 140	0.15 – 0.80	0.15 – 1.10
ジャガイモ畑	50 – 80	0.14 – 1.61	0.27 – 2.01
野菜畑	120 – 320	0.10 – 4.80	0.10 – 2.20
樹園地	150 – 300	1.20 – 8.70*	0.60 – 5.80
牧草地	80	0.40	0.50
茶園地	780 – 820	25 – 47*	3.30 – 5.70

（注）＊樹園地と茶園地は年間発生量　日本土壌協会報告（平8年3月）

はきわめて多い．茶園からの発生量を面積当たりで見ると，普通畑の10〜500倍であり，おしなべていえば発生能はおおよそ100倍ないしそれ以上である．

また窒素肥料として硫酸アンモニウムのみを使った茶園と，ごく近傍で化学肥料にナタネかす，魚かす，骨粉等の有機質肥料を併用し，窒素75 kg程度を投入した茶園の亜酸化窒素発生量を測定した結果を図5.76に示した．窒素60 kg施用区に比べ2倍の120 kg施用することによって亜酸化窒素発

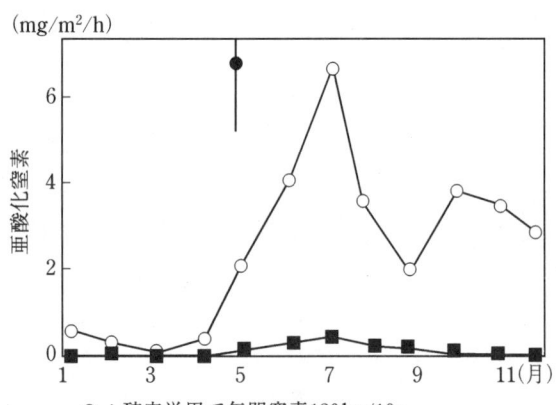

○：硫安単用で年間窒素120kg/10a
■：硫安単用で年間窒素60kg/10a
●：有機質肥料併用で年間窒素75kg/10a（棒はSD）

図5.76　茶園からの亜酸化窒素発生量の季節変動（徳田，1996）

生量は大きく増加している.また有機物併用茶園の発生量は,5月時点で120 kg施用区に比べ3倍も多い値を示した.有機質肥料を施用した場合,その分解に伴う還元状態の発達により亜酸化窒素発生量は化学肥料単用に比べ多くなる.

　有機質肥料の肥効はゆっくりであるので,吸収効率を上げるには優れているが,亜酸化窒素の発生の面からは注意が必要である.とくに茶園の施肥量のレベルで有機質肥料を使えば亜酸化窒素発生量は無視できない量になる.有機質肥料の多量使用は亜酸化窒素のみならず硝酸態窒素の流亡にも関係するので,適正使用に心がけねばならない.

　茶園からの亜酸化窒素発生量は窒素施肥量を削減することによってかなり抑制できる.しかし施肥窒素量をゼロにしても発生量は施肥した普通畑等のそれに比べ多いとする結果が出されている[23].発生量を大幅に削減するには微生物相の改善も含めて考える必要がある.亜酸化窒素は酸化,還元反応の両過程で発生するので,硝酸化成抑制剤を使って硝酸化成を抑制することによりその発生を抑制することができる.被覆肥料も緩やかに窒素成分を作物に供給するため,土壌中の窒素濃度を低く抑えることができ,亜酸化窒素の発生を低く抑える可能性は高い.いずれの場合も施肥位置に吸収活性の高い吸収根の存在が不可欠である.

7.1.5 環境再生に向けた対策

1）地下水・地表水の硝酸汚染対策

　これからの茶生産に伴う汚染対策は,基本的には投入量の適正化によって対処すべきである.これによっても環境基準を超える場合は,暗渠の設置により排水を集め処置することになる.またすでに汚染された地下水とこれからの茶生産に伴う汚染を区別して考える必要がある.

　すでに汚染された地下水の浄化は湧水となって地表に現れた時点で対処することになる.その主な方法は生物学的手法であって,微生物の脱窒能を活用する.そのような場としては強い硝酸態窒素除去能を持つ地形連鎖の川下に位置する還元状態の水田や湿地が考えられる[24].ただ,水田は主要食糧の生産の場であるので,その利用に当たっては茶園からの排水が有害な物質

を含まないことを確認する必要がある．水田に関しては休耕田の湿地的活用が望ましい．排水路内の水生植物による吸収除去も重要な処理法である．

若槻らは多段土壌層法[25]によって家庭排水やそれらが流入する河川の浄化に取り組んでいる．この方式による面積当たりの硝酸態窒素除去能は湿地等の除去能より優れている．茶園からの排水も暗渠によって集めれば，この方式によって効率的に処理することができる．茶園排水はBODやリン酸含量は少ないので，有機物資材を主体に充填した還元槽処理で十分である．ただ装置にするには通水能力と還元状態を確保できる資材や充填法の検討が必要である．この方式は，湧水の処理にも適用可能である．

物理化学的処理法としては金属鉄，逆浸透膜，イオン交換樹脂等を使って処理することができる．金属鉄は硝酸をアンモニアや窒素ガスに還元する能力を持っているので，この利用法についての技術開発が待たれる．逆浸透膜やイオン交換樹脂を使った方法は硝酸態窒素の肥料としての再利用を可能にするが，汚染された地下水を飲料水として利用する場合を除き，現段階ではコスト的に採用は難しい．

2）生産環境の改善

これからの生産においては硝酸汚染を起こさない肥培管理が求められるので，これに関する技術的課題について述べる．

i）土壌酸性の矯正

赤黄色土壌のpHと新生根の生長量の関係を調べた結果を図5.77に示した．挿し木および2年生苗のいずれの場合もpH3.8以上では問題なく発根し生長するが，3.5以下では著しく劣っている．すなわ

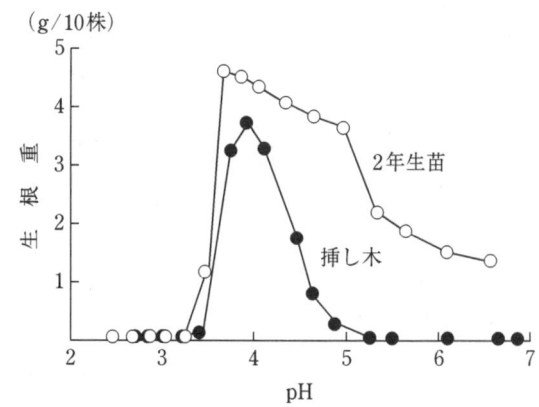

図5.77 土壌培地pHと挿し木，2年生苗の新生根重の関係（中島田：未発表）

ち根の正常な発根と生育を確保するにはpH 3.8程度以上でなければならない．このことからpH 3.5を下回る多くの土壌においては茶の樹といえども耐酸性の限界を超えている．このような茶園においては，まずpHを3.8以上に矯正する必要がある．

ⅱ）整剪枝等の分解促進

茶園では茶樹からの大量の有機物の還元があるが，この有機物に対する管理が適正に行われていない茶園が多く見られる．中切り等の枝葉が，圃場によっては他の有機物も加わって，層状に堆積している．そこでは有機物の分解のために酸素の消費が行われ，また分解中に生成する有機酸等によって下層に悪影響を及ぼし，吸収根の消失している場合が少なくない．層状に堆積した有機物は分解を促進する措置が必要である．

整剪枝を主体とする有機物が畝間表層に7 cm程度の厚さで層状に存在する茶園に，泥炭と茶殻を主体とする発酵有機資材2 t/10 aを秋に投入，軽く耕起し有機物分解と新根再生の様子を観察した．その結果1年半後の春には有機物層が消失し吸収根の再生が観察された．茶葉は比較的分解しがたい有機物であるので，使用した発酵資材の中に分解を促進する微生物が存在したと考えられる．中切り等によって投入される有機物の分解促進のために，微生物面からの研究が望まれる．

ⅲ）施肥位置における根の回復

環境保全型の施肥管理にとって吸収根の健全性の回復は最も重要な対策で

表5.44　窒素施肥量と畝間における深さ別全根量との関係

(単位：生重 g/1990 cm^3 土壌)

層位 (cm)	窒素施肥量 (kg/10 a/年)			
	110	80	60	40
0〜15	0　(0)	2.5 (100)	7.7 (100)	6.0 (100)
15〜30	0.5　(0)	0.8 (69)	5.9 (80)	3.6 (97)
30〜45	1.0 (29)	0.3 (7)	4.0 (14)	7.4 (47)
45〜60	2.5 (21)	4.9 (12)	7.8 (11)	9.6 (22)

(注) ( ) 内は生根の割合（重量%）
処理開始：1996年10月17日，根量：1998年3月17日，直径13 cm穿孔調査

ある．そこで試験開始時に生根がほとんど存在しない牧ノ原の赤黄色土茶園で，窒素施肥量と根の再生の関係を調べた．表5.44に示す結果[26]によると，年間窒素施用量110 kg/10 aでは根の再生はまったく期待できない．80 kgでは再生が認められるものの，60 kg以下に比べて劣るだけでなく，土壌の水分含量も高く推移し，根の吸収能力の低下が予想される．60 kg以下では，根量も多く土壌水分含量も低く，吸収活性は正常であると考えられる．この結果から，吸収根の確保という観点からは年間窒素施肥量を60 kg/10 a以下にする必要がある．

　ⅳ）浮根の解消

　根域を土壌中に大きく配置させることは養分吸収力を十分に確保し，肥料の吸収効率を高めるために重要である．そのためには排水系の整備や土層の厚さは少なくとも60 cm以上に改良する必要があるとされている．ここでは，これ以外の二つの問題点について述べる．改植に当たりかつて一部の地域において定植位置直下への粗大有機物の投入と溝底への定植が行われた．このような茶園では有機物の腐敗に伴う表土の陥没により畝間部がすり鉢状になり，落ち葉や枝条等の堆積が起こり，かなりの量の吸収根の発生がみられる．そして土壌表面とこの根の間に空間が存在するため，多くの根は浮根の状態になっている．浮根の発生は必然的に土壌中の吸収根量の減少を招き，肥料の吸収利用率の低下をもたらしていると考えられる．加えて土壌が重粘であったり，下層に不透水層があったりすると，排水が悪く度々のたん水により元株が枯死し，発根した多くの枝条が独立した個体になっている．

　二つ目に最近の中切りに関してであるが，枝葉が畝間でなく畝の枝条部に落下堆積する中切り法があり，この方法で中切りを行った茶園では樹冠下にかなりの厚さの腐敗枝葉が堆積していて，地表より高さ20 cmあたりの茎の部分に多くの吸収根が発生，浮根となっている．浮根が水分変動の影響を受けやすいことはいうまでもない．

　この状況の打開には，改植時は畝下層に有機物を投入せず，少し高くした畝に根が下層に伸びるよう定植し，中切りの枝葉は畝間に落とすことが重要である．そして畝部分に堆積した有機物については分解促進資材の投入等に

よる分解促進の措置が必要である.

3）適正施肥技術の開発

　従来，施肥量は作物ごとの現地適量試験によるか，または目標収量を得るための要素要求量から天然供給量を減じ，要素吸収率で除す方法によって決められてきた．これらの決定方式の中には環境への考慮は含まれていない．環境に配慮した窒素の施用量の決定に当たっては，茶の目標収量に必要な窒素吸収量と系外に流出する量を加味して決めるのが基本であるから，窒素の計算は肥料だけでなく堆肥等の投入するすべてが対象となる．

　茶の樹は年間どれくらいの窒素を肥料から吸収しているかをライシメーターを使って調べた結果によると24 kg/10 a程度である[27]．ライシメーターの土壌環境は良好であるので，農家の茶園においてはこれより少なく，20 kg程度以下であると考えられる．実際には茶はさらに多くの窒素を吸収しているが差の部分は地力窒素等に由来する．

　茶園では毎年の整剪枝と落葉に加え中切り枝葉が茶園に返される．これら窒素量は年間17～32 kg/10 aと見積もられ[28]，ほぼこの量に近い窒素が無機窒素として供給されると考えられる．地力窒素からの供給量がこの値より多いことを示唆する報告もある[29]．さらに雨水や窒素固定等に由来する天然供給量があるので，地力窒素等天然供給に由来する供給量は20 kg/10 aを越えるといえよう．

　系外に流亡しても問題とされない窒素の地下水における濃度，いわゆる環境基準は10 mg/Lである．これに対応した窒素使用量を年降水量の内1,000 mm相当が地下に浸透する地域について考えてみよう．投入窒素は全部硝酸態窒素に変化し，吸収されなかった部分はそのまま地下水に流亡すると仮定すると，地下水に流入する雨水1,000 mm相当に，10 kgの窒素が溶け込めば濃度は10 mg/Lとなる．したがって窒素の使用可能量は農家茶園の吸収量20 kgに10 kgを加えた量となり，生葉収量が2 t/10 a程度の茶園における窒素投入量は30 kgが一つの目安になる．ただ土壌に留まったり，揮散する窒素があるので，使用可能量は30 kgより若干多いかも知れない．

　世界的規模での環境問題への関心の高まりを背景に，OECDにおいても肥

料等植物養分の使用量に対する規制の動きが急であり，1 ha 当たりの窒素の使用量を，持ち出し量中の窒素量に 100 kg の窒素を加えた量とする考え方も検討されている．いずれにせよ環境保全型施肥法の確立が求められているわけで，窒素の吸収利用率をいかに上げるかが重要な課題となっている．

肥料の吸収利用率を上げるには，永年生作物の養分吸収特性や分配特性を考慮して，使う肥料や施肥法を考えることが大切である．茶樹は常緑永年生作物であって，生育期間が月単位の一年生作物とは窒素の栄養生理が異なる．永年作物は自らの体内に新芽形成のための窒素を貯蔵している．茶樹の一番茶新芽の形成に使われる窒素が春肥および芽だし肥窒素に依存する割合はおよそ 20〜27 % にすぎない[1,30]．残りの 73〜80 % は前年以前に吸収され，体内に蓄えられている貯蔵窒素に依存している．したがって茶樹に対する肥料は緩やかに肥効を現す被覆肥料，緩効性肥料や超緩効性肥料を主体にし，速効性肥料は必要に応じて使用すればよい．

また肥効の持続性も吸収率の向上にとってきわめて重要である．アンモニウム態窒素の持続性を高めるために硝酸化成抑制剤の活用が考えられる．抑制剤入り肥料についてはアンモニウム態窒素と抑制剤との土壌中における動態に留意が必要であり，両者の乖離はその効果の消失を意味する．石灰窒素はシアナミドが主成分である．シアナミドは土壌中で一部が抑制剤であるジ

表 5.45 硝酸態窒素濃度に対する茶樹の反応（加藤：未発表）

液肥の硝酸態窒素濃度(ppm)	古葉中の硝酸態窒素濃度(ppm)	新芽中の硝酸態窒素濃度(ppm)	障害の有無	
			細根先端部の枯死の程度	地上部(新葉)
0	5.8	5.8	正常	正常
50	6.3	6.5	正常	正常
100	7.9	5.6	正常	正常
200	7.2	5.6	正常	正常
500	32.2	6.5	＋	正常
1000	105.0	390.0	＋＋	黒変葉あり
2000	711.0	枯死	枯死	枯死

(注) 硝酸カリウム溶液を週に一回ずつ掛け流し，6週間処理 (7/7〜8/20)
　　＋：一部の根に褐変あり　　＋＋：褐変根が 1/3 程度

表5.46 アンモニウム態窒素濃度に対する茶樹の反応（加藤：未発表）

液肥のアンモニウム態窒素濃度(ppm)	古葉の水分含量(%)	新成葉の水分含量(%)	障害の有無（細根先端部の褐変の程度）
0	66.4	67.7	正常
50	67.0	65.9	正常
100	66.0	66.9	正常
200	67.1	68.0	±
500	63.0	64.0	＋＋
1000	62.1	62.5	＋＋＋
2000	61.5	60.9	＋＋＋＋

（注）硫酸アンモニウム溶液を週に一回掛け流し，5週間処理（9/18〜10/23）
枯死の程度：一部の根に障害の＋から，7割程度の根に障害の＋＋＋＋まで

シアンジアミドを生成する可能性がある．それゆえ両者が共存することになり抑制効果が高く，肥効の持続性が高い．また散布時の臭気の除去と生成されたアンモニウム態窒素の吸着保持をかねた，ゼオライトとの混合散布は肥効の持続性をさらに高める可能性がある．

近い将来には液肥を樹冠下の吸収根を活用する施肥法の開発が望まれる．液肥については使用する濃度が問題となるので，予備的試験であるが結果を表5.45，5.46に示した．アンモニウム態窒素および硝酸態窒素ともに500 mg/Lで何らかの生理的障害が見られるので，窒素濃度は200 mg/Lを下回る濃度が安全である．

環境保全型の具体的な施肥法については7.2の項で述べる．

4）硝酸態窒素の地下流亡を減らす対策

硝酸の流亡を削減するには，基本は茶樹が吸収する窒素量を保証する最小限の施肥量にすることである．しかし吸収率を100％にすることは困難である以上，硝酸の流亡は避けられない．この量をできる限り低減する必要があり，いくつかの方法が考えられている．一つに作土層以下の下層土の脱窒作用を活用する考えがある．小林ら[31]は火山灰土壌に液状きゅう肥60tを連用した場合の層位別に亜酸化窒素量を測定した結果では下層ほど亜酸化窒素量が多く溜まっていることを確認しており，下層土壌で活発な脱窒反応が

起こっていることを示唆した．茶園の下層土壌でも地下 30 m 付近まで脱窒菌の存在が確認されている[32]．したがって下層の脱窒反応を活用して硝酸態窒素を脱窒させる場合には，亜酸化窒素の発生を抑制し，いかに完全に窒素ガスまで還元するかが重要な問題となる．

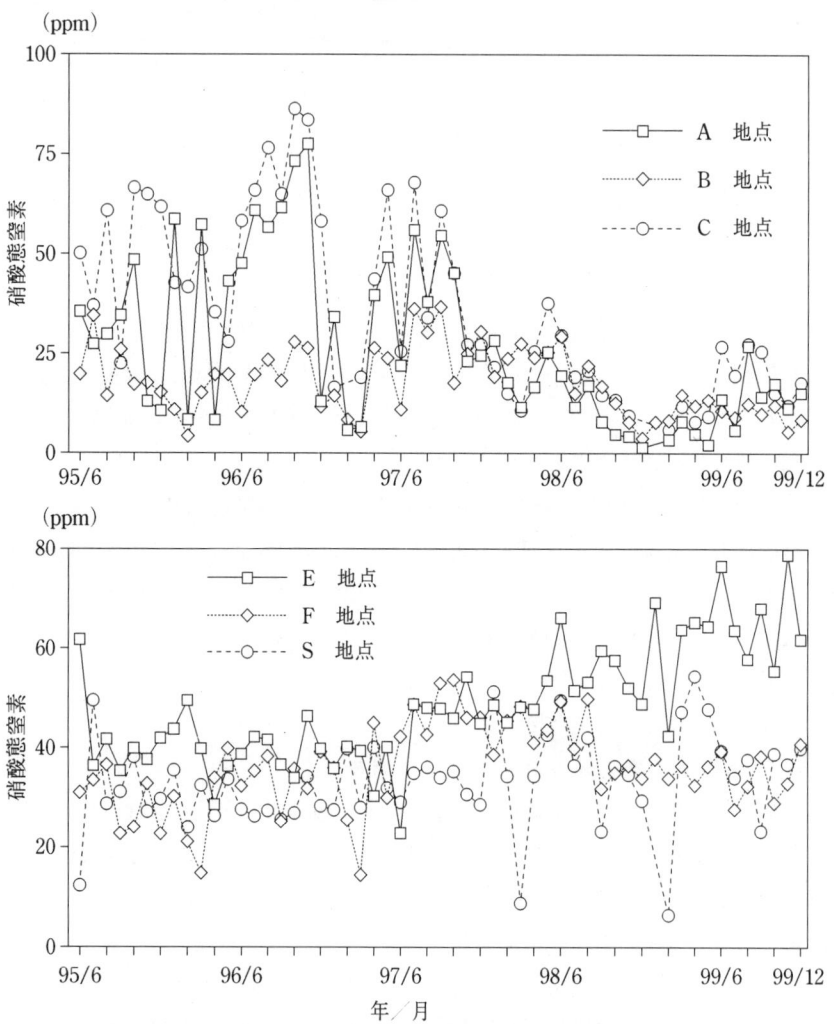

図 5.78　牧ノ原周辺における表流水中の硝酸態窒素濃度の経年変化（渡辺ら，未発表）

この他に，暗渠排水の収集による除染処理や再利用，陰イオン吸着剤の活用，さらには生分解性資材による畝間の被覆などが考えられ，試験が始まっている．

玉露や抹茶のような覆い下茶は品質を重視するため窒素肥料を多く投入する．このような茶生産に対しては，より少ない窒素施肥量で生産可能な技術の開発と，同時に硝酸態窒素を系外に流出させない対策が必要である．

(5) 減肥による硝酸汚染の改善例

窒素施肥量を削減した場合どれぐらいの時間差で地下水の硝酸態窒素濃度に影響が表われるかは重要な問題である．図5.78は1995年から2000年にかけての牧ノ原北部の茶園周辺の水系における硝酸態窒素濃度の推移を示している．図中A, B, C地点の硝酸態窒素濃度は1997年の秋を境に低下に転じている．これに対しF, S地点は横這い状態にあり，E地点はむしろ上昇の傾向を示している．A, B, C地点の地表水は茶園の暗渠排水やそれに近い作土層からの排水に由来しているが，E, F, 'S地点は明らかに地下水起源である．1997年は5月，6月に適正施肥の指導や茶園排水に起因する池の魚の死が報道された時期に当たり，これらの事態を受けてこの年の秋肥から減肥が行われ，これが暗渠排水の硝酸態窒素濃度の低下となって表れたものと推察される．このことから暗渠排水への影響はごく短時間で現われることを示している．一方E, F, S地点では地下水の深さに依存し，浅いほど早く影響が現われると考えられる．そこでモニタリングを継続して行えば地下水の深浅を明らかにできる可能性がある．このことは反対に地下水の深さがわかればいつ硝酸態窒素濃度が減少に転ずるかを予測することも可能であろう．E地点は依然上昇を続けており，深さだけの要因で決まるならばこの地点の濃度減少はかなり遅れることになる．他の要因，例えば他からの流入の有無を調べておくことも重要である．

(加藤　忠司)

7.2 茶園における環境保全的施肥法

茶園では，窒素の施肥量が多く面積的なまとまりがあることから，地下水

の硝酸態窒素汚染が早い時期から顕在化した[33]．したがって他の作物以上に窒素成分の利用率の向上を図り，施肥量の削減による硝酸態窒素汚染の解消を進めなければならない．施肥効率化の最終目標は環境基準をクリアーできる技術の確立である．施肥効率を高め，硝酸態窒素の流亡を抑制する最も大切な方法は，根の吸収活性を高く保つ土壌環境の維持と樹の養分要求に応じた養分供給を行うことである．そのためには，資材投入から培地管理，環境への影響監視にいたる総合的管理が必須となる．ここでは使う資材や施肥法について施肥効率を高める観点から述べる．

7.2.1 茶生産の特徴と施肥管理の問題点

1）生育と養分吸収

成園での一番茶から四番茶を収穫する茶樹は4月から秋にかけて，新芽の生長と根の発根伸長を，摘採間隔に相当するほぼ45日間隔で繰り返している．窒素やカリの吸収は大半が4月から11月にかけて行われ，その分配先は4～9月の間は主に地上部に，10月以降は地下部に多くなる．

施肥に由来する年間窒素吸収量は，窒素施肥量が年間50～60 kg/10 aレベルにおいては21 kg/10 a程度であり，その吸収率は40％程度である[27]．

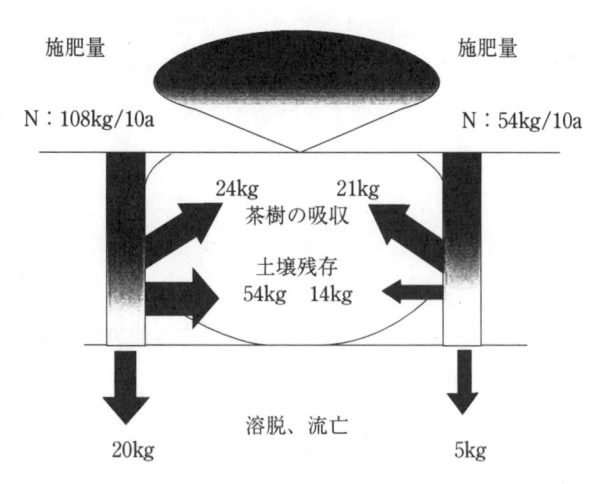

図5.79 施肥窒素の行方（ライシメーター試験：小川ら，1981）

(図5.79). 吸収率は施肥量によって異なり, 施肥量が少なくなれば高くなる. したがって施肥量を30 kg台にすれば吸収率を60 % 程度以上に向上させることは困難ではない.

2) 摘採量と施肥量, 施肥時期

茶の施肥は, 春, 秋肥には有機配合肥料が, 夏肥には速効性の窒素質肥料が主体で, 新芽の生育周期に合わせ年間8～10回程度行われてきた. 生葉の収穫は年間4回程度行われ, 各茶期当たりの収量は400～600 kg/10 aであるので, 年間収量は1,500～2,000 kg/10 aである. したがって摘採等によって茶園から持ち出される窒素量は多くても22 kg程度である. 整剪枝や落葉によって茶園に返される窒素量もかなりの量に上り[28], 有機質肥料の多用もあって, 茶園土壌から地力窒素として供給される量は年間20 kg/10 aを超えると予測される[29].

永年生作物である茶樹では, 吸収した窒素に対し速やかな生体反応を示す一年生作物と異なり, 年間を通して吸収した窒素が貯蔵, 再分配され一番茶新芽の形成に用いられる. その内容を具体的に示すと, 一番茶新芽の形成に対する春肥・芽だし肥窒素の寄与率は約27 %程度で, 73 %が前年以前に吸収され体内に蓄積された窒素に依存している[30] (図5.80). にもかかわらず生産者は一番茶の収益が年間の80 %に当たることから[34], 収量や品質の向上を期待して春肥重視の施肥を行っている. このような施肥配分を改め, 4月から11月にかけての吸収量を高める適切な施肥管理に変換する必要がある.

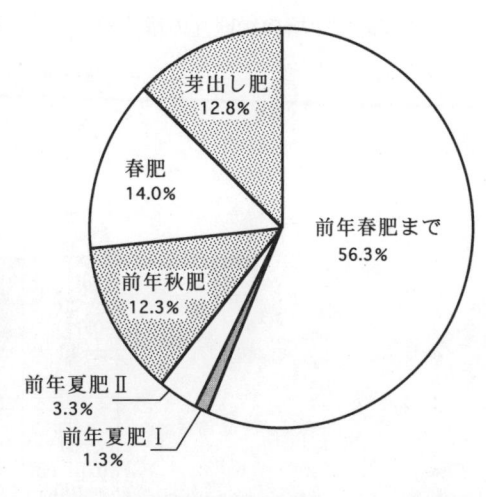

図5.80 一番茶の形成に使われた時期別施肥窒素 (烏山, 1998)

3）生産物の収量，品質と生産性

一番茶新芽は約5.5日に1枚の割合で展葉する．摘採は生育状態を見ながら，通常4～5葉期で行う．生育前期から中期は収量は少ないが，うま味と関係の深い窒素化合物の含有率が高く柔らかで品質が優る．しかし生育が進むにつれて収量は増加するが，窒素成分の減少と繊維分の増加により硬化が進むため品質は低下する．収穫の適期は収量，品質，製茶しやすさ等を考慮して生産者自身の判断にゆだねられるが，生葉の品質評価や茶樹の生産能力から考えた生産目標が不明確であるため，高品質茶の多収穫を大量施肥に求めたきらいがある．

4）うね間局所施肥と土壌管理の限界

茶樹は収穫部位である新芽が摘採しやすいように特有の樹形に整枝されたことから，施肥管理は茶園面積の1/6に当たるうね間（幅30 cm程度）に限定して行われてきた．このうね間局所施肥は，吸収根域の1/6しか活用していないこと，全面施肥と比べて6倍量がうね間に施用されるため濃度障害が起きやすいこと，降雨の影響を受け肥料成分が溶脱しやすいこと，作業道であるため良好な土壌の物理性の維持が難しいことなど，肥料の利用率を高める

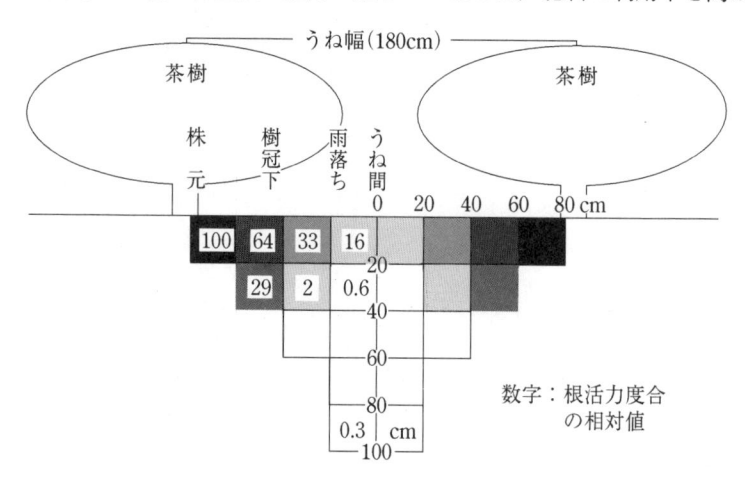

図5.81　茶樹の根の土壌断面内における吸収活力分布（小泉ら，1984）
　　　　ユウロピウムを使って測定した吸収力

ことが難しい問題点を抱えている．この施肥位置では，窒素肥料を過剰に投入しても茶樹が枯れないために，生産者は品質の向上を施肥に期待して，窒素肥料の過剰施用を行ってきた．またうね間に施用された肥料成分は降雨によって移動するが，根量の多い樹冠下への横方向移動はきわめて少なく，ほとんどが下方向への移動であるためその利用率は悪く，多くが根域外に流出する結果となる．

少ない資材を効率よく活用するためには，活性の高い吸収根の維持，養分要求にあった供給，降雨による溶脱の抑制，根を健全に保つ土壌理化学性の改善が重要であり，中でも特に降雨の影響を受けない施肥管理技術の確立と吸収根の活性分布[46]（図5.81）を考えた施肥位置の見直しが必要である．

5）都府県の施肥基準

施肥量を適正化する上で大きな役割を担っているものに都府県が定めている施肥基準がある．平成7年度当時の主産地府県の窒素の基準は年間45〜90 kg/10 aであり，農協の指針では多くの場合府県の基準より10 kg以上多く設定されていた．しかし平成11年度においては，45〜78 kgと基準施用量が低減され，農協の指導指針にも低減への連動が見られる．都府県の施肥基準における窒素施用量が，地下水における硝酸態窒素の環境基準を満足できるかどうかの検討が必要であり，満足できなければ新たな基準値の設定を行わなければならない．またOECDにおいても肥料の使用量について協議が行われており，これへの対応も念頭に置く必要がある．当面は環境基準に対応した施肥量の適正化を急がねばならない．

7.2.2 施肥効率を高める主要技術

1）施肥設計システム

茶樹が必要とする時期に肥料成分を必要なだけ供給することが施肥管理の基本である．そのためには投入する資材の肥効特性を理解して活用する必要がある．

室内試験による各種肥料の無機化特性，硝酸化成能や硝酸態窒素の水移動特性についての調査結果を使って，深さ20 cmの位置での肥料に由来する無機態窒素の発現と移動を予測するソフトが開発され，栽培期間中の施肥時

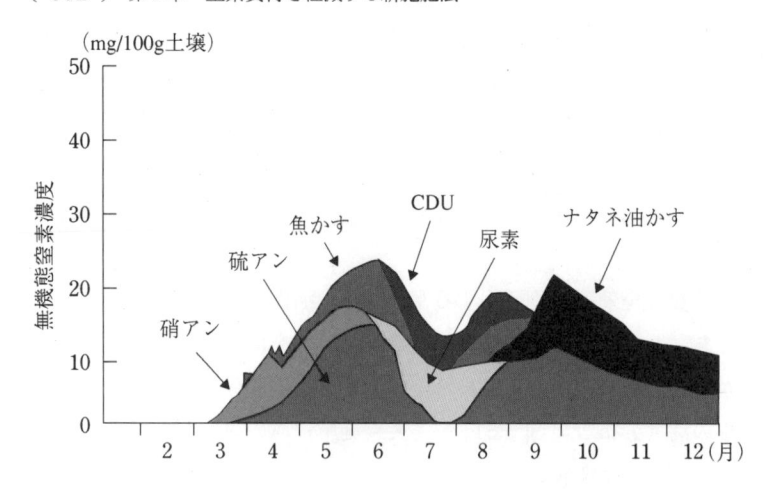

図5.82 施肥設計に基づく無機態窒素発現予測（静岡県他，1993）
赤黄色土，深さ20 cm，pH 4，透水性中程度での予測例

期，施肥量の決定や施肥設計に活用されている[35]．茶園土壌における各種肥料の溶出，無機化，硝酸化成の諸特性と地温データや降雨量データがあれば地域の気象条件にあった肥効発現予測が可能となり，施肥設計に活用できる（図5.82）．

2) 養水分濃度のモニタリング

現状の土壌中の養分量を把握し，必要量を過不足なく供給することが大切である．これまでの土壌分析は高価な分析器具や分析技術が必要で，手間がかかることから簡易な分析法が望まれていた．最近，栽培の現場で指導者が生産者と対話しながら，安価で容易に測定できる迅速測定法が開発された．

小型反射型光度計による迅速分析法は，試験紙と小型反射型光度計を用いて短時間で土壌溶液中の各種イオン濃度や土壌中の硝酸態窒素濃度を測定できる．現場で活用できることから，指導機関だけでなく生産者によるモニタリングが可能である．この方法は土壌分析だけでなく水質分析も可能で環境負荷量のモニタリングにも活用することができる[36]．

土壌埋設型電気伝導率（EC）センサーによる方法は，土壌溶液のEC値と無機態窒素濃度との間に高い相関関係があることを利用し，土壌溶液中の無

機態窒素濃度をリアルタイムで推定するものである[35]．測定原理に起因する正確さの低さや局所部分の測定であることから，土壌中の硝酸態窒素濃度を圃場レベルの値として計るにはやや問題があるが，降雨に伴う肥料成分の移動を理解し変化を知るには有効である．埋設するセンサーの深さを変えることで硝酸態窒素の下方移動やその濃度を，暗渠に設置することで茶園排水中の硝酸態窒素濃度をモニタリングすることができる．

土壌情報を増やすためには土壌埋設型の硫酸イオンセンサーやアンモニアイオンセンサーの開発が望まれる．圃場レベルの硝酸態窒素濃度を測定するには，広い面積の土壌浸透水を採取できる容器（簡易ライシメーター：図5.83）を土壌中に埋設し，集まった水を定期的に回収，測定することで可能となる．またこの方法で測定した養分濃度の変化から環境への影響を理解することができる[37]．

土壌中の最適窒素濃度を知ることは施肥管理上重要である．一つの例として，黒ボク土壌で乾土100g当たり春期22mg，夏期30mg，秋期12mg程度が良いとされている[38]．この最適窒素濃度は今までの施肥管理のもとで，茶の収量と品質のみを対象にした値である．これからは，収量，品質だけでなく環境基準を考慮した新たな土壌の窒素濃度基準の策定が必要である．

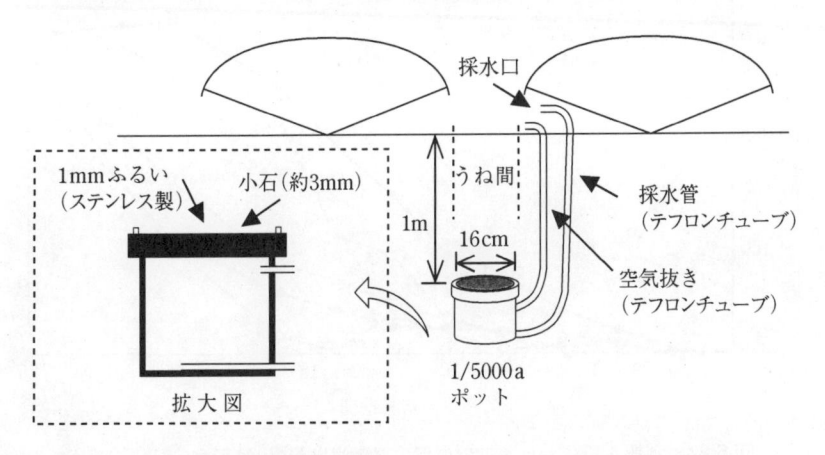

図5.83 土壌浸透水採取装置（簡易ライシメーター）の構造と採取法（森田ら，1997）

(304) 第5章 窒素負荷を軽減する新施肥法

3）肥効調節型肥料の活用

施肥後の肥効発現が調節できる肥料を肥効調節型肥料という．主要な環境要因である水分と地温データから肥効発現が予測できる．被覆肥料，硝酸化成抑制剤入り肥料などがこれに属する．IB, CDU, ウレアホルム，オキサミドなどの肥効の持続する化学合成緩効性肥料については茶園における知見も多く，すでに地域の施肥設計に組み込まれ有効に活用されているが，土壌条件や微生物活性によって分解や肥効発現が影響を受ける欠点を持つ[39]．被覆肥料は水の影響を受けにくいことからより安定的な養分管理が期待できる資材である．緩効性肥料や肥効調節型肥料は肥効発現を月から年単位で調節できるので，土壌中の窒素濃度を一定の期間あるレベルに保つ必要がある茶樹には有効である．

ⅰ）被覆肥料

被覆肥料の肥料成分の溶出は，その溶出機構から温度のみによって決定され，土壌の種類や理化学性，微生物活性などの影響はほとんど受けない．特

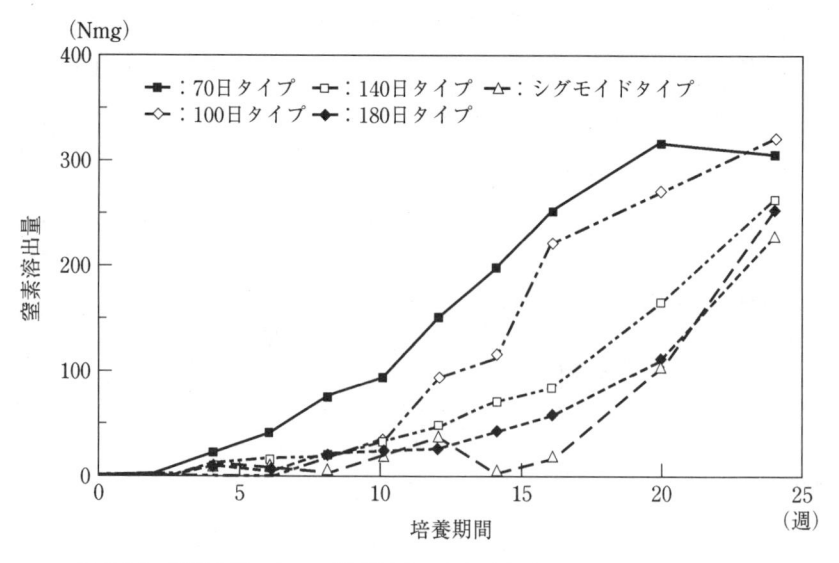

図5.84 茶園土壌における被覆尿素の窒素溶出曲線（徳田ら，1995）

に土壌水分の影響も少ない．さらに被膜の厚さや資材の組成によって肥料成分の溶出期間が調節でき，長期間肥効を持続させることができる．被覆燐硝安加里は，これまでの多くの試験によって茶園土壌における温度依存性の高さや肥効の持続性が確認され，すでに活用されている[40]．

　被覆尿素については，窒素の溶出は被覆燐硝安加里同様，強酸性茶園土壌（pH 4.1）においても地温に依存し，ほぼ理論どおり溶出するが，温度の低い春期や秋期では溶出が少ないため，この時期の土壌中窒素濃度を高めるには速効性肥料の併用が必要である[41]（図5.84）．また被覆尿素からの成分の溶出については，温度の低い冬期，早春期の畑土壌で遅く，既存の溶出曲線（水中25℃での溶出）では適合性に問題があったが，反応速度論的方法と茶園の地温データの導入によりその予測が可能となった．その結果，被覆肥料の種類と施用時期を指定するとパソコンによって溶出率予測計算と溶出推移のグラフ表示ができるので，現場における施肥設計に活用されている[42]．

ⅱ）肥効調節型肥料の複合的活用

　被覆肥料は溶出を調節する被覆資材の特性と中に入れる肥料成分の種類によって肥効調節の可能性は広がってくる．また肥料成分の種類や被覆資材を異にする被覆肥料をブレンドすることも可能である．すでに，被覆尿素の粒と被覆硫酸カリの粒をバルクブレンド（BB）肥料のようにブレンドした窒素とカリの被覆複合肥料が市販されている．リニアタイプとシグモイドタイプの併用，溶出期間の違う被覆肥料や，成分の違う肥料を適切に併用することによって各成分の利用効率を向上させることができる．施肥量の適正化と省力化をねらった例では，溶出速度の異なる2種類の被覆尿素と硫酸アンモニウムを混用することによって年間窒素39 kg/10 aを春一回の施肥で済ます方法が提示されている[43]．

　また被覆資材の中に硝酸化成抑制剤を入れることで，硝酸化成抑制剤の効果を持続させることも可能である．さらに問題とされてきた被覆資材の環境への影響についても，光分解性と土壌微生物分解性の資材が開発されたことから，解消されつつある．

第5章 窒素負荷を軽減する新施肥法

iii) 超緩効性肥料

超緩効性肥料は肥料成分の有効化が大変遅く，肥効が1年以上安定して持続する肥料である．そのため濃度障害や養分欠乏を起こすことなく一定濃度の養分を茶園に安定的に供給することができる．この肥料には，従来からある化学合成緩効性肥料を硬く大きく造粒したもの，重合度を大きくしたもののほかに，溶出期間の長い被覆肥料（最長で1,000日タイプ）がある．

これらの肥料は永年作物の養分吸収能に合った肥効発現が予想され，吸収効率の大幅な向上が期待されるので，年間窒素施肥量を30 kg/10 a 程度にした樹冠下施肥や全面施肥による省力施肥法開発への利用が考えられる．また更新園に対しても地力窒素的な効果を期待した利用が考えられる．一部の化学合成緩効性肥料や尿素系樹脂ポリマーは土壌微生物よる分解で肥効を発現するため，水分環境の良くない樹冠下への施肥にも使用できる．

iv) 硝酸化成抑制剤および硝酸化成抑制剤入り肥料

硝酸化成抑制剤や石灰窒素は，アンモニウム酸化菌の活性を押さえアンモ

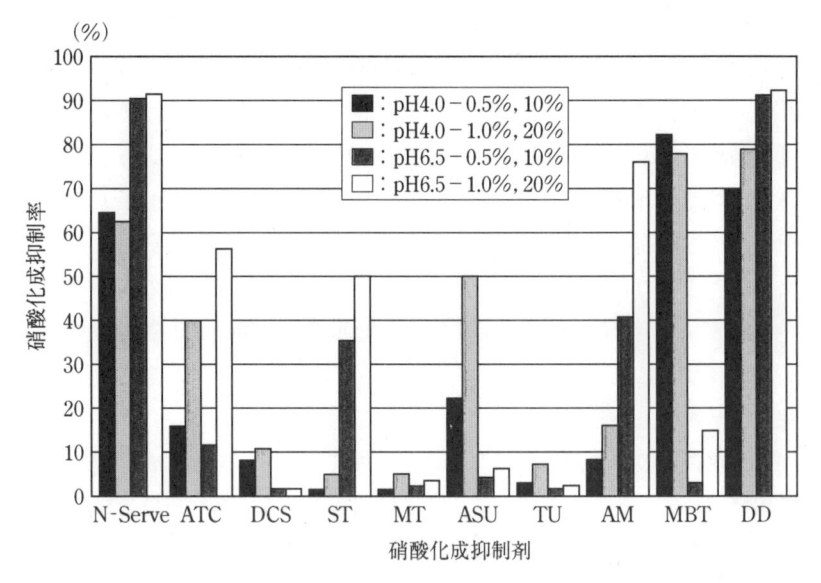

図5.85 茶園土壌における各種硝酸化成抑制剤の抑制効果に対する土壌 pH と添加量の違いの影響（中島田ら[45]，1994）

ニウム態窒素から硝酸態窒素への変化を抑制する作用を持つことから，土壌に施用した窒素肥料をアンモニウム態窒素の形態でとどめ，吸収利用率を高めるとともに，環境負荷を軽減する目的で用いられる[44]．茶樹はアンモニウム態窒素を好む作物であるので，これらの資材は茶園に適しているといえる．

硝酸化成抑制剤のうちで，ジシアンジアミド，**MBT**は強酸性の茶園土壌においても強い硝化抑制作用を持つことが確認されている[45]（図5.85）．しかし，ほ場試験では土壌の理化学性や微生物性によってその効果にバラツキがある．ジシアンジアミドは土壌中を移動しやすいため，アンモニウム態窒素との乖離や流亡が懸念される．今後より効果的にこの資材を活用するため，硝酸化成抑制剤を根域にとどめ，効果を持続させる技術開発が必要である．

石灰窒素はその主成分がシアナミド態窒素である．分解過程でジシアンジアミドおよびアンモニウム態窒素を生成するため硝酸化成抑制効果を持つ窒素質肥料として肥効が長期間持続することが確認されている．また，強酸性化した茶園土壌の酸度矯正も兼ねた肥料として適している[26]（図5.86）．

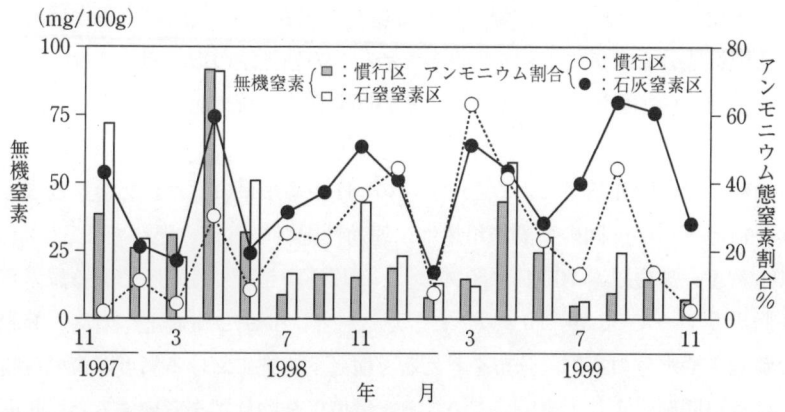

図5.86 石灰窒素施用における土壌中無機態窒素含量とアンモニウム態窒素割合の推移（加藤ら，2000）

4）施肥位置の見直しによる施肥の効率化

i）土壌かん注・深層施肥

これは，茶樹が好アンモニウム性植物であることから，硝酸化成作用の低い深さ 20～30 cm の下層に直接肥料を投入し，肥効の持続と吸収促進をねらった施肥法である．しかし根の吸収活性は下層ほど低下すると予想される[46]ので（図 5.81），このことを念頭に置いた適切な施肥法の開発が望まれる．

ii）樹冠下施肥

樹冠下はうね間に比べて，吸収根が多いこと，活性が高いこと，土壌物理性が悪化していないことなど，肥料の吸収効率向上が期待できるが，技術化を進めるには濃度障害の生ずる限界域や降雨と樹冠下土壌の水分環境について知る必要がある．

茶園に降った雨は樹冠面の葉や枝に影響を受け局所的に落下するため場所によりバラツキが大きく樹冠の形状によって異なる．樹冠下に落ちる水量は整枝前 41 %，整枝後 19 %，深刈り時 61 % と概して少なく，残りは主幹株元に集中的に流れ落ちるため，主幹株元付近が最も多水分状態になり，樹冠下の土壌の水分は少なく，場所による変動が大きい[47]．肥料の濃度は溶出する肥料成分と水量によって決まるため，この施肥法の取り組みには，樹冠下の根域の様子を観察して根に対する濃度障害や土壌の劣化が起きない配慮が必要である．

これまでの研究結果によると，土壌の pH や細根量の生育に影響を及ぼさない樹冠下への一回の窒素施用量は，速効性肥料や有機質肥料では 5.5 kg/10 a 程度，被覆尿素 100 日タイプで 10 kg 以下，超緩効性肥料である尿素系樹脂ポリマーで 30 kg/10 a 以下と予想される．しかし樹冠下への均一施肥の難しさや水分の不均一分布を考えると樹冠下施肥における濃度障害の危険度はうね間施肥より大きい．このことと環境保全的施肥を考慮すると，年間窒素施肥量 30 kg/10 a 以下での取り組みが適当と思われる．

樹冠下は水分の自然供給が少ないので，肥効発現の安定化を図るため水管理のできることが望ましい．また，施肥や中耕が難しいことも問題であるか

ら，施肥と土壌の浅耕を簡単に行うための栽培管理面からの検討が望まれる．

iii) 樹冠下液肥施肥

これまでの茶栽培では，水管理や液肥を利用した養水分管理はほとんど行われてこなかった．しかし水管理と養分管理を同時に自動で行うことができる養水分管理技術は環境保全型で省力技術として非常に有効である．

液肥は水に溶かして用いるため濃度の調節や施肥時期の調節が容易で，樹冠下の複雑な環境条件に関係なく確実に土壌および吸収根へ水分と肥料成分を供給できる．また茶樹の養分要求に応じて必要な時に必要な量を制御して供給できることから樹冠下施肥に適した肥料である．したがって液肥施用技術は環境保全型施肥法として重要な柱となる．すでに施設栽培等では養液土耕栽培技術として普及している．経済性を考えなければ茶園に導入することはそれほど困難でなく，システムを自動化することで大幅な省力化・軽労働化を図ることができる．

この施肥法を茶園に導入すれば，茶園土壌や細根に直接影響を与えるので，液肥の窒素濃度，液肥の成分組成，施用時期，施肥位置，施用量，施用するための施設などについて検討する必要がある．さらに茶園では水の確保が難しいこと，設置する規模が大きいこと，散水強度・範囲に関係する灌水チューブの種類，チューブの耐久性や小動物による破損など解決すべき問題点は多い．

灌水用エミッターには点滴型，散水型などがある．エミッターによって灌水範囲，浸潤域，灌水強度が決まる．また，灌水の強弱，灌水の範囲によって根の形成が変わってくるため，散布した液肥を効率的に吸収させるための根域の形成と，その維持が必要である．溶脱抑制を図るには，時期別の吸水量や窒素吸収量，茶樹の蒸散量などを含めた茶園内の水分動態に関する検討が必要となるが，実際には灌水範囲，濃度障害，溶脱を考えることで施用する液肥の濃度や水量，散布回数などはほぼ決まる．

最も検討を要する液肥の窒素濃度については 0〜3,000 mg/L の範囲で試験が行われているが，500 mg/L 未満の濃度範囲では茶樹への顕著な悪影響

(mg/L) の図で、縦軸は硝酸態窒素濃度を示す。

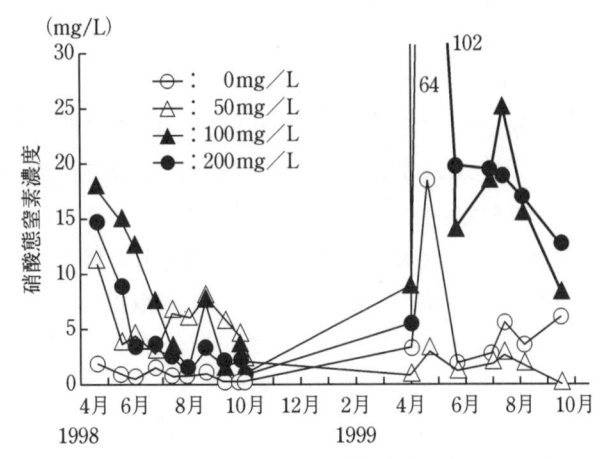

図5.87 樹冠下施用液肥濃度と浸透水中硝酸態窒素濃度の関係（太田ら：未発表）
浸透水は樹冠下土壌表面下に設置した土壌浸透水採取装置で集水

は認められていない．散布回数や時期別散布濃度，さらには表層または地中への施肥位置等の検討に当たっては，この濃度範囲で行うのが妥当と考えられる．

点滴チューブを使った場合は，養液の拡散範囲の狭さが心配されるで，その検討が必要である．散水タイプのエミッターについても検討が行われており，窒素濃度200 mg/L，1回10 mm，年間15回，散水面積60％で，年間窒素施用量を30 kg/10 aに削減しても収量，品質の低下は見られず，土壌浸透水中の硝酸態窒素濃度も10 mg/L以下で推移した例もある（図5.87）．

液肥の供給は自動化が容易であるから省力・軽労化のためのシステムとして開発が望まれる．将来にわたっては茶樹の養水分吸収情報や土壌環境情報をソフトに組み込み，気象情報とセンサー情報から供給する水量や液肥濃度を設定できる灌水システムを給水，施肥，防除，防霜など多目的に活用できる総合水利用システムとして開発することが望まれる．

5）葉面散布

葉面散布では吸収されなかった肥料成分が樹冠下に落ち根で吸収されることから，無駄がなく速効性で吸収効率の高い施肥法として見直されている．

尿素を葉面散布した場合，その一部が葉面より吸収され速やかにアミノ酸に合成されるため，葉でのアミノ酸含量の増加に寄与することが確認されている[48]．

6）土壌改良，有機物施用，地力窒素

茶園土壌は硫酸根を含む窒素肥料・カリ肥料やリン酸を含む有機質肥料が長年にわたって大量に施用されたため土壌の酸性化，リン酸やカリの集積，マグネシウムやカルシウムの欠乏を招いてきたが，最近の適正施肥への取り組みによって少しずつ改善されている．養分吸収を促すためには，根の健全な生育が必須条件であり土壌環境の改善が最優先されるべきである．そのためには土壌診断を定期的に行い，それに基づいた適切な土壌管理を続ける必要がある．また硫酸根を含まない肥料の使用も考慮されるべきである．

茶園では4～5年に一度行われる中切り更新（地際から30～50 cmの高さで剪枝する）では約20 kg/10 aの窒素が土壌に還元されている[49]．また毎年，落葉や整枝等により多量の窒素が樹体から土壌に還元されている．環境保全型施肥においてはこれら有機物のみならず，茶園系外から持ち込まれる堆肥等有機物資材についても分解や肥効発現を肥料成分に加えた適切な肥培管理を行わなければならない．

7.2.3 施肥の合理化による減肥の可能性

以上述べたように，施肥の合理化をはかることにより，これまでよりもおおはばに肥料を減らせる可能性が示唆される．現実には茶葉の窒素濃度がうま味と相関が高いので，いまだに必要以上の窒素肥料が施用されている．そのことが，かえって根の活性を失わせ，過剰の窒素が地下水を汚染したり，亜酸化窒素として揮散し，大気汚染につながっていることは明らかである．そこで，窒素肥料を従来より減らした場合の収量や品質に及ぼす影響を検証してみる．

表5.47には被覆肥料（被覆尿素，LP70）を主体にして，施肥量と施肥回数を減らして栽培した12年生の'やぶきた'の試験結果を示した．窒素施用量は10 a当たり被覆標準A区および茶試標準A区が54 kg/10 a，被覆減肥区はその25％減の40 kg，一般の標準と思われる標準B区は80 kg/10 aであ

表5.47 被覆肥料を用いた減肥が茶の収量・品質におよぼす影響（静岡茶試：未発表）

試験区	収量		品質			
			外観		内質	
	一番茶	二番茶	一番茶	二番茶	一番茶	二番茶
被覆標準 (54)	100	104	95	106	100	96
被覆減肥 (40)	100	103	95	102	100	95
茶試標準A (54)	100	100	100	100	100	100
	(746)	(645)	(30.7)	(21.3)	(46.0)	(34.9)
茶試標準B (80)	99	99	97	104	100	99
茶試減肥 (40)	96	100	95	105	100	93

(注) 数字は百分率で示す．なお試験区の括弧はN kg/10a, 収量の括弧はkg/10a, 品質の括弧は外観が20点，内質が60点を万点とした時の評点で，1998年と1999年の2か年平均で示す．被覆肥料はLP70で，N全量の55％を占める．品種；やぶきた，12年生
出典：全農肥料農業部，2000年3月：茶園における新肥料利用による施肥合理化試験成績書

る．施肥回数は被覆区で5回，茶試標準区A，B区でそれぞれ7回である．なお被覆区の窒素量の55％が被覆尿素に由来し，残りの45％は硫酸アンモニウムと硝酸アンモニウム，魚かす，ナタネかすである．2カ年の平均で見ると，収量は一番茶，二番茶とも被覆標準区と茶試標準AおよびB区の間で差が認められず，また，被覆減肥区でも減収とはならなかった．品質では，一番茶の外観で被覆両区が若干劣る傾向を示し，内質（煎じたときの水色，香り，滋味）では差がなく，二番茶では被覆両区の内質がやや劣った．また，被覆肥料を使って窒素39 kg/10aを春1回全量施用（被覆肥料の窒素割合は67％）した4年間にわたる試験においても，一番茶の収量，官能審査項目のいずれとも，慣行72 kg/10a区と同等の結果が得られている[43]．同様に被覆肥料を用いた試験が茶生産府県の茶業試験場でも行われており，それらの結果を見ても，慣行により大幅に減肥しても収量，品質にほとんど差は認められていない．茶樹が年間30 kg/10a程度の窒素を吸収すると考えられるので，40～50 kgの施肥窒素量であれば，当然の結果といえよう．

　この他，養液土耕栽培なども試みられており，この場合も50％の減肥で十分であることが示されている．

　茶は永年生のため，施肥位置が思うにまかせず困難な面もあるが，肥料の

形態，施用方法等の改良で従来の農家施肥量を半量以下に減らすことができることを試験結果は示している．

7.2.4 おわりに

茶園には多量の窒素肥料が投入され，その利用率は20％未満である．この大量使用が激しい土壌劣化を起こし，地下水の硝酸汚染，魚や貝類，藻類の死にみられる生物多様性の喪失に加え，温室効果ガスの発生など地域のみならず地球環境へ負荷を与えている．工業サイドでは効率の追求と環境配慮への積極的対応がみられる．これに対し，農業サイドでは施肥効率の追求のみならず，環境への配慮に大きく遅れているといわざるを得ない．

我々を取り巻く環境は，食料と同様人類の生存にとってきわめて大切である．それゆえ，命の糧に携わる者として，環境に対しても大きな配慮を払わなければならない．加えて，環境の変化は食料生産にとってきわめて大きな影響を与えることも忘れてはならない．

環境保全の施肥技術は地域により，圃場により異なる．生産者は，たくさんある施肥効率化のメニューの中から必要な技術要素を選び出し，自らの生産現場に合った施肥技術を作り上げる努力が必要である．また，「振ってしまえばお天気任せ，肥料任せ」ではなく，施肥後の土壌養分の調査や圃場からの浸透水中の硝酸態窒素濃度の調査を行い，得られたデータを施肥の効率化に生かす取り組みが生産者自らに求められている．これからの日本の茶栽培は環境への配慮なしには存続し得ないと考えるべきである．

（太田　充，加藤忠司）

引用文献

1) 橘　尚明 (1997)：三重県農技センター特別報告 p.4-6.
2) 小西茂樹・宮本倉文 (1984)：土肥誌, 55, 29-35.
3) 小菅伸郎 (1987)：茶研報, 66, 98-101.
4) 小菅伸郎 (1982)：茶業技術研究, 62, 1-7.
5) 松田敬一郎 (1984)：田中　明編, 酸性土壌とその農業利用, p.195-216, 博友社.

6) Adams, F. et. al. (1977) : Soil Sci. soc. Amer. J., 41, 686-690.
7) 加藤忠司・王　効挙・徳田進一（1999）：土肥学会中部支部例会　講演要旨, 12-13.
8) 小菅伸郎・保科次男・佐藤吉史（1983）：茶業技術研究, 65, 37-45.
9) 岡島秀夫（1984）：田中　明編, 酸性土壌とその農業利用, 169-193, 博友社.
10) Nakagawa, T. and Ishiguro, M. (1994) : J. Environ. Qual. 208-210.
11) Bertsch, P. M. (1990) : Environ. Geochem. Herlth, 12,7-14.
12) Kato, T. et .al. (2001) : A. J. Conacher (ed), Land Degradation, p.141-150, Kluwer Academic Publishers, Dordrecht.
13) 松尾ら（1992）：用水と廃水, 34, 120-125.
14) 石　弘之（1992）：酸性雨, 岩波新書.
15) 吉田　稔・川端洋子（1998）：土肥誌, 59, 413-415.
16) 加藤忠司・王　効挙・徳田進一（1999）：土肥学会中部支部例会・講演要旨, 14-15.
17) 早津雅仁・小菅伸郎（1989）：野茶試研報 B（金谷）3, 1-8.
18) Dancer et. al. (1973) : Soil Sci. Soc. Am. Proc., 37, 67-69.
19) 早津雅仁（1994）：学位論文.
20) 堀　兼明（1994）：土肥誌, 65, 578-584.
21) 最美あかね・仁王以智夫（1996）：静大農学報, 46, 1.
22) 徳田進一・加藤忠司（1998）：平成9年度野菜・茶業研究成果情報, p.67-67.
23) 徳田進一ら（1998）：茶研報, 87（別冊）, 88-89.
24) 田淵俊雄（1997）：農業・農村と環境学際シンポジウム, p.104
25) 若槻利之（1997）：土の環境圏, フジテクノシステム, 445-454.
26) 加藤忠司等（2000）：野菜・茶業試験場編, 平11年度野菜・茶業研究成果情報 p.25-26.
27) 小川　茂（1981）：茶研報（講演要旨）53, 101.
28) 加藤忠司（1997）：平成8年度家畜ふん尿処理利用研究会報告（畜試資料）p.25-28.
29) 加藤秀正・斎藤克彦・平井英明（2000）：土肥誌, 71, 356-364.

30) 烏山光昭（1998）：九州農業研究, 60, 24-29.
31) 小林義之ら（1995）：九農試報, 29, 109-162.
32) 徳田進一・早津雅仁（1999）：土肥学会講要, 45, p.62.
33) 永井　茂（1991）：地下水学会誌, 33, 145-154.
34) 静岡県農水産部（1998）：茶業の現状 34.
35) 静岡県茶試他（1993）：地域重要開発促進事業報告書 土壌埋設型センサーの情報による茶園の施肥管理実用化技術の確立, p.1-179.
36) 森田明雄ら（1999）：静岡茶試研報, 9-16.
37) 森田明雄ら（1997）：茶業研究報告第85号（別）, 102-103.
38) 鹿児島県茶試他（1988）：九州地域重要新技術研究成果2 開発促進事業報告書 良質，低コスト茶生産のための土壌窒素濃度診断・施肥技術, p.1-163.
39) 全農肥料農薬部（1996）：環境保全のための肥料情報（その2）.
40) 全農肥料農薬部（1997）：環境保全のための肥料情報（その3）.
41) 徳田進一ら（1995）：茶業研究報告第82号（別冊）116-117.
42) 京都府茶研他（1998）：地域重要新技術成果報告書　中山間地における緑茶の品質向上と環境負荷軽減のための合理的施肥管理技術の確立, p.1-79.
43) 徳田進一ら（2000）：平成11年度野菜・茶業研究成果情報, p.23-24.
44) 尾和尚人・樋口太重（1986）：農業技術体系　土壌施肥編, 7, 145-150 農文協.
45) 中島田誠ら（1994）：茶業研究報告第79号（別冊）70-71.
46) 小泉　豊ら（1984）：昭和58年度原子炉の大学共同利用研究報告.
47) 辻　正樹ら（1998）：茶業技術研究第87号（別冊）92-93.
48) 青野英也ら（1955）：茶業技術研究第6号 10-14.
49) 太田　充ら（1995）：茶業技術研究第82号（別冊）130-131.

第6章 窒素揮散と施肥管理

1. はじめに

　人類は，歴史上かってないほど大量の化学物質を環境に放出しており，その影響は各方面に及んでいる．ここでは，大気環境，とくに農業が地球の大気環境に与える影響を中心に述べる．

　1990年に国連環境計画と世界気象機関が中心となってIPCC（気候変動に関する政府間パネル）が組織され，人間活動により温室効果ガス（赤外線を吸収して地球の大気を暖めるガス）がどのような発生源からどれだけ大気中に放出され，大気中の温度がどのくらい増加するのか，地球の温暖化によってどのような影響が気候や生態系に予測されるのか，また，温度の上昇を防ぐにはどのくらい排出量を減らさなければならないか，などについて，それまでに得られた科学的な成果をまとめて，報告書を作成した．その後，数年に一度，報告書はあらたな研究成果を取り入れて改定されている[1]．また，IPCCでは，各国別に人間活動による温室効果ガスの発生量を推定するためのガイドラインを作成している．

　1997年に日本で開かれた地球温暖化防止京都会議（COP3）で，日本は主な温室効果ガスである二酸化炭素，メタン，亜酸化窒素などの6物質の排出量を，2008～2012年までに1990年レベルの6％削減することが決定された．農耕地では，図6.1に示すように，水田からメタンが，畑地からは亜酸化窒素が発生し，水田や畑はそれらのガスの主な発生源の一つなので，それらのガス発生量を減らすことが早急に求められている．一方，世界的にみれば21世紀に増加する人口を維持していくだけの食料生産量を確保することが必要であるが，そのための肥料投入量の増加は，一方では環境悪化を増加させる．食糧生産を維持しつつ環境悪化をいかに防ぐかは緊急の課題である．

　ここでは，窒素肥料と大気環境との関係に焦点をあてて，これまでの研究の成果とその軽減対策の現状を述べる[2]．

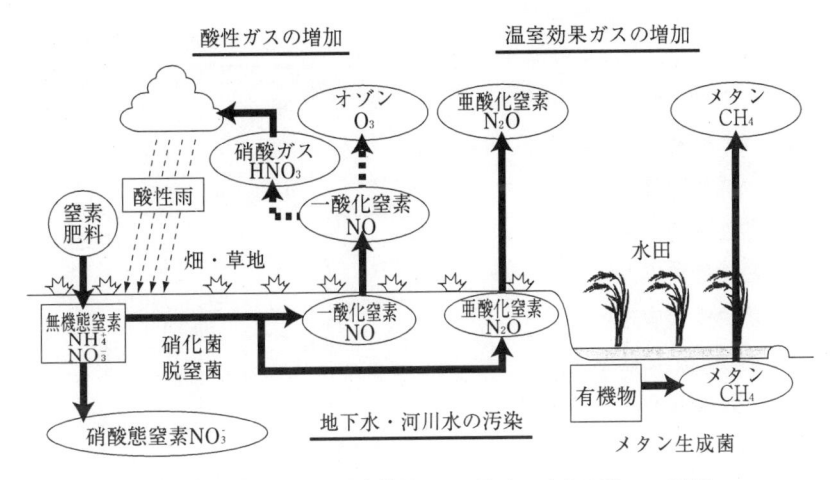

図 6.1 農耕地における温室効果ガスの発生と大気環境への影響

2. 大気中の主な窒素化合物

大気中に存在する主な窒素化合物の発生源と発生量および大気環境への影響は次のとおりである．

2.1 亜酸化窒素（N_2O）

N_2O は二酸化炭素ガスの 310 倍の地球温暖化指数を示し，大気中の N_2O 濃度は約 310 ppb で次第に増加しつつある．また，対流圏（地上から高さ 10 km）では寿命が 100 年以上と非常に安定なため，成層圏（高度 10〜50 km）にまで運ばれ，オゾンを分解する．その発生源は，表 6.1 に示すように，自然界では熱帯や温帯の土壌および海洋であるが，人間活動によるものでは，施肥土壌が最も大きく，総発生量の約 20 % を占めると推測されている．しかし，アジアの農耕地における実測データが非常に少ないので，その不確実性は大きい．

2.2 一酸化窒素（NO）

NO は，車や工場の排気ガス中に含まれていることはよく知られている．

NOは,大気中での寿命は約1日と短く,すぐに他の物質に変化し,やはり温室効果ガスである対流圏オゾンの生成に関与するとともに,酸性雨の原因物質の一つである硝酸ガスに変化して,雲や雨の中にとりこまれて再び地上に硝酸イオンとして沈着する.その主な発生源は,表6.2に示すように,化石燃料の燃焼が総発生量の約半分を占めており,土壌からも総発生量の約23％が大気中に放出されていると推測されているが,実測データが非常に少ないので,推定発生量の不確実性は非常に大きい.

表6.1 亜酸化窒素の発生源と推定発生量 (IPCC)

発生源	発生量 ($Tg\ N\ y^{-1}$)
自然起源	
海洋	3.0 (1-5)
熱帯土壌	
湿潤熱帯林	3.0 (2.2-3.7)
乾燥サバンナ	1.0 (0.5-2.0)
温帯土壌	
森林	1.0 (0.1-2.0)
草地	1.0 (0.5-2.0)
小　計	9.0 (4.3-14.7)
人為起源	
農耕地	3.3 (0.6-13.8)
バイオマス燃焼	0.5 (0.2-1.0)
産業	1.3 (0.7-1.8)
家畜(牛)とフィードロット	2.1 (0.6-3.1)
小　計	7.2 (2.1-19.7)
合計 (推定放出量)	16.2 (6.4-34.4)
消失源	
成層圏での分解	12.3 (9-16)
土壌	?
大気中での増加	3.9 (3.1-4.7)
合計 (総放出量)	16.2 (12.1-20.7)

表6.2 一酸化窒素の発生源と推定発生量 (IPCC)

発生源	発生量 ($Tg\ N\ y^{-1}$)
化石燃料の燃焼	24
土壌からの放出(自然及び人為起源)	12
バイオマス燃焼	8
雷放電	5
アンモニアの酸化	3
航空機	0.4
成層圏からの輸送	0.1
合　計	52.5

2.3 二酸化窒素（NO_2）

大気中の NO_2 はおもに大気中に放出された NO から生成され，寿命は数日である．なお，NO_2 は呼吸器疾患の原因物質の一つで，環境基準が設定されている．

2.4 アンモニア（NH_3）

NH_3 の主な発生源は，表6.3に示すように畜産排泄物や農耕地である．大気中での寿命は1～2日と短く大気中に放出されるとすぐに微粒子に取り込まれ，その一部は雲や雨にとりこまれて再び地表に戻る．土壌中では微生物の働きで水素イオンを放出するので，潜在的な酸性物質と呼ばれ，土壌の酸性化に寄与する．

表6.3 地球全体でのアンモニアの排出量推定

発生源	Warneck (1988)	Schlesinger & Hartley (1992)
家畜ふん尿	22	32
海洋		13
施肥土壌	3 + 15	19
バイオマス燃焼	2 - 8	5
野生動物	4	-
人間の排泄物		4
石炭燃焼・自動車	< 5.2	2.2
合計	54	75

3. 農耕地に投入される窒素

農耕地に投入される窒素には，おもにつぎの3種類がある．なおその他に，大気中のガスや微粒子，雨水が地表面に沈着することによって，それらに含まれる窒素分が農耕地に投入される．

3.1 化学窒素肥料

通常の速効性肥料と緩効性の肥効調節型肥料とがある．前者では，尿素，アンモニウム態窒素肥料，硝酸態窒素肥料および複合肥料があり，後者では，被覆肥料や化学合成緩効性肥料などがある．また，N_2O の生成機構の一つ

である硝酸化成（硝化）を遅らせるための硝化抑制剤入り肥料も使用されている．

3.2 有機質資材

家畜ふん尿を発酵させたものや堆肥化したもの，また魚やナタネの油かすなどであり，これらは，化学肥料と併せて使用されている．

3.3 作物残さ

畑地では，とくにハクサイなどの葉物は，収穫後にその外側の葉などの残さを土壌にすきこむことが多い．後述するように，この作物残さの分解で，N_2O が発生することが明らかになった．なお水稲栽培では，地力保全のために収穫後に稲わらを土壌に散布したりあるいはすき込むが，その稲わらは翌年のたん水開始後におけるメタンの発生源の一つとなる．

4．亜酸化窒素と一酸化窒素の生成機構

これらのガスは，燃焼過程で非生物的に生成されるほかは，以下に示すように微生物による脱窒と硝化作用で生成される．土壌中や水中では，これら両方の過程により生成されている．

$$NO, N_2O$$
$$\uparrow$$
硝化過程 　　$NH_4 \rightarrow NH_2OH \rightarrow NO_2 \rightarrow NO_3$

$$\uparrow \qquad \uparrow$$
脱窒過程 　　$NO_3 \rightarrow NO_2 \rightarrow NO \rightarrow N_2O \rightarrow N_2$

4.1 硝化作用

硝化細菌により，好気的な状態でアンモニウム（NH_4^+）が硝酸イオン（NO_3^-）に酸化される過程で，副産物として N_2O と NO が生成される．

4.2 脱窒作用

脱窒細菌の働きで，嫌気的な状態で NO_3^- が窒素ガス（N_2）に還元される過程で，中間生産物としてやはり N_2O と NO が生成される．

5. 栽培期間中のガス発生の経日変化

畑地において窒素肥料投入後のこれらのガス発生パターンは，図 6.2 に示すように次の二つに大別される[3]．一つは，硫酸アンモニウムなどの速効性肥料を施肥（基肥および追肥）してから 1～2 週間後にガス発生の大きなピークが見られ，その後は急速に減少して収穫までわずかな発生しかみられないというもので，おもに硝化で発生したと推測される．もう一つは，施肥直後の発生よりも栽培期間の後半に長期間にわたり大きな発生がみられる事例

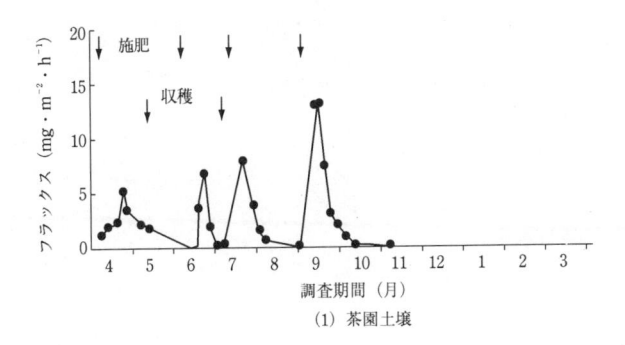

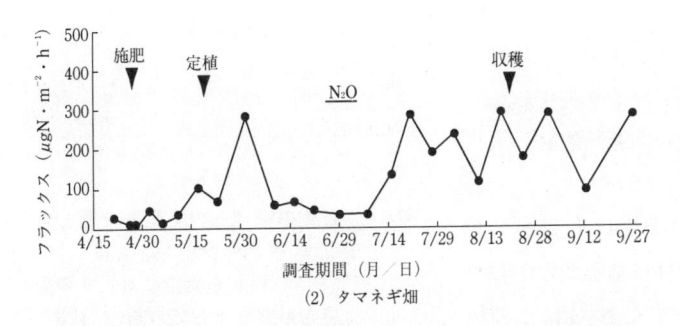

(1) 茶園土壌

(2) タマネギ畑

図 6.2 畑地における施肥後の亜酸化窒素のフラックスの経日変化

6. 日本の農耕地からの亜酸化窒素の発生量

1992年から1994年の3年間，全国の農業試験場で，畑地からのN_2Oと水田からのメタン発生に関する全国調査が実施された[3]．その結果，各栽培期間中における投入窒素量に対するN_2Oの発生量の割合は，図6.3に示すように，最大で約5％，最小で0.1％前後と幅が大きかった．茶園土壌では年間の窒素投入量が約$80\ gN\ m^{-2}$と多いだけでなく，N_2Oの発生割合も4.6％と他の作物と比べて非常に大きく，大気中への窒素分の損失割合が大きいことを示している．その他の畑作物では，投入窒素量に対して平均約0.7％がN_2Oとして発生していた．

一方，水田からもN_2Oは発生し，その窒素の起源は，窒素肥料，灌漑水中の窒素（おもに硝酸イオン），土壌有機物などである．日本における年間を通した測定結果[4]によれば，最終落水後にメタンが発生しなくなるとN_2Oが発生し始めた．これから，メタンとN_2Oの発生はトレードオフの関係にあることがわかった．またN_2Oはその後も翌年の再たん水時まで発

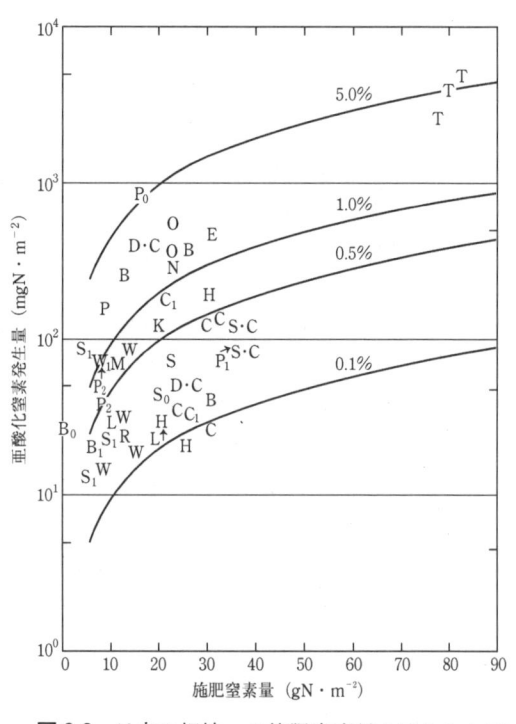

図6.3 日本の畑地への施肥窒素量と発生した亜酸化窒素（N_2O）の発生量．図中の数値（％）は，施肥窒素量に対する発生した亜酸化窒素の窒素としての割合（1992～1994年の全国調査結果）

表6.4 日本の農耕地からの亜酸化窒素の推定発生量

作物	栽培面積 (1000 ha)	施用窒素量 ($g N/m^2$)	施用窒素総量 (Gg N/年)	N_2O発生割合 (%)	N_2O総発生量 (Gg N/年)
稲	2,152	9.04	195	(0.67)	1.31
工芸作物:茶	55.6	80	44.5	4.61	2.05
その他の作物	3,157.4		343	0.69	2.37
:麦類	335	10	33.5	0.45	(0.15)
:馬鈴薯(春植え)	107	8	8.56	2.01	(0.17)
:野菜	620	21	130	0.74	(0.96)
合 計					5.73

生し続けることがわかった.

これらのデータを用いて,日本の農耕地からのN_2Oの発生量を表6.4のように推測した[5]. 茶園土壌からの発生量が総発生量の半分弱を占めており,また,水田も全体の発生量の約1/4であった. しかし,これらの数値の精度はまだ不十分であり,今後,さらに正確な実測データに基づく推定が必要である. なおIPCCでは,農耕地からの亜酸化窒素の発生割合は,化学窒素肥料,家畜ふん尿,作物残さおよび窒素固定作物ともに,投入窒素量の1.25%と推定しており,その国での測定例がない場合は,この数値を使用して発生量を推定するように指導している.

7. 亜酸化窒素と一酸化窒素ガスの発生要因

農耕地でのN_2Oの発生を制御している要因は,おもに次のようなものがある[6,7].

7.1 投入窒素量

同じ種類の窒素肥料の投入量を増やすと,一般にN_2Oの発生量も増加する.

7.2 窒素肥料の種類

窒素肥料の種類によって,投入窒素量に対するN_2OとNOガスの発生割

合は異なることがわかった．化学窒素肥料をつくばの畑地（黒ボク土壌）に全面全層施用した場合は，次の順でガス発生割合が大きかった．

尿素系肥料≧被覆尿素肥料＞硝酸系肥料≧被覆硝酸系肥料

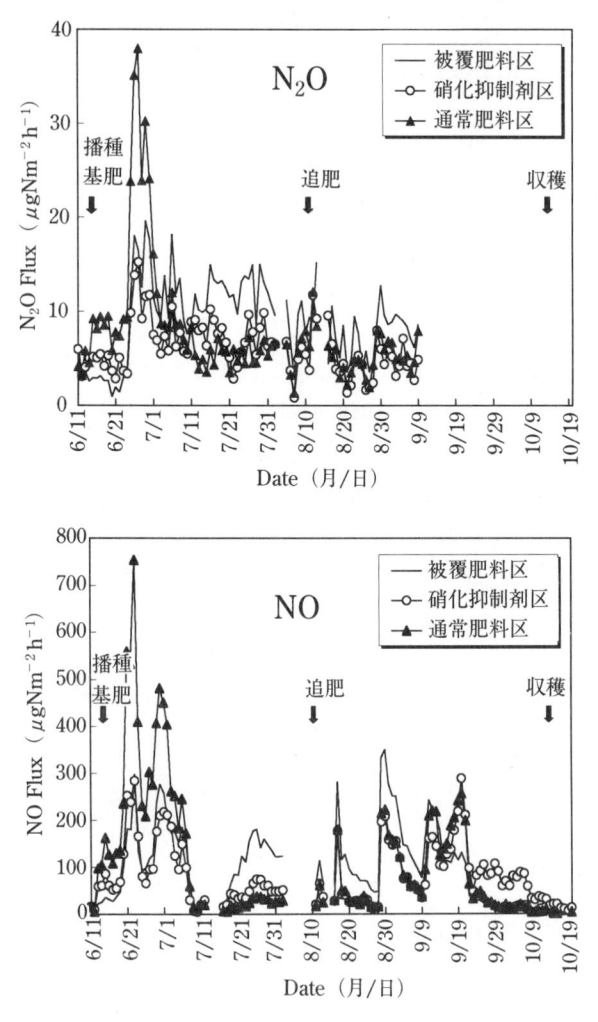

図 6.4 3 種類の化学窒素肥料を施用したライシメーター畑圃場（つくば，黒ボク土壌）における一酸化窒素（NO）と亜酸化窒素（N_2O）のフラックスの経日変化（1996 年 6 月〜10 月）

被覆肥料は，作物による窒素吸収効率を上げるために開発されたものであり，作物の生育に伴う窒素吸収能力の変化にあわせてゆっくり肥料分が溶出する．被覆肥料を全面全層に施肥した場合，図6.4に示すように，速効性窒素肥料にみられる施肥直後のガスの大きな発生はみられなかったが，その後は常に速効性肥料より発生量が大きかった[8]．その結果，栽培期間中の N_2O の総発生量は，速効性肥料より少ない事例だけでなく，多い事例もあった．なおこれらの化学窒素肥料では NO のほうが N_2O より総発生量より多かった．

一方，家畜ふん尿の場合，C/N 比が小さく有効窒素量の多い発酵鶏ふんや発酵豚ふんおよびナタネ油かすを単独に施用した畑地では，N_2O の発生割合は尿素より大きかった．しかし，これらの有機質施用では，NO の発生割合は N_2O より小さく，化学窒素肥料の場合とは逆の関係であった．また，牛ふん堆肥の場合は，ガス発生割合はこれらの肥料より非常に小さかった．以上をまとめると次の順で N_2O ガスの発生割合は大きかった[9]．

（発酵鶏ふん・発酵豚ふん・ナタネ油かす）＞尿素＞牛ふん堆肥

なお，これらの結果は，つくばの黒ボク土壌のライシメータ畑圃場で全面全層施肥した場合の結果であり，N_2O と NO ガスを合計した窒素量の発生割合は，投入窒素量の 1% 前後であった．また，化学窒素肥料と有機物を併用した場合の N_2O の発生についても検討が行われており[10]，今後もさらに圃場での調査研究が必要である．

7.3 土壌タイプ

土壌の物理化学的性質が異なると，ガスの発生量は異なってくる[11,12]．特に土壌の物理性の中でも気相率は，土壌中のガス拡散に大きく影響を及ぼす．前述した全国調査で，N_2O の発生割合が 1～3% と大きかった地点はほとんどが北日本であった．また，図6.2の栽培後半に N_2O の発生量が多くなった地点も北日本のタマネギ畑（灰色低地土）での測定[13,14]であり，またこの地域における多くの調査結果[13]も同様であり，つくばの黒ボク土での結果と大きく異なっていた．

これら2地域の土壌の室内培養実験では，北日本の灰色低地土のほうがつくばの黒ボク土壌よりも N_2O の生成量が多く，NO の生成量は少なかった[15]．前者の土壌容積重は約 1.1 で嫌気的になりやすく，つくばの黒ボク土壌は 0.7 で好気的になりやすく，ガス拡散係数は前者のほうが小さかった．そして北日本のタマネギ畑では栽培後半に降水量が多くなるので，土壌は嫌気状態となって脱窒により N_2O が生成したと考えられる[14,15]．

今後は，日本のおもな土壌タイプによるガス発生量の違いを物理化学的に解明することが必要である．

7.4 土壌水分

一般に，土壌水分量が多くなって土壌が湿るほど N_2O のほうが NO よりも相対的に多く発生し，水分量が少なくなって土壌が乾くほど NO のほうが多く発生する[12]．したがって，ガスの発生が大きい時期の発生比 $NO\text{-}N/N_2O\text{-}N$ と土壌水分量とは，図 6.5 に示すように強い負の相関がみられ，つくばの黒ボク土壌で通常の水分量では，常に NO の発生量のほうが N_2O より多かった．

これらから，圃場でのガス発生量は，その地域の降水の頻度や降水量に大きく影響を受けるので，季節や年による変動が大きいことに注意する必要がある．

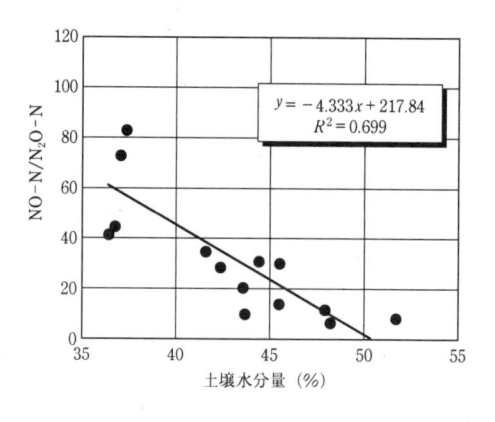

図 6.5 尿素と硫安の混合肥料を施用した畑地（黒ボク土壌）における土壌水分量（WFPS で示す）と土壌から発生した一酸化窒素（NO）と亜酸化窒素（N_2O）のフラックス比との関係（WFPS の値が大きいほど土壌が湿っていることを示す）

$y = -4.333x + 217.84$
$R^2 = 0.699$

7.5 土壌温度

土壌の温度が上昇すると，微生物は活発になるので，一般的にはガスの発生量も増加し，20～40℃の間で10℃上昇すると，N_2Oの発生量は数倍となる[11]．夏期と冬期，および年によるガス発生量の違いなどについては，地温の影響は土壌水分量と同様に大きいと考えられる．

7.6 pH

土壌のpHが低くなると微生物活動が弱まりガスの発生は少なくなるといわれているが[11]，茶園土壌のようにpHが4台でも，亜酸化窒素の発生量が

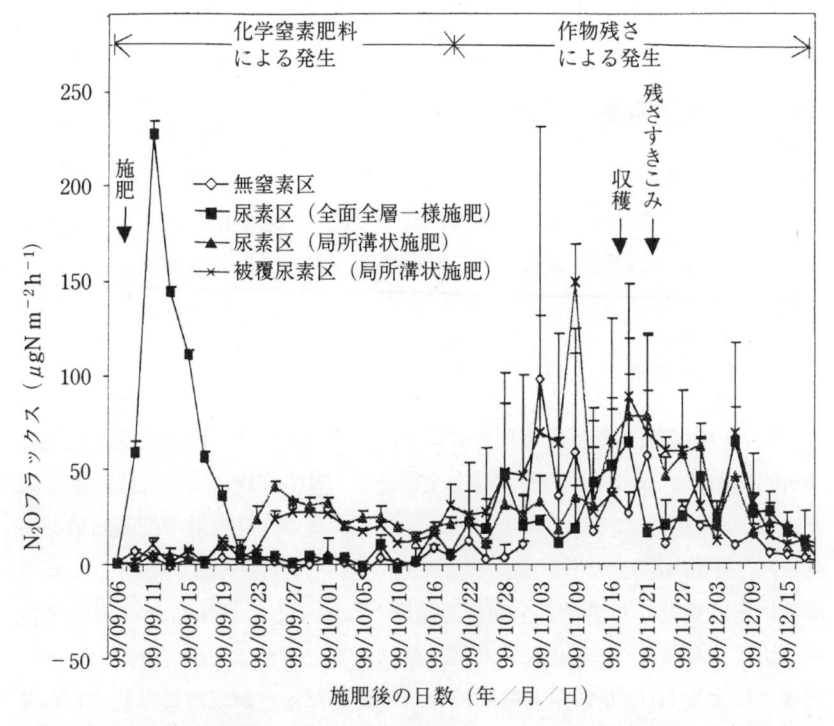

図6.6 尿素および被覆尿素肥料を全面全層あるいは局所溝状に施肥した畑地（つくば，黒ボク土壌）からの亜酸化窒素（N_2O）の経日変化（ハクサイを栽培，測定期間は1999年9月～2000年1月）

非常に多い場合がある．

7.7 作物残さ

ハクサイを栽培したつくばの畑圃場（黒ボク土壌）で，栽培後半から N_2O が長期間にわたって発生した事例があり（図6.6），土壌中に肥料由来の窒素分が残っていなかったので，この原因はハクサイの作物残さが分解する過程で N_2O が生成されたためと推測される[16]．

8. 発生削減技術

最初に述べたように，農耕地からのこれらのガス発生量を，収穫量に大きな影響を及ぼさずに，削減する技術が要求されており，その開発の現状を紹介する．

8.1 投入窒素量の軽減

削減の基本的な考え方は，作物への窒素の吸収効率を上げるとともに，投入窒素量を減らすことである．また，今まで肥料が過剰に投入されてきた作物では，収穫量に影響を及ぼさない範囲で適正量まで投入量を減らすことである．

8.2 施肥方法の改善

作物への窒素吸収効率を増加させる方法の一つとして，作物の根元近くに局所的に施肥する方法があり，全面全層施肥よりも作物による吸収効率が大きいことが確認されているので，局所施肥によるガス発生量の削減効果を検討した．単位面積当たり同量の窒素肥料を溝状に土壌表面から約 10 cm の深さに局所施肥した場合と全面全層施肥した場合とで，N_2O ガスの総発生量を比較した調査の一事例によれば，溝状に施肥したほうが，窒素肥料と作物残さによる N_2O ガス発生量はほとんど同じだったが収穫量は約 20 % 多かった[16]．これから，溝状施肥法は，収穫量を減少させずに投入窒素量を減少させる効果的な方法であることが示唆された．しかし，前述したように，

これらのガス発生量はそのときの降水量などの気象条件に大きく左右されるので、さらに調査研究の積み重ねが必要である。なお、発酵豚ぷんを溝状に施肥した場合はリン酸アンモニウム肥料を溝状に施肥した場合よりも、N_2O 発生量は多く、NO 発生量は少なかった[17]。

8.3 窒素肥料の種類

速効性肥料では、硝酸態窒素肥料のほうがアンモニウム態窒素肥料より N_2O の発生量は少ないが、日本は降水量が多いので、硝酸態窒素肥料はあまり使用されていない。つくばの黒ボク土壌の場合、被覆尿素肥料による N_2O 発生量は速効性尿素肥料よりも全面全層施肥法では 0.75〜1.2 倍であり、そのときの降水状況に大きく左右されることがわかった[7]。一方、NO の総発生量は常に被覆尿素肥料のほうが尿素肥料よりも少なかった。

つくばの黒ボク土壌と異なる土壌タイプでの圃場試験では、被覆肥料のほうが通常肥料より N_2O 発生量が 50 % 以上も減少した事例がある[18]。さらに、被覆肥料では、被覆尿素よりも被覆硝酸系肥料のほうが、N_2O 発生量は少なかった[19]。

以上から、被覆肥料を溝状に局所施肥する方法が、全面全層施肥する方法よりも、ガスの発生量を少なくする技術の一つと考えられる[20]。

なお、硝化抑制剤入りの尿素と硫酸アンモニウムの混合肥料は、硝化抑制剤なしの肥料と比較して、N_2O および NO の総発生量はそれぞれ 22、36 % 少なかった。これは、施肥後のピーク時の発生量が少ないのと、ピーク後の発生量が、速効性肥料と同程度に少なかったためである[8]。

8.4 その他

施設栽培を中心として、水分量の保持や地温の低下を防ぐために、被覆資材を土壌表面に覆うマルチによる栽培が行われている。そこで、マルチによる N_2O の発生量を測定したところ、被覆資材の穴の大きさ、すなわち、土壌表面が大気に直接接触している部分の割合がガス測定箱の底面積の 2.5 % 以上の場合は、ガス発生量は被覆していない場所での発生量とほぼ同じであ

り，削減効果は見られなかった[21].

さらに，降水量の季節変化と作物栽培の輪作体系を考慮して，使用する窒素肥料の種類を選択することにより，N_2O の発生量を削減する方法も試みられている[22].

9. 今後の課題

9.1 大気および水環境への負荷軽減技術の開発

これまで，窒素肥料による N_2O と NO ガスの発生について述べてきた．しかし，投入窒素の一部は，作物に吸収されずに，土壌浸透水にとけ込んで主に硝酸イオンとして地下水に流入し，その濃度が高い場合には硝酸汚染を引き起こすので，地下水の硝酸態窒素に関する環境基準が設定されている．そこで，窒素肥料に起因するガス発生の軽減技術は，同時に地下水の硝酸汚染をも軽減するものであること，すなわち，大気および水環境に対して総合的な軽減技術を開発する必要がある．

9.2 ライフサイクルアセスメント

ライフサイクルアセスメント（LCA）は，もともと工業製品を対象に，生産・流通・消費・廃棄過程を通じて，投入する資材やエネルギーとそれに伴って発生する環境負荷量を求め，どのような過程がもっとも環境負荷量が少ないかを診断するために開発されており，おもに，二酸化炭素の排出量を中心にアセスメントがなされてきた．現在，この手法を農業分野へ適用することが検討されている．

農業分野では，工業分野と異なり，たとえば，窒素肥料による環境影響は N_2O や NO ガスの発生だけでなくアンモニアガスも考慮する必要がある．さらに前述した地下水への硝酸態窒素の溶脱も同時に考慮する必要がある．これらを明らかにするには，圃場で年間を通した水収支，そして窒素収支を測定する必要がある．今後，農業分野でも LCA に積極的に取り組んでいくことが要求されている[22].

9.3 亜酸化窒素の間接発生

これまでは,圃場に投入された窒素肥料によって大気中に直接放出されるガスを対象としてきた.ところで,窒素の一部が土壌浸透水にとけ込んで地下水に入り,その過程で生成した N_2O は地下水中に溶存 N_2O として存在する.その後,地下水の一部が湧水としてあるいは直接湖沼や河川に運ばれて,さらに沿岸そして外洋へと流出する過程でも,N_2O の生成とその大気中への放出があると推測される.IPCCでは,これらの水系から発生する N_2O を,前述した直接放出される N_2O と区別して,間接発生による N_2O と定義して,その発生量を推定するよう求めている[1].これに関する調査研究は非常に少ないが,数少ない地下水中での測定によれば,関東近辺の地下水中の溶存 N_2O は,大気平衡の100倍にも達する高濃度が検出された事例もある[2,3]ので,その窒素の発生源同定や溶存 N_2O の生成・輸送過程,および間接 N_2O の発生量推定手法の開発などの調査研究を進める必要がある.

(鶴田 治雄)

引用文献

1) IPCC (1996) : Climate change 1994, eds. by Houghton, J.T. et al., Cambridge University Press, Cambridge, UK.
2) 鶴田治雄 (2000):地球温暖化ガスの土壌生態系との関わり:3.人間活動による窒素化合物の排出と亜酸化窒素の発生,日本土壌肥料学雑誌,71, 554-564.
3) (財)日本土壌協会 (1996):平成7年度環境保全型土壌管理対策推進事業:土壌生成温室効果等ガス動態調査報告書 (概要編).
4) Tsuruta, H., K. Kanda and T. Hirose (1997) : Nitrous oxide emission from a rice paddy field in Japan, Nutrient Cycling in Agroecosystems, 49, 51-58.
5) 鶴田治雄 (1999):わが国の農耕地におけるメタンと亜酸化窒素の発生の実態,圃場と土壌,31, 31-38.
6) Williams, E. J., G. L. Hutchinson and F. C. Fehsenfeld (1992) : NOx and N_2O emissions from soil, Global Biogeochemical Cycles, 6, 351-388.

7) 鶴田治雄 (2000)：窒素肥料を投入した畑地からの亜酸化窒素と一酸化窒素の発生とその発生抑制技術, 農業環境技術研究所年報, 平成11年度.
8) Akiyama, H., H. Tsuruta and T. Watanabe (2000): N_2O and NO emissions from soils after the application of different chemical fertilizers, Chemosphere-Global Change Science, .2, 313-320.
9) 秋山博子・鶴田治雄 (2000)：有機物を施用した畑土壌からの N_2O および NO の発生 (2), 農業環境技術研究所 資源・生態管理科研究集録, 第16号, 41-48.
10) 大橋優二 (2000)：化学肥料及び有機物施用が亜酸化窒素発生に及ぼす影響, 北農, 67, 4-8.
11) Grani, T. and O C. Bøckman (1994): Nitrous oxide from Agriculture, Norwegian Journal of Agricultural Sciences, Supplement No.12.
12) Davidson, E. A. (1991): Fluxes of nitrous oxide and nitric oxide from terrestrial ecosystems. In Microbial Production and Consumption of Greenhouse Gases: Methane, Nitrogen Oxides and Halomethanes, (ed. by J. E. Rogers and W. B. Whitman), American Society for Microbiology, Washington, D.C., 219-235.
13) 北海道立中央試験場・北海道立道南試験場 (1995)：道内の農耕地から発生する温室効果ガス, 1.畑における亜酸化窒素 (N_2O) の発生実態, 北海道農業試験会議資料.
14) Hatano, R. and T. Sawamoto (1997): Emission on N_2O from a clayey aquic soil cultivated with Onion plants. In Plant Nutrition—for Sustainable Food Production and Environment, Kluwer Academic Publishers, 555 - 556.
15) McTaggart, I. P., H. Akiyama, H. Tsuruta and B. Ball (2000): Effects of soil moisture and soil physical and chemical properties on N_2O and NO emissions. An abstract of The British Society of Soil Science Eurosoil 2000 Meeting, University of Reading, 4-6 September.
16) Hou, A., H. Tsuruta, H. Akiyama, Y. Nakajima and S. Sudo (2000): Development of mitigation options for nitrogen oxides emission from agro-ecosystems in Asia. In Annual Report of Eco-Frontier Fellowship (EFF) in

1999, Environment Agency, Japan, 75-86.

17) Sharma, C., H. Tsuruta, H. Akiyama, M. Uwasawa and K. Hurue (1998): Development of techniques for the reductuon of nitrous oxide emissions from nitorogen fertilized upland soils, in Annual Report of Eco-Frontier Fellowship (EFF) in 1997, Environment Agency, Japan, 149-161.

18) 三浦吉則 (1999):温室効果ガス削減技術の適用上の問題点, 平成10年度環境保全機能向上農業生産方式確立調査委託事業報告書, (財) 農業技術協会, 176-185.

19) 秋山博子・鶴田治雄 (1998):窒素施肥土壌からのNOおよびN_2Oの発生 (2)—被覆硝酸系肥料, 硝酸系肥料, 被覆尿素系肥料施用区からのフラックスの比較—, 農業環境技術研究所 資源・生態管理科研究集録, 第14号, 39-45.

20) Cheng, W. G. and H. Tsuruta (2001): Development of mitigation options for nitrogen oxides emisstion from agro-ecosystems in Asia : N_2O and NO emissions from Chinese cabbage field as influenced by band application of urea or controlled-release urea fertilizers, in Annual Report of Eco-Frontier Fellowship (EFF) in 2000, Ministry of the Environment, Japan, 61-71.

21) 北海道立道南試験場 (2000):施設栽培における亜酸化窒素 (N_2O) の抑制対策, 北海道農業試験会議資料平成11年度.

22) Smith, K, I. P. McTaggart and H. Tsuruta (1997): Emissions of N_2O and NO associated with nitrogen fertilization in intensive agriculture, and the potential for mitigation, Soil Use and Management, 13, 296-304.

22) 鶴田治雄・尾崎保夫 (2000):水田における温室効果ガスおよび水質に関するライフサイクルアセスメント, 農業におけるライフサイクルアセスメント, 農林水産省農業環境技術研究所編, 農業環境研究叢書, 第12号, 72-83.

23) Ueda, S., Ogura N., and Yoshinari, T. (1993): Accumulation of nitrous oxide in aerobic groundwaters, Wat. Res., 27, 1787-1792.

第7章 持続的農業の展開のために

1. 高齢化と農業形態

　農村の若者は都会に流出し，農業従事者は高齢化と後継者不足とが相まって年々減少している（図7.1）．これに歯止めをかけることはほとんど不可能と考えられ，農村，農業の衰退は必至のようにみえる．しかし，農業の重要性は万人が認めるところであり，その意味において誰が担い手であるかが課題となる．その担い手として，意欲のある専業農家の育成が第一義的に重要であることは論をまたないが，その場合には規模の拡大は避けて通れない．その場合放棄地等の農地の集約化，取得の支援等が必要になり，個人経営以外では集落営農，サービス事業体，第三セクター，農業法人等様々な経営形態を視野に入れる必要がある．

　農水省は法人化によって単なる農業生産者から，経営者としての意識改革や経営の体質強化が図られることに大きな期待をよせている．ただし，法人化に当たってはいくつかの要件が必要とされ，その形態が農事組合法人，合名会社，合資会社または有限会社であること，事業が農業（関連事業を含む）に限られること，農業者が主体（農業サイドの出資率が3/4以上）であること，役員も農業者が過半であること等が求められている[1]．

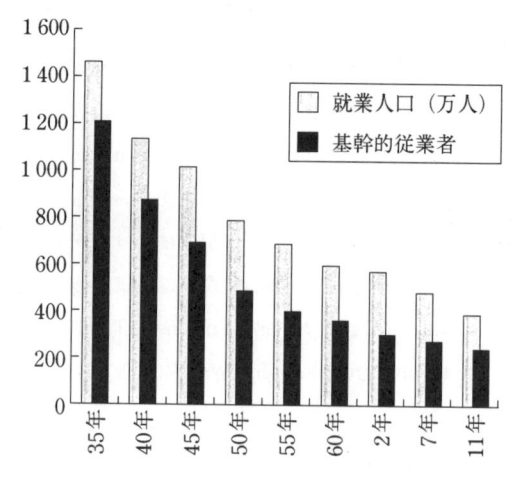

図7.1　農業労働力の推移（総農家）
出典：平成10年版農業白書より

ただし，生産性と経済性に偏重すると，土壌保全がおろそかになり，地力の低下をまねく恐れがある．法人化による規模の拡大があっても，輪作と合理的施肥管理による土壌保全的・環境保全的農業でなければならない．

2．自給率向上は輸入の削減から

日本の食料自給率はカロリーベースで40％を割り込み，我々の胃袋は米以外のほとんどを外国に依存している．主要な食飼料について輸入量と主な輸入元を表7.1に示す．これから明らかなように，主にアメリカ，カナダ，オーストラリアの3国に依存しているが，なかでも飼料はすべてアメリカに依存していることがわかる．戦後50年にしていまだにアメリカの基地があり，農産物の自由化を余儀なくされ，米すら輸入を強制されているのもアメリカが日本の胃袋を押さえているからに他ならない．

最近農水省は自給率の向上を打ち出したが，高々現状より数％アップにすぎない．食生活の見直し，ムギ，ダイズ作付けの増大等を提案しているが，農家の生産意欲を向上させるにはほど遠い内容といってよい．国民への食料の安定供給を優先させることが農水省の使命とはいえ，輸入食飼料を現状のままにしておいて，国内生産を上げよといっても無理な話である．それというのも，かつてムギ作は170万haもあったが，米中心の政策によりムギの統制撤廃を行い，農民の麦作にかける意欲を失わせてしまった．その結果現在では14万haにまで減少している．このような過去の失敗を教訓として，

表7.1 主な食飼料の輸入量と国別シェア（平成9年度）

	総量（千t）	国別シェア（％）			
		アメリカ	カナダ	オーストラリア	その他
トウモロコシ	16,097	94.8			2.3（アルゼンチン）
コムギ	6,315	54.4	25.3	20.3	
オオムギ	1,608	20.5	27.9	51.6	
ソルガム	2,781	80.2			15.0（アルゼンチン）
ダイズ	5,057	76.9			11.1（ブラジル）

出典：農業白書 付属統計表 平成10年より

新たな視点からの増産方策と，それに見合う輸入量の削減政策を樹立することが必要である．輸入量を現状のままで，国産量を増やすことは需要と供給のバランスからみて不合理であることは自明であろう．

3．水田こそ持続的農業の典型

アジアには世界の人口60億の半数以上を占める30数億の人々が生活している．これだけの人口を養うためにはそれなりの食料が必要であるが，それを満たしているのが米である．ムギや畜産では土地生産性からみて到底不可能である．

日本においても稲作の歴史は紀元前にさかのぼるといわれ，2000年前にはすでに津軽地方でも栽培されていたという．かつては大名の報酬を表わすのに配下の土地から収穫される米の生産量（石高）が用いられたように，米は財としても通用していた．

水田の特質をあげると，

① 連作障害がない：ほとんどの畑作物は同一場所に連続して栽培すると，病害等により生育が劣るようになり，収量は激減するが，水稲ではまったくそのようなことはない．

② 生産性が高く，施肥効率が高い：日本の米単収はha当たり5tである．窒素肥料は数10 kg/haが施用されるが，畑作物に比べ格段に低いレベルでよい．これで19人が食べてゆける（カロリー計算）．一方ムギではヨーロッパの高収量地帯で332 kgの窒素を与えて5.5tの収量が得られ，21人を養うことができる．このように水稲はムギの約1/3の施肥量でほぼ同一の人数

表7.2 水稲と畑作物の養分に対するレスポンス（3カ年平均，%）

作物	無肥料	三要素	無窒素	無リン酸	無カリ
水稲	70	100	75	97	93
小麦	33	100	46	69	72
陸稲	39	100	46	66	90
甘藷	67	100	93	84	63

出典：植物栄養土壌肥料大事典（養賢堂）より

を養うことができる[2]．また，水が豊富なアジアでは水稲が最も適した作物ということができ，最も持続的農業形態といえる．加えて水稲はリン酸やカリ肥料を与えなくても大きな収量減にはならないが，ムギでは30％も減収になることが知られており（表7.2）[3]，施肥効率の面でもきわめて有利な作物である．

③ 多面的機能を有する：水田は国土保全，水のかん養等万人に共有の利益をもたらす働きをもっている．このような共有の機能を多面的機能あるいは公益的機能と呼んでいる．農水省ではこれらの機能を代替法（評価対象が有する外部経済効果と同程度の機能・効果を他の施設によって提供しようとした場合に，その施設の建設および維持コストを当てはめて経済的に評価する方法）によりその経済効果を試算した（表7.3）．それによると，全体として6兆9千億円，うち中山間地域は3兆円に達するという[1]（農産物などは直接的に評価できるのでこれを内部経済効果という）．

表7.3 多面的機能の計量評価（代替法）

機能	評価の概要	評価額（億円/年）	
		全国	中山間地域
洪水防止機能	洪水被害の軽減	28,789	11,496
水源のかん養機能	河川流況の安定化および安価な地下水の供給	12,887	6,023
土壌侵食防止機能	土壌侵食による被害の軽減	2,851	1,745
土砂崩壊防止機能	土砂崩壊による被害の軽減	1,428	839
有機性廃棄物処理機能	食物残さ等の廃棄物処理費用の軽減	64	26
大気浄化機能	大気汚染ガスを吸収し大気を浄化	99	42
気候緩和機能	夏期の気温低下	105	20
保健休養・やすらぎ機能（文化的機能）	都市住民訪問による価値	22,566	10,128
合計		68,788	30,319
農業粗生産額（9年）		99,886	36,707

出典：平成10年度農業白書より

棚田の有する国土保全機能について，国土庁「農村地域多面的機能評価調査」において実施した代替法による評価額（1年当たり）をみると，岡山県佐伯町D地区の棚田18 haは，洪水防止機能1,409万円，土壌侵食防止機能109万円，同県英田町E地区（17 ha）は前者が1,331万円，後者が103万円と試算されている[1]．

このように外部経済的に農業を評価することもある面では有意義であるが，自然があり，空気は清浄，緑が多く健康増進に役立つこと等は金額では測り得ない公益効果というべきであろう．

④ 水田は汚水を浄化する：水田は水が停滞するため，土壌中では大気との空気交換が少ないため還元状態となっている．このような条件下では例えば硝酸イオンが入ってきた場合，これを還元して窒素ガスとして揮散することができる．畑には多くの窒素肥料が使われており，その15～25％は硝酸態で地下水に流入するが，それが水田で湧出する場合，一部は水稲に吸収され，一部は脱窒作用により失われるため，硝酸はかなり減少する[4]．例えば，0.43 haの谷津田を畑地6.41 haが取り囲む地形連鎖系で，畑地から谷津田に流入した全窒素量と，谷津田から排出される窒素量を1年間にわたって調査し，その差し引きから計算すると，実にha当たり年間202 kgもの窒素を浄化した[5]．これらは窒素ガスとして揮散したものと思われるが，このように水田は窒素浄化に大きく貢献している．

このように，水田は食料基地であり，また，多くの公益的機能を有するとともに，環境保全的役割もあわせもっており，このような農地は未来永劫に守り続けられなければならない．

一方において，苗つくり，田植え，草取り，稲刈りなどの重労働が機械化によって開放されたことは目覚しい限りであるが，投入エネルギーに対する回収エネルギーは益々減少し，農家の経済的負担は増える一方となるなどの矛盾も生じている．耕作を持続発展させるためには，この矛盾を解決するような施策，例えば機械の共同購入等経費削減，規模拡大による生産性の向上等が不可欠となる．

4. 日本型食事と栄養バランス

　欧米では今日本食志向が強いという．それは食事内容のバランスがとれ，肥満を防止し，長寿の基と考えられているからのようである．しかし，本家の日本では逆に欧米志向となり，このところ男は肥満が増え，脂肪の取りすぎが指摘されている．米を主体とした食事の良さを改めて見直すことが必要である．その具体例として日本，アメリカ（欧米型），インド（途上国）における栄養バランスを図示した（図7.2）．欧米型は標準（100 %）に比べ炭水化物が少なく，脂肪が格段に多い．途上国では炭水化物が多く，脂肪が少ない．一方日本は炭水化物がやや少なく脂肪がやや多くなっている．これまで日本は最もバランスの良い栄養摂取国といわれてきたが，この図が示すように，かなり欧米型に近づいており，明らかに脂肪の摂りすぎが問題といえる．日本人の米の年間消費量はかつて1人100 kgを超えていたが，昭和30年代をピークに年々消費が減り，現在は67 kgまで落ち込んでいる．もしこれを昭和50年頃までの消費量である80 kgまで増やし，脂肪摂取を減らせば栄養バランスの良い食生活となり，かつ自給カロリーの5 %アップが可能となる．これらのことから，食生活の抜本的改善が必要といえよう．

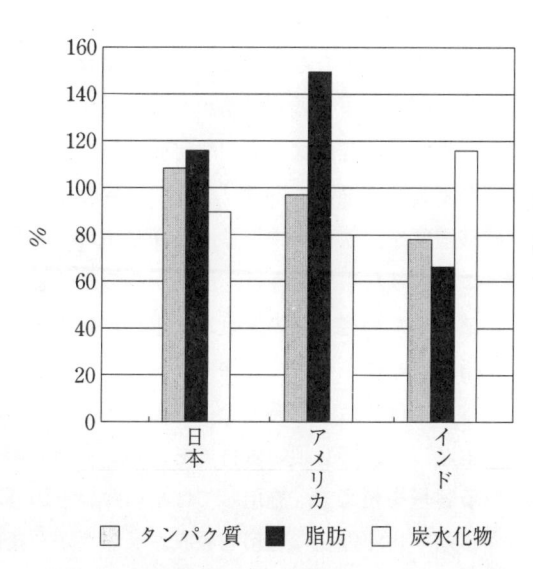

図 7.2　栄養素供給カロリーの国別バランス（標準構成比に対する）
出典：ポケット農林水産統計平成10年版より作図

5. 環境保全型施肥技術

　戦後の食糧難時代には，とにかく量の確保に最も重点がおかれ，農家は米作日本一を目指し競って増産に励んだ．その増産を可能にした大きな要因は肥料であった．その時代は三白と称してセメント，砂糖と並んで肥料は人気商品の一つであった．そして，肥料の消費は米の収量と比例して増大していったのである．ところが輸入食飼料の増大による食生活の欧米化に伴い，米の消費量は漸次下降傾向をたどり，水田は減反の憂き目を負うことになった．

　一方畜産排泄物からの窒素負荷や，生活雑排水からの栄養分の流出によって，閉鎖水域や地下水が硝酸態窒素で汚染される実態が明らかにされ，窒素施肥の過剰が問題視されるようになった．硝酸を一度に多量摂取すると，その一部が亜硝酸となり，これがヘモグロビンと結合してメトヘモグロビンとなり，血液による酸素供給が不充分となっていわゆるチアノーゼ症状を呈する．また，口腔内などで硝酸が亜硝酸に還元されて，胃内のアミンと結合して発ガン性の強いニトロソアミンに変わるという．このため環境庁は排水中硝酸濃度を，飲料水中の濃度と同じ 10 ppm に規制することになった．

　このような事態をうけ，農地からの硝酸態窒素流出が問題とされ，これを軽減するため施肥量の見直しが求められようになった．これは持続的農業を目指すために不可欠な要件であって，これまでのような垂れ流し的施肥技術では，もはや持続的農業とはいえなくなったためである．つまり，肥料は作物生産にとって必須の資材であるが，その生産基盤である土壌が受け入れられる容量を超えて，施用してはならないということである．その容量内でいかに効率良く作物に肥料を吸収させるかが今後の課題である．その技術については第5章で詳しく述べられているように，作物の吸収速度にあうような肥効調節型肥料を用いたり，これまでの全層全面施用するのではなく，作物個体の根元に局所的に施肥するなどで，吸収効率を高めること等が考えられている．

6. 畜産農家と耕種農家との連携

　畜産排泄物は貴重な資源である．これを有効に利用すれば化学合成窒素肥料を減らせるばかりでなく，地力の増進にも役立つ．しかし，現状では畜産農家の規模拡大で排泄物が偏在し，流通上の難もあって耕種農家に有効利用されるにいたっていない．耕種農家も稲収穫後はワラを田んぼに放置し，昔のように堆肥にすることはしなくなった．耕種農家はワラを畜産農家に渡し，畜産農家はそれを敷き料とし，堆肥化する．そしてこれを耕種農家に引き取ってもらえば畜舎からの直接的窒素流失も半減するに違いない．そして稲収穫時のモミ・ワラを分離して収穫すること，堆肥を取り扱いやすいペレットにするなどの工夫が必要である．そのためには，畜産農家の規模を小さくし，耕種農家との連携で運営するような仕組みを作ることが有効である．そんなことは空論に過ぎない，不可能だとの声が聞こえてきそうであるが，今の形態を継続する限り，永遠に畜産排泄物問題は解決されないであろう．思いきった施策の転換をしなければならない時期にきていると思われる．そして，肉のキャデラック（かつて豪華な車の代表であったキャデラックはガソリンの消費がきわめて多かったことから比喩的に使った）[6]といわれる牛肉の消費を少なくする．各家畜の肉1kgを生産するのに必要な穀物をあげると，牛肉は11kg，豚肉は7kg，鶏肉は4kgである（農水省，1998）[7]．このように，牛肉がいかにエネルギー効率が悪いかがわかる．

　ところで，日本人好みの霜降り肉は，舎内で濃厚飼料で飼育した場合に形成される（グレインフェッドビーフという）．日本人は軟らかい肉を好むが，それはすき焼きとか，シャブシャブで食べるからである．欧米人が主として食べるのは放牧牛で，繊維質の肉（グラスフェッドビーフという）である．彼等はステーキとして食べるのが普通で，それが一般的である．いずれにしてもこれほどエネルギー効率の悪い肉の消費は減らすべきであろう．にもかかわらず食料・農業・農村基本計画では平成22年の肉牛飼育目標を平成10年度の11％増としている．そのことは飼料の輸入を増やすことを意味し，自給率向上の足を引っ張ることになる．

7. 有機農産物

　農水省はこのほど有機農産物の農林規格を告示した．それによると，有機農産物とは，その生産のために「化学的に合成された肥料及び農薬を，当該作物の作付けの前に2年以上使用していない圃場で栽培されたものであること」と規定されている．そして，土壌改良資材として天然の炭酸カルシウムや硫酸カリなどは認めている．また，家畜および家きん排泄物に由来する堆肥も使用可としている．ただし，FAO/WHO（国連食糧農業機関/国連世界保健機関）の下部組織，合同食品規格委員会（CODEX）では家畜ふん尿の使用条件について，工業的農業起源のものは不可としている[8]．つまり，家畜は生理的および倫理的要求を尊重することを基本にして飼育（放牧）するもので，畜舎で濃厚飼料を与えて飼育した家畜は工業的生産とみなされる．なお，2000年5月，オタワで行われた委員会で有機畜産ガイドラインが発表されたが，それによると，「動物は草地や野外の飼育場へのアクセスが確保されること，給与される飼料はすべて無農薬・無化学肥料でなければならない」とある．これから解釈すると，日本の農畜産物の大半は有機農産物とは認められないことになる．ただし，畜産物については「伝統的な農業システムにおいて草地へのアクセスが制限される場合，あるいは厳しい気候条件等の場合は例外が認められる」という例外事項があるので，これに当てはまる畜産物が出回る可能性はある．日本は1966年にこの委員会に加盟しているが，委員会では国が製品を検討する際，「本ガイドラインを主たる基準として承認または排除を決めなければならない」としており，有機農畜産物の表示にはより厳格な規格が義務付けられると考えられる．表示だけが一人歩きしている現在のあり様は異常であり，消費者，生産者の双方からの要望もあって，農水省は大臣の認可を受けた第三者による認証機関を設けることにした．そこで基準に適合しているか否かがチェックされ，適合していれば「有機」の表示をしてよいことになった．これによって，これまでのようなあいまいな表示の農産物が出回ることはなくなるものと思われる．さらに，有機農産物の農林規格が法制化された（2000年6月）ことをうけ，農林水産省は2001

年4月,「有機農産物および特別栽培農産物に係わる表示ガイドライン」を改正した。それによると,「有機農産物」や「表示ガイドライン」の用語を削除し,「特別栽培農産物」のみとする,そして,それは生産過程等使用資材に着目した特別な栽培法により栽培された農産物であって,「無農薬栽培農産物」,「無化学肥料栽培農産物」,「減農薬栽培農産物」および「減化学肥料栽培農産物」の4カテゴリーとされた。さらに,天然栽培とか自然栽培あるいは普通の栽培農産物より著しく優良または有利であると誤認させる表示は一切禁止されることになった。

アメリカではかつて低投入持続的農業(Low Input Sustainable Agriculture, LISA)が提起されたが,その契機は農業サイドからではなく,単作化,規模拡大,農薬や化学肥料の多投による食品の安全性が危惧されたからであり,これら問題は一般市民や消費者から提起されたものであった[9]。しかし,ここでいう持続型農業は農薬や化学肥料を最小限にとどめるということで,必ずしも上記のような厳密な意味での有機農業ではない。その後 SARE (Sustainable Agriculture Research and Education)が農務省のプロジェクトの名称となった。これは,持続的農業が目的であって,その目的のためには化学合成資材の低投入は要件の一つではあるが,場合によっては高投入も有り得ることを示したものと考えられる。いずれにしても,資源の再生産と再利用を可能にし,農薬・化学肥料の投入量を必要最低限に抑えることによって,地域資源と環境を保全しつつ一定の生産力と収益性を確保し,しかも,より安全な食料を生産する農業[9]が望ましい。とくに耕地面積の狭い我が国では,厳密な意味の有機農業は不可能であり,化学肥料や農薬の使用を必要最低限としつつ,環境保全に配慮し,収益性,安全性の高い農業を指向すべきであろう。

ところで,堆肥等で化学肥料と同量の窒素を与えても,満足な収量は得られないことはすでに明らかであるが,仮に同等であっても,それだけの窒素を有機質でまかなうことができるであろうか。例えば,露地野菜のキャベツ,ハクサイ等では 200 kg/ha の窒素を必要とするが,それを有機物で施用するとすれば,魚かす等の有機質肥料では窒素濃度の高いもので 10%,普通

は5〜6％であるから，2〜4 t/ha程度が必要となる．さらに，有機物中の窒素の無機化量を考えると，この30〜50％増にしなければ，化学肥料と同等の効果は期待できない（施設栽培のトマト，キュウリ，ピーマンなどでは300〜600 kg N/haの場合もある）．

野菜の栽培面積は56万haあり，おおまかに計算して420万tの有機質肥料が必要となる（3 t÷利用率40％×56万ha＝420万t）．有機質肥料の生産量はおよそ90万tであるから[10]，必要量の1/5程度しか供給できないのである．

また，堆肥の場合は窒素濃度が2％として，その利用率を50％とすると，20 t/haが必要となる．一般畑と水田に施用するとして，およそ8,000万tが必要となる．このような数量は，その確保と流通面から考えて到底不可能な数字といわざるをえない．しかも，有機質肥料は分解して有効化するまでにかなりの日数を要するので，作物の生長に見合う必要量を満たすためには数倍の量を一度に与えなければならない．このような大量の有機物が施用されると，それに含まれる多くの窒素は利用されずに圃場以外に流出することになる．いずれにしろ，有機質でも，無機質でも，その絶対量が問題なのであって，必要以上に施用された窒素はいずれは系外に流出すると考えなければならない．作物の吸収速度と量および土壌の保持能力を勘案した物質循環の見地から施肥を考えなければならない．以上のことから考えると，日本では有機農産物で我々の胃袋を満たすことは不可能といえる．もちろん畜産排泄物や汚泥などの有機質資材の利用を図ることは重要であるが，それらにのみ頼ることは不可能であり，それらと化学肥料を組み合わせた合理的施肥法の開発こそ持続的農業展開の鍵となろう．

8．土地利用率の向上

5月はいわゆる麦秋の季節である．水田の裏作にムギが植えられ，それが実って黄色く色づき，穂が風にゆらぐ風情は初夏の訪れを告げるものであった．ところが，前にも触れたようにコメ重点とムギの統制撤廃で農家の生産意欲がすっかり失われ，ムギは本州ではまれにしかお目にかかれない状況で

ある．かつては170万ha以上もあり，土地の利用率も昭和35年に134％であったが，それが現在は95％に落ちている．これは主に水田裏作の放棄によるものと考えられる．関東のように火山灰土壌からなる農地では，冬季の風食が激しく，裏作はその土壌侵食防止のためにも大変有効な手段であった．労働力の問題，ムギ後の稲作付けが遅れるなどの理由があるにせよ，ムギの振興は土壌保全，自給率向上等の面からも緊急の課題といえる．

9．物質循環のすすめ

土壌中には細菌，カビなど無数の微生物や小動物が生息している．これらの土壌生物は有機物を分解したり，空気中の窒素を固定するなど，物質循環の原動力となっている．日本は食料の輸入ばかりでなく，大量の石油，材木等の原材料を輸入している．これらは現物のまま，あるいは加工されて利用されるが，それらも最終的には二酸化炭素と水に分解される．その分解の主役が土壌生物なのである．もし，この生物の働きがなければ，日本の地表は産業廃棄物等の山と化しているであろう．現在でも廃棄物処理をめぐってトラブルが絶えないが，他所から搬入した物質がこの土壌生物による分解能力をはるかにオーバーしているから問題が生じるのである．畜産廃棄物しかり，産業廃棄物しかりである．産業廃棄物は多岐にわたり，中には環境ホルモンを発生するものも含まれることから，自治体にとって深刻な問題を提起している．

土壌は不用となった物質の捨て場ではなく，あくまで食料生産の場であり，生活の場であり，かつ有害物のない場でなければならない．このことを強く認識し，産業廃棄物の適切な処理方法，リサイクル技術の開発等を通じ，化石エネルギーの削減に努めることが緊急の課題である．そして，家庭にあってはゴミ排出を減らす工夫（余さない，出さない，捨てない）もきわめて重要である．

（安田　環）

引用文献

1) 農林統計協会（1999）：平成10年度　農業白書.
2) 関矢信一郎（1992）：水田のはたらき，家の光協会.
3) 高井康雄・早瀬達郎・熊沢喜久雄編（1976）：植物栄養・土壌肥料大事典，養賢堂.
4) 小川吉雄・酒井　一（1984）：畑地から水田内へ流入した硝酸態窒素の動向，土肥誌，55，533-538.
5) 農研センター（1998）：台地畑―谷津田連鎖系における水田・湿地の窒素浄化機能，平成10年度　研究成果シリーズ（国立編）.
6) ジェレミー・レフキン著，北濃秋子訳（1993）：脱牛肉文明への挑戦，ダイヤモンド社.
7) 農水省（1998）：食料・農業・農村基本問題調査会答申参考資料.
8) 古賀野完爾（1999）：FAO/WHO合同食品規格委員会（CODEX）の最近の動き，関東東海土壌肥料技術連絡協議会春季研究会資料.
9) 嘉田良平（1990）：環境保全と持続的農業，家の光協会.
10) 農林統計協会（1998）：ポケット肥料要覧.

索　引

あ行

IPCC ……………………… 316
亜鉛，飼料の ………………… 101
亜酸化窒素 ……… 14, 16, 295, 316,
　　　　　　　317, 320, 322, 323
亜酸化窒素生成能，茶園の ……… 287
亜酸化窒素の間接発生 ………… 331
亜酸化窒素の発生抑制 ………… 127
アスコルビン酸 ………… 225, 228
アパタイト ……………………… 44
アルミニウム …………… 276, 285
アレロパシー ………………… 10
アンモニア …………………… 319
アンモニウム態N生成パターン … 135

硫黄被覆尿素 ………………… 118
イオン交換樹脂 ………………… 290
育苗箱全量基肥施肥技術 …… 162, 169
EC，堆肥の ……………… 86, 91
ECセンサー …………………… 302
異常還元，土壌の …………… 100
一酸化窒素 ………… 317, 320, 323
易分解性有機物 ……………… 100
陰イオン交換容量 …………… 281

浮根，茶園の ………………… 292
うね間局所施肥 ……………… 300
ウメ …………………………… 271
ウレアーゼ抑制剤 …………… 128
ウレアホルム ………………… 117

温州ミカンの施肥法 …………… 266
永久荷電 ……………………… 281
栄養診断，キャベツの ………… 236
液化アンモニア …………… 37, 130
液状肥料 ……………………… 128
液肥 …………………………… 130
S型被覆尿素 ……………… 126, 162
エストロジェン ………………… 7
エネルギー，アンモニア合成の … 41
——，肥料生産の ……………… 39
——，リサイクリングの ……… 43
塩類集積 ……………………… 206
塩類化 ………………………… 12
塩類化作用 …………………… 205

O157 …………………………… 81
オキサミド …………………… 117
オゾン ………………………… 318
オゾン層破壊 ………………… 16
温室効果ガス ……………… 14, 317
温室効果能 …………………… 287
温暖化 ………………………… 14

か行

階層性，有機物利用の ………… 53
開放式，堆肥化の ……………… 86
ガウス補正法 ………………… 123
化学合成緩効性肥料 …………… 117
化学性の改善，堆肥連用土壌の … 94
果樹類の施肥管理 …………… 238

過剰施用 …………………… 98
家畜排泄物 ………………… 78
家畜ふん …………………… 261
家畜ふん堆肥等の施用基準，一般
　　畑作物の ………………… 109
────，水稲の ……………… 108
────，野菜の ……………… 110
家畜ふん堆肥の成分組成 ……… 89
家畜ふん堆肥の施用効果 ……… 92
家畜ふん堆肥の施用量，果樹の … 111
家畜ふん尿 ………………… 325
家畜ふん尿処理物の施用基準,
　　桑園の …………………… 112
家畜ふん尿処理物の施用量, 茶園の 112
活性汚泥 …………………… 48
カドミウム ………………… 6
カロリーベース, 自給率の …… 31
簡易ライシメーター ………… 303
環境基準 ………………… 65, 204
────，水質汚染にかかわる …… 19
環境負荷，果樹園地からの …… 251
環境保全型施肥法 …………… 187
環境保全型農業 ………… 116, 172
環境保全的施肥管理 ………… 175
────，施設栽培における ……… 206
環境保全的施肥法，茶園における ‥ 297
環境保全的施用量, 堆肥の …… 102
環境ホルモン ……………… 6, 8
環境保全型施肥技術 ………… 340
緩効性肥料 ………………… 116
乾土効果 …………………… 152

機械局所施肥法 …………… 190
基礎溶液, 液肥の …………… 130

キチナーゼ ………………… 10
キチン ……………………… 10
逆浸透膜 …………………… 290
局所施肥 ……………… 182, 328
局所施肥法 ………………… 188
────，果菜類の ……………… 203
────，根菜類の ……………… 204
────，野菜の ……………… 191
許容量，養分の ……………… 63
菌根菌 ……………………… 50

グアニル尿素 ……………… 117
グラステタニー …………… 101
グリコールウリル …………… 117

下水汚泥 …………………… 75
下水道システム ……………… 74
原単位, 排泄物の …………… 79

ゴイトリン ………………… 53
公益的機能 ………………… 337
好硝酸植物 ………………… 231
コーデクス，（CODEX），
　　有機農産物の ………… 54, 342

さ　行

作物体栄養診断, 野菜の …… 222
サスペンジョン肥料 ………… 128
砂漠化 ……………………… 12
酸性雨 ……………………… 17
酸性化 ……………………… 12
────，水系の ……………… 284
────，茶園土壌の …………… 276
酸性化のメカニズム ………… 277

さ行

CEC	95
C/N比	86, 100
自給率	335
敷料，堆肥の	87
シグモイド型被覆肥料	120
資源量，家畜排泄物の	79
ジシアンジアミド	294, 307
施設野菜の施肥管理	205
CDU	117
シードテープ	211
シミュレーションソフト	123
汁液採取	222
重金属	74
シュウ酸，野菜の	232
樹冠下液肥施肥	309
樹冠下施肥	308
受容量，家畜排泄物の	82
循環農業	52
硝化作用	320
硝酸，野菜の	231
硝酸汚染，茶園の	297
硝酸化成抑制剤	127, 305, 306
硝酸態窒素	20, 295, 340
硝酸態窒素汚染，地下水の	107, 251
硝酸態窒素濃度	237
――，地下水の	251
情報化，水稲生育診断の	147
食味，米の	161
食料自給率	2, 28
人口増加	22
水稲窒素吸収パターン	133
水稲の施肥管理	131
水稲の窒素吸収経過	135
スターター肥料	181
スライス法	222
生育診断予測技術，水稲の	147
生育阻害物質	100
生産環境劣化，茶園の	275
生産制約シナリオ	25
生物系廃棄物	48
生物性の改善，堆肥施用による	97
生物的緩衝能	98
精密農業	129
精油	100
接触施肥	182
接触施肥法	171
施肥位置	182, 188, 189, 291
――，茶樹の	308
施肥基準，果樹の	245
――，茶の	301
施肥効率	188
施肥時期，果樹の	241
施肥の実態，果樹の	247
施肥配分	178
施肥法，主要果樹の	264
――，葉菜類の	211
施肥量	177, 187, 189
施肥量可変型施肥機	129
施用可能上限値	104
施用量，堆肥の	105
全窒素，家畜ふんの	86
全面全層施肥	182, 188, 328, 329
全面マルチ栽培	183
全量基肥施肥技術，水稲の	149
全量基肥施肥法，野菜の	183

全量基肥施用 ･････････････････ 180
全量基肥2作2回施肥 ････････････ 185

草生栽培 ･･････････････････････ 264
造成地果樹園 ･･････････････････ 262
側条施肥 ･･････････････････････ 129
側条施肥技術 ･･････････････････ 167
粗タンパク含量,玄米の ････････ 161

た 行

ダイオキシン汚染 ･･････････････ 6
代替法,多面的機能評価の ･･････ 338
代替率 ････････････････････ 103, 106
大気環境 ･･････････････････ 14, 330
対抗微生物 ････････････････････ 10
堆積式,堆肥化の ･･････････････ 86
堆肥 ･･････････････････････････ 344
堆肥センター ･･････････････････ 113
堆肥の施用効果 ････････････････ 92
堆肥の成分 ････････････････････ 88
堆肥の施用量 ･･････････････････ 102
堆肥の品質 ････････････････････ 85
多段土壌層法 ･･････････････････ 290
脱窒活性抑制剤 ････････････････ 127
脱窒作用 ･･････････････････････ 321
脱窒反応,茶園の ･･････････････ 295
多面的機能 ･･････････････ 132, 337
単純趨勢シナリオ ･･････････････ 25
単純放出型被覆肥料 ････････････ 119
タンニン ･･････････････････････ 100

地球温暖化防止会議 ････････････ 316
畜産排泄物 ････････････････････ 341
畜種別にみた家畜ふん堆肥 ･････ 85

畜種別堆肥 ････････････････････ 85
蓄積リン ･･････････････････････ 49
窒素液 ････････････････････････ 37
窒素飢餓 ･･････････････････････ 100
窒素揮散 ･･････････････････････ 316
窒素吸収パターン,水稲の ･･･ 140, 150
窒素循環 ･･････････････････････ 58
窒素投入量,家畜ふん堆肥の ････ 110
窒素の流れ ･･････････････････ 59, 69
窒素の利用率 ･･････････････････ 154
窒素負荷,果樹園の ････････････ 253
窒素放出率,有機物連用に伴う ･･ 93
茶の施肥管理 ･･････････････････ 275
中晩生カンキツ類の施肥法 ･････ 268
超緩効性肥料 ･･････････････････ 306

通気性 ････････････････････････ 282

低級脂肪酸 ････････････････････ 100
低投入持続的農業 ･･････････････ 343
低品位リン鉱石 ････････････････ 46
低マグネシウム血症 ････････････ 101
適正量,養分の ････････････････ 63
電気伝導率,堆肥の ････････････ 91
点滴潅水 ･･････････････････････ 213

糖 ････････････････････････････ 225
銅,飼料の ････････････････････ 101
透水性,土壌の ････････････････ 282
土壌環境 ･･････････････････････ 12
土壌酸性 ･･････････････････････ 290
土壌消毒の同時作業化 ･････････ 200
土壌診断 ･･････････････････････ 4
──,野菜の ････････････････ 222

土壌窒素 ……………………… 133, 152
土壌窒素無機化モデル ………… 143
土壌病害に対する有機物施用の効果・98
土壌埋設型電気伝導率センサー … 302
土壌溶液 ……………………………… 209
土壌劣化，茶園の ………………… 276
土壌の化学性 ……………………… 5
土地利用率 ………………………… 344
ドリップ・ファーティゲーション
………………………… 210, 215
土壌汚染 …………………………… 6

な 行

苗箱施肥技術 ……………………… 168
ナタネ油かす ……………………… 53

2作1回施肥法 ……… 185, 186, 198
二酸化炭素 ………………… 14, 316
二酸化窒素 ………………………… 319
ニトロソアミン …………………… 340
ニトロソ化合物 …………………… 231
日本型食事 ………………………… 339
ニホンナシの施肥法 ……………… 269

熱可塑性樹脂 ……………………… 119
熱硬化性樹脂 ……………………… 119
年間施肥量，果樹の ……………… 242
粘度，液状肥料の ………………… 128

農業環境三法 ………………… 75, 78
農業形態 …………………………… 334
農業法人 …………………………… 334
農耕地面積 ………………………… 27

は 行

Biosuper …………………………… 47
バイオリメディエーション ……… 175
排泄量推定プログラム …………… 80
培養窒素 …………………………… 144
発生量，家畜排泄物，窒素・
　リンの …………………………… 80
発病抑止土壌 ……………………… 11
反応速度論 ………………………… 122
反応速度論的解析法 ………… 143, 144

肥効調節型肥料 … 116, 183, 256, 304
肥効発現型，肥料の ……………… 180
肥効率 ……………………………… 261
微生物性，茶園の ………………… 286
微生物的制御肥料 ………………… 127
ビタミンC ………………………… 228
ヒドロキシアパタイト …………… 48
被覆肥料 ……… 118, 153, 235, 304,
　　　　　　　　311, 325, 329
被膜殻の分解性 …………………… 126
表示ガイドライン，有機農産物の ・343
肥料形態の差異 …………………… 34
肥料の役割 ………………………… 32
品質，茶の ………………… 300, 312

ファイトアレキシン ……………… 11
ファイトトキシン ………………… 11
VA菌根菌 ………………………… 50
フェノール性酸 ……………… 100, 101
富栄養化 …………………………… 251
Phos-Pal ………………………… 46
富化養分 …………………………… 207

負荷量，家畜排泄物の ……………… 82
副資材，堆肥の ………………………… 87
物質循環 ………………………………… 345
物理性の改善，堆肥連用による …… 95
ブドウの施肥法 ………………………… 270
部分的酸分解リン鉱石 ………………… 47
プライミング効果 ……………………… 98
フランコライト ………………………… 45

ペースト肥料 …………128, 195, 200
変位荷電 ………………………………… 281

牧草草生栽培 …………………………… 263
ポット施肥法，セルリーの …………… 201

ま 行

MagAmPhos ……………………………… 48
摩砕法 …………………………………… 222
マルチ栽培 ……………………………… 329
マルチ被覆 ……………………………… 190

未熟家畜ふん堆肥 ……………………… 98
水環境 ………………………………17, 330
密閉式，堆肥化の ……………………… 86
ミネラルの過剰 ………………………… 101
ミミズ …………………………………… 97

無機化特性と水田土壌窒素 ………… 143
無機態窒素発現予測 ………………… 302

銘柄，被覆肥料の …………………… 125
メタン ………………………14, 15, 316, 322
メトヘモグロビン …………………… 340
メチロール尿素重合肥料 …………… 117

モニタリング，養水分濃度の …… 302
モモの施肥法 ………………………… 271

や 行

野菜の品質 …………………………… 224

有機性資源 …………………………… 52
有機農産物 …………………………… 342
有機物受け入れ可能量 ……………… 82
有機物施用，果樹園の ……………… 261
──，茶園の ………………………… 311
有機物施用の効果 …………………… 92
有機物の施用基準，果樹の ……… 248
有限性，リン酸原料の ……………… 44
輸入依存閾値 ………………………… 14

陽イオン交換容量，堆肥施用土壌の・94
養液土耕 ………214, 215, 218, 224
養液土耕栽培 ………………………… 211
養液土耕用肥料 ……………………… 129
溶出シミュレーション ……………… 121
溶出調節剤 …………………………… 119
溶出のメカニズム …………………… 121
溶出パターン特性，被覆肥料の … 152
養分吸収，果樹の …………………… 239
──，茶樹の ………………………… 298
養分吸収特性，野菜の ……………… 209
養分吸収パターン，野菜の ……… 212
養分吸収量，果樹の ………………… 244
養分供給，堆肥の …………………… 92
養分収支，果樹園の …………250, 253
葉面散布 ………………………229, 259
──，茶樹の ………………………… 310

ら行

ライフサイクルアセスメント ······ 330

リアルタイム栄養診断基準値 ······ 223
リアルタイム診断 ················ 216
リニア型被覆肥料 ················ 119
リン鉱石 ························ 44
リン鉱石の溶解性 ················ 46
リンゴの施肥法 ·················· 269

リン酸 ·························· 94
リン酸アルミニウム鉱 ············ 46
リン酸吸収係数 ·················· 94
リン溶解菌 ······················ 50

レナニット ······················ 46
連作障害 ························ 10

露地野菜の施肥管理 ·············· 174

JCLS 〈㈱日本著作出版権管理システム委託出版物〉		
2001	2001年10月5日　第1版発行	
環境保全と新しい施肥技術		
著者との申し合せにより検印省略	著作代表者	安　田　　　環
	発　行　者	株式会社　養　賢　堂 代表者　及　川　　　清
©著作権所有	印　刷　者	猪瀬印刷株式会社 責任者　猪瀬泰一
本体 5200 円		
発　行　所	〒113-0033 東京都文京区本郷5丁目30番15号 株式会社　養賢堂 TEL 東京(03)3814-0911 [振替00120 FAX 東京(03)3812-2615 7-25700] ISBN4-8425-0086-7 C3061	

PRINTED IN JAPAN　　　　製本所　板倉製本印刷株式会社

本書の無断複写は、著作権法上での例外を除き、禁じられています。本書は、㈱日本著作出版権管理システム（JCLS）への委託出版物です。本書を複写される場合は、そのつど㈱日本著作出版権管理システム（電話03-3817-5670、FAX03-3815-8199）の許諾を得てください。